U0187327

"十四五"职业教育国家规划教材

"十二五"职业教育国家规划教材 修订版

经全国职业教育教材审定委员会审定

铸造工艺及设备

第4版

主　编　曹瑜强

副主编　刘　洋

参　编　王泽忠　焦　斌　鲁靖国　陈云祥
　　　　牛艳娥　孙登科

主　审　王晓江

机 械 工 业 出 版 社

本书是在"十二五"职业教育国家规划教材《铸造工艺及设备 第3版》的基础上修订而成的。

本书以最基本的砂型铸造为主线，兼顾其他铸造方法，力求体现职业教育特色，在叙述上力求深入浅出，重视基础理论，紧密联系生产实际，反映先进技术，注重培养学生分析和解决实际问题的能力。本书主要内容包括绪论、造型材料、铸型制备、浇注系统设计、铸件的凝固与补缩、铸造工艺设计及工装的应用、铸造生产质量控制、铸件缺陷分析与防止、铸造生产机械装备和特种铸造。

书中重点知识及内容配套有视频、动画等教学资源，并以二维码的形式植入书中，通过扫描二维码即可观看相关资源。登录"智慧职教"资源平台https：//www.icve.com.cn/，注册后绑定课程"铸造工艺及装备"，即可浏览配套的数字课程资源。

本书可作为高等职业教育材料成型与控制技术类专业群的专业核心课程教材，也可作为有关技术人员的岗位培训和自学用书。

图书在版编目（CIP）数据

铸造工艺及设备/曹瑜强主编．—4 版．—北京：机械工业出版社，2021.11（2024.7重印）

"十二五"职业教育国家规划教材：修订版

ISBN 978-7-111-69690-2

Ⅰ．①铸…　Ⅱ．①曹…　Ⅲ．①铸造－生产工艺－高等职业教育－教材②铸造设备－高等职业教育－教材　Ⅳ．①TG2

中国版本图书馆 CIP 数据核字（2021）第 244729 号

机械工业出版社（北京市百万庄大街22 号　邮政编码100037）
策划编辑：于奇慧　责任编辑：于奇慧
责任校对：王　延　张　薇
责任印制：常天培
北京机工印刷厂有限公司印刷
2024 年 7 月第 4 版第 4 次印刷
184mm×260mm·18.25 印张·449 千字
标准书号：ISBN 978-7-111-69690-2
定价：55.00 元

电话服务　　　　　　　　　　　网络服务
客服电话：010-88361066　　　　机　工　官　网：www.cmpbook.com
　　　　　010-88379833　　　　机　工　官　博：weibo.com/cmp1952
　　　　　010-68326294　　　　金　书　网：www.golden-book.com
封底无防伪标均为盗版　　　　机工教育服务网：www.cmpedu.com

关于"十四五"职业教育
国家规划教材的出版说明

为贯彻落实《中共中央关于认真学习宣传贯彻党的二十大精神的决定》《习近平新时代中国特色社会主义思想进课程教材指南》《职业院校教材管理办法》等文件精神，机械工业出版社与教材编写团队一道，认真执行思政内容进教材、进课堂、进头脑要求，尊重教育规律，遵循学科特点，对教材内容进行了更新，着力落实以下要求：

1. 提升教材铸魂育人功能，培育、践行社会主义核心价值观，教育引导学生树立共产主义远大理想和中国特色社会主义共同理想，坚定"四个自信"，厚植爱国主义情怀，把爱国情、强国志、报国行自觉融入建设社会主义现代化强国、实现中华民族伟大复兴的奋斗之中。同时，弘扬中华优秀传统文化，深入开展宪法法治教育。

2. 注重科学思维方法训练和科学伦理教育，培养学生探索未知、追求真理、勇攀科学高峰的责任感和使命感；强化学生工程伦理教育，培养学生精益求精的大国工匠精神，激发学生科技报国的家国情怀和使命担当。加快构建中国特色哲学社会科学学科体系、学术体系、话语体系。帮助学生了解相关专业和行业领域的国家战略、法律法规和相关政策，引导学生深入社会实践、关注现实问题，培育学生经世济民、诚信服务、德法兼修的职业素养。

3. 教育引导学生深刻理解并自觉实践各行业的职业精神、职业规范，增强职业责任感，培养遵纪守法、爱岗敬业、无私奉献、诚实守信、公道办事、开拓创新的职业品格和行为习惯。

在此基础上，及时更新教材知识内容，体现产业发展的新技术、新工艺、新规范、新标准。加强教材数字化建设，丰富配套资源，形成可听、可视、可练、可互动的融媒体教材。

教材建设需要各方的共同努力，也欢迎相关教材使用院校的师生及时反馈意见和建议，我们将认真组织力量进行研究，在后续重印及再版时吸纳改进，不断推动高质量教材出版。

机械工业出版社

前　言

本书是根据国家规划教材的要求，在总结教学改革经验和"十二五"职业教育国家规划教材《铸造工艺及设备　第3版》的基础上，结合作者从事材料成型与控制技术专业（铸造方向）课程建设40年的教学经验、汇聚教学团队的智慧修订而成的。

铸造是工业化的基础，为了贯彻落实党的二十大报告中"推进新型工业化，加快建设制造强国、质量强国""深入实施科教兴国战略、人才强国战略"部署，适应材料成型与控制技术专业（铸造方向）的需求，本书以最基本的砂型铸造为主线，兼顾其他铸造方法，力求体现职业教育特色，在叙述上力求深入浅出，重视基础理论，紧密联系生产实际，反映先进技术，帮助读者提高分析和解决实际问题的能力。本书采用现行国家标准和法定计量单位，按照标准对相关材料牌号、成分、性能等数据逐一进行核对修正，并尽可能将国家标准的有关信息编入书中，为读者进一步查找资料提供方便。

本书为材料成型与控制技术专业（铸造方向）核心课程配套教材。其教学基本目的是熟悉铸造生产的基本过程，熟悉砂型铸造铸型的制备技术，熟悉铸造工艺设计的内容、方法、步骤及工艺装备的应用，了解铸造生产基本的机械装备，了解特种铸造技术的基本方法，能够分析常见铸件缺陷产生的原因及采取相应的防止措施，会使用相关的资料，掌握在铸造生产一线操作的基本知识并具备一定的能力，具备从生产实际出发，采用新工艺、新材料、新技术的初步能力。

本书自2003年第1版出版至今，已经连续4次修订，得到了读者的厚爱，2009年荣获陕西省高等学校优秀教材一等奖。本次修订保留了书中原来的体系结构，即以铸造成形过程为逻辑主线，围绕主线选择教学内容，重点讲述铸造成形原理、工艺特点、方法以及铸造机械装备的应用。对铸件毛坯生产过程有完整介绍。本次修订的主要特点如下。

（1）以《高等职业学校专业教学标准（试行）》为依据，书中内容与职业标准对接，突出产教融合和技术技能培养，以更好地服务经济社会发展。

（2）借助信息技术，配套教学资源。精彩的课堂教学，仅靠书面教材是不够的，有经验的教师在讲课时会穿插许多与课程内容相关的素材，限于篇幅，以前这些素材无法全部编入纸质教材，现在借助信息技术已可以实现。本次修订，针对重点知识及内容配套了视频、动画等教学资源，并以二维码的形式植入书中，通过扫描二维码即可观看相关资源。

（3）利用国家"职业教育材料成型与控制技术专业教学资源库"平台，配套课程教学资源，为开展课程的线上线下混合式教学提供全面支持和增值服务。登录"智慧职教"资源平台https://www.icve.com.cn/，注册后绑定课程"铸造工艺及装备"，即可浏览配套的课程资源（主要栏目有铸造博物馆、虚拟工厂、企业典型案例、安全教育系统、在线测试系统等）。

（4）为全面贯彻党的教育方针，落实立德树人根本任务，在线上课程教学过程中，更多地融入人文、质量、工匠等元素，利用信息化手段实现横向拓展，有助于读者多种形式的学习。

本次修订工作由陕西工业职业技术学院曹瑜强、刘洋负责，由陕西工业职业技术学院王晓江教授主审。参加本次修订的还有四川工程职业技术学院王泽忠、中国船舶重工集团公司第十二研究所焦斌、陕西工业职业技术学院鲁靖国、浙江机电职业技术学院陈云祥、榆林职业技术学院牛艳娥和陕西工业职业技术学院孙登科。

中国铸造协会副会长范琦、无锡职业技术学院姜敏凤教授对修订工作提出了许多建设性的意见。在此，谨对两位专家及书中引用参考文献和网络资源的作者一并表示诚挚的谢意！

限于编者学识水平，书中仍难免有不足之处，敬请广大读者批评指正。

编 者

二维码清单

编号	类型	文件名	二维码	编号	类型	文件名	二维码
绪论							
0-1	视频	砂型铸造基本过程		0-4	视频	铸造工艺技术发展趋势及转型方向访谈录	
0-2	视频	铸造历史与中国铸造行业现状		0-5	视频	材料科学家师昌绪	
0-3	视频	后母戊鼎国之重器					
第一章							
1-1	视频	型砂的流动性		1-7	视频	热芯盒射芯机生产工艺过程	
1-2	动画	型砂的退让性		1-8	动画	涂料的涂敷方法	
1-3	视频	铸造硅砂加工流程		1-9	视频	黏土砂湿强度与湿压强度测定	
1-4	视频	黏土砂混砂工位安全操作规程		1-10	动画	树脂砂抗压强度	
1-5	视频	高压造型用黏土砂配制工艺		1-11	动画	热湿拉强度	
1-6	视频	覆膜砂壳芯机制备轮毂壳芯工艺过程					

（续）

编号	类型	文件名	二维码	编号	类型	文件名	二维码
第二章							
2-1	视频	机器造型方法		2-7	动画	地坑造型过程	
2-2	视频	实物造型过程		2-8	视频	黄河铁牛	
2-3	视频	刮板造型过程		2-9	视频	青铜剑铸造工艺	
2-4	动画	叠箱造型过程		2-10	视频	殷墟青铜铸造之谜	
2-5	视频	模板造型过程		2-11	视频	手工制芯方法	
2-6	动画	漏模造型过程					
第三章							
3-1	动画	水平涡流现象		3-3	动画	内浇道的吸动作用	
3-2	动画	横浇道液流叠加现象		3-4	动画	浇注系统阻流截面的概念及应用	
第四章							
4-1	动画	铸件的三种凝固方式		4-2	动画	缩孔和宏观缩松的形成	

（续）

编号	类型	文件名	二维码	编号	类型	文件名	二维码
4－3	视频	灰铸铁件冒口的设计要点访谈录		4－4	视频	均衡凝固理论在灰铸铁件工艺设计中的应用	
第五章							
5－1	视频	编制铸造工艺时如何进行技术要求分析		5－4	视频	铸造用缩尺简介及其使用方法	
5－2	动画	分型面的概念及应用		5－5	视频	铸造用木质芯盒制作过程	
5－3	视频	砂芯排气设计		5－6	视频	ProCAST铸造工艺仿真分析软件简介	
第六章							
6－1	视频	箱体铸件划线检验过程		6－2	视频	用匠心"铸造"卓越－毛正石	
第七章							
7－1	视频	CT扫描检测汽车变速箱壳体铸件气孔缺陷		7－3	动画	铸件表面机械粘砂	
7－2	视频	透盖铸件缩孔缺陷原因分析及解决措施		7－4	动画	铸件表面化学粘砂	
第八章							
8－1	动画	连续式树脂砂混砂机		8－2	动画	机械手式抛丸清理机	
第九章							
9－1	视频	匠人·匠心					

目 录

绪 论

铸造是指熔炼金属，制造铸型，并将熔融金属浇入铸型，凝固后获得具有一定形状、尺寸和性能金属零件毛坯的成形方法。铸造所生产的产品称为铸件。大多数铸件只能作为毛坯，经过机械加工后才能成为各种机器零件。当有的铸件达到使用的尺寸精度和表面粗糙度要求时，才可作为成品或零件直接使用。

一、铸造生产的工艺过程、特点及在制造业中的地位

铸造生产是复杂、多工序的组合过程，基本上由铸型制备、合金熔炼及浇注、落砂及清理等三个相对独立的工艺过程所组成。砂型铸造生产的工艺流程如图 0-1 所示。一般铸造车间常设模样、熔炼、配砂、造型、造芯、合型及清理等工部组织生产。

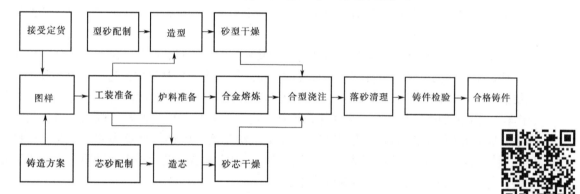

图 0-1 砂型铸造生产工艺流程

视频：砂型铸造基本过程

铸造方法虽然很多，但习惯上一般把铸造分成砂型铸造和特种铸造两大类。在砂型中生产铸件的方法称为砂型铸造。图 0-2 所示为齿轮毛坯的砂型铸造简图。砂型铸造按其铸型性质不同，分为湿型铸造、干型铸造和表面烘干型铸造三种。特种铸造按其形成铸件的条件不同，又可分为熔模铸造、金属型铸造、离心铸造、压力铸造等。如按铸造合金不同，

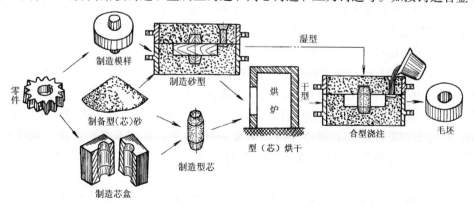

图 0-2 齿轮毛坯的砂型铸造

则有铸铁、铸钢、非铁合金铸造等。

在制造业的诸多材料成形方法中，铸造生产具有以下特点：

1）使用范围广。铸造生产几乎不受铸件大小、厚薄和形状复杂程度的限制，铸件的壁厚可达 0.3～1000mm，长度从几毫米到几十米，重量从几克到 300t 以上。最适合生产形状复杂，特别是内腔复杂的零件，如复杂的箱体、阀体、叶轮、发动机气缸体、螺旋桨等。

2）铸造生产能采用的材料广，几乎凡能熔化成液态的合金材料均可用于铸造，如铸钢、铸铁、各种铝合金、铜合金、镁合金、钛合金及锌合金等。对于塑性较差的脆性合金材料（如灰铸铁等），铸造是唯一可行的成形工艺。在工业生产中，以铸铁件应用最广，约占铸件总产量的 70% 以上。

3）铸件具有一定的尺寸精度。一般情况下，比普通锻件、焊接件成形尺寸精确。

4）成本低廉，综合经济性能好，能源、材料消耗及成本为其他金属成形方法所不及。铸件在一般机器中占总质量的 40%～80%，而制造的成本只占机器总成本的 25%～30%。成本低廉的原因是：生产方式灵活，批量生产可组织机械化生产；可大量利用废、旧金属材料和再生资源；与锻造相比，其动力消耗小；有一定的尺寸精度，可减小加工余量，节约加工工时和金属材料。

但是，铸造工作环境粉尘多、温度高、劳动强度大；废料、废气、废水处理任务繁重。

铸造生产在国民经济中占有极其重要的地位。铸造生产厂是机械制造工业毛坯和零件的主要供应者。铸件在机械产品中占有较大比例，如汽车中铸件重量占 19%（轿车）～23%（卡车），内燃机中近十种关键零件都是铸件，占总重量的 70%～90%；机床、拖拉机、液压泵、阀和通用机械中铸件重量占 65%～80%；农业机械中铸件重量占 40%～70%；矿冶（钢、铁、非铁合金）、能源（火、水、核电等）、海洋和航空航天等工业的重、大、难装备中铸件都占很大的比重并起着重要的作用。

视频：铸造历史与中国铸造行业现状

二、我国铸造技术的发展

铸造是世界历史上最悠久的工艺之一。青铜冶炼技术的发明，使人类进入了青铜器时代。伴随着青铜冶炼技术的发展，出现了铸造技术。我国的铸造技术已有近 6000 年悠久的历史，是世界上较早掌握铸造技术的文明古国之一。2500 多年以前（公元前 513 年）就铸出 270kg 的刑鼎。我国是最早应用铸铁的国家之一，自周朝末年开始就有了铸铁，铁制农具发展很快，秦、汉以后，我国农田耕作大都使用了铁制农具，如耕地的犁、锄、镰、锹等，表明我国当时已具备相当先进的铸造生产水平，到宋朝我国已使用铸造铁炮和铸造地雷。

从商朝起，我国就已创造了灿烂的青铜文化，所谓"钟鸣鼎食"，成了当时贵族权势和地位的标志。1978 年湖北省随县曾侯乙墓出土战国早期（距今 2400 年前）最大的编钟组，一套有 64 件，编钟分为八组，包括辅件在内用铜达 5t。铸造精巧，钟面铸有变体龙纹和花卉纹饰，有的细如发丝，钟上共铸有错金铭文 2800 多字，标记音名、音律。每钟发两音，一为正鼓音，一为右鼓音。音律准确和谐，音色优美动听。铸造水平极高，可称得是我国古代青铜铸造的代表作。

我国最大的钟是明朝永乐大钟，现存于北京大钟寺内，铸于明朝永乐年间（公元 1418—1422 年），全高 6.75m，钟口外径 3.3m，钟唇厚 0.185m，重 46.5t。据考证钟体铸型为泥范，芯分七段。先铸成钟钮，然后再使钟钮与钟体铸接成一体。钟体的内外铸满经文，约 227000 余字。大钟至今完好，声音幽雅悦耳，声闻数十里，是世界上罕见的古钟之一。我国古代的钟、鼎等文物，有不少是用熔模铸造的，其工艺复杂、铸工精湛、铸件精美，不难看出我国古代熔模铸造工艺已达到相当高的水平。

1953 年在河北省兴隆县古燕国铸冶作坊遗址的挖掘中，发现距今 2200—2350 年的战国时期的铁范（铁质铸型）等 87 件，可用于铸造铁锄、铁斧、铁镰、铁凿和车具等，表明早在战国时期，铸铁件在我国已广泛应用了。现立于湖北当阳的铁塔，由 13 层叠成，重 106t，铸于北宋嘉祐年间，这表明早在宋朝我国就已成功地运用了叠箱铸造技术来大量生产铸铁件。这些都向世人展现了我国古代铸造工艺的水平和高超技艺。

视频：后母戊鼎国之重器

新中国成立以来，铸造工业发展取得了辉煌成就，2011 年我国铸件产量达 4150 万 t，年产量居世界第一位，已经成为国家重要的基础工业之一。近年生产出了一些技术难度大的铸件，如三峡水力发电机水轮导叶，每片重 13t；直径 2.6m、长 8m 的大型离心球墨铸铁管；毛坯重 480t、钢液 700t、外形尺寸为 15.3m×4.7m×2.2m 的厚板轧机机架；最薄壁厚为 3.5mm 的汽车发动机灰铸铁件等。

计算机的广泛应用正从各方面推动着铸造业的发展和变革，它不仅可以提高生产率和降低生产成本，同时又能促使新技术和新工艺的不断出现，使铸造生产正在从主要依靠经验走向科学理论指导生产的阶段。例如，铸造过程的计算机模拟分析及计算机辅助工程的应用，可以科学地预测液体金属充型过程、凝固过程中的温度场及应力场，以及宏观缺陷和微观组织等。它可以优化铸造过程，缩短试制周期，确保铸件质量；可以在提高铸造生产水平的同时获得显著的经济效益；特别是对大型铸件的单件生产，可确保一次成功。计算机在铸造工艺计算机辅助设计技术、凝固过程数值模拟技术、快速成形制造技术、铸造工艺参数检测与生产过程的计算机控制等方面的应用发挥着前所未有的作用。

视频：铸造工艺技术发展趋势及转型方向访谈录

我国铸造工业的生产规模、铸件的产量和品种等已处于世界前列。今后应继续走优质、高效、低耗、清洁，可持续发展的道路，使我国由铸造大国变为铸造强国。

视频：材料科学家师昌绪

第一章　造型材料

凡用来制作铸型的原材料（如原砂、黏结剂、附加物等）以及由各种原材料所混制成的混合物统称为造型材料。制作砂型的混合物称为型砂，制作砂芯的混合物称为芯砂，涂敷在型腔或砂芯表面的混合物称为涂料。

砂型和砂芯直接承受金属液的作用，型（芯）砂质量的高低对造型（芯）工艺、铸件质量和生产成本有很大影响。铸件的一些铸造缺陷如砂眼、气孔、粘砂、夹砂等，都与造型材料有直接关系。在铸造生产中，80%左右的铸件是用砂型铸造生产的，生产1t铸件通常需要4~5t型砂。造型材料在铸造生产中占有重要地位。本章主要介绍砂型铸造中所用原材料的成分和性质；常用型（芯）砂的组成、配制工艺及性能控制；相应的性能检测方法。

第一节　型（芯）砂的组成和性能要求

一、型（芯）砂的组成

要控制型（芯）砂的性能，使其达到所需的性能要求，首先要了解型（芯）砂的组成和结构。型（芯）砂是由骨干材料、黏结材料和附加物等原材料按一定比例配制而成。以黏土为黏结材料的黏土型（芯）砂主要由原砂、黏土、附加物和水配制而成。由于自然界中的黏土资源丰富，价格低廉（开采后只需稍作加工即可供生产使用），且黏土砂型制造工艺简单，旧砂回用处理容易等，被广泛用来配制型（芯）砂，用于制造铸钢件、铸铁件和非铁合金铸件的砂型及形状简单的砂芯。黏土型砂是砂型铸造生产应用最多的造型材料。黏土型砂的结构如图1-1所示。砂粒是型砂的骨干，约占型砂重量的90%左右，砂粒本身不具有黏结力。黏土是型砂的黏结剂，它在干态时没有黏结性，黏土与水混合后形成黏土胶体，以薄膜形式覆盖在砂粒表面，把松散的砂粒黏结起来，使型砂具有强度。加入的附加物（如煤粉、木屑等）用来改善型砂的某些性能。砂粒间具有孔隙，浇注时可使气体通过孔

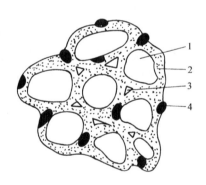

图1-1　黏土型砂结构示意图
1—砂粒　2—黏土胶体
3—孔隙　4—附加物

隙逸出型外，使型砂具有透气性。由此可见，原砂、黏土的性质以及原砂、黏土、水分的配比与混制工艺对型（芯）砂的性能起着决定性作用。

二、型（芯）砂应具备的性能

高质量型砂应当具有能铸造出高质量铸件所必备的各种性能。需根据铸件合金的种类，铸件的大小、壁厚，浇注温度，金属液压头，砂型紧实方法，浇注系统的形状、位置和出气孔等情况，对型砂性能提出不同的要求。下面从铸造生产工艺过程的两个阶段进行分析，明确对型（芯）砂的性能要求。

（1）造型、造芯和合型阶段对型砂性能的要求 为了制造出合格的砂型和砂芯，装配合型成可靠的铸型，型（芯）砂应具有良好的工艺性能，如湿度、流动性、强度、成型性、韧性、粘模性等。

湿度：为了得到所需的湿态强度和韧性，黏土砂必须含有适量水分。水分也叫含水量，它表示型砂中所含水分的质量分数，这是一般工厂确定型砂干湿程度最常用的指标。测定的原理是：称取定量的型砂，放入 105～110℃烘干装置中使之干燥，由烘干前后的重量差计算出型砂的水分。有实际操作经验的混砂或造型工人常根据用手捏型砂是否容易成团和是否粘手来判断型砂的干湿程度；还根据捏紧动作中型砂是否柔软和变形情况来判断型砂的可塑性；根据手指掐碎砂团时用力大小来判断型砂的强度是否合适。如果用手捏砂时，只有潮的感觉，不觉得粘手，且手感柔和，印在砂团上的手指痕迹清晰，那么这样的型砂干湿度就比较合适。紧实率是指湿型砂用 1MPa 的压力压实或者在锤击式制样机上打击三次，其试样体积在紧实前后的变化百分率，用试样紧实前后高度变化的百分数表示。一般情况下，混砂时的加水量应按固定的紧实率范围来控制。通常的手工和机器造型用型砂，最适宜干湿状态的紧实率接近 50%，高压造型和气冲造型时为 35%～45%，挤压造型时为 35%～40%。近年来，已有部分工厂用紧实率调节混砂加水量来控制型砂性能。

流动性：型（芯）砂在外力或自重的作用下，沿模样（或芯盒）表面和砂粒间相对移动的能力称为流动性。流动性好的型砂可形成紧实度均匀、无局部疏松、轮廓清晰、表面光洁的型腔，有助于防止机械粘砂，获得光洁的铸件。此外，还能减轻造型时紧实砂型的劳动强度，提高生产率和便于实现造型、造芯过程的机械化。

视频：型砂的流动性

强度：型（芯）砂试样抵抗外力破坏的能力称为强度。包括湿强度、干强度、热强度等。型砂必须具备一定的强度以承受各种外力的作用。如果强度不足，在起模、搬动砂型、下芯、合型等过程中，铸型有可能破损塌落；浇注时可能承受不住金属液的冲刷和冲击，冲坏砂型而造成砂眼缺陷，或者造成胀砂（铸件肿胀）或跑火（漏铁液）等现象。但是强度也不宜过高，因为高强度的型砂需要加入更多的黏土，不但增加了不适宜的水分和降低了透气性，还会使铸件的生产成本增加，而且给混砂、紧实砂型和落砂等工序带来困难。

成型性：型砂围绕模样在砂箱内流动的能力称为成型性。用成型性差的型砂造的砂型易使铸件产生粘砂缺陷。

韧性：韧性是指型砂抵抗外力破坏的性能。用韧性差的型砂造型，起模时铸型容易损坏。增加黏土加入量和相应地增加含水量可明显地提高型砂的韧性。型砂中失效黏土和粉尘的含量增加，将使型砂的变形量显著减小，韧性变差，起模困难。

粘模性：粘模性是指型砂黏附模样的性质，与型砂的温度、水分和黏结剂含量及模样的材质及表面粗糙度有关。粘模是由于型（芯）砂的黏结材料与模样表面的附着力超过了砂粒之间的黏结膜的凝聚力造成的，故粘模性与黏结材料和模具材料有关。润湿的黏土对木材的附着力比铁大，故木模比铁模易粘模。当型砂的温度高、模样的温度低时，因水汽凝结，易发生粘模。黏土砂中含水量越高，黏土含量越低，越易发生粘模。为了减轻粘模，木质模样和木质芯盒表面应刷漆，或擦拭防粘模材料，如石墨粉、石松子粉、滑石粉、煤油等，或是降低型砂含水量，使用内聚力较大的钠基膨润土，型砂温度不宜过高。

（2）铸件浇注、冷却、落砂、清理阶段对型（芯）砂性能的要求 液态合金浇入铸型后，与型腔表面砂层之间发生机械作用、热作用和化学作用。机械作用是指液态合金充填过程中对型腔壁的动压力和静压力，合金液凝固收缩时对铸型产生的压应力；热作用是由于合金液与铸型型腔存在着很大的温差，型腔壁被强烈加热，靠近合金液的型腔表面加热特别严重，局部甚至开裂或烧结；化学作用是指液态合金及其氧化物与型腔表面砂层发生化学反应。为铸造出合格铸件，该阶段对型（芯）砂提出以下性能要求。

耐火度：型（芯）砂承受高温作用的能力称为耐火度，主要与原砂耐火度有关。影响型砂耐火度的主要因素是原砂的化学成分和矿物组成。原砂中有较多的低熔点物质，如 Na_2O、MgO、CaO、Fe_2O_3 等均使耐火度降低。砂粒颗粒度大、角形因数小的原砂，其热容量大，比表面积小，吸收的热量少，不易熔化，故粗砂、圆形砂的耐火度比细砂、尖角形砂、多角形砂的耐火度高。所以铸件越大，采用的原砂也越粗，这除了能改善透气性外，也提高了耐火度。一般黏土的耐火度比砂粒的耐火度低，增加型砂中的黏土含量会降低型砂的耐火度。采用高黏结能力的黏土可减少黏土用量，能相应提高型砂的耐火度。

透气性：透气性是表示紧实砂样孔隙度的指标。在液体金属的热作用下，铸型产生大量气体，如果砂型、砂芯不具备良好的排气能力，浇注过程中就有可能发生呛火，使铸件产生气孔、浇不到等缺陷。砂型的排气能力，一方面靠冒口和穿透或不穿透的出气孔来提高；另一方面取决于型砂的透气性。型砂的透气性的高低主要受砂粒的大小、粒度分布、粒形、含泥量、黏结剂种类、黏结剂加入量和混砂时黏结剂在砂粒上的分布状况以及型砂紧实度的影响。但是，不应误解为型砂透气性越高越好，因为不涂敷涂料的砂型的透气性高，表明砂粒间孔隙直径较大，金属液易于渗入砂粒间孔隙中，造成铸件表面粗糙和发生机械粘砂。

发气量和有效煤粉含量：为了使铸铁用湿型砂具有良好的抗机械粘砂性能并且能制得表面光洁的铸件，型砂除应有适宜的透气性外，还应含有煤粉或其他有机附加物（如重油、沥青等）。这些材料在浇注受热后，产生大量挥发物，在高温下进行气相分解，在砂粒表面沉积形成"光亮碳"，从而可以防止铸铁件表面机械粘砂，提高铸件表面光洁程度。型砂的有效煤粉含量要适当，应根据清理方法和对铸件表面粗糙度的具体要求不同而不同。如果型砂中有效煤粉含量过高和发气量过大，同时型砂透气性能又差，则会使铸件产生气孔、冷隔、浇不到等缺陷。

动画：型砂的退让性

退让性：合金在凝固和冷却过程中会收缩，此时要求铸型相关部位发生变形或退让，以不阻碍铸件收缩而获得应力小且不产生裂纹的铸件。这种型砂不阻碍铸件收缩的高温性能称为退让性，也称容让性。退让性小时，铸件收缩困难，会使铸件内产生应力甚至开裂。型砂的退让性主要取决于型砂的热强度。热强度高，抵抗合金液机械作用的能力强，但退让性差。黏土型砂随黏土和水分含量的增加退让性下降。在型砂中加入木屑、焦炭粒等附加物有助于提高退让性，尤其以木屑作用最为显著。在要求有较高退让性的砂芯（如管类铸件的砂芯）中，常使用稻草绳。铸件收缩时，草绳已烧掉，砂芯就不会阻碍铸件的收缩，清砂也比较容易。

溃散性：浇注后型（芯）砂是否容易解体而脱离铸件表面的性能称为溃散性。溃散性好的型（芯）砂，在铸件凝固冷却后很容易从铸件上脱落。生产中常采用在黏土砂内加入木屑等附加物的方法来改善干砂型和表面烘干型的溃散性。

显然，上述各种性能，要求一种型砂全部满足是很难达到的，在控制型砂性能时，要根据铸造实际生产中铸件的特点（合金种类、尺寸、重量、形状结构、技术要求等）和生产条件（批量大小、手工或机器造型、技术水平）来具体确定，由此相应确定原砂和黏土的种类及加入量、水分含量和附加物的加入量、型砂配制工艺和型砂紧实度。在通常情况下，铸造厂为了保证铸件质量，除制订严格的型砂配比和混制工艺外，还要定期检查和控制型砂在使用中的基本性能变化，如含水量、透气性和强度等。

第二节 黏土型（芯）砂

黏土砂型根据在合型和浇注时的状态不同可分为湿型（湿砂型或潮型）、干型（干砂型）和表干型（表面烘干型）。三者之间的主要差别是：湿型是造好的砂型不经烘干，直接浇入高温金属液；干型是在合型和浇注前将整个砂型送入烘干窑中烘干；表面烘干型是在浇注前对型腔表层用适当方法烘干一定深度。

湿型用的湿型砂按造型时情况不同，可分为面砂、背砂和单一砂。面砂是指特殊配制的在造型时铺覆在模样表面上构成型腔表面层的型砂。

湿型铸造法的基本特点是砂型（芯）无须烘干，不存在硬化过程，其主要优点是：生产灵活性大，生产率高，生产周期短，便于组织流水生产，易于实现生产过程的机械化和自动化；材料成本低；节省了烘干设备、燃料、电力及车间生产面积；延长了砂箱使用寿命；容易落砂等。但是，采用湿型铸造，也容易使铸件产生一些铸造缺陷，例如夹砂结疤、鼠尾、粘砂、气孔、砂眼、胀砂等。因此，湿型铸造必须在生产过程中全面控制型砂质量，即从原砂材料到型砂的配方、混制、储运、使用等必须严格监控，保证型砂始终具有所要求的性能。湿型铸造主要用于 500kg 以下的铸件，在机械化流水生产和手工造型中均可应用。手工造型时，主要用于几十千克以下的小件。

表干型是仅将砂型表面层烘干，烘干的深度一般为 5～20mm，或将砂型、砂芯自然干燥 24～48h 后再合型浇注。它与湿型相比，表面层强度高、湿度小，因而浇注重量较大的铸件时不易产生气孔、粘砂、夹砂、冲砂等缺陷。但表干型要采用粗砂，型砂水分要严格控制，而且在造型、造芯、合型、浇注等方面应严格按照工艺规程操作才能稳定生产。

干型是将黏土砂型烘干，可显著提高砂型的强度、透气性，降低发气量，使铸件减少气孔、砂眼、粘砂、夹砂等缺陷，且采用涂料后铸件的表面质量也会得到改善。但干型铸造需要烘干设备，增加了燃料消耗，增加了起重机作业次数，延长了生产周期，缩短了砂箱使用寿命，使铸件的成本增加，生产率降低。干型落砂比较困难，还会产生大量灰尘。因此，黏土干型主要用于铸件表面质量要求高，或结构特别复杂的单件或小批生产及大型、重型铸件。

湿型、表干型、干型对型砂性能的要求有较大差别，而原砂、黏土的质量和水分含量的高低直接影响着型砂性能和铸件质量，因而有必要了解原砂、黏土的性质，以便在生产中合理地选择和使用。

一、铸造用原砂

1. 石英质原砂及应用

铸造用硅砂是以石英（SiO_2）为主要矿物成分，粒径为 0.020～3.350mm 的耐火颗粒物，按其开采和加工方法的不同，分为水洗砂、擦洗砂、精选砂等天然硅砂和人工硅砂。天然硅砂资源丰富，分布极广，易于开采，价格低廉，能满足铸造上多数情况的要求。

天然硅砂是由火成岩风化形成的。例如，火成岩中的花岗岩是由石英、长石、黑云母等矿物颗粒组成的岩石，经过长期风化作用后，花岗岩中的石英由于化学性质稳定和较坚硬，风化时成分不变，仅被破碎成细粒。而花岗岩中的长石、云母，一部分通过化学风化变成黏土，另一部分未被化学风化，混在砂子中。所以一般说来，硅砂中除了主要成分石英以外，还混有一些长石、云母和黏土矿物等夹杂物。

风化后的产物或就地储集，或经过水力、风力的搬运，远离原处沉积。就地储集的砂矿称为山砂，含泥分较多，粒形不规则，例如江苏六合红砂、河北唐山红砂等。经过水力搬运的砂称为海砂、湖砂或河砂；经风力搬运的砂称为风积砂。河砂、湖砂、海砂经过水流的冲洗和分选，含泥量很少，颗粒较圆，粒度比较均匀，例如河北北戴河砂、广东新会砂、福建东山砂均为海砂；江西都昌砂、星子砂为湖砂；上海吴淞砂、河南郑庵砂为河砂。内蒙古通辽市大林、伊胡塔、甘旗卡等处的砂子为风积砂，其颗粒形状更圆整而均匀。

除了细小颗粒状的天然硅砂外，硅砂还有其他两种存在形式，即石英砂岩和石英岩。沉积的石英颗粒被胶体的二氧化硅或氧化铁、碳酸钙等物胶结成块状，称为石英砂岩。石英砂岩的质地比较松散，易加工破碎，颗粒大多呈多角形，例如湖南湘潭的石英砂岩。如果沉积的硅砂粒在地壳高温高压作用下，经过变质而形成坚固整体的岩石则称为石英岩。这种石英岩通常含有很多的 SiO_2，质地极为坚硬。经过人工破碎、筛分后就可得到人造硅砂（或称为人造石英砂），但并不是所有的硅砂都可以供铸造生产使用。对原砂的质量要求有以下几个方面：

视频：铸造硅砂加工流程

（1）含泥量 含泥量指原砂中直径小于 0.02mm（20μm）的细小颗粒的含量，其中既有黏土，也包括极细的砂子和其他非黏土质点。由于原砂的形成条件和开采方式不同，其含泥量的差别很大。例如，大林砂、新会砂、都昌砂等的开采加工均用水洗涤，含泥量（质量分数）低到 0.5% 左右；红砂含泥量（质量分数）可能高达 10% 或更高。含泥量检测方法的原理是，利用不同颗粒尺寸的砂粒在水中沉降速度的不同，将原砂中颗粒直径大于 20μm 与直径小于 20μm 的颗粒分开。检验时，称量烘干的原砂并置入烧杯中，加入水及分散剂，煮沸及搅拌使其充分分散，然后反复按规定时间沉淀，虹吸排除浑水和冲入清水，直到水清后，由烘干的残留砂样重量即可计算出原砂的含泥量。根据国家标准GB/T 9442—2010 的规定，铸造用硅砂按 SiO_2 含量分级，各级的化学成分见表 1-1。

表 1-1 铸造用硅砂按 SiO_2 含量分级和各级的化学成分

分级代号	SiO_2（质量分数,%）	杂质化学成分（质量分数,%）			
		Al_2O_3	Fe_2O_3	CaO + MgO	$K_2O + Na_2O$
98	≥98	<1.0	<0.3	<0.2	<0.5
96	≥96	<2.5	<0.5	<0.3	<1.5
93	≥93	<4.0	<0.5	<0.5	<2.5
90	≥90	<6.0	≤0.5	≤0.6	<4.0
85	≥85	<8.5	<0.7	<1.0	<4.5
80	≥80	<10.0	<1.5	<2.0	<6.0

（2）原砂的颗粒组成 原砂的颗粒组成（即粒度）包括两个概念：砂粒的粗细程度和砂粒粗细分布的集中程度。为测定不同原砂的颗粒组成，通常采用筛分法，方法是用一套（11 个）筛孔尺寸自大而小的铸造用试验筛来筛分已洗去泥分的干砂样。我国国家专业标准

规定的用于测试硅砂粒度的试验筛筛号和筛孔尺寸见表1-2。

表1-2 铸造用试验筛筛号和筛孔尺寸

筛号	6	12	20	30	40	50	70	100	140	200	270	底盘
筛孔尺寸/mm	3.350	1.700	0.850	0.600	0.425	0.300	0.212	0.150	0.106	0.075	0.053	—

为了能方便地了解原砂粗细和颗粒分布特征，可以用以下几种方法来表示颗粒的组成。

1）筛号表示法。铸造用试验筛筛分后可得到各筛子上的砂子质量，选出余留量之和为最大值的相邻三筛，即得该砂样的主要粒度组成部分，用相邻三筛的中间筛孔尺寸（单位为 mm）所对应的筛号代表砂子的粒度。筛号与筛孔尺寸的对应关系见表1-3。

表1-3 铸造用硅砂按粒度分组

分组代号	粒度（筛号）	主要粒度组成部分筛孔尺寸/mm	分组代号	粒度（筛号）	主要粒度组成部分筛孔尺寸/mm
85	20	1.700、0.850、0.600	15	100	0.212、0.150、0.106
60	30	0.850、0.600、0.425	10	140	0.150、0.106、0.075
42	40	0.600、0.425、0.300	07	200	0.106、0.075、0.053
30	50	0.425、0.300、0.212	05	270	0.075、0.053、（底盘）
21	70	0.300、0.212、0.150			

2）列表法。列表法是用表格列出各筛上的砂粒余留量，以表示粒度组成。例如江西湖口砂的颗粒组成见表1-4。

表1-4 江西湖口砂的颗粒组成

筛孔尺寸/mm	3.35	1.70	0.850	0.600	0.425	0.300	0.212	0.150	0.106	0.075	0.053	底盘	含泥量	总量
余留量（质量分数，%）	1	1	2.14	6.26	9.96	24.7	40.84	11.58	2.8	0.26	0.06	0.06	1.22	99.88

(3) 原砂的颗粒形状 用光学显微镜或扫描电子显微镜观察原砂的颗粒，可以清楚地看出各种砂粒的不同轮廓形状（即"粒形"）。图1-2 所示为铸造常用原砂的主要颗粒分类法。粒形从角形到半角形，从不圆、但无锯齿状不平处到圆形，分为六种。按圆球度分为三级。这是一种对铸造用原砂粒形较细致的分类法。但铸造用原砂的粒形，以往只概略地分为圆形、

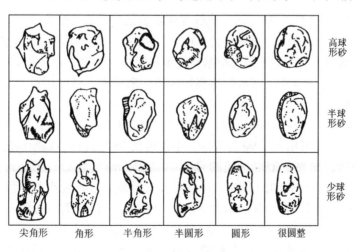

图1-2 原砂粒形分类法

钝角形（颗粒为多角形且多为钝角）和尖角形三种，分别用符号"○""□""△"表示。如果一种形状的原砂夹杂有其他形状的颗粒，只要不超过1/3，就仍用主要颗粒的粒形符号表示，否则就用两种符号表示，并将数量较多的粒形符号排在前面，例如"□—△""□—○"等。

铸造用硅砂的颗粒形状根据角形因数分级（GB/T 9442—2010），见表1-5。角形因数（符号为 E）是铸造用硅砂的实际比表面积与这种原砂理论计算出的（计算时设砂粒为球形）比表面积的比值。一般圆形砂 $E=1.0\sim1.3$，多角形砂 $E>1.3\sim1.6$，尖角形砂 $E>1.6$。对湿型砂而言，其他条件相同时，原砂的颗粒形状越圆，型砂就越易紧实，但透气性越差；砂粒更靠近，黏结桥较多且完善，因而强度更高。对使用树脂等化学黏结剂的型砂和芯砂而言，粒形对强度的影响尤为显著。在黏结剂加入量相同的情况下，用圆粒砂的试样紧实程度高，而且砂粒实际比表面积小，所以比尖角形砂强度高很多。

表1-5　铸造用硅砂按颗粒形状、角形因数分级

形状	分级代号	角形因数
圆形	○	≤1.15
椭圆形	○—□	≤1.30
钝角形	□	≤1.45
方角形	□—△	≤1.63
尖角形	△	>1.63

铸造用硅砂的牌号表示为

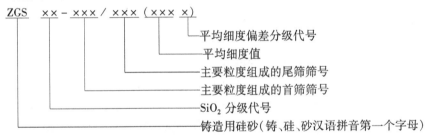

例：ZGS　90 - 50/100（53A）表示该牌号硅砂的最小二氧化硅含量为90%，主要粒度组成为三筛，其首筛筛号为50，尾筛筛号为100，平均细度为53，平均细度偏差值为±2。

（4）硅砂的选用　硅砂的选用应根据铸件重量大小、壁厚、合金种类、铸型种类（湿、干、表干型）、造型方法（手工或机器造型）的不同来考虑，另外还要考虑来源广、节约黏结剂、降低成本等。

铸铁的浇注温度一般在1400℃左右，因而对原砂耐火度的要求比铸钢件低。铸铁件用原砂的范围较宽，大件可用93、90号硅砂，小件可用85号硅砂。刷涂料的干型和表干型多用粒度较粗的原砂，如表干型可选用筛号为70、50、40的原砂，干型可选用筛号为30、40、30的原砂。湿型宜用较细的原砂。对一些表面质量要求特别高的不加工小件，应选用特细原砂，可选用筛号为70、100、140的原砂。铸铁件铁液中含有较多碳分，湿型浇注时型砂中加入有煤粉等附加物，能产生大量还原性气氛，因而在与铸型相接触的界面上金属基本不氧化。实际上湿型铸铁件无化学粘砂现象。实际生产表明：原砂的 SiO_2 含量较低时，靠近铸件表面的型砂易烧结熔融堵塞孔隙，阻碍金属液向型砂中渗透，有利于防止湿型铸铁

件产生机械粘砂。

铸钢的浇注温度高达 1500℃ 左右。钢液含碳量较低，型腔中缺乏能防止金属氧化的强还原性气氛，在与铸型相接触的界面上金属容易氧化，生成 FeO 和其他金属氧化物，因而较易与型砂中的杂质进行化学反应而造成化学粘砂。所以要求原砂中 SiO_2 含量应较高，有害杂质含量应严格控制。铸钢件的浇注温度越高，壁厚越厚，则对原砂中 SiO_2 含量的要求就越高。可选用 98、96 号的硅砂。对于大型铸钢件，可采用人工破碎、筛分的人造硅砂。

铸铜的浇注温度约为 1200℃，对原砂化学成分要求不高。铜合金流动性好，容易钻入砂粒间孔隙内，发生机械粘砂，因此宜采用较细的原砂，可选用筛号为 200、140、100 的原砂，并要求粒度比较均匀。铝合金的浇注温度一般为 700~800℃，对原砂化学成分无特殊要求，但这类铸件要求表面光洁，常选用筛号为 140、100 的细粒砂或特细砂。

用树脂作为黏结剂的型砂，选用原砂时最好不用海砂，因为海砂含有碱金属等夹杂物，会与树脂发生化学作用，使树脂砂的性能恶化和不稳定。

2. 非石英质原砂

非石英质原砂是指矿物组成中不含或只含少量游离 SiO_2 的原砂。虽然硅砂来源广，价格低，能满足一般铸铁、铸钢和非铁合金铸件生产的要求，但是硅砂还有一些缺点：热膨胀系数比较大，而且在 573℃ 时会因相变而产生突然膨胀；热扩散率（表示物体使其内部各点的温度趋于一致的能力，其值大，则物体内各点的温差小）比较低；蓄热系数（表示原砂的冷却能力，其值大，则加快铸型内部铸件的凝固和冷却速度）比较低；容易与铁的氧化物发生化学反应等。这些都会对铸型与金属的界面反应产生不良影响。在生产高合金钢铸件或大型铸钢件时，使用硅砂配制的型砂，铸件容易发生粘砂缺陷，使铸件的清砂十分困难。在清砂过程中，操作人员长期吸入硅石粉尘易患硅肺病。

为了改善劳动条件，预防硅肺病，提高铸件表面质量，在铸钢生产中已逐渐采用一些非石英质原砂来配制无机和有机黏结剂型砂、芯砂或涂料。这些材料与硅砂相比，大多数都具有较高的耐火度、热导率、热扩散率和蓄热系数，热膨胀系数低且膨胀均匀，无体积突变，与金属氧化物的反应能力低等优点，能得到表面质量高的铸件并改善清砂劳动条件。但这些材料中有的价格较高，比较稀缺，故应当合理选用。目前，可用的非石英质原砂有橄榄石砂、铬铁矿砂、锆砂、石灰石砂、刚玉、镁砂、耐火熟料、碳质材料等。

1）橄榄石砂。铸造用橄榄石砂中 $2MgO \cdot SiO_2$ 的质量分数应不低于 90%，熔点为 1790℃，它不与 MnO 作用。当用于铸造高锰钢铸件时，可获得较好的表面质量。

2）铬铁矿砂。铬铁矿砂的主要化学成分是 $Cr_2O_3 \cdot Fe_2O_3$，密度为 $4 \sim 4.8 g/cm^3$，熔点为 1450~1480℃，热导率比硅砂高几倍，热膨胀率小，不与氧化铁起化学作用。一般用作大型铸钢件或合金钢铸件的面砂、芯砂或涂料。

3）锆砂。锆砂的主要化学成分是 $ZrSiO_4$，熔点约为 2400℃，莫氏硬度为 7~8 级，密度为 $4.5 \sim 4.7 g/cm^3$，热膨胀率只有硅砂的 1/6~1/3，因而可减少铸件的夹砂缺陷。锆砂的导热性极好，可加速铸件的凝固，有利于防止大型铸件粘砂。锆砂可用作铸钢件或合金钢铸件的面砂、芯砂或涂料。

4）石灰石砂。石灰石砂的主要组成是 $CaCO_3$，含游离 SiO_2 量（质量分数）不大于 5%。用石灰石砂生产的铸钢件不粘砂，易清理，目前国内主要用作生产铸钢件的型砂和芯砂。

5）刚玉。刚玉的化学成分是 $\alpha\text{-}Al_2O_3$，由工业氧化铝经电弧炉熔融转变而成。纯刚玉的耐火度为 1850~2050℃，莫氏硬度约为 9 级，热导率比硅砂约高一倍，热膨胀率比硅砂约小一倍；由于其结构致密，能抗酸和碱的浸蚀。但刚玉价格贵，仅在铸造精度高、表面粗糙度值低的合金钢铸件时作涂料用。

6）镁砂。镁砂的主要化学成分是 MgO，因砂中含有 SiO_2、CaO、Fe_2O_3 等杂质，熔点约为 1840℃，热膨胀率比硅砂小，蓄热系数比硅砂大 1.5 倍，莫氏硬度为 4~4.5 级，密度约为 $3.5g/cm^3$。它不与氧化铁或氧化锰相互作用，因而铸件不易产生粘砂缺陷。镁砂常用于生产锰钢铸件和其他高熔点的合金铸件，以及表面质量要求较高的铸钢件。

7）耐火熟料。在 1200~1500℃高温下焙烧过的硬质黏土（如铝矾土、高岭土）称为耐火熟料，它为多孔性材料，密度约为 $1.45g/cm^3$。熟料的热膨胀率小，耐火度高，铁及其氧化物对它的浸润性较小，可作为铸造大型碳素钢铸件的涂料和熔模铸造的制壳材料。

8）碳质材料。碳质材料主要指焦炭渣（冲天炉打炉后未烧掉的焦炭破碎成颗粒）、石墨及废石墨电极、坩埚破碎筛分后的渣块。它们都是中性材料，化学活性很低，不被金属液和金属氧化物浸润，耐火度高（一般工业用石墨的熔点约为 2100℃），导热性好，热容量大，热膨胀率很低。这些特点有利于防止铸件产生粘砂、夹砂缺陷，有时还可用作面砂代替冷铁。

二、铸造用黏土及应用

1. 黏土的矿物组成、性能及分类

铸造用黏土是型砂的一种主要黏结剂。黏土被水湿润后具有黏结性和可塑性；烘干后硬结，具有干强度，而硬结的黏土加水后又能恢复黏结性和可塑性，因而具有较好的复用性。但如果烘烤温度过高，黏土被烧死或烧结，就不能再加水恢复其可塑性。黏土资源丰富，价格低廉，所以应用广泛。

黏土是一种土状材料，主要由细小结晶质的黏土矿物所组成。各种黏土矿物主要是含水的铝硅酸盐，化学式可简写成：$mAl_2O_3 \cdot nSiO_2 \cdot xH_2O$。黏土是由各种含有铝硅酸盐矿物的岩石经过长期的风化、热液蚀变或沉积变质作用等生成的。通常根据所含黏土矿物种类不同，将所采用的黏土分为铸造用膨润土和铸造用普通黏土两大类。铸造用普通黏土的主要成分为高岭石类黏土矿物，其化学式为 $Al_2O_3 \cdot 2SiO_2 \cdot 2H_2O$。铸造用膨润土的主要成分为蒙脱石类黏土矿物，其蒙脱石含量（质量分数）应大于或等于 50%，蒙脱石的化学式为 $Al_2O_3 \cdot 4SiO_2 \cdot H_2O \cdot nH_2O$（式中 nH_2O 是层间水）。耐火度高的普通黏土叫耐火黏土。膨润土用符号 P 表示，普通黏土用符号 N 表示。

用 X 射线衍射法得知高岭石和蒙脱石的晶体结构都包含两种基本结构单位：硅氧四面体和铝氧、氢氧八面体。硅氧四面体是由四个氧原子以相等的距离构成四面体形状，一个硅原子居其中心；铝氧、氢氧八面体是由四个氢氧和两个氧以相等距离排列成八面体，一个铝原子或镁原子居八面体中心，如图 1-3 所示。

但在高岭石和蒙脱石中，这两种基本结构单位的排列方式不同，因此普通黏土和膨润土具有不同的性能。

（1）高岭石类黏土矿物 高岭石的单位晶层由一层硅氧四面体和一层铝氧、氢氧八面体构成，属二层型结构。所有四面体的顶端都指向八面体层，并与八面体共用顶端的氧原子或氢氧原子。这种结构的单位晶层沿一个方向一层层地重叠起来，在另外两个方向无限展开，构成高岭石的晶体。相邻的单位晶层为氧面和氢氧面结合，如图 1-4 所示。

氧和氢氧能形成氢键，故相邻单位晶层的结合比较牢固。因此，高岭石能形成比较粗大的晶体,比表面积较小;与水混合后,水分子不能进入单位晶层之间,仅仅被吸附在晶体边缘,所以吸水膨胀性小,黏结性较差。

(2)蒙脱石类黏土矿物 蒙脱石的单位晶层由两层硅氧四面体中间夹着一层铝氧、氢氧八面体构成,属三层型结构。两层四面体的顶端都指向八面体层且与八面体共用顶端的氧原子或氢氧原子,这种结构的单位晶层沿一个方向一层层重叠,在另外两个方向无限展开,构成蒙脱石晶体,如图1-5所示。

	硅氧四面体	铝氧、氢氧八面体
结构示意		
简化图形		
层状结构		
	○─氧 ●─硅	●─铝、镁 ○─氧、氢氧

图1-3 硅氧四面体和铝氧、氢氧八面体构造示意图

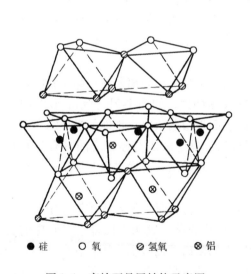

● 硅　○ 氧　◍ 氢氧　⊗ 铝

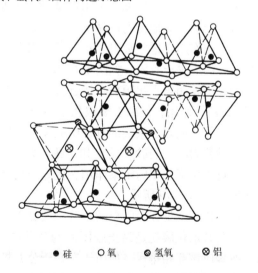

● 硅　○ 氧　◍ 氢氧　⊗ 铝

图1-4 高岭石晶层结构示意图　　　　图1-5 蒙脱石单位晶层结构示意图

两相邻的单位晶层之间由氧面和氧面相接,不形成氢键,而靠一般分子力相结合,因此,晶层之间结合力较弱。蒙脱石的晶粒细小,比表面积大,与水混合后,水能进入单位晶层之间,其他极性分子和某些有机分子也能进入单位晶层之间,表面吸水和层间吸水都比较

多，所以蒙脱石类黏土矿物吸水膨胀较大，黏结性好。

2. 黏土的黏结性能

试验证明，黏土颗粒带负电荷（在电泳实验中，将两根电极插入黏土浆中并接通电源，就会发现黏土粒子在电场作用下向正极移动，这表明黏土颗粒表面带有负电荷）。故黏土通常从所含的可溶性盐中吸附阳离子（如 K^+、Na^+、Mg^{2+}、Ca^{2+} 等）来平衡负电荷。吸附在黏土质点表面的阳离子很容易被溶液中的其他离子交换出来，这些被交换出来的阳离子称为交换性阳离子。

膨润土中如果某一交换性阳离子量占阳离子交换容量的 50% 或 50% 以上时，称其为主要交换性阳离子。如果主要交换性阳离子为钠离子，则称为钠膨润土，用 PNa 表示；如果为钙离子，则称为钙膨润土，用 PCa 表示。按其 pH 值不同，膨润土又可分为酸性、碱性两种，分别用 S 和 J 表示。

钠基膨润土比钙基膨润土在物理化学性能和工艺性能方面有很多优点，如吸水率和膨胀倍数大，在介质中分散性好，热稳定性好，在较高的温度下仍能保持其膨胀性，有较好的可塑性，较高的强度及抗夹砂能力等，但吸水速度较慢。钙基膨润土资源较丰富，开采和供应比较方便。有时要根据黏土的阳离子交换特性，对钙基膨润土进行处理，使之转变为钠基膨润土。这种离子交换的过程，通常称为膨润土的活化处理。最常用的活化剂为碳酸钠。这一过程的化学反应机理简单示意如下：

$$Ca^{2+}—蒙脱石 + Na_2CO_3 \longrightarrow 2Na^+—蒙脱石 + CaCO_3 \downarrow$$

在对钙基膨润土进行活化处理时，Na_2CO_3 加入量不足或过多，均会影响黏土的黏结力。比较合适的加入量一般为膨润土质量的 4%~5%。Na_2CO_3 的加入方式：可在混砂时先溶入水中，再随水加入。

关于黏土的黏结性能，可由胶体化学的观点来解释。由于黏土质点带负电荷，加水以后，水分子会定向地排列在黏土质点的周围和黏土中阳离子的周围，形成水化壳层，这种现象称为水化作用。这些吸附了水分子的阳离子称为水化阳离子，如图 1-6b 所示。黏土质点水化后，形成黏土胶团，如图 1-6a 所示。

当黏土胶团与水化阳离子接近时，发生相互吸引，于是水化阳离子就在黏土胶团之间起"桥"或键的作用，使黏土颗粒相互结合起来，形成黏结力，如图 1-7b 所示。砂粒因自然破碎，以及在混碾、紧实的过程中破碎，而使破碎表面带微弱负电，也能使极性水分子定向排列在砂粒周围。当砂、黏土和水按一定比例混合后，黏土胶团与砂粒之间具有公共水化膜，通过水化阳离子的桥梁作用，使黏土胶团与砂粒相互黏结，并通过紧实使型砂具有一定的强度，如图 1-7a 所示。

在水化膜中处在吸附层的水分子被黏土质点表面吸附得很紧，而处于扩散层中的水分子较松，公共水化膜就是黏土胶团间的公共扩散层。相邻的黏土胶团表面都带有同样的负电荷，按理应该互相排斥，但由于存在于公共扩散层中的阳离子的吸引作用，它们反而互相结合起来。很明显，黏土胶团的扩散层越薄，这种吸引力就越强。若水分过低，则不能形成完整的水化膜；若水分过高，就会出现自由水。在这两种情况下，湿态黏结力都不大，只有在黏土和水量比例适宜时，才能获得最佳的湿态黏结力。一般说来，黏土颗粒所带电荷越多或黏土颗粒越细小，比表面积越大，则湿黏结力越大。

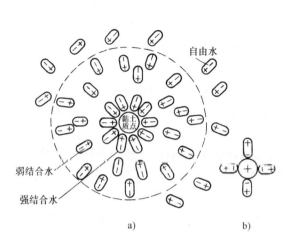

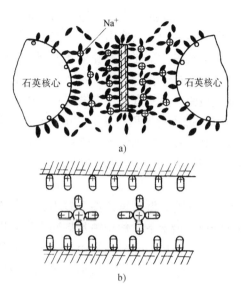

图 1-6 水化阳离子和黏土胶团结构示意图
a) 黏土胶团 b) 水化阳离子

图 1-7 黏土型砂湿态黏结机理示意图
a) 黏土型砂黏结 b) 黏土之间黏结

此外，黏土吸附水的能力与黏土的种类有关。膨润土的吸水能力大于普通黏土，故膨润土的湿态黏结能力比普通黏土好。

黏土型砂的干态黏结机理是：烘干过程中型砂逐步失水，使砂粒和黏土颗粒本身之间相互靠近，紧密接触而产生附着作用。从胶体化学观点看，带同类电荷的黏土胶团间的公共水化膜，尤其是公共扩散层，在烘干过程中水分逐渐失去，促使其扩散层变薄，将黏土和砂粒紧紧地拉在一起而产生干强度。假如在较高温度下长时间烘烤，使黏土层间水完全除去，则黏土颗粒不再呈带电性，颗粒间的静电斥力也同时消失。此时使黏土和砂粒连接在一起的力是分子间的引力。

蒙脱石在 $600 \sim 800℃$ 失去结构水，高岭石在 $400 \sim 600℃$ 失去结构水。黏土失去结构水后将导致矿物结构被破坏，成为不再具有黏结能力的失效黏土（又称为死黏土），这是型砂反复使用后性能变坏的原因之一。

高岭石的熔点大约为 $1650 \sim 1775℃$，蒙脱石的熔点为 $1330 \sim 1430℃$。所以，当加热温度过高时，黏土会熔化，铸型的强度显著降低。

随着温度的上升，黏土也会出现一定的热膨胀，但在加热过程中，黏土的主要倾向是收缩。高岭石和蒙脱石在体积变化上有显著的区别，高岭石的收缩出现在较高的温度，而蒙脱石在 $100 \sim 200℃$ 下便出现急剧的收缩。

3. 黏土的应用

我国铸造工业使用高岭石普通黏土作为型砂黏结剂的历史悠久。但是，造型使用膨润土，是在大批量湿型铸造工业兴起，对型砂提出更高的质量和性能要求后才开始的。

随着工业的迅猛发展和对膨润土资源的迫切要求，我国开展了大量勘探和开发工作，陆续在全国各地发现大批膨润土矿藏。这些矿藏大多质地优良，矿层较厚，储量丰富，运输方便，其中钙基膨润土埋藏较浅，便于露天开采，而钠基膨润土大多储于深层，需井下开采。

我国钙基膨润土主要产地有浙江余杭、临安，河北宣化、张家口，山东潍坊、诸城，山西浑源，河南信阳、罗山，辽宁黑山、凌源、建平，吉林九台，江苏江宁，湖北鄂州，四川三台、渠县等。主要钠基膨润土产地有浙江临安，新疆托克逊，甘肃金昌，辽宁黑山、凌源，吉林怀德、长春等地。各地所产膨润土质量也有很大差别。各铸造厂一方面应该加强进货质量检验，另一方面还应根据具体生产情况就近选择适用的膨润土。

（1）黏土的选用　黏土砂湿型和表面烘干型一般选用膨润土。湿型砂使用钠基膨润土可以提高其热湿黏结力和焙烧后黏结力。具有大平面的铸件，为减少铸件的夹砂缺陷，应选用钠基膨润土。但是，钙基膨润土型砂具有易混碾、流动性及落砂性好、旧砂中团块少等优点，且价格低廉，因此，不应理解为只有钠基膨润土才是高质量膨润土，对于生产中小铸铁件的工厂而言，湿型铸铁件型砂中含有煤粉等附加物和使用含 SiO_2 较低的原砂，在能防止夹砂结疤的情况下，使用钙基膨润土常可以取得良好的效果；必要时可将钠基膨润土和钙基膨润土混合使用，充分发挥两类膨润土的特点，以取得较好的综合效果，也可将膨润土与普通黏土混合使用。在手工造型生产大型铸钢件且采用干型时，应选用耐火度高的优质普通黏土。

（2）铸造用普通黏土分级情况及技术要求

1）普通黏土按耐火度、湿压强度、干压强度分级。

按耐火度的不同分为两级，见表1-6。高耐火度的黏土适用于铸钢件，低耐火度的黏土一般用于铸铁件。

表1-6　铸造用普通黏土按耐火度分级

等　级	高耐火度	低耐火度
等级代号	G	D
耐火度	>1580℃	1350 ~ 1580℃

按工艺试样的湿压强度值分为三级，见表1-7。

表1-7　铸造用普通黏土按湿压强度值分级

等 级 代 号	5	3	2
工艺试样湿压强度/kPa	>50	>30 ~ 50	20 ~ 30

按工艺试样的干压强度值分为三级，见表1-8。

表1-8　铸造用普通黏土按干压强度值分级

等 级 代 号	50	30	20
工艺试样干压强度/kPa	>500	>300 ~ 500	200 ~ 300

2）普通黏土的牌号。普通黏土的牌号以耐火度等级和强度等级表示。例如，高耐火度的黏土湿压强度值为30 ~ 50kPa、干压强度值 >500kPa，其牌号为 NG – 3 – 50。

3）技术要求。各种牌号的普通黏土，其含水量应不大于10%（质量分数），其质量的95%以上应能通过筛孔尺寸为0.106mm 的铸造用试验筛。

（3）膨润土的性能指标　膨润土按湿压强度、热湿拉强度分级（JB/T 9227—2013）。

按工艺试样的湿压强度值分为四级，见表1-9。

表 1-9 膨润土按湿压强度值分级

等 级 代 号	11	9	7	5
工艺试样湿压强度/kPa	>110	>90 ~ 110	>70 ~ 90	50 ~ 70

按工艺试样的热湿拉强度值分为四级，见表 1-10。

表 1-10 膨润土按热湿拉强度值分级

等 级 代 号	35	25	15	5
工艺试样热湿拉强度/kPa	>3.5	>2.5 ~ 3.5	>1.5 ~ 2.5	0.5 ~ 1.5

三、附加物

型砂中除了含有原砂、黏土和水等材料外，通常还特意加入一些材料，如煤粉、渣油、淀粉等，目的是使型砂具有特定的性能，并改善铸件的表面质量。这些材料统称为型砂的附加物。

（1）煤粉 煤粉是成批、大量湿型生产铸铁件用的防粘砂材料。煤粉是用烟煤磨细制成的。煤粉的粒度很重要，不应太细。因为煤粉越细小，需要水分越多，易使铸件产生气孔类缺陷。煤粉细，也会降低型砂透气性。铸铁湿型砂中煤粉的含量一般为原砂重量的6%~8%。

在湿型砂中，煤粉所起的作用主要有以下几方面：

1）在铁液的高温作用下，煤粉产生大量的还原性气体，可防止金属液被氧化，并使铁液表面的氧化铁还原，减少了金属氧化物和造型材料进行化学反应的可能性。产生的气体在砂型孔隙中形成压力，使金属液不易渗入型砂中。型腔中的还原性气体主要来自煤粉热解生成的挥发分。

2）煤粉受热后变成胶质体，具有可塑性。如果由开始软化至固化之间的温度范围比较宽，则可以缓冲石英颗粒在该温度区间因受热而形成的膨胀应力，从而可以减少因砂型受热膨胀而产生的铸造缺陷。

3）煤粉在受热时产生的碳氢化合物，在650~1000℃高温下和还原性气氛中发生气相热解而在金属和铸型界面上析出一层带有光泽的碳，称为光亮碳，其结晶构造与石墨很接近。这层光亮碳阻止了型砂与铁液的界面反应，而且也使型砂不易被金属液所润湿，对防止机械粘砂有显著的作用。目前，普遍认为煤粉防止铸铁件产生粘砂主要是靠形成光亮碳膜，而还原性气氛和堵塞孔隙的作用是辅助性的。

在型砂中，煤粉的加入也带来一些问题，例如增加了型砂灰分、焦炭物质和水分，降低了型砂的透气性、流动性和韧性，恶化了车间环境；煤粉过多还会因发气量过大而加大铸件生成气孔和缺肉（浇不到）缺陷的可能性。

（2）淀粉 国外有些工厂在湿型砂中加入淀粉类材料，其目的是减少夹砂结疤和冲砂缺陷，增加型砂变形量，提高型砂的韧性和可塑性，降低起模时模样与砂型间的摩擦阻力，减少因砂型表面风干和强度下降而引起的砂孔缺陷。除铸铁湿型外，淀粉在铸钢湿型砂中应用更加普遍。铸铁面砂中淀粉含量一般为0.5%~1.0%（质量分数）。

四、新砂和旧砂的处理

1. 原砂的处理

目前，国内供应原砂有两种方式，一是用户直接购买未经加工处理的原砂，二是购买已经加工处理过的原砂。从原砂产地购进的未加工的新砂常含有草根、贝壳和石子等杂物，含水量也较高。因此，应对原砂进行烘烤和筛分。目前用于生产的烘干设备有热气流烘砂、滚筒烘砂、振动沸腾烘砂装置等。原砂的筛分可用滚筒筛、摆动筛和振动筛等。

原砂的加工处理方法有筛分、水漂洗、酸浸洗、精选等。筛分是除去粗粒或粉粒，得到合适的粒度；水漂洗是将原砂用清水漂洗并搅动，除去泥分，然后自然干燥；酸浸洗是用砂和水按质量2:1的比例混合，再加入含量为原砂0.4%（质量分数）的浓盐酸，浸泡24h，然后用清水净洗，达到pH=6~7，最后干燥，目的是清除泥分，除去杂质，清洁砂粒表面，提高黏结剂的黏结力；精选是根据矿物表面物理化学性质的不同，用矿物浮选法使原砂中的石英与长石分离，然后根据矿物磁性的差别，再用强磁选除掉磁性杂质。

加工处理的原砂价格较贵，但它可大幅度减少黏结剂用量，尤其是用于植物油砂和树脂砂时，可节约植物油和树脂。

2. 旧砂的处理

在实际生产中，配制型砂时尽量回用旧砂（即重复使用过的型砂），这不仅是经济上的需要，而且也是保护环境、防止公害的需要。但是简单地重复使用旧砂，会使型砂性能变坏，铸件质量下降。因此，必须了解旧砂的特性，掌握其性能变化的规律，采取必要的措施，才能保证和稳定型砂的性能。

经过浇注，型腔的表面层受到金属液的强烈热作用，型砂在成分和性能上都会发生很大变化。距表面一定深度（通常为若干毫米）之内的黏土，在高温作用下失去结构水，丧失了黏结能力，成为失效黏土（死黏土）。这部分型砂约占整个型砂质量的2%~5%。失效黏土的一部分在高温作用下包裹在砂粒表面上，烧结形成一层牢固的膜（称为惰性膜），不能用水洗掉，成为砂粒的一部分。型砂经无数次循环混制和浇注受热，惰性膜将多层重叠包覆，使砂粒直径增大。惰性膜是多孔性的，这是由于黏土中水分受热逃逸和型砂中煤粉等附加物部分燃烧所造成的，因而砂粒的密度较原来的小些，型砂的适宜水量提高。由于砂粒中的石英含量减少，型砂膨胀缺陷倾向减轻。但是惰性膜的熔点低，只有约1150℃，如果砂粒的惰性膜太厚，同时浇注温度高于1400~1450℃，就会造成铸件表面不光洁。每次回用旧砂时都需要加入一些新砂以改善旧砂，避免被惰性膜包覆的砂量过高。还有些黏土因受到不同程度的热作用而失效或部分失效，以粉尘状态存在于旧砂中，而成为泥分的一部分。

在循环配砂系统中，每次混砂时都要加入适量的黏土（膨润土或普通黏土），用来代替被烧损的黏土，也用来黏结进入配砂系统的新砂和旧砂，其数量取决于铸件的壁厚、浇注温度和铸件在铸型中的冷却时间，也取决于黏土的品种和质量。

煤粉等碳质附加物受热后也同样分解，失去挥发性物质。残留的焦炭是多孔的，它降低了型砂的石英含量和膨胀性，同时提高了型砂的需水量。

铸件开箱后，砂中常有铁块、铁豆和砂块等杂物，因而旧砂要经多次磁选、破碎团块及过筛除去杂物，还应经除尘处理，降低旧砂中的粉尘含量，然后回用。

湿型铸铁件落砂后型砂温度一般达70~180℃，铸钢件则可达90~260℃，机械化流水生产的车间，一个工作班中型砂可能周转3~6次，如处理不当就会出现型砂温度过高的问题。一般型砂温度高于室温10℃以上称为热砂。热砂对型砂性能、造型操作和铸件质量都有不良影响。解决热砂问题的主要措施有：加强落砂、过筛、运输和混砂过程的通风，利用旧砂中水分的蒸发吸收热量，降低旧砂温度；根据旧砂温度自动调节增湿量，然后使用沸腾冷却装置、冷却提升机、搅拌冷却装置等冷却设备降低旧砂温度；增大砂铁比，增加型砂周转时间和减少型砂循环次数；为了防止热砂黏附模板，应减少模板与型砂温差，避免水汽凝结在模板上。

五、型砂的制备

在拟定型砂的配方之前，必须首先根据浇注合金种类、铸件特征和要求、造型方法和工艺、清理方法等因素确定型砂应具有的性能范围。然后再根据各种造型原材料的品种和规格、砂处理方法和设备性能、砂铁比和各项材料损耗比例等因素制订型砂的配方。一个新的型砂系统通常在开始使用前，先参考类似工厂生产中比较成功的型砂配方，并结合本厂的具体条件，初步拟定出型砂的性能指标和配方，再进行实验室配砂，调整配方，使性能符合指标要求；然后到车间进行小批混制，造型浇注，对型砂的性能指标进行考量及配方调整，并经长期生产考验才能确定。由于各种铸造合金的特性及铸型的种类不同，所使用的型砂在性能要求和配比上也有所不同。下面主要介绍各种黏土型砂的性能、配方特点和混制工艺。

（一）湿型砂的性能和配方特点

湿型砂按其使用特点可分为面砂、背砂和单一砂。面砂是指铺覆在模样表面上构成型腔表面的型砂，厚度为 15～50mm，它直接与高温金属液接触，对铸件质量影响很大。要求面砂具有较高的强度、可塑性、流动性、抗粘砂性，因此面砂中常含较多的新砂、黏土、防粘砂附加物，混碾时间较长。

背砂是指面砂与砂箱壁之间的砂层，主要起加固和充填作用，所以又称为填充砂。背砂的强度可以较面砂低一些，只要在搬运和翻箱时不易塌箱即可，但背砂的透气性应比面砂的高，以利于排出气体。背砂一般由旧砂和水配成，必要时加入少量黏土，混砂时间较短。

采用面砂和背砂造型容易保证铸件质量，并能降低原材料的消耗，减少混砂和落砂的劳动量。但在机器造型的车间会使供砂系统复杂化，降低造型机的生产率。因此，手工造型时使用面砂和背砂较方便，而机器造型车间只有在生产一些重大件时才使用面砂和背砂。一般机器造型多用单一砂，单一砂的性能接近面砂的性能。

湿型砂的组成为新砂、旧砂、黏土、煤粉、水分和少量重油等附加物。加入煤粉和重油的目的是防止粘砂和降低铸件的表面粗糙度值，重油还有利于保持型砂中的水分，改善型砂的流动性，避免混砂时型砂结团，使型砂松散。型砂的含水量要求应重在控制配砂后所测得的水分含量。由于型砂的各项性能几乎都与含水量有关，所以应以型砂综合性能良好时的含水量范围为最适宜的含水量范围。一种型砂含水量的上限与下限之间的范围最好控制在 0.5%～1.0%（质量分数）。对型砂适宜含水量范围的控制通常是通过测量型砂的紧实率来衡量的。

1. 铸铁件湿型砂

手工造型和震压式机器造型用型砂的紧实率大多在 50% 左右。由于铸铁型砂中含有煤粉及失效煤粉，单一砂和面砂中又都有大量旧砂，型砂的泥分常达 12%～16%（质量分数），能吸收大量水分，所以型砂的含水量通常高达 4.5%～6%（质量分数）。

铸铁湿型砂多用筛号为 100 的细砂，并含有煤粉，透气性不是很高，通常在 100 以下。在正常紧实率情况下，不致引起机械粘砂。对于大件，面砂的透气性应比较低，才可能制得表面光洁的铸件。

一般铸铁件的湿型砂，用发气量测定仪测出的有效煤粉含量为 5%～8%（质量分数）。但对于薄壁小件，型砂中有效煤粉只需 3%～4%（质量分数）即可。

因铸铁湿型砂中含有煤粉，铁液不易氧化，所以对型砂的抗化学粘砂能力无要求，对硅砂的 SiO_2 含量高低要求不严格，只需考虑如果 SiO_2 含量过低，而浇注温度高时是否会产生烧结壳，烧结壳混入旧砂中，会影响回用旧砂的质量。较小铸铁件对于型砂的抗夹砂结疤能力要求不高，而且我国铸铁用硅砂大多含 SiO_2 在92%（质量分数）以下，不易造成铸型表面膨胀类缺陷。对于中大型铸件和对夹砂结疤较敏感的铸件，则应要求型砂的热湿拉强度要大于 2.5kPa，这就要求采用活化膨润土或天然钠基膨润土。但是考虑到活化膨润土和钠基膨润土型砂在混砂时易结团，流动性稍差，落砂时不易破碎，而且价格较高等问题，所以应尽量使用钙基膨润土。如果确有必要，可根据铸件情况采用不完全活化膨润土或掺和使用钙基膨润土和钠基膨润土。

2. 铸钢件湿型砂

与铸铁相比，铸钢的特点是：浇注温度高，一般铸钢比铸铁约高150℃，达1450~1550℃以上，对砂型热作用的时间长；一般是用漏包浇注和开放式浇注系统，对铸型冲刷力大；钢液易氧化而生成氧化物，易与型砂起化学反应，引起粘砂；气体在钢液中溶解度大，铸件易产生针孔和皮下气孔。因此，铸钢型砂的特点是：

1）铸钢型砂中不含煤粉，这是为了防止铸件增碳，因而铸钢型砂的含泥量较铸铁型砂低，需水量少。在同样紧实率下，铸钢型砂的水分低，有利于防止产生针孔或皮下气孔。水分最好控制在4%~5%（质量分数）或更低些。由于型砂中不含煤粉和含泥量低，为了使铸件表面光洁，不产生机械粘砂，可以选用筛号为100或70的硅砂，不宜使用筛号为50的粗硅砂。

2）为了防止铸件表面产生化学粘砂，铸钢用原砂的 SiO_2 含量大多在96%（质量分数）以上，厚壁和浇注温度高的铸件要求硅砂的 SiO_2 含量更高些。由于硅砂含 SiO_2 高，型砂中又缺少煤粉等缓冲材料，因此铸钢件产生夹砂结疤类缺陷的倾向更大些。可采用活化膨润土或天然钠基膨润土来提高型砂的热湿拉强度和抗夹砂、结疤能力。

3）为了防止冲砂和砂孔等铸造缺陷，型砂中可加入适量的渣油液和淀粉类材料（例如冻胶化淀粉、糊精等）。必要时，需在砂型表面喷涂糖浆、纸浆残液、水玻璃等的稀释水溶液，以提高型砂的韧性和表面强度。喷涂后应经停放几小时或用喷灯表面喷烧后才能合型。

3. 铸造非铁合金用湿型砂

生产中应用最多的铸造非铁合金是铜合金、铝合金和镁合金等。这类合金的铸造特点是浇注温度低（铜合金为1200℃左右，铝合金为700~750℃左右），流动性较好，密度大，收缩大，易氧化吸气。金属氧化物不与铸型作用，铸件一般都比较小，要求有较高的表面质量和尺寸精度，主要要求型砂有好的流动性和可塑性，能制得表面光洁、轮廓清晰的铸件。所用的原砂粒度大多较细，一般选用筛号为140的硅砂或天然黏土砂（如六合红砂）。要求型砂的水分不可过高，以提高流动性和减少发气量。

在天然黏土砂中加入适量的水后，型砂可具有良好的塑性和一定的湿强度。由于非铁合金的浇注温度较低，热容量小，对砂粒和黏结剂的破坏少，所以型砂可反复使用。

铝合金液较轻，使用天然黏土砂时要控制含水量，以免由于型砂透气性低而造成呛火和气孔缺陷。

对于较大或重要的铜合金铸件，可以采用干型。所用型砂要求退让性要好，可以加入木屑以增加型（芯）砂的退让性，防止铸件产生裂纹缺陷。在铜合金用湿型砂中，常加入重油以提高铸件的表面质量。

表 1-11 是我国几家工厂铸铁件湿型砂配方及性能实例。可以看出，由于各厂的生产条件不同，对铸件质量要求及操作习惯不同，因此对型砂性能的控制范围差别极大。

表 1-11　铸铁件湿型砂配方及性能实例

铸型类别	型砂用途	成分配比（质量分数,%）									性　能		
		新砂		旧砂	膨润土	碳酸钠（以膨润土为基）	煤粉	木屑	水分	含泥量	湿压强度/kPa	透气性	紧实率（%）
		粒度（筛号）	加入量										
湿型	小件机器造型单一砂	100	10~20	80~90	1.5~2	—	2~3	—	5.0~5.5	<14	70~90	70~98	—
	重量 200kg 气缸体面砂	140 100	30~35	65~70	3.5~4.5	0.1~0.2	7~8	—	4.5~5.5	—	>85	70~90	—
	球墨铸铁曲轴单一砂	100	10~15	85~90	2~2.5	0.1~0.2	2~3	—	4.5~5.5	10~12	>64	>90	—
表干	冷冻机缸体面砂	30	37.5	62.5	6~8	—	—	0.5	5.0~6.0	—	80~90	>100	—

（二）干型砂的性能和配方特点

干型铸造的特点是：在浇注前，将黏土砂型烘干，显著提高了砂型的强度，烘干后的强度比湿型强度高 5~10 倍，发气性降低，透气性比湿型高 50%，能有效地防止铸件产生气孔、砂眼、粘砂、冲砂、胀砂、夹砂等缺陷。一般型腔表面刷涂料后，铸件表面质量较好。但是干型铸造需要烘干设备，增加了燃料消耗，生产周期长，砂箱寿命短，铸件成本较高，落砂困难。

黏土砂干型主要用于单件、小批生产大型或重型铸件。在表面质量要求高或需经受高压力的液压试验、结构特别复杂的铸件也常采用干型铸造。

1. **铸铁件干型砂**

为了改善干型砂的性能，配制干型砂时应符合以下要求：

1）应选用比湿型砂粗的原砂，常采用筛号为 50、40、30 的粗硅砂，以提高透气性，防止气孔缺陷。

2）应选用耐火度较高的硅砂及热化学稳定性好的黏土，以提高砂型的耐火度，同时在砂型（芯）表面刷石墨水涂料。

3）应加入较多的黏土，同时提高水分含量。干型常用普通黏土作黏结剂，加入量为10%（质量分数），水分含量为9%（质量分数）。也可将普通黏土和膨润土混合使用，以提高型（芯）砂的湿强度和干强度，防止冲砂、胀砂等缺陷。有的工厂还加入纸浆残液、糖浆、沥青乳化液等，以进一步提高干强度。

4）一般可加入 0.5%~2%（质量分数）的木屑，或加入10%~20%（质量分数）的焦炭粉，以提高干砂型（芯）的退让性，防止铸件变形和开裂，同时也降低了干砂型（芯）的残留强度，提高砂型的溃散性。

铸铁件干型（芯）砂的性能及配方实例见表1-12。

表1-12　铸铁件干型（芯）砂的性能及配方实例

应用范围	性能		成分配比（质量分数，%）						
	湿透气性	湿压强度/kPa	新砂		含水量	旧砂	黏土	膨润土	木屑或焦炭粉	其他
			粒度（筛号）	加入量						
一般中大件面（芯）砂	>100	>45	40	30	7~9	70	3~3.5	1.5~2		
机床大件面砂	>100	55~75	30或40	20~30	7.5~9	70~80	2~4	1.5~3		
机床大件芯砂	>100	50~70	30或40	20~30	8.5~10	70~80	3~5	2~4	木屑2~3	

2. 铸钢件干型砂

铸钢件干型砂一般选用 SiO_2 含量在96%（质量分数）以上，含泥量在1.5%（质量分数）以下的天然硅砂或人造硅砂，采用筛号为30~70的粗砂和中粒砂。生产大型厚壁件、合金钢铸件，用硅砂难以解决粘砂缺陷时，可以选用碱性、中性或某些不易与金属氧化物起化学反应的非石英质砂，如镁砂、锆砂、铬铁矿砂、石灰石砂等。

型砂中加入的耐火黏土或膨润土较多，耐火黏土加入量约为15%~20%（质量分数），膨润土加入量为9%~10%（质量分数）。使用膨润土或膨润土与耐火黏土混合使用，有利于防止粘砂、裂纹、夹砂等缺陷。

为了防止粘砂，铸钢件干型要刷涂料。一般铸钢件采用石英粉涂料。生产大型铸钢件、高锰钢、耐热钢、不锈钢件时，若石英粉涂料不能有效地防止粘砂，可采用锆石粉、镁砂粉、铬铁矿粉、刚玉粉作为防粘砂材料配制涂料。铸钢件用黏土型砂性能及配方实例见表1-13。

表1-13　铸钢件用黏土型砂性能及配方实例

型砂种类	型砂用途	性能		成分配比（质量分数，%）							
		湿透气性	湿压强度/kPa	新砂		旧砂	膨润土	碳酸钠	含水量	糖浆	其他
				粒度（筛号）	加入量						
湿型	机器造型面砂	>80	55~70		100		11~14	0.2~0.4	4.8~5.8		纸浆残液0.6~1.2
	机器造型单一砂	≥100	≥50	100	50	50	3	0.4	4~4.7		
	小型铸钢件	100~200	56~77	人造硅砂140	100		9~11	0.2	3.8~4.3		糊精0.2~0.4
干型	中型铸钢件	>350	40~60	人造硅砂20；30	30	70	9		7~8		
	高锰钢和重要碳钢件	>160	45~60	人造硅砂30；50	30	70	8		7~8	2	白泥6
	芯砂	≥80	≥40	100	100		5			5	白泥12~16 木屑2

3. 砂型（芯）的烘干工艺

砂型和砂芯烘干的目的主要是除去水分，降低型（芯）的发气量，提高强度及透气性。

黏土砂型的烘干过程，实际上是表面水分蒸发和内部水分不断向表面迁移的连续过程。烘干速度取决于蒸发速度和迁移速度。

水分从砂型表面蒸发的速度受砂型的表面积、炉气的温度和流动速度等因素的影响。水分由内部向表面移动的速度，受砂型表面和内部的含水量之差及温度差影响。水分移动的方向是由高水分处向低水分处移动，以及从温度高处向温度低处移动。砂型（芯）在炉气的热作用下，表面水分不断蒸发，使得表面层的水分总比内层的低，促使内层水分向表面层移动。但开始烘干时，砂型（芯）表面层受热作用，温度很快升高，而内层温度还保持在原有的室温，这就促使表面层的水分向内层移动，从而阻碍砂型（芯）的烘干。因此，合理的烘干工艺，应该是让砂型（芯）由开始表面温度高，到内外温度趋于一致，然后变成内部温度高于表面温度，使水分总是从内层向表层移动，再从表层蒸发掉，直到烘干为止。根据以上要求，将烘干过程分为三个阶段，并在生产上制订相应的烘干工艺规程。

第一阶段是均热阶段。目的是使砂型（芯）由表及里整体加热。为此，烘炉要缓慢地升温，尽量减少表面水分蒸发，使砂型（芯）内外的温度差和湿度差尽量减小，有利于内外层同时升温。在操作上常把烟道闸门大部分关上，使炉内燃烧不旺，炉气循环几乎停止，炉气水分很快达到饱和，避免砂型表面的水分蒸发，使砂型（芯）在湿态下整体得到加热。这一阶段直到炉内温度稳定达到要求的保温温度为止。这时砂型（芯）内外温度达到一致。

第二阶段是水分迅速蒸发阶段。要求砂型（芯）的水分不断由表面蒸发掉，内部的水分不断迁移到表面。因此，要求炉温在预定温度下保温一定时间后，把烟道闸门完全打开，使炉气加速循环，让炉气把水分带走。这一阶段要持续到砂型（芯）水分基本被排除才结束。

第三阶段是缓冷阶段。把烟道闸门半闭，使砂型（芯）和烘炉一同冷却，同时利用烘炉内的余热，进一步排除型内残余水分，保证彻底烘干。

砂型（芯）的干强度与烘干温度有关，当烘干温度较低时，干强度随温度升高而增加，当烘干温度超过一定温度后，干强度反而下降。这是由于黏土矿物在较高温度下晶体结构受到破坏所致。因此，烘干温度要控制适当，一般黏土干型砂的适宜烘干温度为 $300 \sim 400℃$，含木屑的黏土砂芯则为 $300 \sim 350℃$。

表 1-14 列出了铸铁件不同体积砂型（芯）的烘干温度和烘干时间，可供参考。

表 1-14　铸铁件干砂型（芯）的烘干温度和烘干时间

砂　型			砂　芯		
砂箱平均尺寸（长/m）×（宽/m）	烘干时间/h	烘干温度/℃	砂芯体积/m³	烘干时间/h	烘干温度/℃
$(0.6 \times 0.5) \sim (1.2 \times 0.9)$	6 ~ 8	350 ~ 400	< 0.001	2 ~ 3	250 ~ 300
$(1.2 \times 0.9) \sim (3.0 \times 2.0)$	8 ~ 12	350 ~ 400	0.001 ~ 0.015	4 ~ 5	250 ~ 300
$(3.0 \times 2.0) \sim (5.0 \times 3.5)$	12 ~ 24	350 ~ 400	0.015 ~ 0.025	6 ~ 7	250 ~ 300
$(5.0 \times 3.5) \sim (5.5 \times 4.0)$	24 ~ 36	350 ~ 400	0.025 ~ 0.05	8 ~ 9	250 ~ 300
$> (5.5 \times 4.0)$	36 ~ 48	350 ~ 400	0.05 ~ 0.10	10 ~ 11	250 ~ 300
			> 0.10	12 ~ 14	250 ~ 300

大砂型的烘干深度应大于 $40 \sim 60mm$，砂芯最好干透。烘干深度可用仪表测量，或用手轻敲铸型，声音"清脆"则已烘干，声音"沙哑"则未烘干。也可用金属棒插入砂型内，

如有水气凝聚在金属棒上，则可确定其还未烘干。

（三）型砂的混制工艺

生产中常用的混砂机有碾轮式、摆轮式、叶片式等。

视频：黏土砂混砂工位安全操作规程

碾轮式混砂机混砂时，混合和揉搓作用较好，混制的型砂质量较高，但生产率低。一般工厂混制面砂时都用碾轮式混砂机。为了加强对型砂的松散和混合作用，新式的碾轮式混砂机的碾轮侧面带有数根松砂棒，或者采用单碾轮和一只松砂转子结构。

摆轮式混砂机生产率较碾轮式混砂机高几倍，而且在混砂机内能鼓风冷却型砂，但混制的型砂质量不如碾轮式，因此摆轮式混砂机多用于机械化程度较高的铸造车间，用来混制单一砂和背砂。

叶片式混砂机仅有混合作用而无搓揉作用，故只用于混制背砂或黏土含量低的单一砂。

双碾盘碾轮式混砂机是一种高生产率的连续式混砂机，用于大量生产的铸造工厂，用来混制单一砂。

混制型砂常用的加料顺序是：先将回用砂和新砂、黏土粉、煤粉等干料混匀（称干混）；再加水至要求的水分混合（称湿混）；如果型砂中含有渣油液，则渣油液应在加水混匀后加入，加渣油液后的混碾时间不宜过长，只要混匀即可。这种先加干料后加水的混碾工艺因干料很难混匀，在碾盘边缘会遗留一圈粉料未被混合，这些粉料吸水后，在混碾的后期和卸砂时才脱落，致使在型砂中混有一些黏土和煤粉团块。如果先向回用砂中加水，则水可在砂粒上形成水膜，再加入黏土就能更快地分散在砂粒上，强度的建立更快。此外，先混干料会使尘土飞扬，恶化劳动环境。因此，通常认为加料顺序宜先加砂和水，湿混后再加黏土粉和煤粉混匀，最后加少量水调整紧实率，可以更快地达到预定的型砂性能，缩短混砂时间。

为使各种原材料混合均匀并形成完整的黏结薄膜，应有一定的混砂时间。如混砂时间过短，原材料没有混匀，黏土粉来不及充分吸水形成黏土膜包覆在砂粒表面，造成型砂性能较差。但混砂时间过长，又会引起型砂温度升高，水分不断蒸发，使型砂性能下降。混砂时间主要根据混砂机的形式、型砂中的黏土含量和混砂时新砂加入量所占比例确定。黏土含量高的型砂混砂时间应较长。采用碾轮式混砂机，混砂时间为：背砂约3min，单一砂3～5min，面砂5～8min。采用摆轮式混砂机，混砂时间为：背砂约0.5～1min，面砂2～3min。

视频：高压造型用黏土砂配制工艺

型砂经过混碾后，由于混砂机的碾压作用，把一些型砂压成团块，有团块的型砂不易紧实均匀，透气性差，砂型表面质量不好，所以在混砂机卸砂时或型砂在流入砂箱前，应经过松砂或过筛，使型砂松散后再用。

第二节 水玻璃黏结剂型（芯）砂

铸造生产中应用的无机化学黏结剂有水玻璃、水泥和磷酸盐等，其中应用最广的无机化学黏结剂是钠水玻璃，它们主要是通过发生物理－化学反应而达到硬化的。因此，用它们作黏结剂配制的型（芯）砂，属于化学硬化砂。水玻璃型（芯）砂与黏土砂比较，其优点是：型（芯）砂流动性好，易于紧实，故造型（芯）劳动强度低；硬化快，硬化强度较高，可简化造型（芯）工艺，缩短生产周期，提高劳动生产率；可在砂型（芯）硬化后起模，砂型（芯）尺寸精度高；可取消或缩短烘烤时间，降低能耗，改善工作环境和工作条件。

钠水玻璃砂 CO_2 硬化法自 1947 年问世以来，由于混砂、紧实、硬化、起模等操作简易，CO_2 价格便宜、安全、不需要净化，从而迅速得到推广。这一方法的主要缺点是铸型浇注后溃散性差，旧砂难以用摩擦法再生，硬化的砂型（芯）保存性差（尤其在寒冷潮湿的条件下），对于某些铸件，砂型（芯）硬化后的强度还不够理想，因此其使用受到一定限制。20 世纪 60 年代之后，树脂砂（特别是自硬树脂砂）的应用，取代了部分水玻璃砂，但从环境保护、经济、材料来源等方面考虑，无机化学黏结剂较有机化学黏结剂仍有很多优点。因此，人们对无机化学黏结剂砂特别是钠水玻璃砂，还在研究与开发。

一、钠水玻璃黏结剂

水玻璃是各种聚硅酸盐水溶液的通称。铸造上最常用的是钠水玻璃，因其来源充足，价格便宜。钠水玻璃的分子式为 $Na_2O \cdot mSiO_2 \cdot nH_2O$，此化学式只表示三个组成的物质的量的比例，其商品名称为泡花碱，化学名称为水溶性硅酸钠溶液。硅酸钠是弱酸强碱盐，干态时为白色或灰白色团块或粉末，溶于水时，纯的水玻璃外观为无色透明的黏性液体，一般呈灰色、黄绿色或淡黄色。pH 值一般为 11～13。

钠水玻璃有几个重要参数，直接影响其化学和物理性质，也直接影响钠水玻璃砂的工艺性能，这就是钠水玻璃的模数、密度、浓度和黏度。

1. 模数

钠水玻璃中 SiO_2 与 Na_2O 的物质的量之比称为水玻璃的模数，用 M 表示。即

$$M = \frac{x_{SiO_2}}{x_{Na_2O}} = \frac{w_{SiO_2}}{w_{Na_2O}} \times 1.033 \tag{1-1}$$

式中　x_{SiO_2}——水玻璃中 SiO_2 的摩尔分数；

x_{Na_2O}——水玻璃中 Na_2O 的摩尔分数；

w_{SiO_2}——水玻璃中 SiO_2 的质量分数；

w_{Na_2O}——水玻璃中 Na_2O 的质量分数。

模数的大小仅表示钠水玻璃中 SiO_2 与 Na_2O 的摩尔分数之比，并不表示钠水玻璃中硅酸钠的质量分数。模数高的钠水玻璃，其硅酸钠的质量分数不一定高。在一定的浓度范围内，水玻璃的模数高，说明 SiO_2 的相对含量高，此水玻璃的黏度大，硬化速度快。但是模数太高，反而造成铸型（芯）的硬化强度不高。铸造生产中最常用的水玻璃模数为 2.0～3.0。

钠水玻璃模数可以通过化学的方法降低或提高。调整模数的实质是调节 SiO_2 和 Na_2O 两者的相对含量。降低钠水玻璃模数可以加入适量的 NaOH，以提高水玻璃中 Na_2O 的质量分数，从而相对地减少 SiO_2 的质量分数。其反应式为

$$mSiO_2 + 2NaOH \longrightarrow Na_2O \cdot mSiO_2 + H_2O$$

NaOH 加入量的计算方法如下：

设原水玻璃中 $w_{SiO_2} = a\%$，$w_{Na_2O} = b\%$，将 100kg 水玻璃调整到所需要的模数 M 时，需加固体 NaOH 为 G（NaOH）kg，则

$$M = \frac{\dfrac{a}{60}}{\dfrac{b}{62} + \dfrac{G(NaOH)}{40 \times 2}}$$

整理得

$$G（NaOH）=\left(\frac{a}{60M}-\frac{b}{62}\right)\times40\times2 \tag{1-2}$$

式中   60、62、40——分别为 SiO_2、Na_2O 及 NaOH 的相对分子质量。

NaOH 一般以 10%~30%（质量分数）水溶液的形式在混砂时加入水玻璃中。

提高钠水玻璃模数可加入 HCl、NH_4Cl 等，以中和部分 Na_2O，从而相对提高 SiO_2 的质量分数。其反应式为

$$Na_2O \cdot mSiO_2 \cdot nH_2O + 2HCl \longrightarrow mSiO_2 \cdot nH_2O + H_2O + 2NaCl$$

$$Na_2O \cdot mSiO_2 \cdot nH_2O + 2NH_4Cl \longrightarrow 2NaCl + mSiO_2 \cdot （n-1）H_2O + 2NH_3\uparrow + 2H_2O$$

HCl 或 NH_4Cl 加入量的计算方法如下：

设原水玻璃中 $w_{SiO_2}=a\%$，$w_{Na_2O}=b\%$，将 100kg 水玻璃调整到所需要的模数 M 时，需加入 HCl 或 NH_4Cl 分别为 $G(HCl)$ kg 或 $G（NH_4Cl）$ kg，则

$$G(HCl)=\left(\frac{b}{62}-\frac{a}{60M}\right)\times73 \tag{1-3}$$

$$G（NH_4Cl）=\left(\frac{b}{62}-\frac{a}{60M}\right)\times107 \tag{1-4}$$

2. 浓度、密度与黏度

除模数外，能说明钠水玻璃主要技术特性的还有浓度、密度和黏度。

浓度反映了水玻璃中 Na_2O 和 SiO_2 的总体含量。当模数一定时，浓度越大，其密度也越大，说明固体含量高，即水玻璃中硅酸钠的绝对含量高，水玻璃的黏结力增大。

水玻璃的模数仅表示其中 SiO_2 和 Na_2O 的相对含量，不能表示水玻璃中硅酸钠含量的多少，而浓度的大小却能表示水玻璃中 SiO_2 和 Na_2O 绝对含量的多少，所以水玻璃性质必须同时用两个指标——模数和浓度（或密度）来表示。铸造上通常采用密度 ρ 为 1.3~1.6g/cm³ 或波美度为 35~54°Be′ 的钠水玻璃。模数高的，密度反而低一些，以利于稳定储存。

水玻璃的浓度可以用加水稀释或浓缩的方法来调整。加水量可用下式计算

$$C=\frac{A（\rho-\rho'）}{\rho（\rho'-1）} \tag{1-5}$$

式中 C——加水量（g）；

A——需处理水玻璃量（g）；

ρ——原水玻璃密度（g/cm³）；

ρ'——处理后水玻璃密度（g/cm³）。

水玻璃的模数和浓度均影响着水玻璃的黏度，如图 1-8 所示。当浓度一定时，模数越大，其黏度越大；当增加水玻璃的浓度时，高模数水玻璃的黏度比低模数水玻璃的黏度增加得更快；当模数不变时，水玻璃的浓度越大，则其黏度也越大。

铸造生产中对水玻璃模数和密度的要求根据钠

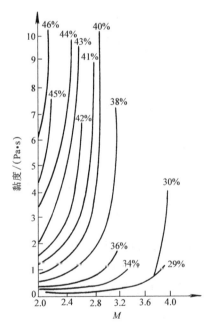

图 1-8   水玻璃模数和浓度对黏度的影响
注：曲线端的数字表示 $SiO_2 + Na_2O$ 的质量分数。

水玻璃砂的硬化方式与所用固化剂的类型而定，参见表 1-15。

表 1-15　硬化方式与钠水玻璃模数、密度的关系

硬 化 方 式	固化剂类型	模数 M	密度 $\rho/(\text{g}\cdot\text{cm}^{-3})$
CO_2 法	CO_2	2.0 ~ 2.3	1.48 ~ 1.52
有塑性的水玻璃砂（加有黏土和用黏度高的钠水玻璃）	硅酸二钙（镉铁渣）	2.7 ~ 3.1	≥1.42
自硬砂	复合酯	2.4 ~ 2.6	≥1.48
	金属磷酸化合物的粉末	2.3 ~ 2.5	≥1.47
流态自硬砂	硅酸二钙（镉铁渣）	2.7 ~ 3.1	≥1.36

二、钠水玻璃砂及砂型（芯）硬化

水玻璃在一定条件下逐渐变硬的过程称为水玻璃的硬化。水玻璃的硬化方法有化学硬化法和物理硬化法两种。

1. CO_2-钠水玻璃砂

向水玻璃砂制成的砂型（芯）中吹入 CO_2 气体，在很短时间内就可以使型（芯）砂硬化，这种方法称为 CO_2 硬化法。通常把用 CO_2 硬化的水玻璃砂称为 CO_2 砂，被广泛应用在铸钢件的生产上。

（1）CO_2 硬化原理　在水玻璃溶液中存在着下列的水解平衡

$$Na_2O \cdot mSiO_2 + (n+1)H_2O \rightleftharpoons mSiO_2 \cdot nH_2O + 2NaOH$$

通入 CO_2 气体，由于 CO_2 是酸性氧化物，与水解产物 NaOH 作用生成盐和水，即

$$CO_2 + 2NaOH === Na_2CO_3 + H_2O + Q（放热）$$

不断地将 NaOH 移去，促使水玻璃水解平衡向右进行，生成更多的硅酸分子。由于水解时伴有热量放出而使体系的温度升高，也有利于水解进行。

硅酸分子间不断失水缩合形成硅酸溶胶，长链状的硅酸溶胶分子之间继续相互结合形成网状的硅酸凝胶薄膜，包覆在砂粒表面，从而将砂粒黏结在一起，使砂型（芯）具有一定的强度。其反应式为

$$mSiO_2 \cdot nH_2O \longrightarrow mSiO_2 \cdot xH_2O + (n-x)H_2O$$

实际上，上面的三个反应是同时进行的，不能机械地把它们分开，因此可以归并为一个总的化学反应式

$$Na_2O \cdot mSiO_2 \cdot nH_2O + CO_2 \longrightarrow mSiO_2 \cdot xH_2O + (n-x)H_2O + Na_2CO_3 + Q（放热）$$

（2）型（芯）砂　钠水玻璃砂 CO_2 法是某些铸造车间常用的造型（芯）工艺。此法既可用于大量生产和单件小批生产，也适用于大小型、芯生产。目前广泛采用的 CO_2-钠水玻璃砂大都由纯净的人造（或天然）硅砂加入质量分数为 4.5%~8.0% 的钠水玻璃配制而成。对于数十吨的质量要求高的大型铸钢件砂型、砂芯，全部面砂或局部采用镁砂、铬铁矿砂、锆砂等特种砂代替硅砂较为有利。有的要求钠水玻璃砂具有一定的湿态强度和可塑性，以便脱模后再吹 CO_2 硬化，可加入 1%~3%（质量分数）膨润土或 3%~6%（质量分数）普通黏土，或加入部分黏土砂。为改善出砂性，有的芯砂中往往还加入 1.5%（质量分数）的木屑，或加入 5%（质量分数）的石棉粉，或加入其他附加物等。

（3）造芯（型）及吹 CO_2 硬化　钠水玻璃砂的流动性好，造型时可用手工或靠微振紧

实，也可采用吹射造芯（型）。对于大的砂芯，为增加退让性和便于排气，砂芯内部放置块度为 30～40mm 的焦炭块、炉渣或干砂，并在中心挖出气孔，上部通至箱口。型和芯一般要扎通气孔，使 CO_2 气体可以通过，以加速硬化。

吹 CO_2 硬化的方法可根据芯（型）的大小和形状加以选择。要求 CO_2 能迅速均匀进入芯（型）的各个部分，以最少的 CO_2 消耗量使型、芯各部分硬化均匀，避免出现死角。目前应用较多的吹 CO_2 的方法是插管法和盖罩法，如图 1-9 所示。也有通过模样吹 CO_2 硬化的方法。插管硬化法的硬化深度大，适用于中大型砂型（芯）。盖罩硬化法的硬化深度浅，适用于小砂型（芯）。插专用管硬化法（图 1-9b）适用于成批生产的砂芯。中小型芯还可采用扎气眼吹气。砂型经过修补的地方可采用表面吹气方式。

吹 CO_2 时的气体压力越大，硬化反应越快，硬化深度越大。但压力过大时，容易使 CO_2 泄露，不能充分利用，并可能将砂型表面吹坏。而压力太低，需延长吹气时间，降低生产率，且砂型局部容易造成过吹。生产中吹气压力一般为 0.15～0.25MPa。

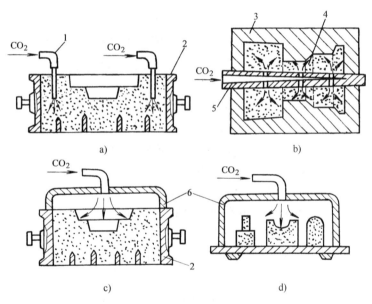

图 1-9 吹 CO_2 的方法

a)、b) 插管硬化法 c)、d) 盖罩硬化法

1—胶管 2—砂箱 3—芯盒 4—砂型(芯) 5—气管 6—盖罩

吹气时间与吹气压力大致成反比，即对于同一砂型，压力越大，吹气时间越短。吹气时间过长，强度反而下降，而且 CO_2 过量后还会导致砂型（芯）表面出现"白霜"，使砂型（芯）表面粉化，铸件易出现砂眼、夹砂等缺陷。吹气时间应随铸型（芯）大小而异，如 $1m^2$ 的砂箱在 0.15～0.25MPa 压力下吹气时间为 1～2min。CO_2 吹气法的硬化深度一般可达 20～30mm 以上。大的型、芯不采用插管法或其他措施是无法硬透的。

2. 钠水玻璃砂的加热硬化方法

用自然干燥或加热、吹压缩空气等方法使水玻璃砂硬化的方法称为物理硬化法，其实质是采用一定的方法使水玻璃砂型（芯）脱水而硬化。

加热硬化法可利用烘窑、煤气燃烧或移动式烘炉对砂型（芯）加热，既可利用炉温蒸发砂型（芯）中的水分，又可利用炉气中的 CO_2 促进水玻璃砂型硬化。这种方法无需将水分完全烘干就能使砂型（芯）表面获得很高的强度。加热硬化能使水分降到0.5%（质量分数）左右，强度可达9~10MPa。加热硬化需控制加热温度和加热时间，用烘窑加热的适宜温度为200~250℃，烘干时间为40~150min；利用煤气燃烧或移动式烘炉加热，温度一般不超过300℃，加热时间为2~3h。

用加热硬化的砂型（芯）生产的铸件，质量稳定，不容易产生气孔、砂眼等缺陷，但会增加劳动强度，延长生产周期，需要加热设备，硬化时间比吹 CO_2 的时间长。

自然干燥硬化法是将水玻璃砂型停放在空气中，由于水分蒸发和自行吸收空气中的 CO_2 而硬化。但硬化时间长，并且硬化层较浅，故很少采用。

为了在起模前硬化，提高铸件精度，同时尽量减少砂型（芯）中的残留水分，稳定铸件质量，在生产中常将 CO_2 和加热硬化联合使用。造型时先吹 CO_2，使砂型（芯）建立一定的强度，起模后再加热硬化。但是开始吹 CO_2 要少，否则，加热后会使已经硬化的表面层产生应力，甚至破坏，使强度下降。此法适用于湿强度较低而干强度要求较高的砂型（芯）的生产。

三、钠水玻璃砂存在的主要问题及其解决途径

铸造生产中钠水玻璃砂存在的主要问题是溃散性差，砂型（芯）表面易粉化（即白霜），浇注的铸件容易产生粘砂，砂型（芯）抗吸湿性差及旧砂再生和回用困难等。下面仅就水玻璃砂溃散性差和表面易粉化的原因及解决途径做简单介绍。

1. 溃散性差及解决途径

钠水玻璃砂的溃散性差，使出砂困难，从而限制了它在铸造上获得更广泛的应用。CO_2 硬化的钠水玻璃砂在不同温度下的抗压强度、残留强度和自由热膨胀的变化值，如图1-10所示。

残留强度是评定钠水玻璃砂溃散性常用的指标。它是将 $\phi30mm \times 50mm$ 圆柱形钠水玻璃砂试样加热到一定温度，并在该温度下保温30~40min，再随炉冷却到室温后所测定的抗压强度。如果保温后，试样在炉外冷却，既不符合铸造生产实际，也使所测残留强度偏低。

钠水玻璃砂的残留强度随温度的改变呈双峰的特性。这两个峰值的高低决定了钠水玻璃砂溃散性的好坏，铸件出砂的难易。其第一个峰值在200℃左右出现，是由于硅酸凝胶和未反应的硅酸钠脱水强化的结果。此后由于黏结膜脱水收缩及温度变化引起应力并出现裂纹，以及由于水分大量脱失，黏结膜上出现气泡，使残留强度随之下降。钠水玻璃砂的高温强度则呈单峰特性，由于是高温，不受冷却过程应力、裂纹的影响，因此直到400℃仍然是脱水强化的因素占优势。800℃时硅酸钠开始熔融出现液相，使黏结膜的内应力、裂纹、气孔等消失，高温强度降到零。熔融的

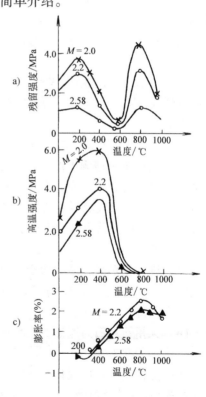

图1-10　CO_2-钠水玻璃砂的加热温度与强度、膨胀率的关系

a）残留强度　b）高温强度　c）膨胀率

硅酸钠冷却后形成坚固的玻璃体或晶体，因而在 800℃ 左右钠水玻璃砂的残留强度出现第二个高峰值。800℃ 以后，熔融的硅酸钠与硅砂中的 SiO_2 反应加剧，成为 SiO_2 的过饱和溶液。当冷却时，过饱和的 SiO_2 先以鳞石英析出，低于 870℃ 时转变为石英，它在凝固的钠水玻璃中起着切口的作用，故 1000℃ 左右时钠水玻璃砂的残留强度又下降。而在 1200℃ 之后，钠水玻璃砂的烧结是主要的，所以这时残留强度又会上升。

钠水玻璃砂的模数越低，高温强度和残留强度越高。这是因为模数低的水玻璃中，Na_2O 的质量分数高，吹 CO_2 后，黏结膜中硅酸钠凝胶量多，而硅酸钠凝胶比硅酸凝胶加热脱水后的脆性小，因而模数低的水玻璃的高温强度和残留强度高于模数高的水玻璃。

钠水玻璃砂的残留强度高，意味着溃散性差，出砂后结块的砂子也给旧砂再生带来困难，使钠水玻璃砂的应用受到严重制约。为了解决溃散性差这一难题，长期以来，铸造工作者做了不懈的努力，取得了较大进展。为改善钠水玻璃砂的溃散性，采取的主要措施如下：

(1) 在钠水玻璃砂中加入附加物　附加物分为有机附加物和无机附加物两类。

添加的有机附加物如糖类、树脂类、油类、纤维素类等多种材料在高温下挥发、汽化或燃烧碳化，可在一定程度上破坏钠水玻璃黏结膜的完整性，因此可显著改善钠水玻璃砂在 600℃ 以前的溃散性，但 800℃ 以上效果并不明显。但有学者认为加入有机附加物后仍有好处，这主要是由于加入有机物多，相对地减少了钠水玻璃用量。

添加无机附加物能降低钠水玻璃砂在 800~1100℃ 的残留强度，主要原因是：

1）无机物在高温下与熔融硅酸钠形成高熔点相，使 800℃ 时的残留强度峰值后移。通常加入二价和三价金属氧化物以形成高熔点的三元或四元体系。例如，加入粉状氧化铝、高铝矾土、硅酸二钙、高岭土、膨润土、氧化镁等，均在一定程度上改善了钠水玻璃砂的溃散性。

2）无机物本身或新形成的产物相变膨胀，或由于收缩系数不同造成裂纹，或形成脆化膜而降低残留强度。例如，加入蛭石、石灰石、氧化铁等，也能在一定程度上改善钠水玻璃砂的溃散性。

到目前为止，所采用的附加物对降低 1200℃ 以上的残留强度，效果还不显著。

(2) 减少钠水玻璃用量　出砂的难易，在很大程度上取决于钠水玻璃的加入量。例如，将钠水玻璃加入量从砂重量的 8% 降到 4%，出砂工作量可减少 4/5。但降低钠水玻璃的加入量应以不降低水玻璃型砂的常温强度为前提。为达到此目的，应着重从提高钠水玻璃的黏结效率入手。现在采用改性水玻璃、加树脂等多种方法可以改善溃散性。目前水玻璃用量可达 3.5%~5%。

(3) 降低易熔融物质的含量　减少钠的存在，是提高钠水玻璃黏结剂熔融温度、降低其残留强度的关键。例如，采用较高模数、较低黏度的钠水玻璃；使用 Na_2O 含量低的优质原砂，均有利于改善溃散性。

(4) 采用石灰石为原砂的钠水玻璃 CO_2 硬化砂

2. 表面粉化及解决途径

钠水玻璃砂吹 CO_2 硬化并放置一段时间后，有时会在砂型或砂芯表面出现"白霜"，这种现象称为粉化。"白霜"的主要成分是呈粉状的 $NaHCO_3$，其生成反应式如下

$$Na_2CO_3 + H_2O \Longrightarrow NaOH + NaHCO_3$$

$$NaOH + CO_2 \Longrightarrow NaHCO_3$$

$NaHCO_3$ 容易随水向外迁移到砂型（芯）的表面，形成"白霜"，使砂型（芯）的表面强度降低。粉化严重的砂型（芯）只能报废。防止措施是限制水分和吹 CO_2 的时间，特别应避免因吹气压力不足而延长吹气时间，导致表面层反应过度，并且不要将砂型（芯）久放，冬季尤其应注意。因为 CO_2 在水中的溶解度随着温度降低而升高，冬季和雨季水分蒸发慢，有助于钠离子伴水外移，"白霜"严重。在钠水玻璃砂中加入占原砂重量 1% 的糖浆或刷涂料后进行表面烘干，可以防止砂型（芯）表面粉化。

四、CO_2-钠水玻璃砂的原材料、配方及混制工艺

1. CO_2-钠水玻璃砂的原材料

为获得表面光洁的铸件并减少钠水玻璃的消耗量，铸钢件用原砂的 SiO_2 含量应高。一般采用中等粒度的硅砂，含泥量应小于 2%（质量分数）。原砂需经烘干，使型（芯）砂的总含水量不超出规定值。

为加速小砂型（芯）的硬化，可以选用模数为 2.7 ~ 3.2 的钠水玻璃；中等砂型（芯）可以选用模数为 2.2 ~ 2.6 的钠水玻璃；生产周期长的大砂型（芯），可以选用模数为 2.0 ~ 2.2 的钠水玻璃。水玻璃的模数越高，其浓度应相应降低。

2. CO_2-钠水玻璃砂的配方

CO_2-钠水玻璃砂的配方应根据原材料的质量、铸件大小、气温、生产条件等因素来确定。表 1-16 列出了 CO_2-钠水玻璃砂配方实例，供参考。

表 1-16 CO_2-钠水玻璃砂配方实例

用途	成分配比（质量分数，%）							水分（质量分数，%）	性能	
	人工硅砂		其他硅砂	膨润土	普通黏土	氢氧化钠溶液	重油	水玻璃		湿透气性	湿压强度/kPa
铸钢型芯	（200号筛）50	（270号筛）50		3		0.75 ~ 1.0	0.5 ~ 1.0	7	4.5 ~ 5.5	>200	17 ~ 23
大型铸钢件型（芯）面砂			（50号筛）100		4 ~ 5	0.7		8 ~ 9	4 ~ 5	>100	25 ~ 30
铸铁 <1000kg 砂型			旧砂 50 （70号筛）50		1 ~ 2			4.5 ~ 5.5	4 ~ 6	>80	25 ~ 40
铸铁 <1000kg 砂芯			旧砂 50 （70号筛）50		1 ~ 2		煤粉 2 ~ 4	5.5 ~ 6.5	4 ~ 6	>80	25 ~ 40

3. CO_2-钠水玻璃砂混制工艺

水玻璃砂可用任何混砂机混制。混砂时间在保证混匀的前提下应尽量缩短，以免型砂发热变硬。一般的混砂工艺为

$$砂 + 干粉状物 \xrightarrow[2 \sim 3min]{干混} + NaOH 溶液 \xrightarrow[1 \sim 2min]{湿混} + 水玻璃 + 水 \xrightarrow[3min]{湿混} + 重油 \xrightarrow{混匀} 出砂$$

模数低时，混砂时间可稍长。模数高时，应尽量缩短混砂时间，以免水玻璃砂硬化。出砂后最好放在有盖的容器中，以免水分蒸发或与 CO_2 接触而变硬。

第四节 树 脂 砂

树脂砂是以树脂为黏结剂配制的型（芯）砂。采用树脂作为铸造型（芯）砂黏结剂是铸

造工艺上的一次大变革。这种方法问世以来，即引起了铸造界的重视，发展很快。作为铸造型（芯）砂黏结剂的树脂，品种不断增多，质量不断改善，可以满足各种铸造合金的要求。由于采用了树脂砂，相继出现了许多造型（芯）的新工艺，如壳芯（型）、热芯盒、冷芯盒、自硬砂芯等。目前，采用树脂砂已成为大量生产优质铸件的基本条件之一。单件及批量生产的砂型铸造车间，用树脂砂制造砂芯及砂型已是普遍的工艺方法，近年来发展尤为迅猛。

与其他型砂相比，树脂砂的主要优点是：铸件表面质量好，尺寸精度高；不需要烘干，缩短了生产周期，节省了能源；树脂砂型（芯）的强度高，透气性好，铸件缺陷少，废品率低；树脂砂流动性好，易紧实；溃散性好，容易落砂、清理，大大减轻了劳动强度。其主要缺点是：因原砂粒度、粒形、SiO_2 含量及碱性化合物等都能对树脂砂性能产生较大影响，所以对原砂要求较高；操作环境的温度、湿度对树脂砂硬化速度及硬化强度影响较大；与无机黏结剂相比，树脂砂的发气量较大；树脂和催化剂有刺激气味，要求车间内通风良好；树脂的价格较高。

下面主要介绍目前常用的几种树脂砂及其特性。

一、呋喃树脂自硬砂

呋喃树脂自硬砂是指常温下呋喃树脂黏结剂由于催化剂的作用发生化学反应而固化的型（芯）砂。

（一）呋喃树脂自硬砂原材料的选用

呋喃树脂砂一般由原砂、呋喃树脂、催化剂、添加剂等组成。各种原材料的质量和性能都会对树脂砂的性能和铸件质量产生很大影响，所以正确选用树脂砂的各种原材料是非常重要的。下面说明呋喃树脂自硬砂对所用原材料的性能要求、影响因素及原材料的选用。

1. 原砂

原砂的各种性能对树脂砂的性能、树脂用量及铸件表面质量影响很大。

1）对原砂化学成分、需酸值、pH 值的要求。树脂砂与其他黏结剂所配制的型砂相比，对原砂化学成分的要求主要区别在于要考虑原砂的需酸值和 pH 值。

需酸值是指中和 50g 原砂中的碱性物质所消耗的浓度为 0.100mol/L 的盐酸溶液的毫升数。需酸值高，则原砂中碱性物质含量多，消耗的酸催化剂多，树脂砂的硬化速度慢，硬化时间长，所以需酸值低是树脂砂工艺对原砂的特殊要求。影响原砂需酸值的主要因素是原砂中的泥分和贝壳类等碳酸盐富集物，其含量应严格控制。由于矿物分析比较复杂，生产上通常采用直接测定原砂需酸值并加以控制的方法。只要需酸值 <5，pH 值 <7 的原砂就能满足要求。一般铸钢件用原砂中 $w_{SiO_2}>97\%$，铸铁件用原砂中 $w_{SiO_2}>85\%$。

2）对原砂含泥量及微粉含量的要求。原砂含泥量和微粉含量对树脂砂强度的影响也是很大的。例如，$w_泥$ 从 1.18% 降至 0.22%，型砂的抗拉强度可以增加 30%，故要求原砂中 $w_泥$ 最好能控制在 0.2% 以下，最高不超过 0.5%。生产中最好采用水洗砂或擦洗砂。微粉是指直径在 0.106mm 以下的细砂。微粉含量越多，砂粒总表面积越大，要达到同样强度需加入的树脂就越多，增加了树脂消耗量，提高了铸件成本。故要求原砂中 $w_{微粉}<2\%$，最好能控制在 0.5% 以下。

3）对原砂角形因数、粒度的要求。试验结果表明：在树脂加入量相同的情况下，原砂的角形因数大，砂粒表面积大，型砂的强度降低；原砂过粗或过细，都使型砂强度降低。因此，一般要求原砂角形因数在 1.0~1.3 范围内。原砂粒度选择要适中，对于不刷涂料的型

（芯），可选用筛号为 70 和 100 的混合砂，对于刷涂料的型（芯），可选用筛号为 50 和 70 的混合砂。在粒度组成上，其主要组成部分应占 80%~90%。

4）对原砂含水量的要求。原砂的含水量高，树脂砂的强度降低。试验结果表明：原砂含水量（质量分数）从 0.2% 增至 0.7% 时，树脂砂的抗拉强度下降 50% 以上，因此对原砂的含水量应严格控制在 0.2% 以下。原砂使用前最好要进行烘干。

5）树脂砂用原砂的技术指标，见表 1-17。

表 1-17　树脂砂用原砂的技术指标

种　类	粒度（筛号）	w_{SiO_2}（%）	$w_{泥}$（%）	$w_{水}$（%）	$w_{微粉}$（%）	需酸值	适用范围	
							材质	铸件类型
硅砂	30/50	>97	<0.2	<0.1~0.2	<0.5~1	<5	铸钢	中大型及大型铸件
硅砂	40/70	>97	<0.2	<0.1~0.2	<0.5~1	<5		
硅砂	40/70	>96	<0.2	<0.1~0.2	<0.5~1	<5		大、中型铸件
硅砂	50/100	>96	<0.2~0.3	<0.1~0.2	<0.5~1	<5		中、小型铸件
硅砂	40/70	>90	<0.2	<0.1~0.2	<0.5~1	<5	铸铁	中大型及大型铸件
硅砂	50/100	>90	<0.2~0.3	<0.1~0.2	<0.5~1	<5		
硅砂	70/140	>90	<0.2~0.3	<0.1~0.2	<0.5~1	<5		一般铸件
硅砂	100/200	>90	<0.3	<0.1~0.2	<0.5~1	<5		
硅砂	70/140	>85	<0.2~0.3	<0.1~0.2	<0.5~1	<5	非铁合金	各类铸件
硅砂	100/200	>85	<0.3	<0.1~0.2	<0.5~1	<5		

2. 呋喃树脂

呋喃树脂是以糠醇为基础的，因其结构上特有的呋喃环而得名。就其基本结构而言，有糠醇呋喃树脂、脲醛呋喃树脂、酚醛呋喃树脂和甲醛呋喃树脂等。生产中配制树脂自硬砂多用呋喃树脂作为黏结剂。用于自硬砂的呋喃树脂，其糠醇含量都比较高，树脂存放性能得到改善，热强度高，但增加了成本。

（1）呋喃树脂的种类及选用

1）糠醇呋喃树脂是由糠醇单体在酸的催化作用下缩聚成线型分子的糠醇树脂。用这种树脂作黏结剂的型砂，性能并不理想，而且树脂的价格很贵，实际上几乎不能单独使用。

2）脲醛呋喃树脂由糠醇、尿素和甲醛合成。这种树脂的综合性能好，价格便宜，硬化速度易于控制。其中脲醛的含量可在很大范围内变动，以适应不同的生产条件。用于铝合金铸件时，树脂中脲醛含量可高达 75%（质量分数）。脲醛呋喃树脂因含氮量较高，主要用于铸铁件和铝合金铸件。

3）酚醛呋喃树脂由苯酚、甲醛和糠醇合成。这种树脂强度较低，型砂发脆，综合性能不理想。酚醛呋喃树脂不含氮，适用于铸钢件。

4）甲醛呋喃树脂由糠醇和甲醛合成。糠醇含量较高，通常在 90%（质量分数）以上，储存稳定性好。用其配制的树脂砂，常温及高温强度均好，可用于大型铸钢件及高合金钢铸件。但由于糠醇含量高，价格较贵。

5）脲醛、酚醛共聚呋喃树脂是由尿素、苯酚、甲醛和糠醇四种组分缩聚而成的呋喃树脂，简称为共聚树脂。这种树脂具有脲醛呋喃树脂和酚醛呋喃树脂的优点，综合性能好，应用广泛。

（2）呋喃树脂化学成分对树脂砂性能的影响

1）含氮量的影响。随含氮量增加，树脂砂的常温强度提高，高温强度降低，铸件产生皮下气孔的倾向增大。

2）糠醇含量的影响。随树脂中糠醇含量增加，树脂砂的常温自硬强度、高温强度及残留强度均提高，溃散性变差。

呋喃树脂糠醇含量和氮含量对树脂砂性能的影响见表1-18。

表1-18 呋喃树脂糠醇含量和氮含量对树脂砂性能的影响

性　能	糠醇含量增加	氮含量增加	性　能	糠醇含量增加	氮含量增加
成本	提高	降低	溃散性	降低	提高
硬化速度	降低	增加	热稳定性	增加	降低
脆性	在脲醛呋喃树脂中增加 在酚醛呋喃树脂中减少	减小	气孔倾向	减小	增大
			夹砂倾向	增大	减小
硬透性	增加	降低	粘砂倾向	减小	增大

（3）呋喃树脂的技术指标

1）黏度。黏度低不仅对混砂设备计量仪的稳定性与准确度有利，同时能使树脂有效地包覆砂粒表面，提高树脂砂的强度。

2）游离甲醛含量。游离甲醛含量直接影响混砂和造型、造芯的工作条件。因为操作时游离甲醛散发于空气中，刺激人的眼、鼻等器官，故要求其含量尽可能低。

3）含水量。水分虽然能使树脂黏度降低，但也使硬化反应速度和强度降低。一般要求无氮树脂的含水量（质量分数）小于2%，中氮树脂含水量小于5%，高氮树脂含水量小于10%。

4）pH值。树脂的合成是在酸性介质中进行的，树脂中残留一部分酸，在树脂的存放过程中会发生缓慢的硬化反应，使树脂变稠。故树脂合成后应将pH值调整到7左右或呈弱碱性，以中和掉残留酸。

呋喃树脂的加入量，一般占原砂重量的1%~2%。

3. 催化剂（固化剂）

呋喃树脂都是用酸作催化剂使呋喃树脂砂型（芯）硬化的。

（1）催化剂的种类 催化剂可分为无机酸与有机酸两大类。

无机酸主要是磷酸，它是最先采用的催化剂。常用质量分数为75%~85%的磷酸水溶液，其优点是价格便宜。用于高氮树脂时，树脂砂强度较高；而用于低氮树脂时，树脂砂的常温强度比用有机酸略低，但高温强度较好。用磷酸作催化剂，最大的缺点是砂子再生时残留的磷酸盐较多，会导致用再生砂配制的树脂砂强度下降。

有机酸主要为有机磺酸，常用的有苯磺酸、对甲苯磺酸、对氯苯磺酸和苯酚磺酸等。其催化能力的顺序是：对氯苯磺酸＜苯酚磺酸＜对甲苯磺酸＜苯磺酸。催化能力最小的对氯苯磺酸与磷酸相当。

（2）溶剂对催化剂性能的影响 很多有机磺酸是固态的，为了使用的要求，须配制成液态。常用的溶剂有水、酒精和磷酸。试验结果表明，用水、酒精、磷酸作溶剂，树脂砂的最终强度基本相同，但硬化速度却相差悬殊，水与磷酸相差 8 倍之多。用磷酸作溶剂时硬化速度快。

（3）催化剂用量对树脂自硬砂硬化特性的影响

1）催化剂用量对树脂自硬砂强度的影响。在其他条件不变，树脂加入量也相同时，催化剂的用量对树脂砂的强度有很大影响。当酸性催化剂加入量很少时，其有效浓度不足以使树脂发生完全的交联反应，而且树脂发生交联反应时产生水，会使催化剂稀释，从而也限制反应的继续进行，故树脂砂的强度偏低。起初，树脂砂的强度是随着催化剂的增加而提高的，在强度达到峰值以后，继续增加催化剂则强度急剧下降，这是因为交联反应速度太快，树脂膜结构不完整，导致黏结膜脆化。在树脂加入量不变时，由于催化剂用量不同，自硬砂的强度可差几倍之多。

由此可见，用呋喃树脂自硬砂时，为了充分发挥树脂黏结强度的潜力，对催化剂加入量应充分注意，切不可为追求硬化快而过多加入。

2）催化剂用量对树脂自硬砂可使用时间和起模时间的影响。随催化剂加入量增多，可使用时间和起模时间缩短。

可使用时间是指自硬树脂砂（其他化学黏结剂也相同）混砂后能够制出合格砂芯的那一段时间。起模时间是指从混砂完毕开始，在芯盒内制得的砂芯（或未起模的砂型）硬化到满意地能将砂芯从芯盒中取出（或起模），而不致发生砂芯（或砂型）变形所需的时间间隔。

混砂时，只要树脂与催化剂接触，就开始硬化反应。如果树脂砂混砂后不立即使用，而是停留一段时间后再造型、造芯，则硬化强度随着树脂砂的停留时间延长而降低。如果树脂砂已开始大量硬化，则因树脂砂已干散而不能使用。所以，可使用时间是树脂自硬砂的一项重要工艺参数，它反映了树脂砂的硬化速度。可使用时间越短，则混砂后造型、造芯前所允许的停留时间越短。在生产批量小且使用非连续混砂机时，树脂砂的运转、分配及使用都必须在可使用时间内完成，这将给生产组织带来困难。

（4）催化剂的选用 目前国内外采用较多的催化剂有磷酸溶液、硫酸乙酯及有机磺酸溶液（如对甲苯磺酸、二甲苯磺酸、苯磺酸等）。磷酸溶液（一般用质量分数为 85% 的工业磷酸）对用酚醛改性的树脂不适用。此外，气温低时硬化速度慢，在回收砂中有残酸累积问题。因使用硫酸溶液催化作用过强，常用 1mol 硫酸与 2mol 乙醇制成硫酸乙酯以减缓催化作用。有机磺酸溶液适用于各种呋喃树脂。对甲苯磺酸以水溶液（酸∶水 =7∶3）或酒精溶液（酸∶酒精 =6.5∶3.5）的形式使用较好。二甲苯磺酸性能更好。

催化剂的加入量，一般占树脂重量的 30% 左右。

4. 添加剂

为了改善自硬砂的某些性能，在配制型砂时加入一些添加剂。常用的添加剂见表 1-19，供参考。

在呋喃树脂自硬砂中只要添加少量作为偶联剂的硅烷，可明显提高树脂自硬砂的强度。

树脂自硬砂所用的偶联剂为各种硅烷。硅烷分子的一端能与石英组成键，另一端能与树脂共同聚合形成化学键，使树脂与砂粒表面的附着力提高，因而使树脂自硬砂的强度提高。在保证强度的条件下，可减少树脂加入量，降低成本。

硅烷的种类较多，国内常用的硅烷偶联剂有 KH550、KH560H 和南大 42。应根据树脂的种类选用硅烷。一般情况下，含尿素的树脂可选用氨基硅烷，如 KH550；含苯酚的树脂可选用苯氧基硅烷。

硅烷的增强效果随其加入量的增多而提高，但有一最佳值。生产中硅烷加入量一般控制在树脂量的 0.2%~0.4%（质量分数）。

表 1-19 树脂自硬砂用添加剂

序　号	名　　称	加入量（占树脂的质量分数,%）	作　用
1	硅烷	0.1~0.3	偶联剂，提高强度、降低树脂加入量
2	氧化铁粉	1~1.5	防冲砂
3	氧化铁粉	3~5	防止气孔
4	甘油	0.2~0.4	增加砂型（芯）韧性
5	苯二甲酸二丁酯	≈0.2	增加砂型（芯）韧性
6	邻苯二甲酸二辛酯	≈0.4	增加砂型（芯）韧性

硅烷的加入方法有两种：一是将硅烷配成酒精溶液，在混砂时直接加入砂中；二是将硅烷预先加入树脂中。因硅烷与树脂中的水分能缓慢进行水解而失效，故硅烷对呋喃树脂自硬砂的增强作用会随时间的延长逐渐减弱，所以硅烷加入树脂后，一般应在 7~10 天内用完，最长不要超过一个月。如条件允许，最好将硅烷在混砂时加入。

（二）呋喃树脂砂混制工艺

（1）混砂机 树脂自硬砂必须采用快速混砂机。碾轮式混砂机与快速混砂机混制树脂自硬砂的性能比较如下：当用碾轮式混砂机双砂三混时（即一半原砂加树脂混碾 5min，另一半原砂加催化剂混碾 3min，然后将两种砂再共混 2min），树脂砂强度为 0.96MPa。当采用 SIQ10 快速混砂机，原砂加催化剂混拌 5s，再加树脂混拌 8s，然后出砂，树脂砂强度为 1.71MPa。产生这一结果的原因，一方面是由于碾轮式混砂机转速慢，当酸与树脂接触时即开始反应，难于混合均匀；另一方面是由于碾轮式混砂机混砂时间较长，丧失了一部分可使用时间，降低了强度。

（2）加料顺序 使用快速混砂机单砂双混时，加料顺序对型砂性能也有影响。先加树脂后加催化剂时，在加入催化剂混制的初始阶段，有些酸是密集的，与部分树脂发生较急剧的硬化反应；且酸是从树脂膜外逐渐向内部扩散，使初始硬化速度较快，而造成终强度较低。当先加酸后加树脂时，酸先均匀包覆砂粒表面，而后从树脂表面的内部向外扩散，逐步催化树脂硬化，且无酸富集现象，而使终强度较高。在自硬树脂砂试验中，常将硬化 24h 所测的抗拉强度称为终强度。实际上这仅是一个鉴定的标志，并非真正的最终强度值，也不一定是最大强度值。

（3）混砂时间 混砂时间不宜长，因为混砂过程中摩擦产生热量，将促进硬化，使型砂可使用时间缩短，所以在保证混拌均匀的前提下，混砂时间越短越好。

（三）呋喃树脂砂硬化工艺

混制树脂自硬砂时，当树脂与催化剂开始接触，硬化过程也随之开始，硬化速度与原砂温度、工作环境温度、湿度和催化剂种类及其加入量关系很大。

原砂温度最好在 20~25℃ 范围内，原砂温度过低时应适当加热。呋喃树脂砂的最佳硬化温度是 20~30℃。原砂及工作环境温度过低时，会使硬化速度过慢，延长起模时间，降低生产率；温度过高时，会使树脂自硬砂可使用时间过短，流动性变坏，影响型、芯的紧实。可使用时间与起模时间的比值是表示某一黏结系统的固化特性，这种比值越大，表示固化特性越佳，一般为 0.3 ~ 0.5。

呋喃树脂性能及呋喃树脂自硬砂配比、混制工艺实例见表 1-20。

表1-20 呋喃树脂性能及呋喃树脂自硬砂配比、混制工艺实例

树脂牌号		FL102			FL104			FL105		
编号		SQ003			SQ004			SQ005		
外观		淡黄色至红棕色透明液体			淡黄色透明液体			淡褐色透明液体		
特点		黏度低，易混砂，型砂流动性好；气味小，游离甲醛含量低，减轻环境污染，改善了工作环境；树脂砂强度高，保证铸件质量，降低生产成本			黏度低，易混砂，型砂流动性好；气味小，游离甲醛含量低，减轻环境污染，改善了工作环境；含氮量低，可避免铸件产生氮气孔			黏度低，易混砂，型砂流动性好；无氮，铸件不会产生氮气孔缺陷；强度高，可降低树脂用量，降低成本，保证铸件质量		
适用范围		灰铸铁件、非铁合金铸件			铸钢件、球铁件			各种铸钢件、大型球铁件		
技术指标	黏度（20℃）	≤30mPa·s			≤20mPa·s			≤30mPa·s		
	密度（20℃）	1.15 ~ 1.18g/cm³			1.15 ~ 1.18g/cm³			1.15 ~ 1.20g/cm³		
	糠醇含量（质量分数）	(83 ± 1)%			(95 ± 1)%			(90 ± 1)%		
	含氮量（质量分数）	≤4.2%			≤1.0%			0		
	水分（质量分数）	≤7.0%			≤3.0%			≤2.0%		
	游离甲醛（质量分数）	≤0.3%			≤0.3%			≤0.3%		
	保质期（30℃）	一年			一年			一年		
混砂配比	砂（50/100）	100%			100%			100%		
	树脂（占砂质量）	0.8% ~ 1.2%			0.8% ~ 1.2%			0.8% ~ 1.2%		
	固化剂（占树脂质量）	30% ~ 70%			20% ~ 60%			30% ~ 70%		
混砂工艺		先将原砂与固化剂混合，然后将树脂加入混合物中，通常混砂时间为 5 ~ 60s								
工艺性能	树脂加入量（%）	1	1	1	1	1	1	1	1	1
	固化剂加入量（占树脂质量，%）	40	50	60	40	50	60	40	50	60
	起模时间/min	20 ~ 35	15 ~ 30	8 ~ 15	10 ~ 23	8 ~ 13	4 ~ 6	20 ~ 28	11 ~ 17	6 ~ 9
	抗拉强度/MPa 1h	0.20	0.30	0.45	0.35	0.45	0.55	0.50	0.70	0.95
	4h	1.45	1.50	1.40	1.75	1.50	1.30	1.31	1.35	1.26
	24h	1.60	1.40	1.30	1.60	1.45	1.50	1.53	1.40	1.35
备注		当温度为 25 ~ 35℃，相对湿度为 70% ~ 80%（夏季）时，用 GS04 号固化剂 当温度为 15 ~ 25℃，相对湿度为 50% ~ 70%（春秋季）时，用 GS03 号固化剂 当温度为 5 ~ 15℃，相对湿度为 60% ~ 70%（冬季）时，用 GC09 号固化剂								
注意事项		当树脂与皮肤接触时，可能会对个别人产生轻微刺激作用，操作者应戴防护手套								

（四）呋喃树脂自硬砂铸件常见缺陷及预防措施

采用树脂砂可以提高铸件质量，但是也容易产生某些铸造缺陷，主要是毛刺、皮下气孔、机械粘砂及热裂。

（1）机械粘砂　由于树脂在500℃左右热分解，使砂粒间黏结桥破坏，高温强度降低，在金属液静压力作用下，该处砂粒有可能自由移动，造成孔隙增大，因此金属液很容易渗入，形成机械粘砂。预防措施如下：

1）提高树脂本身耐热性，例如加硅烷，增加糠醇含量等。

2）涂敷耐火涂料及降低浇注温度。

3）在树脂砂中加入质量分数为0.5%～2%的氧化铁粉或一定量的石英粉，以提高热强度。

4）采用在高温下烧结、软化的原砂，如铬铁矿砂。

（2）脉纹（脉状凸起、毛刺、飞翘）　树脂—硅砂型（芯）表层在液态金属激热下，由表及里产生很大的温度梯度，石英受热相变膨胀，与此同时，缩聚型呋喃树脂受热后其黏结桥会突然收缩而脆化破裂。在膨胀、收缩应力作用下导致表层龟裂，金属液从裂缝渗入砂层，在铸件上形成毛刺状凸起，称为"脉纹"。它是呋喃树脂砂所特有的一种表面缺陷，多出现在型（芯）的拐角处、高温热节处等。严重的呈网状分布。预防措施如下：

1）采用热膨胀系数小或粒度较分散的原砂。

2）在型（芯）砂中加入氧化铁粉。

3）降低浇注温度。

4）刷涂料。

（3）气孔　有两种气孔，一种是因树脂砂发气量大，气体不能及时排出而形成侵入性气孔；另一种是因树脂中含氮的化合物，浇注后氮的化合物分解出原子氮和氢溶入液态金属中，冷凝时，溶入的气体以小气泡形式析出，当气泡来不及浮出液面就形成针孔。预防侵入性气孔的措施如下：

1）选用发气量小的树脂砂，加强型和芯的排气。

2）除了应按合金种类选择树脂外，还可在型砂中加入氧化铁粉或者涂敷气密性涂料。

（4）热裂　当浇注薄壁铸件时，自硬树脂砂型（芯）不能被烧透而形成一层坚固的碳化层，阻碍铸件收缩，引起热裂。预防措施如下：

1）降低树脂加入量，不盲目追求过高的砂型（芯）强度。

2）加入适量过氧化物，以破坏碳化层的形成。

（五）呋喃树脂自硬砂的再生回用

无论从技术、经济或环境、资源利用等各方面考虑，自硬砂的再生回用，其意义显得更加突出和重要。

旧砂回收和再生的任务是要使旧砂破碎，恢复一定的粒度组成，基本上除去包覆在砂粒表面的老化黏结剂膜（惰性膜）及已焦化的有机物质，将混入砂中的异物杂质（如铁料）除去，并除去微粉及燃烧后的残留物。同时，为保证树脂正常的固化速度，还需将砂的温度调节在一定范围内。

旧砂再生设备主要包括：砂块破碎机、振动筛砂机、磁选分离机、旧砂再生机、调温装置、风选分离机、集尘器等。

二、壳芯用酚醛树脂砂

酚醛树脂是由苯酚和甲醛合成的。壳芯法用酚醛树脂作黏结剂，配成的芯砂是散粒状的，像干砂一样松散，称为壳芯砂或覆膜砂。

在铸造生产中，砂型（芯）直接承受液体金属作用的只有表面一层厚度仅为数毫米的砂壳，其余的砂只起支撑砂壳的作用，这就促使铸造工作者寻求用壳型、壳芯来制造铸件。

（一）壳芯砂的配方及制备

（1）壳芯砂的配方　壳芯砂主要由原砂、树脂、催化剂和附加物组成。

1）原砂对树脂用量及铸件质量都有很大影响。一般选用水洗砂或擦洗砂，可用粒度（筛号）为100或140的细砂，角形因数为1.1~1.3的圆形硅砂，原砂中的含泥量和杂质应尽量低，一般要求含泥量<0.2%（质量分数）。为了用最少量的树脂黏结剂获得足够的强度，必须使用干砂。水分会使砂结块，并降低壳型强度。为了减少树脂加入量，原砂中0.053mm砂粒和底盘的含量也必须适当限制，一般不应超过10%（质量分数）。

2）树脂选用热塑性酚醛树脂，为淡黄色固体，一般以片状、条块状或粒状供应，加热时能熔化，有可塑性，能溶于酒精等溶剂，加入量为原砂质量的3%~7%。

3）催化剂选用乌洛托品，加入量为树脂质量的10%~15%。

4）为了改善壳芯砂的某些性能，需加一些附加物。加硅砂粉（占原砂质量的2%）以提高壳芯的高温强度；加硬脂酸钙（占原砂质量的0.3%~0.35%），可防止覆膜砂存放期间结块，增加覆膜砂的流动性，使型、芯表面致密，造芯时便于顶壳；加氧化铁粉（占原砂质量的0.25%）以提高壳芯的热塑性和防止皮下气孔。

（2）壳芯覆膜砂的制备　酚醛树脂覆膜砂一般以原砂为100（质量比），酚醛树脂加入量：对于壳型为3.5~6.0，对于壳芯为1.5~4.0，另加乌洛托品和硬脂酸钙。覆膜砂的混制工艺可分为冷法、温法和热法三种。

冷法也叫冷容法，是一种初级方法，先将粉状树脂、催化剂预先溶解在工业酒精、丙酮或糠醛中，再加入砂中进行混砂，此时溶剂逐渐挥发，树脂就在砂子上呈一层薄膜包覆，最后混合碾碎过筛即可使用。也有先加粉状物再加溶剂的。这种方法的缺点是树脂加入量多，有机溶剂消耗量大；混砂时间长，混制的各批覆膜砂性能不一，成本高，也存在易脱壳倾向，现已很少采用。

温法是将加热到50℃的砂子连同乌洛托品和硬脂酸钙加到间歇式混砂机中，再加液态树脂并吹温热空气让溶剂汽化，使砂粒均匀覆膜。将砂团破碎后冷却，供使用。

热法是一种适于大量制备覆膜砂的方法，需要专门设备。混制时一般先将加热到130~160℃的砂加到间歇式混砂机中，再加树脂混匀，熔化的树脂包在砂粒表面，当砂温降到105~110℃时，加入乌洛托品水溶液，吹风冷却，再加入硬脂酸钙混匀，经过破碎、筛分备用。如果加入砂斗，应冷却到30℃以下，以免结块。这种方法不消耗溶剂，树脂加入量较小，所以成本较低。目前，对热法的混制设备及工艺做了重大改进，如采用高效混砂机，在混制过程中通入压缩空气，借以分散覆膜的砂粒和加速冷却，这样基本上省去了破碎工序，使树脂膜能很好地包覆在砂粒上。树脂加入量可进一步减少，覆膜效率高，型、芯质量好。

热法覆膜的砂温不宜低于130℃，即砂温应高于树脂软化点50~60℃为宜。否则，很难保证树脂完全熔化，造成一部分颗粒较大的树脂仍保持团粒状，覆膜不均匀。另外，最好采用片状树脂，因为粉状树脂加入砂中易呈团状，难熔。加乌洛托品时，砂温宜低于

110℃，因为乌洛托品在117℃以上分解，而砂温高于100℃，有利于水分汽化挥发。

（二）壳芯法造芯工艺

壳芯法造芯的方法有两种：翻斗法和吹砂法。翻斗法常用于制造壳型，吹砂法用于制造壳芯。

（1）翻斗法 图1-11为翻斗法制造壳型工序示意图。模板预热到250~300℃，喷涂分型剂；将模板置于翻斗上并紧固；翻斗转动180°使覆膜砂落到模板上，保持15~50s（常称为结壳时间），砂子表面树脂软化重熔，在砂粒间接触部位形成连接"桥"，将砂粒黏结在一起，并沿模板形成一定厚度塑性状态的壳；翻斗复位，未起反应的覆膜砂仍旧落回翻斗中；对塑性薄壳继续加热30~90s（常称为烘烤时间）；顶出，即得壳厚为5~15mm的壳型。

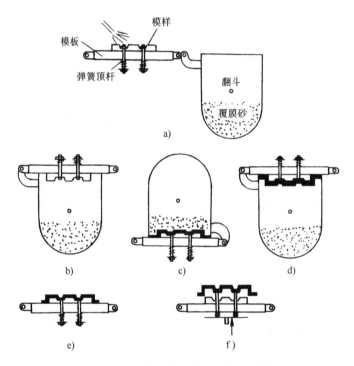

图 1-11   翻斗法制造壳型工序示意图

a）模板上喷涂分型剂   b）模样旋转到翻斗上并夹紧   c）结壳   d）结壳完毕复位

e）壳型仍附在模板上并移到烘炉硬化   f）脱壳、制成壳型

（2）吹砂法 吹砂法分顶吹法和底吹法两种，如图1-12所示。吹砂压力：一般顶吹法为0.1~0.35MPa，吹砂时间为2~6s；底吹法为0.4~0.5MPa，吹砂时间为15~35s。芯盒加热温度以能保证覆膜砂上的树脂膜软化及硬化所需的足够热量为限，一般控制为250~300℃。结壳时间的长短取决于砂芯壳厚，壳厚由砂芯所要求的强度而定。壳厚为6~8mm时，结壳时间为10~30s；壳厚为10mm以上时，结壳时间为20~70s。

为了使砂壳充分硬化，砂芯应持续在加热的芯盒中硬化。硬化时间一般为结壳时间的1.5~3倍。硬化时间是否合适，可根据砂芯的颜色来判断。壳芯表面为均匀的黄褐色，断口为淡黄色，说明硬化时间合适；若砂芯表面呈褐色甚至黑色，则说明过烧；若砂芯表面呈

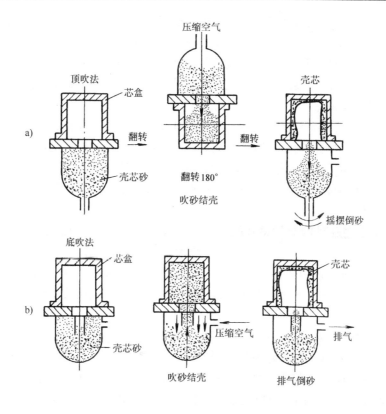

图 1-12 吹砂法制造壳芯工序示意图
a）顶吹法 b）底吹法

黄色，断口为白色，则表示硬化不良。

制造壳芯时，为使壳芯容易顶出，在芯盒表面应涂脱模剂。脱模剂多用甲基硅油乳剂，其配比（质量分数）为：甲基硅油 8.3%，200# 汽油 25%，太古油 0.16%，氢氧化钠 0.8%，其余为水。每喷涂一次可制壳芯 10 ~ 40 次。

芯盒材料为铸铁，应避免使用铜或黄铜，因为硬化过程中释放出氨，将引起腐蚀。模板或芯盒的加热采用电热或煤气，且为连续加热。

壳法造型、芯是铸造工艺中的一项重要工艺方法，其主要优点是：混制好的覆膜砂可以长期储存（三个月以上）；无须捣砂，就能获得尺寸精确的型、芯；型、芯强度高，易搬运；由于铸型是壳状的，型芯是空心的，透气性好，可用细的原砂得到表面光洁的铸件；无须砂箱；覆膜砂消耗量小；型、芯可以长期储放。尽管酚醛树脂覆膜砂价格较贵，造型、造芯耗能较高，但在要求铸件表面光洁和尺寸精度甚高的行业仍得以一定应用。通常壳型多用于生产液压件、凸轮轴、曲轴以及耐蚀泵件、履带板等钢铁铸件上；壳芯多用于汽车、拖拉机、液压阀体等部分铸件上。

三、热芯盒用呋喃树脂砂

所谓热芯盒法造芯，是将由原砂、液态热固性树脂黏结剂和催化剂配制成的芯砂，吹射入加热到一定温度的芯盒内（热芯盒温度为 180 ~ 250℃），使贴近芯盒表面的芯砂受热，其黏结剂在很短时间即可缩聚而硬化。而且只要砂芯的表层有数毫米结成硬壳即可从芯盒中取出，中心部分的芯砂利用余热和硬化反应放出的热量可自行硬化。热芯盒法在20世纪60年代后陆续在欧美等国被逐步开发应用，其发展速度极为迅速，至今它在全世界的汽车、拖拉机及柴油机等行业广泛应用。热芯盒法与壳芯（型）法相比，具有更高的生产率，造芯速率从几秒至数十秒；造芯用黏结剂成本低；芯砂的混砂设备简单，投资少。

（一）呋喃Ⅰ型树脂砂

呋喃Ⅰ型树脂是由糠醇与脲醛在乌洛托品的催化作用下缩合而成的，故又称糠醛改性脲醛树脂。以呋喃Ⅰ型树脂配制的树脂砂，具有较高的高温强度，较快的硬化速度，较好的流动性和低的发气量。但浇注时脲醛受热分解，逸出氨（NH_3），氨分解成氮和氢，同时向金属中扩散。因此，树脂砂中含氮量越高，铸件产生气孔缺陷的可能性就越大。所以呋喃Ⅰ型树脂主要用于铸铁件。

（1）呋喃Ⅰ型树脂砂的原材料及配方　呋喃Ⅰ型树脂砂主要由原砂、呋喃Ⅰ型树脂、催化剂和附加物等组成。

1）原砂。原砂可以使用任何干净、干燥的原砂。一般选用粒度（筛号）为70的中粒砂，要求砂芯有较好的透气性时，可选用稍粗的原砂。对铸件表面要求很光洁的，可选用较细的原砂。

2）呋喃Ⅰ型树脂。热芯盒法用呋喃Ⅰ型树脂中的含氮量根据铸件合金种类来确定。用于非铁合金铸件时，呋喃Ⅰ型树脂中氮的质量分数高达18%以上；国内一般铸铁件常用的呋喃Ⅰ型树脂中氮的质量分数高达15.5%；国外常用的为9%~14%。树脂加入量占砂重量的2%~3%。有些质量要求高的或较复杂的铸铁或非铁合金铸件，要求树脂中氮的质量分数为5%~8%，甚至更低，这时常采用呋喃Ⅱ型树脂。

3）催化剂。催化剂一般用氯化铵、尿素的水溶液，其配比为氯化铵∶尿素∶水＝1∶3∶3（重量比）。其中氯化铵起硬化作用，尿素的作用是与树脂硬化反应逸出的甲醛起反应，从而减小甲醛的刺激气味，改善劳动环境。催化剂加入量为树脂重量的20%。

4）附加物。为了改善热芯盒树脂砂的某些性能，有时需要加入某些附加物。如在原砂中加入0.3%~1.0%（质量分数）的氧化铁粉以防止铸件产生皮下气孔、防止渗碳、改善芯砂导热性能，加硅烷以提高强度，加三氯化铁以加快在低温下的硬化速度。

（2）呋喃Ⅰ型树脂砂的混制工艺　呋喃Ⅰ型树脂砂的混制工艺简单，可用一般碾轮式混砂机混制。混制时间不宜长，混制均匀即可出砂，以免造成温度升高，影响芯砂的流动性。混制工艺为

$$原砂+附加物 \xrightarrow{干混（20~30s）} +催化剂 \xrightarrow{湿混（40~50s）} +树脂 \xrightarrow{混匀（80~90s）} 出砂$$

（3）呋喃Ⅰ型树脂砂造芯工艺　考虑到酸性催化剂对芯盒的腐蚀及受热状况，大多使用铸铁芯盒。芯盒采用电热管加热或煤气加热方式。芯盒温度一般控制为180~230℃。超过240℃时，砂芯表面容易烧焦，温度太低又影响造芯效率。射砂压力一般为0.5~0.7MPa。硬化时间根据砂芯大小而定，小砂芯一般为10~30s，中等砂芯为60s，大砂芯不应超过120s。砂芯在芯盒内结成厚度为6~10mm的一层硬壳，即可起芯。

热芯盒造芯工艺过程如图1-13所示。

（二）呋喃Ⅱ型树脂砂

由于呋喃Ⅰ型树脂中含有尿素，在高温时分解产生氮气和氢气，当用于铸钢件、球墨铸

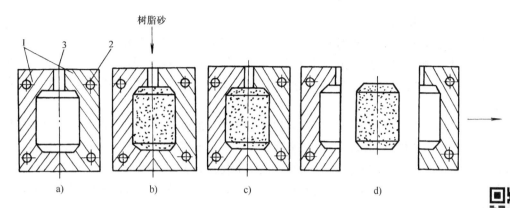

图 1-13 热芯盒造芯工艺过程

a）合型加热 b）射芯砂 c）保温 d）出芯

1—芯盒 2—电热管 3—射砂口

视频：热芯盒
射芯机生产
工艺过程

铁件和复杂的薄壁铸铁件时，在靠近型芯的铸件表面下易出现密集的皮下气孔和针孔。所以，在生产铸钢件和球墨铸铁件时大都采用呋喃Ⅱ型树脂砂制作砂芯。

呋喃Ⅱ型树脂是由糠醇和酚醛缩聚而成的，故又称糠醇改性酚醛树脂。

配制呋喃Ⅱ型树脂砂对原砂的要求与呋喃Ⅰ型树脂砂相似，但因它主要用于铸钢件和球墨铸铁件，所以要求选用耐火度高的精选硅砂。催化剂一般选用乌洛托品。树脂砂配方一般为：原砂100%，树脂占砂质量3%~4%，催化剂占树脂质量10%，水占树脂质量10%。催化剂应配成溶液后加入。混砂工艺与加料顺序为

$$原砂 + 乌洛托品水溶液 \xrightarrow{\text{混碾（2min）}} + 树脂 \xrightarrow{\text{混碾（2~3min）}} 出砂$$

呋喃Ⅱ型树脂属于"无氮树脂"，铸件不易产生针孔和皮下气孔缺陷。与呋喃Ⅰ型树脂砂相比，呋喃Ⅱ型树脂砂强度较低，硬化速度较慢，溃散性和流动性较差，而且价格较高。因此，一般用于易产生粘砂和皮下气孔的铸钢件和球墨铸铁件。

用呋喃Ⅱ型树脂砂的热芯盒造芯工艺为：芯盒温度为220~250℃，要获得7~8mm厚的硬化层需硬化时间为1.5~2.5min。

表1-21列出了部分热芯盒树脂黏结剂的性能。

表 1-21 部分热芯盒树脂黏结剂的性能

型号	氮的质量分数（%）	黏度/（mPa·s）	游离甲醛的质量分数（%）	固体的质量分数（%）	pH 值	抗拉强度/MPa
3606	≤9	—	≤4	68	6~7	≥2.8
3603	≤9.5	—	≤5	76~78	6.9~7.2	≥2.8
3705	≤10	—	≤4	≤65	6~7	≥1.7
F—101	≤13.5	≤2000	≤5	≥75	6.7~7	≥2.8
RF—201	10~12	500/1000	≤4	—	6.5~7.5	—
RF—204	≤3.7	20	≤3	—	6.5~7.5	—
WPR—1（HA 江南）	6.5~7.5	≤600	≤4	≤80	7.5~8.0	≥3.0
158（美）	7.5~9.8	≤900	≤6.3	—	7.5~8.3	≥2.8

四、冷芯盒用树脂砂

冷芯盒造芯法是砂芯在常温的芯盒内硬化后再起芯的造芯方法。由于它在常温下硬化，无须加热，砂芯在芯盒内成形并自行硬化，故它除了具有壳芯、热芯盒造芯工艺的优点以外，还可采用铝合金、塑料芯盒或木质芯盒等，特别适用于中小批量和多品种的生产。

冷芯盒造芯工艺可分为自硬冷芯盒法和扩散气体冷芯盒法两大类。自硬冷芯盒法所用树脂砂与前述的树脂自硬砂相似，但硬化速度更快，一般要求造芯后5~6min即可起芯。扩散气体冷芯盒法是将树脂砂射入芯盒后，通入气体催化剂，使型芯很快硬化。这是一种生产率很高的造芯新工艺，按其所使用的气体催化剂不同，又可分为三乙胺冷芯盒法和二氧化硫冷芯盒法两种。

(1) 三乙胺冷芯盒法 三乙胺冷芯盒法是将雾化的三乙胺吹入芯盒，使砂芯硬化。

1) 树脂砂配方（质量分数）。原砂100%，树脂1.5%~2.0%（铝合金件可取1.0%）。可用有机溶剂（如乙苯）稀释黏结剂，通过降低黏度来减少树脂用量。

2) 混制工艺。可用多种类型的混砂机，混砂程序与热芯盒树脂砂相似。混好的芯砂应尽快使用，允许存放时间一般为2~3h，夏季为1~2h。

3) 硬化要求。为使砂芯迅速均匀地硬化，液态三乙胺需先雾化，然后吹入芯盒。为避免将未硬化的砂芯吹坏，三乙胺的压力宜先低后高，一般在0~0.2MPa范围内。三乙胺的吹入量应根据砂芯的大小及复杂程度而定，厚大砂芯，每千克芯砂可低至2mL；轻薄、复杂的砂芯，每千克芯砂可高至10mL。吹气时间根据吹胺量来定，一般吹胺量为3~5.5mL/s。在硬化不良的情况下，可适当延长吹气时间。

造芯工作的理想环境温度为15~25℃。为加速硬化，三乙胺应加热至35~50℃。硬化结束后用干燥的空气吹净残留的三乙胺气体，采用的空气压力为0.4~0.6MPa，温度为40℃左右。

砂芯存放时，仍有三乙胺气体逸出，因此存放砂芯处应注意通风。

三乙胺冷芯盒法是现代吹气冷芯盒法中应用最早的工艺，由于生产率高、节能，铸件表面较光洁，是当前国际上应用较广的冷芯盒法（占冷芯盒工艺的85%）。但是由于树脂和催化剂价格高、易燃（胺在空气中的质量分数高于2%时有爆炸危险），对温度敏感，特别是聚异氰酸酯对水分敏感，芯砂可使用时间有限，胺黏附皮肤和衣服经多次洗涤仍难除去污染气味等，因此，铸造工作者在选取合适造芯工艺时必须综合考虑。

采用三乙胺法，铸件也容易出现某些缺陷，例如皮下气孔、脉纹、光亮碳等。光亮碳缺陷有时被认为是树脂缺陷，是由于有机黏结剂受热分解的光亮碳过多，和铁液混合并沉积于铸件表面，使铸件出现类似冷隔的表面皱折或裂痕。为减少或消除光亮碳的形成，最简单有效的方法是尽可能快而平稳地浇满铸型，同时避免长而扁平的内浇道。还可对砂芯进行烘烤，烘干温度应选择在260~280℃之间，并保温到砂芯变成深棕色为止，以使形成光亮碳的成分挥发掉，但必须小心，因为这个温度范围内，砂芯强度明显开始下降，而低于这个温度，又根本没有效果。降低树脂加入量，提高浇注温度，缩短浇注时间，改善砂芯和砂型的排气，在芯砂中加入占砂质量1%~3%的氧化铁，使型腔内产生较强的氧化性气氛，均可减少光亮碳缺陷的产生。皮下气孔与黏结剂中的氮及所用溶剂中的氢有关。低合金铸铁和钢易产生这种缺陷。加入占砂质量2%~3%的黑色和红色氧化铁粉有利于皮下气孔的消除。对脉纹缺陷来说,加入占砂质量1%~3%的氧化铁或1%~2%的黏土和糖的混合物,或在砂中掺入再生砂,这些都可以减少铸铁件及黄铜铸件出现的毛刺(脉纹)缺陷。

(2)二氧化硫(SO_2)冷芯盒法 SO_2法是继三乙胺法之后开发的一种新型吹气冷芯盒造芯和造型方法,用于铸造生产始于1978年。它不像自硬法常用的在砂中直接加入酸催化剂,而只加入含过氧化物的活化剂。当SO_2气体通过芯砂时,就与过氧化物释放出来的新生态氧反应生成SO_3,SO_3溶于黏结剂的水分之中生成硫酸H_2SO_4,催化树脂迅速发生放热缩聚反应,导致砂芯瞬时硬化。

1)树脂砂配方(质量分数)。原砂100%,树脂1.2%~1.5%,SO_2法用的呋喃树脂为无氮至中氮的低含水的呋喃树脂。过氧化物用过氧化氢(双氧水)时,为树脂质量的20%~25%;用过氧化酮时,为树脂质量的40%。

2)混制工艺。用碾轮式混砂机的混砂工艺为

$$砂 + 树脂 \xrightarrow{\text{混拌}(1.5 \sim 23\text{min})} + 过氧化物 \xrightarrow{\text{混拌}(1.5\text{min})} 出砂$$

3)硬化要求。二氧化硫冷芯盒法的硬化可采用两种方式。大批量生产时,宜使用具有吹气硬化系统的专用造芯设备。将芯砂射入芯盒后,以0.2MPa的吹气压力吹入SO_2气体,吹气时间约5s(每硬化1000kg芯砂约消耗SO_2 4kg),然后用干燥微热的压缩空气(0.2~0.6MPa)吹5~10s,以吹净残留的SO_2气体。硬化砂芯后排出的气体需经装有氢氧化钠(质量分数为5%~10%)的洗涤塔洗涤,排入大气的SO_2含量应低于1×10^{-6}。单件、小批量生产大型砂芯时,可用一间密闭的气硬室,将砂芯紧实后置此室内,先抽出部分空气造成负压,再向室内吹入SO_2气体1~2s,最后用干燥微热的洁净空气清除残留的SO_2气体,这个过程约需15s。

我国已成功地将SO_2法用于泵类、液压件、汽油机、柴油机等铁、钢及非铁合金铸件的生产,其主要优点是:砂芯热强度高,使铸件的尺寸精度和表面质量提高;出砂性良好;树脂砂有效期特别长,混好的砂不接触SO_2气体,不会硬化;发气量是有机黏结剂中最低的,约为三乙胺法的1/2,浇注时烟雾气味小;硬化快,脱模后1h内强度可达终强度的85%~95%;生产率高,劳动强度小;节约能源。

SO_2法的缺点也很明显,主要是:树脂中游离糠醇汽化,易使砂芯表面结垢;低碳钢芯盒用于大量生产砂芯时,锈蚀是一个严重问题;SO_2泄露将引起严重环境问题;过氧化物为强氧化剂,易燃烧,要妥善保管。目前,此法应用不太广泛。

第五节 以油类为黏结剂的芯砂

铸造生产中,对于一些形状复杂、断面细薄、要求干强度高和出砂性好的砂芯,常采用以油类及树脂(树脂砂在第四节已作介绍)作为黏结剂的芯砂,如汽车和拖拉机的气缸水套芯、气缸盖芯、气缸体的圆棒芯等。油类黏结剂包括植物油和矿物油。

用油类黏结剂配制的芯砂,其特点是:硬化前芯砂具有良好的流动性,便于紧实并获得轮廓清晰的形状;硬化后使砂芯具有较高的干强度;在金属液的高温作用下,油类黏结剂燃烧,使砂芯的高温强度和残留强度大幅度降低,表现出良好的退让性和出砂性;燃烧时产生的CO、H_2等还原性气体,能有效地防止铸件粘砂,使铸件表面光洁。

一、砂芯黏结剂的分类与砂芯分级

(1) 砂芯黏结剂的分类　铸造用油类黏结剂按材料来源不同，分为两大类，见表1-22。

表1-22　铸造用油类黏结剂按材料来源分类

类　别	黏结剂名称
天然植物类	植物：桐油、亚麻油 淀粉：面粉、糊精、石蒜粉 天然树脂：松香
石油、化工、 化工副产品类	制皂、造纸、制糖废液：合脂、纸浆残液、糖浆 石油加工副产品：渣油、沥青 粮棉加工副产品：米糠油、羟甲基纤维素

铸造用有机黏结剂的强度特性可以用"比强度"为指标来衡量。比强度（或称单位强度）是指工艺试样中每加入1%的（质量分数）黏结剂可获得的常温抗拉强度。比强度高，意味着达到同样强度所需要的黏结剂加入量少。计算比强度的公式为

$$R_{比} = \frac{R}{100a}$$

式中　$R_{比}$——黏结剂的比强度（MPa）；

　　　R——试样干拉强度（MPa）；

　　　a——芯砂中黏结剂的含量（包括溶剂部分）。

我国目前采用的比强度是包含有溶剂的黏结剂的比干拉强度。该分类法还指明了化学属性（有机、无机）；黏结剂是否易吸湿，即基团、结构是亲水的还是憎水的。知道黏结剂比强度，就有利于按砂芯级别选用黏结剂。

各种黏结剂按比强度可分为三个组别，见表1-23。

亲水材料表示可溶于水或可被水润湿；憎水材料则相反。黏结剂亲水特性不同，对芯砂性能有较大的影响。如，对硬化反应是不可逆性质的亲水黏结剂，可以用水来调整黏度；但对硬化反应是可逆的亲水材料，容易使型芯在存放过程中因吸湿造成强度降低，尤其在潮湿的环境中更为严重。憎水材料需要稀释时，应采用有机溶剂稀释或用乳化剂制成乳化液稀释。

表1-23　铸造用黏结剂按比强度分类

组别	比强度/MPa	有　机　物		无　机　物
		亲水材料	憎水材料	亲水材料
1	>0.5	呋喃Ⅰ型树脂、聚乙烯醇树脂	桐油、亚麻油、米糠油、酚醛树脂、呋喃Ⅱ型树脂	
2	0.3~0.5	糊精	合脂、渣油	水玻璃
3	<0.3	纸浆残液、糖浆	沥青、松香	水泥、黏土

(2) 砂芯的分级　砂芯主要用来形成铸件的内腔、孔洞和凹坑等部分，如图1-14所示。在浇注时，它的大部分或部分表面被液态金属包围，经受金属液的热作用、机械作用都较强烈，排气条件也差，出砂、清理困难，因此对芯砂的性能要求一般比型砂高。

为了合理地选用砂芯用芯砂的黏结剂和有利砂芯的管理，根据砂芯形状特征及在浇注期间的工作条件和产品质量的要求，铸造生产上一般将砂芯分为五级，见表1-24。

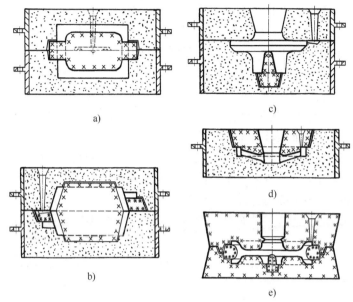

图 1-14 砂芯的作用

a) 内腔 b) 凸台 c) 孔洞 d) 盖芯 e) 组芯造型

表 1-24 各级砂芯的特点、性能要求和使用黏结剂举例

砂芯级别	砂芯特点	实 例	对芯砂性能的要求	使用黏结剂举例		备注
				普通造芯工艺	树脂及自硬砂	
I	砂芯断面细薄，砂芯形状复杂，芯头窄小，大部分表面被液体金属包围，铸件内腔不加工，要求表面光洁	缸盖水套砂芯、液压件的多路阀体砂芯	干强度高，好的断裂韧性和高温强度，好的透气性、出砂性、防粘砂性和低的发气量	桐油亚麻油米糠油渣油	酚醛树脂呋喃I型树脂呋喃II型树脂	树脂砂不要求湿强度
II	形状较复杂，有局部细薄断面，芯头比I级砂芯的大，铸件内腔表面质量好、光洁、部分或完全不加工	排气管、暖气片、液压泵叶轮、阀体砂芯	高的干强度、高温强度、耐火度、防粘砂性、透气性、出砂性，低的发气量，有一定的湿强度	桐油+糊精亚麻油+纸浆合脂+纸浆渣油	呋喃I型树脂呋喃II型树脂酚醛树脂	
III	形状中等复杂，没有很薄的部分，局部有凸缘、棱角、肋片，构成铸件中重要的不加工面，砂芯体积和芯头较大	曲轴箱、缸筒砂芯，车床溜板箱砂芯，靠近浇道及复杂的外廓砂芯	较高的干强度和湿强度，流动性、出砂性可比I、II级砂芯低一些	合脂+黏土渣油	呋喃I型树脂	
IV	在铸件中构成需加工的内腔，或形成虽不加工但对粗糙度要求不很严格的表面的砂芯，一般或中等复杂程度的外廓砂芯	离合器外壳、车床主轴箱体的砂芯	适度的干强度，较高的湿强度，良好的透气性、退让性和出砂性	黏土水玻璃沥青	水玻璃水泥	
V	形状简单、体积大的内腔砂芯	机床床腿等砂芯	湿强度高，透气性、退让性良好，有一定的干强度。有机黏结剂的大砂芯在浇注过程中只能热透很少一层，芯中有机黏结剂不能完全燃烧和分解，使出砂性很差，此类砂芯应有高的容让性	黏土水玻璃		

选择芯砂的黏结剂时，常以下述几点作为主要依据：

1）砂芯的特点。一般Ⅰ、Ⅱ级砂芯应选用表1-23中比强度高的第1、2组黏结剂，因为这不仅可以提高芯砂的强度，还可以在满足强度要求的前提下，减少黏结剂的用量，降低芯砂的发气量，有利于保证铸件质量。Ⅲ级砂芯可选用2、3组黏结剂。对于Ⅳ、Ⅴ级砂芯，选用黏土、水玻璃、水泥等作黏结剂就可满足强度要求，一般不使用有机黏结剂。

2）生产条件。在大批量的生产条件下，由于要提高造芯效率，且常要求砂芯具有高的尺寸精度，Ⅰ、Ⅱ级甚至Ⅲ级砂芯采用热芯盒法、壳芯法和冷芯盒法生产砂芯是合理的，除Ⅰ级砂芯外，黏结剂常选用酚醛树脂和酚醛-异氰酸酯。在小批量的生产条件下，采用自硬呋喃、酚醛、酚尿烷树脂，或者采用烘干法硬化的干性油、合脂、渣油作为Ⅰ、Ⅱ、Ⅲ级砂芯的黏结剂是合理的。为了提高铸件表面质量，提高生产率，有时Ⅳ、Ⅴ级砂芯也采用自硬法用树脂和无机黏结剂。造这类砂芯时，常将中心掏空或填焦炭等可回收的块料，以节约树脂砂。

3）材料的来源和成本。各地区材料供应不同，选用黏结剂时要因地制宜，并注意降低成本。选择合理的芯砂成分和使黏结剂得到最有效的利用，对降低铸件成本和保证铸件质量有重要的意义。但在许多工厂中，砂芯黏结剂的利用率极低。在大多数情况下，黏结剂所产生的强度只是正确使用时所能得到强度的 $1/2\sim2/3$。黏结剂消耗过多的原因很多，例如：不必要地追求高强度，以致增加黏结剂加入量；为获得表面强度高的砂芯，而使用大量高级黏结剂；芯砂所用的原砂中常含有大量黏土，无谓地消耗掉一部分高级黏结剂；使用某种黏结剂而不考虑其独特的使用范围等。

4）造芯工艺技术的发展方向及国家方针政策是要全面顾及环境保护、能源、效益、一次投资等。应指出的是，发展无污染黏结剂，开发壳芯法及无毒、无害和低毒气体硬化造芯是今后造芯技术发展的主流。

二、植物油黏结剂芯砂

植物油是油脂的一种，由脂肪酸和丙三醇（甘油）分子组成。其中脂肪酸有饱和脂肪酸和不饱和脂肪酸两种。含饱和脂肪酸的油类，又称不干性油。该种油类不能用作铸造黏结剂。铸造生产中常用的植物油黏结剂有桐油、亚麻油、米糠油和蓖麻油等，该种黏结剂皆属于不饱和脂肪酸的油类，又称干性油。

植物油属于有机憎水黏结剂，其配制的芯砂优点是：流动性好，干强度高。缺点是湿态强度太低，砂芯在烘干前和烘干时容易变形，影响尺寸精度；不易实现铸造过程的机械化和自动化；而且植物油贵而稀缺。

（1）植物油黏结剂芯砂硬化的条件　一般认为植物油的硬化主要是烘干过程中不饱和烃基之间的氧化、聚合的过程，其硬化反应大致有三个阶段：首先是挥发，在烘干砂芯的过程中，首先是水分蒸发和油中易挥发的碳氢化合物挥发。其次是氧化，由于植物油含有结合不牢固的双键，在加热时，空气中的氧进入双键部分与碳原子结合，形成过氧化物。再次是聚合，生成的过氧化物很不稳定，容易与含有双键的其他分子发生聚合反应，氧化聚合反应的结果是使油从低分子逐渐转变成网状的高分子化合物，油由液态逐渐变稠，最后形成坚韧的固体，从而使油砂具有很高的强度。植物油的硬化过程是不可逆的。从以上的硬化过程可以看出植物油的硬化反应需具备以下几个条件：

1）植物油分子中必须具有双键，而且双键越多，经氧化、聚合反应就越容易形成网状结构，油砂的强度就越高。

2）硬化过程中必须有氧参加。供氧越充分，硬化反应的速度越快，硬化后强度也越高。

3）必须适当加热。加热是使反应加速进行的重要条件，但温度不能过高，否则油会分解和燃烧。

（2）植物油的质量指标 衡量植物油品质优劣的指标主要是比强度、碘值、酸值、皂化值。

1）比强度是衡量黏结剂黏结能力的重要指标。植物油的比强度很高，通常Ⅰ级砂芯用黏结剂的比强度应大于0.5MPa，Ⅱ级砂芯用黏结剂的比强度为0.3~0.5MPa。

2）通常把100g油脂能吸收碘的克数称为油脂的碘值。根据碘值大小可把植物油分为干性油（碘值大于150，如桐油、亚麻油）、半干性油（碘值为100~150）和不干性油（碘值小于100，如花生油、猪油）。碘值越高，说明植物油不饱和程度越大，硬化速度越快。铸造用植物油类黏结剂应为干性油或半干性油。

3）酸值是指中和1g油脂中的游离脂肪酸所需氢氧化钾的毫克数。酸值越低，表明植物油中游离脂肪酸越少，油的品质越好。

4）皂化值是指中和1g油脂水解后生成的脂肪酸总量所用的氢氧化钾的毫克数。用以表示油脂中游离的和化合在油脂内的脂肪酸总量，表示油的纯度和油的相对分子质量的大小。皂化值越小，则油中的杂质越多。脂肪酸的平均相对分子质量越大，油的相对分子质量越大。

几种植物油的质量指标见表1-25。

表1-25 几种植物油的质量指标

名 称	碘值/gI$_2$/（100g）	皂化值/mg KOH/g	酸值/mg KOH/g
桐油	163~173	190~195	≤7.0
亚麻油	164~202	188~195	≤4.0
豆油	124~139	189~195	≤4.0
棉籽油	100~115	189~198	≤4.0
改性米糠油	92~115	179~195	≤4.0
菜籽油	94~120	168~181	≤4.0

（3）植物油砂的配制 植物油砂的配方有三种类型，不加附加物的油砂主要用于Ⅰ级砂芯，保证干强度、出砂性和流动性，用成形烘干板等措施解决砂芯的变形问题；加水溶性附加物的油砂主要用于对湿强度要求稍高的Ⅱ级砂芯，南方常加糊精，北方常加黏土、纸浆残液；在纸浆残液为黏结剂的砂中加入少量油以改善芯砂的流动性，提高干强度，主要用于Ⅲ级砂芯。

桐油或亚麻油芯砂的配比及性能见表1-26。

表1-26 桐油或亚麻油芯砂的配比及性能

造芯方法	配比（质量分数,%）						性 能			使用范围
	新砂（50/100）	桐油或亚麻油	膨润土	糊精或淀粉	纸浆残液	含水量	透气性	湿压强度/MPa	干拉强度/MPa	
机器造芯	100	2~2.5	—	0.5~1.0	—	1.5~2.0	>100	0.007~0.01	1.6~2.0	干强度高，湿强度较低，形状复杂的砂芯
	100	2~2.5	—	—	1.5~2.0	2.0~2.5	>100	0.007~0.01	1.6~2.0	

（续）

造芯方法	配比（质量分数,%）						性能			使用范围
	新砂(50/100)	桐油或亚麻油	膨润土	糊精或淀粉	纸浆残液	含水量	透气性	湿压强度/MPa	干拉强度/MPa	
手工造芯	100	2~2.5	—	0.5~1.0	—	2.0~2.5	>100	0.015~0.02	1.6~2.0	形状复杂的砂芯
	100	2~2.5	0.5~1.0	—	1.0~1.5	2.5~3.0	>100	0.015~0.02	1.6~2.0	

混制油砂时，对于不加附加物的油砂，混砂工艺很简单，只要使油均匀分布在砂粒表面即可。当附加物是黏土、糊精等粉状材料时，多采用以下混砂工艺：

原砂 + 黏土或糊精 $\xrightarrow{\text{干混（2~3min）}}$ + 水（或含水材料）$\xrightarrow{\text{湿混（2~3min）}}$ + 油 $\xrightarrow{\text{碾混（5~8min）}}$ 出砂

先加水后加油的目的是使粉料和砂先被水润湿，使再加的油更易于分布在砂中，同时可避免黏土和糊精等干粉料吸收许多油。若黏土、糊精先配成浆料加入后再加油，则效果更好。

若混砂时间过长，水溶性材料会因砂发热，水分蒸发，芯砂性能变坏。如用烘干的原砂，应注意原砂的温度不可过高，一般温度应小于40℃。

（4）油砂芯的烘干　植物油砂芯的硬化强度与烘干温度和烘干时间有一定的关系。温度过低时（如低于180℃），植物油氧化、聚合反应不能进行完全，反应速度也很慢，烘干时间要很长，而且能达到的干强度较低，断面较厚大的砂芯烘不透，结果不能充分排除挥发物，使砂芯的发气量增大，铸件易产生气孔。但烘干温度过高或时间过长，油膜被分解破坏，油砂的干强度会大幅度降低。油砂的适宜烘干温度为200~220℃，最高不超过250℃。烘干时间可根据砂芯的厚度确定，一般为1~2h。

油砂芯的烘干程度可根据砂芯烘干后的表面颜色来判断：一般以深黄色或棕黄色为宜。如呈杏黄色，表明烘干不足；呈棕黑色，表明过烧。

烘干后的油砂芯不能冷却过快，以防止油膜内产生较大的内应力或开裂而降低干强度。

三、矿物油黏结剂芯砂

桐油或亚麻油等干性植物油都是重要的工业原料，而且资源有限，价格较高，为此，国内于1956年起研究采用矿物油作铸造用芯砂黏结材料。曾先后研究和使用过石油沥青乳浊液、减压渣油、合成脂肪酸蒸馏残渣（简称合脂）等矿物油黏结剂，其中合脂黏结剂芯砂在铸造生产中得到了广泛应用。以合脂作为黏结剂配制的芯砂称为合脂砂。

1. 合脂的技术规格

合脂的分级、牌号表示方法和技术要求如下。

1）铸造用合脂按黏度值分为三级，见表1-27。

表1-27　铸造用合脂按黏度值分级

等级代号	40	80	120
黏度值（N-6，30℃）/s	≥15~40	>40~80	>80~120

2）铸造用合脂按工艺试样干拉强度分为两级，见表1-28。

表 1-28 铸造用合脂按工艺试样抗拉强度分级

等 级 代 号	14	17
工艺试样抗拉强度值/MPa	≥1.4	≥1.7

3）铸造用合脂的牌号表示方法为

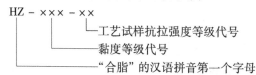

```
HZ - ××× - ××
           └── 工艺试样抗拉强度等级代号
         └──── 黏度等级代号
       └────── "合脂"的汉语拼音第一个字母
```

例如：铸造用合脂的黏度值为 40s，抗拉强度值为 1.5MPa，可表示为 HZ - 40 - 14。

4）技术要求。合脂黏结剂在常温下为膏状物，低温时为固体，使用时必须用溶剂加以稀释。常用的溶剂有煤油、油漆溶剂油等。

5）合脂黏结剂的特性。合脂黏结剂是一种有机的、憎水的、干强度高的芯砂黏结材料。其硬化与植物油黏结剂一样都是由分子逐渐增大生成复杂的网状结构及最后形成坚韧固体的过程，但它们在硬化过程中的变化是不一样的。合脂黏结剂主要靠烃基和羧基的缩聚使分子增大，而干性植物油则主要靠分子间的双键在氧和热的作用下氧化、聚合，使分子增大。因此，合脂黏结剂的碘值虽然不高，但也可以硬化并达到相当高的强度。

2. 合脂砂的性能、配制及应用

（1）合脂砂的性能

1）湿强度很低，一般只有 0.0025 ~ 0.004MPa，而干强度可达 1.5MPa 以上。为了提高合脂芯砂的湿强度，在使用中常加入膨润土、糊精、淀粉和纸浆残液等黏结剂，但加入膨润土时情况与桐油芯砂一样会显著地降低芯砂的干强度。因此，膨润土必须与糊精或纸浆残液等配合使用且适当控制膨润土的加入量。合脂的加入量过多，也将降低湿强度。

2）流动性差，因合脂的黏度大，所以合脂砂的流动性比油砂差，制造形状比较复杂的砂芯时，不容易紧实，可用油漆溶剂油进行稀释。合脂的加入量应尽可能低，在必要时可加入少量（质量分数在 0.5% 以下）植物油以提高流动性。

3）容易粘模。为了减轻粘模，应尽量减少合脂、水和纸浆残液的加入量，加入适量的黏土或天然黏土砂，混好的砂应停放一段时间后再用，在造芯时应该用沾有煤油的布经常擦洗芯盒或在芯盒表面撒上分型粉。

4）蠕变性大。蠕变是指制好的砂芯在湿态下放置时逐渐变形的现象。在烘干过程中蠕变现象更严重。产生原因是合脂黏度大，合脂流动性差，不易紧实，而湿强度又很低，烘干时黏度随温度升高而急剧下降，故产生蠕变，冬天比夏天严重，如图 1-15 所示。防止蠕变的方法是提高芯砂的湿强度，合理控制合脂黏度；增加芯骨；大批量生产时采用烘干器，小批量生产时，尽量将砂芯躺倒放置并在砂芯周围加砂衬托；砂芯烘干时采用高温入炉，快速加热，使砂芯表面层迅速硬化等。

5）合脂砂的干强度高，退让性和落砂性好，吸湿性较小，发气量与桐油砂相近。

（2）合脂砂的配制及应用 由于砂芯的工作条件、造芯方法、原材料供应情况在各厂都不相同，因此配方各异。合脂砂的配比和性能举例见表 1-29。

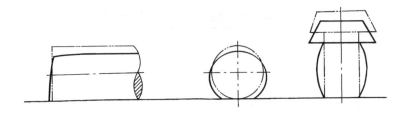

双点画线—原来形状　实线—烘干后形状

图 1-15　合脂砂芯的蠕变示意图

表 1-29　合脂砂的配比及性能

造芯方法	配比（质量分数,%）						性　能			使用范围
	新砂(50/100)	合脂	膨润土	糊精	纸浆残液	含水量	透气性	湿压强度/MPa	干拉强度/MPa	
机器造芯	100	3.5~4.0	—	1.0~1.5	—	2.5~3.0	>100	0.01~0.015	1.2~1.6	干强度高，湿强度中等，形状复杂的砂芯
	100	2.5~4.0	1.0~1.5	—	1.5~2.0	2.5~3.0	>100	0.01~0.015	1.2~1.6	
手工造芯	100	4.0~4.5	1.5~2.0	1.0~1.5	—	2.5~3.5	>100	0.02~0.025	1.2~1.6	
	100	4.0~4.5	1.5~2.0	—	1.5~2.0	2.5~3.5	>100	0.02~0.025	1.2~1.6	
	100	4.0~4.5	3~4	—	2.0~2.5	2.5~3.5	>100	0.025~0.035	0.8~1.2	要求湿强度高，干强度中等的砂芯

合脂砂的一般混砂工艺为

砂 + 黏土（或天然黏土砂、糊精等粉料）$\xrightarrow{\text{干混（1~2min）}}$ + 水 $\xrightarrow{\text{混碾（1~2min）}}$ +

纸浆残液等含水黏结剂 $\xrightarrow{\text{混碾（2~4min）}}$ + 合脂 $\xrightarrow{\text{混碾（8~12min）}}$ →出砂

由于合脂的黏度大，所以混砂时间比油砂稍长。

合脂砂芯的烘干温度范围比桐油砂的稍宽，为 180~240℃。最适宜的烘干温度为 200~220℃。烘干时间与砂芯的大小和厚薄、合脂加入量和选择的烘干温度有关，为 2~3h。合脂砂芯烘干出窑后，随着砂芯冷却，干拉强度逐渐升高。故合脂砂芯在未冷却前，不宜搬动，以免损坏砂芯。

3. 渣油及其他矿物油黏结剂芯砂

制造砂芯的矿物油黏结剂除了合脂外，常用的还有渣油、乳化沥青。

(1) 渣油芯砂的工艺特点　渣油黏结剂是由减压渣油经稀释剂稀释后的一种铸造用黏结材料。随着渣油黏结剂加入量的增加，干强度逐渐增加。当砂粒周围形成一定厚度的薄膜后，再增加黏结剂，不但干强度不增加反而有下降的趋势，同时湿压强度和透气量下降，发气量增加。因此，一般对于铸铁和铸钢件，其加入量为原砂质量的 4.5%~6%，对于非铁金属铸件，为 2%~3%。为了提高渣油黏结剂芯砂的湿态强度，便于造芯，一般在芯砂配比中加入一些膨润土、糊精和纸浆残液等附加物，但这些附加物会影响渣油芯砂的干强度，因此加入量不宜过多，一般为原砂质量的 1.5%~2%。

渣油砂芯的适宜烘干温度为 230~250℃，烘干时间随砂芯大小而定，一般为 2~3h。烘干过程中必须注意排风和烘干板开通风孔，以使炉气循环良好。

（2）乳化沥青芯砂的工艺特点 沥青根据来源不同有煤焦油沥青、石油沥青和木沥青等。煤焦油沥青是提炼焦油时的副产品，有毒，不宜用作铸造用黏结剂。木沥青是木材干馏时的副产品，但货源少、供应困难。石油沥青是炼油工业中的减压渣油再经氧化得到的产物。根据氧化程度不同，可得到不同软化点的沥青。铸造上常用的为软化点为 45~60℃ 的沥青。石油沥青用作黏结剂时常配制成乳状液使用，也称乳化沥青。

乳化沥青黏结剂芯砂的干强度不是很高，一般乳化沥青黏结剂加入 3%（质量分数）时，干强度为 0.6~0.8MPa。为提高芯砂的湿态强度，可加入一定量的黏土。砂芯烘干温度较高，为 250~270℃。小砂芯烘干时间为 1.5~2h，大、中型砂芯适当延长烘干时间。

乳化沥青一般用于Ⅲ级以下简单砂芯芯砂的黏结剂。

乳化沥青芯砂的配比（质量分数）为：砂 100%，黏土 <2%，乳化沥青 3%~5%，木屑 8%~10%，水 5%~6%。

混砂时，一般先干混 2min，加水和液态附加物混碾 10min，加乳化沥青再混 5min。也可以先将膏状的乳化沥青稀释，然后加入经干混均匀的砂中，再混碾 15min。

第六节 铸型用涂料

铸型（芯）直接与金属液接触的表面，称为工作表面。铸型的质量在很大程度上取决于铸型工作表面的质量。因为在金属液浇注和凝固过程中，金属液与工作表面之间会发生一系列物理和化学作用。为了提高铸型（芯）抵抗金属液作用的能力，降低铸件表面粗糙度值，防止粘砂，提高铸件表面质量，在铸型工作表面涂刷一层特殊成分的混合料，称为铸型涂料。涂料还能起到加固铸型表面层的作用，减少冲砂等缺陷。如果在涂料中加入特殊元素，通过涂料层中合金元素与金属液中合金元素互渗，可以使铸件表面合金化，同时细化晶粒。在金属型表面刷涂料能改善金属型的使用性能和扩大其使用范围。

一、涂料的基本组成

涂料一般由耐火粉料、载液、黏结剂、悬浮剂和助剂组成。

（1）耐火粉料 耐火粉料是涂料的最基本组元，它借助悬浮剂在载液内悬浮，并被均匀地涂敷在铸型或型芯的工作表面上。载液蒸发或挥发后，黏结剂使粉料变干结成致密涂层，起到保护工作表面的作用。耐火粉料在涂料中的含量通常在 50%（质量分数）以上。耐火粉料的性质决定了涂层的性质，要求涂层的热稳定性好，耐火度高。生产中常根据铸造合金种类及特点选用涂料。铸铁件常用石墨粉；铸造普通碳钢件则用硅砂粉、锆砂粉；铸造合金钢件用镁砂粉、锆砂粉、铬铁矿粉；铜合金铸件可用云母粉或石墨粉；铝合金及镁合金铸件可用滑石粉。

石墨有鳞片状和粉状两种。鳞片状石墨为银白色或有光泽的灰白色，固定碳含量高，耐火度亦高，但不易涂刷均匀，只用于较大型的铸铁件上。粉状石墨为黑色粉末状，固定碳含量较低，黏土等杂质含量较高，故耐火度低些。多数铸铁件使用黑色粉状石墨，或两种混合使用。

较细的粉料（70%颗粒直径小于 $10\mu m$）可使涂料具有较高的渗透砂型的能力，涂层在浇注温度下熔融为黏稠体，可抵抗金属液的渗入，但限制直径小于 $5\mu m$ 的细粒子含量不能大于15%。如果粉料太细，则粉料的比表面积较大，在载液量一定时，涂料的黏度较高，不易流动，使用时涂料易出现堆积现象，涂层不光滑而且收缩大，容易开裂。粉料粒度以分散较为适宜，由于大小粒子相互镶嵌，粉料的紧实密度大，而粒度集中的粉料紧实密度低，涂料组织疏松，抗金属液的渗透能力弱。

(2) 载液　载液又称为载体或溶剂，其作用是溶解黏结剂，使粉料在载液中分散或悬浮，涂刷后在铸型或砂芯工作表面形成涂层。

涂料按载液种类不同分为两种，以水为载液的称为水基涂料，以可挥发溶剂为载液的称为快干涂料（有机溶剂涂料）。选择载液时应考虑以下几点：在获得合格铸件的条件下，首先应考虑涂料的成本低廉；慎用易燃和有毒的溶剂；机械化铸造车间采用湿型流水方式生产，因水基涂料需要较长时间干燥，故宜用快干涂料。

水基涂料中的水应为软水或煮沸过的水。通常把含有一定数量的钙、镁盐杂质的水称为硬水。自然界中的水含有钙、镁、钠、铁、锰、硅、磷等的盐类或化合物，钙镁盐类过多会破坏涂料中的胶体或使其他悬浮体发生聚沉或沉淀现象，导致涂料性能不稳定。

我国多用乙醇配制快干涂料，乙醇的含水量应低于1.0%（质量分数），否则涂料点火困难，燃烧不完全，易使铸件产生气孔缺陷。

(3) 黏结剂　为了提高涂料层的强度和涂料层与砂型表面的结合强度，涂料中需加黏结剂。对黏结剂的基本要求是：黏结剂能很好地溶解或均匀分散在载液中；在室温、干燥和浇注温度下，黏结剂在粉料颗粒间以及涂层与基底材料之间有牢固的结合能力；黏结剂在浇注温度下形成的混合物不应与浇注金属发生化学作用；比较理想的黏结剂兼有悬浮剂的作用，可省去使用悬浮剂；来源广，价格便宜。

常用黏结剂有纤维素、树脂、煤焦油、糖浆、亚硫酸纸浆残液、沥青、淀粉、糊精、干性植物油、合脂等有机黏结剂和水玻璃、黏土、硫酸铝、硫酸镁、磷酸、磷酸铝、聚合氧化铝等无机黏结剂。

(4) 悬浮剂　悬浮剂又称稳定剂或稠化剂，其作用是保持涂料为均匀的悬浊液，防止沉淀，并易于涂刷均匀。常用的悬浮剂有钠基膨润土和活化钙基膨润土。如果膨润土加入量多，则悬浮稳定性好，但涂料在烘干和浇注时易开裂，加入量一般为涂料的4%（质量分数）。

(5) 助剂　助剂的作用是改善涂料的性能，主要有以下几种：

1）表面活性剂。常用的表面活性剂为阴离子型的，如十二烷基苯磺酸钠（洗衣粉的主要成分），另外还有烷基苯磺酸等。在涂料中加入微量表面活性剂，可以降低涂料的表面张力或涂料与基底材料之间的界面张力，增加涂料对铸型（芯）工作表面的润湿能力，使涂料能很好地挂附在铸型（芯）的工作表面上。

2）消泡剂。为了消除涂料中的泡沫，改善涂料的润湿性，常用微量的正丁醇、正戊醇等作为消泡剂。

3）防腐剂。防腐剂的主要作用是防止涂料中多糖类有机物发酵而使涂料变质。常用酚类（如百里酚）、氯酚类（如五氯粉和氯粉钠）、甲醛液（$w_{甲醛}=37\%\sim40\%$ 的水溶液，俗称福尔马林）等，它们能凝固蛋白质、扑灭霉菌或抑制霉菌生长。

除以上助剂外，还有助熔剂（如硼酸）、氧化剂、还原剂、着色剂、防潮剂等。

二、涂料的性能

为了保证生产过程的正常进行，保证发挥涂料的作用，涂料应具备良好的工艺性能（又称涂敷性能或使用性能）和工作性能（又称涂层性能）。

（1）涂料的工艺性能 涂料的工艺性能主要有饱沾性、涂刷性、流淌性、流平性、渗透性等。

1）饱沾性是指涂料应饱沾在刷子上而不淋滴的性能。涂料应具备一定的黏度才会有良好的饱沾性。

2）涂刷性是指涂刷涂料时滑爽而无黏滞感的性能。如果涂料能在砂型表面形成均匀的薄层，不会在砂型表面流淌或涂刷不开，则说明涂料的涂刷性好。

涂刷性主要取决于涂料的黏度和密度，而黏度主要取决于黏结剂的种类和加入量，密度主要取决于防粘砂粉料的密度、粒度和稀释剂的加入量。

3）流淌性是指由于重力的作用，涂料在铸型（芯）垂直壁上有向下流淌的趋势。若涂料的流淌性大且涂挂层厚，则涂料在垂直壁上很难获得均厚涂层。当湿涂层厚度薄、涂料黏度高、密度小时，涂层干结速度就快，能减少涂料的流淌。

4）流平性是指涂料涂刷后自动消失刷痕的能力。涂料用刷子涂刷在铸型（芯）的表面后，涂层表面往往出现沟槽或刷痕，这些沟槽或刷痕如能在短时间内消失，就可以保证涂层光滑。如果湿涂层厚度大、涂料黏度低、表面张力大、刷痕深度浅而窄、涂层干结慢，则有利于流平，所以水基涂料比有机溶剂涂料的流平性好。

5）渗透性是指涂料渗入到砂型（芯）孔隙中的能力，一般要求涂料能渗入砂型表面一定厚度（几个砂粒的深度）和形成一定厚度（>0.5mm）的光滑涂料层。涂料渗入砂型太深，会使留在砂型表面的涂料层很薄，需刷几遍才能达到需要的涂层厚度，使涂料用量和涂刷工时增加，烘干涂层的时间延长；涂料渗入深度太浅，涂料层与砂型表面的结合强度低，涂层易起皮、开裂。所以要求涂料渗透性适中。

涂料的渗透性与铸型（芯）的透气性及涂料的黏度有关。

（2）涂料的工作性能 涂料的工作性能主要有抗粘砂性、悬浮稳定性、涂层的强度和抗裂纹性。

1）抗粘砂性是指涂料能否起到良好的防粘砂效果。为了提高涂料的抗粘砂性能，应选取合适的防粘砂材料，以及保证涂层的厚度。涂层的厚度应根据铸件的大小、壁厚、浇注时金属液压头大小等因素来确定。涂层厚度一般为 0.5~2mm，小件取下限。对于重大型铸钢件，为保证涂层厚度，可用涂膏涂抹在铸型工作表面上。

2）悬浮稳定性是指涂料中的粉料应悬浮在载液中。涂料在一定的储存期内应不沉淀、不分液（载液与粉料的轻度分层现象称为分液）、不失黏、不结块、不霉变。

涂料的悬浮稳定性主要取决于悬浮剂的性质和加入量，以及防粘砂材料的粒度。常采取的措施有：选用溶剂化能力较高的悬浮剂；使用复合悬浮剂，即高分子化合物加膨润土；耐火粉料中不宜混有大颗粒；在储存过程中不能有急剧的温度变化，尤其不能受冻结冰。

涂料失效的原因是污染。如在包装、储存和取用时，沾染了微量电解质（如铁锈），或在悬浮剂表面上吸附了引起失效的污物（如石灰石）。

涂料结块分为两种情况：一种是由于载液挥发，涂料干枯而结块，若涂料中含有乳胶类黏结剂，一旦结块，则不能复原；另一种是由于形成坚固的立体骨架而结块，如水玻璃固化。

含有有机成分的涂料易发生霉变、酸败等现象，这是因为有机成分容易引起细菌繁殖。防止措施是容器要清洁密闭，加入一定量的防腐剂。

3）涂层的强度主要取决于涂层对铸型（芯）的附着强度，它与黏结剂的性质、加入量以及砂型（芯）的烘干规范有关。黏结剂加入量多，涂层的强度就高；用糊精、纸浆残液、糖浆作黏结剂时，烘干温度超过200℃，强度会很快下降。

4）抗裂纹性是指涂料层在烘干和浇注时不开裂的性能。膨润土的加入量越多，防粘砂材料的粒度越细、越集中，砂型（芯）表面的紧实度和干强度越低，涂料层越易开裂。

三、涂料的配制

工艺性能良好的涂料应具有"稠而不黏，滑而不淌"的特点。制备一种性能良好的涂料，不仅其配料组成应当选择适当，而且必须有合适的制备工艺。涂料的配制包括确定配方和混制两个方面的工作。

（1）涂料的配方 确定配方的依据是浇注的合金种类、铸型性质、生产方式。常用的水基涂料和快干涂料配方，分别见表1-30和表1-31。

表1-30 常用水基涂料配方举例

合金种类	铸型性质	用途	成分配比（质量分数，%）
铸铁件	表干型	一般砂型（芯）	鳞片石墨40，黑石墨60，水玻璃2，膨润土5
	干型	大件	鳞片石墨70，黑石墨30，普通黏土10
		中小件	鳞片石墨42，黑石墨42，普通黏土16
		大芯喷涂料	鳞片石墨30~80，黑石墨70~20
铸钢件	干型	碳钢件	硅石粉100，膨润土2，纸浆残液2
		碳钢件	硅石粉65，糖浆5，黏土2，水28
		碳钢件	高铝矾土86，膨润土2，糖浆8，糊精2，煤焦油2
		不锈钢件	锆砂粉100，膨润土2，糖浆7
		锰钢件	镁砂粉100，普通黏土1，柏油4
		合金钢件	铬铁矿粉100，普通黏土3，糖浆5
铜合金件及铝合金件			滑石粉86，黏土9，纸浆残液5

（2）涂料的制备工艺 正确的涂料制备工艺是先配成膏状再稀释。配膏可以分为润湿和流动两个阶段：润湿阶段是先在粉料中加入少量黏结剂液体，强烈揉搓，使粉料成为硬膏体，此时加入的液体数量极限称为湿点；流动阶段是向达到湿点的粉料膏体中再加水或其他液体，使涂料开始具有流动性，达到这种稠度所加入的液体数量极限称为流点。配膏与稀释以流点为分界，将配好的膏状涂料视使用要求加以稀释。

生产中一般先将各组分混合，干混10min，然后加入稀释剂在球磨机或碾轮机上研磨混压8~24h，制成膏状，使用时再将膏状物在叶片搅拌机中稀释成符合使用要求的涂料。

生产涂料的厂家一般按照用途及涂敷方法将涂料分类，成品出售。使用时不需做任何调整，开罐后即可使用。

表 1-31　快干涂料配方举例

编号	成分配比（质量分数，%）														备注
	锆砂粉	硅石粉	镁砂粉	滑石粉	石墨粉	树脂	铁矿粉	聚醇乙缩烯丁醛	松香	乙醇	甲醇	异丙醇	石脑油	石蜡油	
1		15	40	40		4	5				40	50		6	机床铸件
2						1	5	0.3		12					按体积比
3			100	1		2.7				30					石灰石砂型
4				39					1	40~45			15~20		
5		44~55							2~3	35~50			0~15		糊精3%~4%
6			52						5	40					膨润土3%
7		46								50					硬脂酸2%，石蜡2%
8			46										50		硬脂酸4%
9				40									50		沥青10%
10				40					6				54		密度2.17g/cm³
11	100							2		40					风干涂料
12	100					2			2	40~50					
13	100					3~4				30					锂基膨润土2%~3%

四、刷涂方法

涂料涂敷的方法有刷、喷、浸三种。刷涂法是使用毛刷将涂料涂敷在砂型（芯）工作表面的手工操作，广泛用于单件、小批生产中。浸涂法是将砂型（芯）全部或局部浸没在盛有涂料的槽中，经很短时间后从槽内取出，使涂料浸涂于砂型（芯）表面。喷涂法是利用压缩空气及喷枪使涂料雾化并喷涂在砂型（芯）表面，其特点是涂层无刷痕，涂层均匀，生产率高，适用于各种复杂程度的砂型（芯）和机械化流水生产。

动画：涂料的
涂敷方法

第七节　造型材料性能检测

造型原材料及型砂的性能直接关系到铸件质量，因此，对造型材料性能的检测越来越受到重视。通过对造型材料的质量检验和宏观控制，不但可以了解型砂是否达到要求的性能，而且还可以掌握型砂在使用中的变化情况，这样就能及早采取措施，保证型砂性能符合要求并保持相对稳定，以保证铸件质量，预防铸造缺陷产生。

一、原砂性能的检测

为检测原砂质量，首先应对同批原砂选取平均样品。原砂取样方法为：散装原砂的平均样品是在砂堆或砂库中，从离边缘和表面200~300mm的各角及中心部位，用取样器选取；袋装原砂的平均样品在同一批的1%袋中选取，但不少于3袋。所选取的样品总质量不得少于5kg。

试验所需的试样用"四分法"或用分样器从样品中选取。试样质量根据检验项目而定，但不得少于1kg。

　　四分法取样是将取得的样品均匀混合、堆聚，并拍成圆饼状，然后分成四等份，任取其中相对的两份，重新混合、堆聚，再按上述方法缩减，直至获得所需试样数量为止。

　　1. 原砂含水量的测定

　　原砂中所含的水分与原砂质量的百分比，称为原砂的含水量。含水量的测定有快速法和恒重法两种方法。

　　(1) 快速法

　　1）称取试样 20g ±0.01g，均匀铺放在盛砂盘中。

　　2）将盛砂盘置于红外线烘干器内烘干 6～10min，温度为 110～170℃。

　　3）取出后放在干燥器中冷却至室温，重新称量。原砂含水量按下式计算

$$含水量 = \frac{G_1 - G_2}{G_1} \times 100\% \tag{1-6}$$

式中　G_1——烘干前试样的质量（g）；

　　　G_2——烘干后试样的质量（g）。

　　(2) 恒重法

　　1）称取试样 50g ±0.01g，置于玻璃皿中。

　　2）在温度为 105～110℃ 的电烤箱中烘干至恒重（烘干 30min，称其重量，然后每烘干 15min 称量一次，直至相邻两次称量之间的差不超过 0.02g 时，即为恒重）。

　　3）将试样置于干燥器中冷却至室温，再进行称量。

　　4）按式（1-6）计算含水量。

　　2. 原砂含泥量的测定

　　采用 SXW 洗砂机。

　　1）称取烘干的试样 50g ±0.01g，放入专用洗砂杯中（图1-16），加水 390mL 和质量分数为 5% 的焦磷酸钠溶液 10mL。

　　2）煮沸约 4min。

　　3）将洗砂杯置于涡洗式（SXW）洗砂机上（图1-17），搅拌 15min。

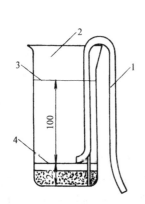

图 1-16　专用洗砂杯

1—虹吸管　2—洗砂杯

3—标准液面高度　4—虹吸管标高

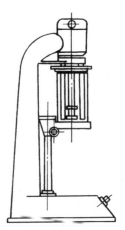

图 1-17　SXW 洗砂机

4）取下洗砂杯，加清水至标准高度 125mm 处，用玻璃棒搅拌 30s 后，静置 10min，用虹吸管排除浑水。

5）第二次加水至标准高度，重复步骤 4）。

6）第三次加水后的操作与步骤 5）相同，但静置时间为 5min，直至杯中的水透明为止。

7）将试样和余水置于 φ100mm 左右玻璃漏斗中的定量滤纸上过滤，待余水滤净，将试样连同滤纸移入玻璃皿中，在 105 ~ 110℃下烘干至恒重。

8）将试样置于干燥器中冷却至室温，称其重量。原砂含泥量用下式计算

$$含泥量 = \frac{G_1 - G_2}{G_1} \times 100\% \tag{1-7}$$

式中 G_1——冲洗前试样的质量（g）；

G_2——冲洗后试样的质量（g）。

3. 原砂粒度的测定

原砂粒度一般用筛分法测定，除特别注明外，应用测过含泥量的烘干砂样。

（1）采用 SSZ 振摆式筛砂机

1）将砂样倒入按顺序叠放好的全套标准铸造用试验筛最上面的筛子（筛号为 6）上，并在筛砂机上固定好筛子，如图 1-18 所示。

2）筛分 12 ~ 15min。

3）取下筛子，依次将每个筛子上所余留的砂子分别倒在光滑干净的纸上，并用软毛刷仔细地从筛网的反面刷下夹在筛孔中的砂粒。

4）称量每个筛子上的砂子质量，并计算出其所占试样质量的百分比，即得砂样的粒度分布值。

（2）采用 SSD 电磁微振筛砂机 采用这种筛砂机筛分时，同时要旋动振频和振幅旋钮，使振幅为 3mm，其余操作与采用 SSZ 振摆式筛砂机相同。

试验后，将每个筛子及底盘上的砂子质量与含泥量相加，不应超过 50g ± 1g，否则应重新进行试验。

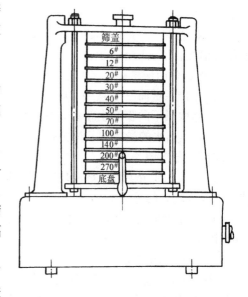

图 1-18 SSZ 振摆式筛砂机

若采用未经测定含泥量的砂样试验时，应称取 50g ± 0.01g 砂样进行试验。

4. 原砂颗粒形状及表面状况的评定

从洗净、筛分后原砂的主要组成部分中取出少量砂样，均匀混合后放在立体显微镜或放大镜的工作板上，选择适当的放大倍数，观察原砂的颗粒形状、颜色、砂粒表面的粗糙度、有无裂纹等。

5. 原砂烧结点的测定

当原砂烧结点低于 1350℃ 时，可采用硅碳棒管式加热炉，砂样放在普通瓷舟中即可。当烧结点高于 1350℃ 时，可采用管式碳粒炉，砂样放在石英舟或白金舟中。

1）取适量烘干的砂样放在瓷舟中（约占瓷舟容积的 1/2）。

2）将瓷舟缓慢推入已达预定温度（一般从1000℃开始试验）的炉膛中，推入深度应以瓷舟前端25mm内受热温度最高为宜，保温5min。

3）将瓷舟拉出，待冷却后用小针刺划砂样表面，并用放大镜观察。如果砂样表面松散，尚未烧结，则另换一个新瓷舟和砂样，将炉温提高50℃重新试验。直至砂粒彼此连接，表面光亮，小针拨不动砂粒为止，此时的试验温度即为该砂样的烧结点。

二、普通黏土和膨润土性能的检测

选取试样的方法采用"四分法"，试验所需样品的多少，可根据试验的项目确定，但不得少于1kg。试料需在105～110℃烘干2h（试料厚度不大于15mm）。然后将烘干的试料存于干燥器内，以备试验。

1. 膨胀倍数（膨胀容）的测定

1）称取经烘干并通过0.15mm筛的黏土试料1.00g±0.01g，倒入已加入50mL水的直径为25mm、容量为100mL的带塞量筒内。

2）塞紧塞子，手握量筒上下方向摇动300次（约5min），使试样与水混匀。在光亮处观察，应无明显颗粒或团块。

3）加入25mL浓度为1mol/L的HCl溶液，加水至100mL。盖上塞子，直立摇晃200次（约3min）。

4）静置24h，读出沉淀物与清水界面的刻度，这个刻度值（精确至0.5mL）就是黏土的膨胀倍数，以mL/g表示。

2. 膨润值的测定

1）在带塞量筒（容量为100mL）中加入蒸馏水50～60mL。

2）称取烘干的膨润土粉料3.00g±0.01g（优质钠膨润土为1.00g±0.01g），加入已加50～60mL蒸馏水的量筒中，用力摇2min，使膨润土在水中均匀分散。如有必要，可延长摇动时间至充分摇匀为止。

3）加入5mL浓度为1mol/L的NH_4Cl溶液，加蒸馏水至100mL刻度线，再摇动1min，使溶液成为均匀的悬浮液。

4）静置24h，读出沉淀的体积数就是膨润土的膨润值。钙基膨润土的膨润值大多数在30mL以下。

3. 膨润土pH值的测定

采用pH值试验纸测定的方法是：称取10g膨润土，置于容量为150mL的烧杯内，加入100mL蒸馏水，用玻璃棒搅拌5min，最后用广泛pH值试验纸（或用玻璃电极的pH计）检定其pH值。

4. 膨润土吸蓝量的测定

吸蓝量是指100g干黏土在水中饱和吸附亚甲基蓝的量（g）。

黏土矿物具有吸附色素的能力，其中以亚甲基蓝的吸附量最大，因而广泛采用亚甲基蓝染色法检验黏土中所含黏土矿物的多少或者检验型砂和旧砂中有效黏土的含量。目前常用化学滴定法。

1）称取烘干的试料0.200g±0.001g，置于已加入50mL蒸馏水的250mL锥形瓶内，使其预先润湿。

2）加入质量分数为1.0%的焦磷酸钠溶液20mL，摇晃均匀后，在加热炉上加热煮沸5min，在空气中冷却至室温。

3）用滴定管滴入 0.002g/mL 亚甲基蓝溶液。滴定时，第一次可加入预计亚甲基蓝溶液量的 2/3 左右，摇晃 1min 使其充分反应；以后每次滴加 1~2mL，直到终点。

终点的判定方法：每次加入亚甲基蓝后，摇晃 30s，用玻璃棒蘸取一滴试液在中速定量滤纸上，观察在中央深蓝色点的周围有无淡蓝色的晕环。若未出现，继续滴加亚甲基蓝溶液。如此反复操作。当开始出现淡蓝色晕环时，继续摇晃试液 2min，再用玻璃棒蘸取一滴试液在滤纸上，若又无淡蓝色晕环出现，说明未到终点，应继续滴加亚甲基蓝溶液（每次滴加 0.5~1mL）。若摇晃 2min 后仍保持明显的淡蓝色晕环（晕环宽度为 0.5~1mm），即为滴定终点。记下此时滴定的亚甲基蓝溶液的毫升数。

试样吸蓝量（g/100g）按下式计算

$$吸蓝量 = \frac{NV}{G} \times 100 \tag{1-8}$$

式中　N——亚甲基蓝溶液的浓度（g/mL）；

　　　V——亚甲基蓝溶液的滴定量（mL）；

　　　G——膨润土试样的质量（g）。

膨润土中蒙脱石含量可按下式计算

$$蒙脱石含量 = \frac{吸蓝量}{44} \times 100\% \tag{1-9}$$

5. 黏土工艺试样强度的测定

将待测定的黏土试样与一定量的标准原砂配成混合料，然后按测定强度的规定，测出湿态和干态的抗压强度和热湿拉强度。工艺试样用混合料配方见表 1-32。

表 1-32　黏土工艺试样强度测定配方

黏 土 种 类	试样成分/g			
	标准砂	膨润土	普通黏土	水
普通黏土	2000	—	200	100
膨润土	2000	100	—	80

混制工艺：在实验混砂机内干混 2min，湿混 8min。混好的混合料盛于带盖的容器中或置于塑料袋中并扎紧。混合料应放置 10min 后再进行试验，但不得超过 1h。

各种强度的试验方法与黏土型砂性能的检测方法相同。

同一混合料的湿压强度和热湿拉强度用三个试样强度的平均值。其中任何一个试样的强度值与平均值相差 10% 以上时，试验应重新进行。

干压强度要测五个试样，去掉最大值和最小值，将剩下的三个数值取其平均值，作为干压强度值。如果三个数值中任何一个数值与其平均值相差超过 10% 时，试验要重新进行。

三、黏土型砂性能的检测

型砂必须具备优良的工作性能和工艺性能，才能保证铸件质量和减少劳动量，所以应根据铸造车间的具体情况和生产性质制定出型砂的检测制度，这是铸造生产技术管理的重要措施之一。机械化、自动化流水作业生产时，因生产率高，型砂周转快，型砂成分和性能可能发生变化，如不及时检测，就会引起大量铸件报废。所以，规定检测次数较频繁，以保证型砂性能稳定。而在单件、小批生产车间中，因生产周期较长，型砂成分和性能变化较慢，因此检测次数可少些。表 1-33 为在机械化流水作业生产中，湿型砂的检测项目和频率。由此可以看出，与型砂紧实率和水分有密切关系的几种性能检测最频繁，而其他几项则间隔比较长时间才检测一次。这是因为在一个型砂系统中，如果原砂、黏土、煤粉等原材料质量稳定，配砂的各种定量装置准确，混砂机等设备工作状态良好，混砂时间足够长，则按合适配方配制的型砂在运行一段时间后就达到稳定状态。除了改变紧实率和水分能立刻影响型砂性能外，黏土、煤粉、新砂的加入量在一定范围内改变时，往往要在几小时或几天后才能显示出来，所以各检测项目的频率应有所不同。

表 1-33　湿型砂检测项目及频率举例

检 测 项 目	检 测 频 率	检 测 项 目	检 测 频 率
水分	每小时一次	热湿拉强度	每日一次
紧实率	每小时一次	型砂或回用砂含泥量	每周一次
湿压强度	每小时一次	型砂或回用砂颗粒组成	每周一次
湿透气性	每小时一次	激热开裂时间	每周一次
有效黏土含量	每日一次	回用砂有效黏土含量	每周二次
有效煤粉含量	每日一次	回用砂煤粉含量	每周二次
破碎指数	每日一次		

为了使检测结果具有代表性，应该以在造型工作位置取样测定的性能为准。自混砂机中取样测得的性能可作为参考，因为型砂混出后经过长距离运送、砂斗储放和松砂等过程会使型砂的性能改变。而回用砂宜取加入混砂机之前的回用砂。

1. 含水量的测定

黏土型砂的含水量是指其在 105 ~ 110℃烘干时能除去的水分含量。含水量的测定方法与原砂含水量的测定方法相同。

2. 透气性的测定

采用快速法或标准法测定。这里介绍标准法。

1）称取一定量的黏土型砂放入圆柱形标准试样筒内，在锤击式制样机（图 1-19）上锤击 3 次，制成 $\phi50mm \times$（50mm ± 1mm）的标准试样。

2）将直读式透气性测定仪（图 1-20）的旋钮 9 旋至"吸放气"位置，提起气钟 3，再将

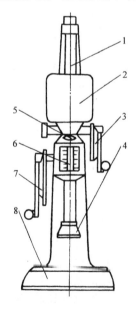

图 1-19　SYC 锤击式制样机

1—冲杆　2—重锤　3—小凸轮　4—冲头
5—准牌　6—标尺　7—大凸轮　8—机座

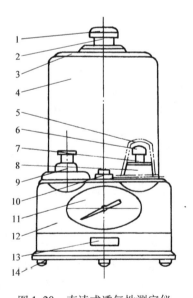

图 1-20　直读式透气性测定仪

1—进气阀　2—把手　3—气钟　4—水筒　5—密封罩
6—阀帽　7—回气管　8—试样座　9—旋钮　10—水平座
11—微压表　12—机座　13—厂牌　14—调平脚

旋钮 9 旋至"关闭"位置。

3）将内有试样的试样筒放到透气性测定仪试样座上，并使两者密合。

4）将旋钮 9 旋至"工作"位置，从微压表上读出透气性的数值。

当试样的透气性≥50 时，应采用 ϕ1.5mm 的大阻流孔；当试样的透气性＜50 时，应采用 ϕ0.5mm 的小阻流孔。

为使试验数据更有代表性，每种黏土型砂的透气性应测三个试样，结果取其平均值。但其中任何一个试样的结果与平均值相差超出 10% 时，试验应重新进行。

3. 强度的测定

常用的型砂强度试验仪为 SWY 型液压万能强度试验仪，用其可测抗压、抗拉、抗弯、抗剪和抗劈强度。随机配有低压和高压附件，具体使用方法可见该机说明书。

（1）湿压强度的测定　将测过透气性的试样从试样筒中取出后立即装入强度试验仪的抗压夹具上，然后转动手轮，逐渐加载于试样上（增压的速度应慢些，一般为0.2MPa/min），直至试样破裂，直接从压力表上读出强度值。

视频：黏土砂湿强度与湿压强度测定

（2）干强度的测定　将 ϕ50mm×50mm 的圆柱形标准试样按一定规范烘干，冷却至室温后测其干压强度，测定方法同湿压强度的测定。

（3）热湿拉强度的测定　热湿拉强度是模拟浇注过程中型砂受热情况，把湿砂样的一端加热至320℃，保持20s，使之形成一定厚度（4mm）的干砂层及其后的水分凝聚区，然后加载拉力负载，测得高水分区的湿拉强度。

热湿拉强度的测定是在 SQR 型砂热湿拉强度试验仪上进行的。试验操作步骤如下：

动画：树脂砂抗压强度

1）接通电源，使电热板升温至320℃使用。

2）用专用试样筒在锤击式制样机上锤击 3 次，制成 ϕ50mm×50mm 的标准试样，小心取下试样筒连接套，手握试样下部，置于下夹头处，并将试样推至导轨的终端。

3）按下电热板上升钮，打开开关，此时即可按试样加热、加载测力、自动记录、自动复位等程序自动进行测试。

强度的取值方法与黏土工艺试样各种强度的取值方法相同。

动画：热湿拉强度

4. 紧实率的测定

紧实率是指湿态的型砂在一定紧实力的作用下其体积变化的百分数，用试样紧实前后高度变化的百分数表示。

试验方法如图 1-21 所示。

1）将试样筒连同底座一起放到投砂器下方。

2）将待测型砂过 3.35mm 筛后，自由落入试样筒内并充满试样筒（不允许施加任何外力）。

3）沿试样筒顶面轻轻刮去多余的型砂。

4）在锤击式制样机上锤击 3 次，直接从制样机上读出紧实率。也可用下式计算紧实率

$$紧实率 = \frac{H_0 - H_1}{H_0} \times 100\%　　　　（1-10）$$

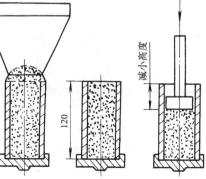

图 1-21　紧实率试验

式中 H_0——试样紧实前的高度（mm）；

$\qquad$ H_1——试样紧实后的高度（mm）。

5. 流动性的测定

测定的方法较多，常用的是阶梯硬度差法，如图1-22所示。

在圆柱形湿压强度试样筒内，放入一块高25mm的半圆形金属凸台，将110～120g型砂放入试样筒内，在制样机上锤击3次，然后测量a和b两处的硬度。两处的硬度差越小，则型砂的流动性越好。流动性可用下式计算

$$流动性 = \frac{H_a}{H_b} \times 100\% \qquad (1-11)$$

式中 H_a——试样a处的硬度；

$\qquad$ H_b——试样b处的硬度。

6. 破碎指数的测定

型砂的韧性是指在造型、起模、造芯时吸收塑性变形不易损坏的能力。一般以破碎指数来表示。

试验时，将$\phi50mm \times 50mm$的圆柱形标准试样放在破碎指数试验仪（图1-23）的钢砧上，用$\phi50mm$、质量为510g的硬质钢球自距离钢砧上表面1m的高度处自由落下，直接打在标准试样上。试样破碎后，大砂块留在12.7mm筛网上，小的型砂通过筛网落入底盘内，然后称量筛网上大砂块的质量。按下式计算破碎指数

$$破碎指数 = \frac{大砂块质量（g）}{试样质量（g）} \times 100\% \qquad (1-12)$$

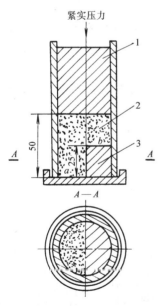

图1-22 阶梯硬度差法测型砂流动性

1—压头 2—试样 3—半圆嵌块

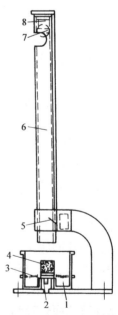

图1-23 破碎指数试验仪

1—底盘 2—钢砧 3—筛网 4—试样

5—开关 6—管子 7—钢球 8—电磁铁或弹簧

测定破碎指数时，数值较分散，不容易重现同样的结果。一般每种试样取三次试验结果

的平均值，而且任何一值的偏差不得大于平均值的20%。

型砂的破碎指数越大，表示它的韧性越好。一般高压造型型砂的破碎指数为60%~80%，振压造型型砂的破碎指数为68%~75%。

7. 表面硬度的测定

表面硬度是指砂型表面抵抗压划或磨损的能力。

砂型的紧实度对型砂的各项性能都有很大影响，但测定砂型紧实度比较困难，在生产中常用砂型表面硬度来评定铸型的紧实质量。因为硬度值随紧实度的增加而增加，硬度检测不损坏砂型，测量方便，所以得到广泛应用。

表面硬度多用砂型硬度计来测量，目前砂型硬度计有湿型和干型两种，如图1-24所示。湿型硬度计又分为A型、B型和C型三种，其区别在于测头形状和弹簧压力。A型和B型的测头为圆形，C型的测头为80°的锥形。弹簧压力：A型为2.3N，B型为9.6N，C型为14.7N。A型用于细砂，手工或一般机器造型；B型用于粗、细砂，手工或机器造型；C型用于高压造型。

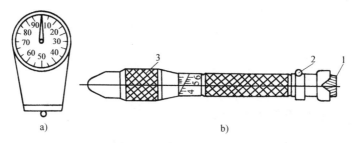

图1-24　砂型表面硬度计
a) 湿型硬度计　b) 干型硬度计
1—爪　2—固定钮手　3—转动手把

使用湿型硬度计时，应将硬度计紧压在所要测试的试样或砂型平面上，使硬度计底平面与被测砂型平面紧密接触，然后根据小钢球压入的深度，从硬度计表盘上读出被测试样或砂型的硬度值。

使用干型硬度计时，松开固定钮手，爪垂直放在砂型或砂芯表面上，来回转动手把五次，最后一次旋到底后按下固定钮手，此时在刻度上读出刻入深度，以毫米表示。

测定湿态试样的硬度时，需测三个试样，而且每个试样上要测三个不同位置，取其平均值。若其中一个超出平均值20%时，需重新进行试验。测砂型硬度时，可按在几个不同测点测得的结果计算平均值，如果某测点硬度超过平均值20%时，须另加说明。

8. 发气量的测定

发气量通常在发气性测定仪上进行测量。其测定原理如图1-25所示。

试验时，先将管式电炉中的石英管加热到1000℃，向石英管内通入CO_2气体，将盛有试料

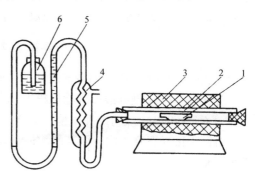

图1-25　发气量测定原理示意
1—瓷舟　2—石英管　3—管式电炉
4—冷凝管　5—量管　6—平衡瓶

的瓷舟推入石英管内，立即用橡皮塞密封，产生的气体经另一端的橡皮管进入冷凝器和量管。用调整压力的平衡瓶与液面保持水平，此时量管内液面的读数即为该试料的发气量。如果用秒表计时，每间隔一定的时间读一次发气量值，直至发气量值不再增加，即可得知该试料的发气总量、发气速度和发气时间等。

如果发气性测定仪带有自动记录装置，能够自动画出"发气量-时间"关系曲线，则可根据此曲线分析该试料的发气特性。

试验用试料的确定：型砂试样经烘干后取 1g ± 0.01g；芯砂试样从"8"试样上取 1g ± 0.01g 或 2g ± 0.01g。原材料中发气量大的，需与原砂混合后称取一定量，进行测量。

试验时，每种试料测三个试样，取其平均值。如果其中任何一个超出平均值10%，应重新进行试验。

9. 型砂中有效膨润土含量的测定

型砂中有效膨润土含量用染色法（亚甲基蓝滴定法）来测定。

在新砂中分别加入 2%、4%、6%、…、20% 的与旧砂中同类的膨润土，混合均匀，在 105～110℃ 温度下烘干。分别称取 5g 试样，测定每一份试样的亚甲基蓝溶液的滴定量。然后以试样中的膨润土量为横坐标，亚甲基蓝滴定量为纵坐标，绘制成标准吸附图线，如图 1-26 所示。

取旧砂 5g，用亚甲基蓝溶液滴定，记下亚甲基蓝溶液的滴定量。试验应进行两次，滴定结果取为两次结果的平均值。

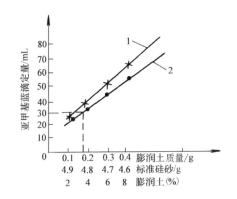

图 1-26 染色滴定法的标准对照图线
1—宣化膨润土 2—黑山膨润土

根据亚甲基蓝溶液滴定量从标准吸附图上可以直接查出旧砂中有效膨润土的含量。

10. 型砂中有效煤粉含量的测定

型砂中有效煤粉含量一般用测定发气量的方法进行测定。先测出 0.01g ± 0.001g 煤粉的发气量，再测定与型砂中同类的膨润土及其他附加物的发气量，最后测定经过风干的 1.0g ± 0.01g 型砂或旧砂的发气量，其有效煤粉含量可用下式计算

$$有效煤粉含量 = \frac{Q_1 - \sum Q_i}{Q} \times 100\% \qquad (1-13)$$

式中 Q_1——1.0g 型砂或旧砂的发气量（mL）；

$\sum Q_i$——1.0g 型砂或旧砂除煤粉外的膨润土和其他附加物的总发气量（mL）；

Q——0.01g 煤粉的发气量（mL）。

对同一试样要测 3 次，取其平均值。若其中任一结果与平均值相差大于10%，应重新进行试验。

思 考 题

1. 黏土型砂的组成有哪些？

2. 铸造用硅砂角形因数的大小说明什么问题？什么样的角形因数好？

3. 比表面积大小对原砂意味着什么？对黏土又意味着什么？

4. 黏土为何具有黏结性？湿态、干态黏结机理有何不同？

5. 一般机器造型湿型砂，主要应保证哪些性能？

6. 水玻璃的模数、密度对水玻璃 CO_2 硬化砂的性能有何影响？

7. 减小合脂砂蠕变的措施有哪些？

8. 原砂的粒度、含泥量对植物油、合脂砂、树脂砂的哪些性能有影响？

9. 为减少树脂砂中的树脂用量，应采取哪些措施？

10. 涂料如何才能具有好的涂刷性？

11. 怎样提高涂料的抗粘砂性？

第二章 铸型制备

视频：机器造型方法

　　铸件的形状和尺寸由铸型型腔来形成。在砂型铸造中，用砂型形成铸件的外轮廓形状和尺寸，用砂芯形成铸件的内腔形状和尺寸。制造砂型简称为造型，制造砂芯简称为造芯，将砂芯装配在砂型内组成铸型的过程称为合型。造型、造芯和合型是铸型制备过程的主要工艺环节，对铸件质量有很大的影响。

　　在铸造生产中有机器生产和手工生产两种铸型制备方法。通常根据铸件的结构特点、尺寸大小、生产数量、技术要求、交货期限和生产条件等因素来确定铸型制备方法。本章主要介绍手工制备铸型的基本方法、特点和适用范围等。

第一节 砂型制备

　　单件或小批量铸件的生产，大部分采用手工制造砂型、砂芯。手工造型的方法很多，即使同一个铸件，也可采用不同的造型方法。尽管手工造型方法多种多样，但基本要求是一样的：模样能够从砂型中顺利起出；铸件的加工面尽量朝下或者放在垂直面上；模样和浇冒口边缘必须与砂箱内侧保持一定距离（吃砂量），以便均匀舂实型砂，且防止因铸件各部分温差过大而产生铸造缺陷。

一、整模造型

　　整模造型是指使用整体模样造型，其造型过程如图 2-1 所示，分型面（上、下型之间

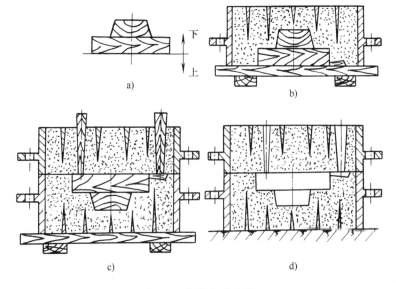

图 2-1　整模造型过程

a）木模样　b）造下砂型　c）造上砂型　d）铸型

的结合面）取于模样的一端，使模样可以直接从砂型中起出。根据铸件的技术要求，造型时可将模样放置在下砂箱或上砂箱中。这种造型方法操作简便，适用于生产各种批量、铸件结构形状简单的铸件。

二、分模造型

有些铸件外形较复杂，若采用整模造型，就难以从砂型中取出模样。将模样沿着截面最大处分成两半，造型时分别放置于上砂箱和下砂箱内，称为分模造型。带有凸缘的管类铸件的分模两箱造型过程如图 2-2 所示。分模两箱造型操作简便，应用广泛，适用于圆柱体、套类、管类、阀体类等形状较为复杂的铸件。通常模样的分模面与砂型的分型面一致。为了便于操作，分模之间定位用的定位销或方榫必须设在上半模样上，而销孔或榫孔开在下半模样上。

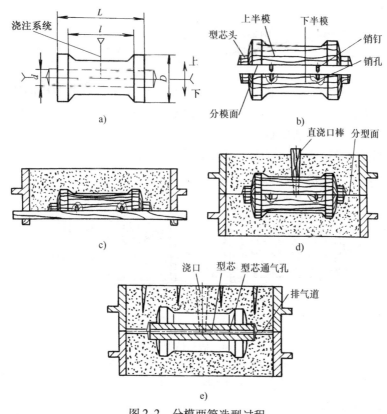

图 2-2 分模两箱造型过程

a）铸件图 b）模样 c）造下型 d）造上型 e）铸型

三、挖砂和假箱造型

有些铸件需采用分模造型，但由于模样的结构要求或制模工艺等原因，不允许做成分模样，必须做成整体模样。为了使模样能从砂型中起出，要采用挖砂造型。挖砂造型过程如图 2-3 所示。在舂实下砂箱并翻转后，挖去妨碍起模的那一部分型砂，并向上做成光滑的斜面，即形成凹形分型面，然后造上砂型。在挖砂造型中，挖砂深度要恰到模样最大截面处，挖割成的分型面要平整光滑，挖割坡度应尽量小，这样上砂型的吊砂就浅，便于开箱和合型操作。

挖砂造型消耗工时多，对操作者技术水平要求高，当铸件生产量较大时，宜采用假箱造型。

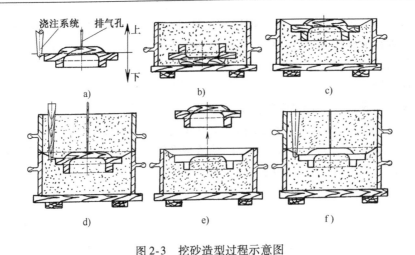

图 2-3　挖砂造型过程示意图

a）木模样　b）造下砂型　c）在下砂型上割分型面　d）造上砂型　e）开箱起模　f）合型

假箱造型的实质是用一个特制的、可多次使用的砂型来代替造型用的成形底板（成形底板造型类似于模板造型），使模样上最大截面位于分型面上。假箱造型如图 2-4 所示，在假箱上春制下砂型，模样便能从砂型中顺利起出。对假箱的要求是结实、分型面光滑和定位准确。假箱可用强度较高的型砂制成。假箱造型比挖砂造型节约工时，生产效率高，砂型质量好，易操作，适用于小批量生产。

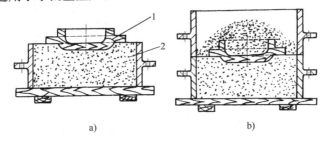

图 2-4　假箱造型过程

a）端盖模样放在假箱上　b）在假箱上造下砂型

1—端盖模样　2—假箱

四、活块和砂芯造型

当模样的侧面上有较小的凸出部分，且距分型面有一定的距离时，造型起模时便会受阻，为了减少分型面的数目或避免挖砂操作，可以将凸出部分做成活块，活块可用销钉或燕尾槽与模样主体相连接，如图 2-5a、b 所示。活块较小时，用销钉与模样主体连接定位，活块较大时，通常采用燕尾槽连接定位。用活块造型时，如果活块是用销钉连接的，在活块四周的型砂春实后，先起出主体模样，再用弯曲的起模针通过型腔取出活块。

活块造型操作复杂，对操作者技术要求较高；生产率低；铸件尺寸精度常因活块位移受到影响，只适用于单件或小批量生产。

当活块的厚度超过主体模样形成的型腔尺寸，或者活块与分型面的距离较大，起出活块有困难，修型和刷涂料操作不方便，或为大批量生产铸件时，由活块形成的型腔部分可用砂芯来形成,即砂芯造型,其方法如图 2-6 所示。采用砂芯造型,可简化复杂铸件的造型操作,提高造型生产率。在机器造型时,这种方法被普遍采用。

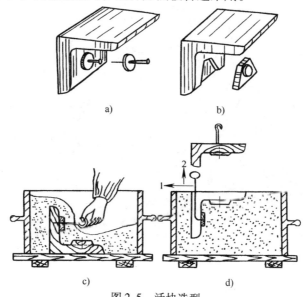

图 2-5 活块造型

a)活块用销钉定位 b)活块用燕尾槽定位

c)造型时拔销钉 d)起出主体模样后取活块

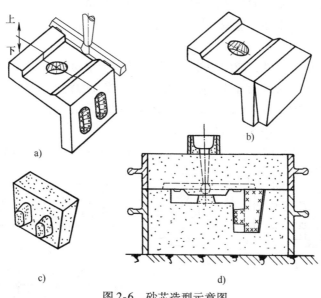

图 2-6 砂芯造型示意图

a)铸件 b)模样 c)砂芯 d)铸型

五、活砂造型(抽砂造型)

活砂造型是将阻碍起模的那部分砂型造成可以搬移的砂块,以使模样能从型中顺利起出。图 2-7 是活砂造型原理示意图,将造好的下砂型翻转 180°,并在模样凹入部位挖砂,撒上分型砂,放置上砂箱,制造活砂块和上砂型,然后翻转上砂型,移开活砂块,取出模样,再将活砂块移入下砂型,使其成为构成砂型的组成部分。

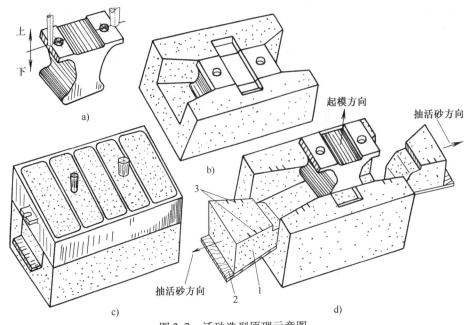

图 2-7 活砂造型原理示意图

a）铁砧模样 b）造活砂部位 c）造上砂型 d）起模

1—活砂 2—抽砂托板 3—定位标记

由于活砂造型很费工时，而且活砂在搬移过程中容易损坏，因此只适用于单件生产。当铸件生产量较大时，可采用砂芯造型，将活砂部分用砂芯代替。

六、多箱造型

对于有些形状复杂的铸件，或两端外形轮廓尺寸大于中间部分尺寸模样的铸件，为了便于造型时起出模样，需要设置多个分型面；对于高度较大的铸件，为了便于紧实型砂、修型、开设浇道和组装铸型，也需要设置多个分型面。这种需用两个以上砂箱造型的方法称为多箱造型。轮形铸件的三箱造型过程如图 2-8 所示。

多箱造型增加了造型工时，操作复杂，生产率低，铸件尺寸精度不高。在铸件不太大、

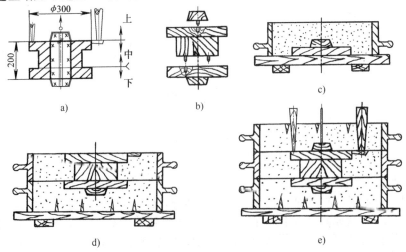

图 2-8 轮形铸件的三箱造型过程示意图

a）铸件 b）模样 c）造下砂型 d）造中砂型 e）造上砂型

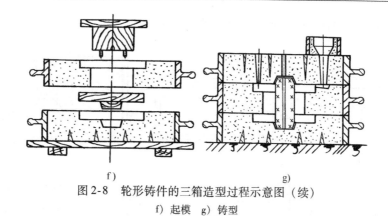

图2-8 轮形铸件的三箱造型过程示意图（续）

f）起模 g）铸型

单件或小批量生产并有现成砂箱、能分模的条件下，可采用多箱造型。当铸件生产批量较大或采用机器造型时，则应采用两箱砂芯造型，如图2-9所示。

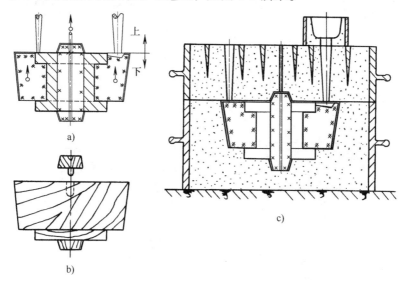

图2-9 两箱砂芯造型

a）铸件 b）模样 c）铸型

视频：实物造型过程

七、实物造型

在设备维修中，常因急需配件，在来不及制造模样，或零件结构简单，不必制造模样时，可利用废旧零件代替模样造型。这种用零件作为模样的造型方法称为实物造型。槽轮零件的实物造型过程如图2-10所示。实物造型与模样造型相比有下列特点：需要用砂芯形成铸件内腔时，在造型前要在零件上配制好芯座模；在起模、修型时应扩出铸件收缩余量和割出机械加工余量；实物造型比模样造型起模困难，对于阻碍起模部分的砂型可采用活砂造型的方法解决。

八、刮板造型

除了采用上述与铸件形状相似的实体模样进行实模造型外，在某些情况下还可用与铸件截面或轮廓形状相似的刮板来代替实模，刮制出砂型型腔，这种造型方法称为刮板造型。根据刮板在刮制砂型时运动方式的不同，有适用于旋转体铸件的绕轴旋转的刮板造型和适用于铸件横截面不变的导向移动的刮板造型两种造型方法。

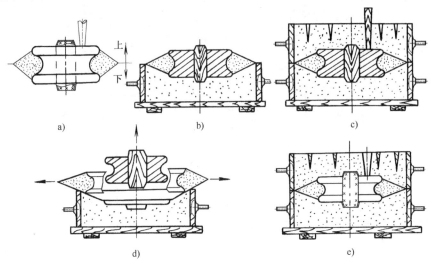

图 2-10　槽轮零件的实物造型过程示意图

a）槽轮零件　b）造下砂型，修活砂块　c）造上砂型　d）移活砂块并起模　e）铸型

当旋转体铸件尺寸较大，生产数量较少时，可采用刮板造型。轮形零件的刮板造型过程示意图如图 2-11 所示。

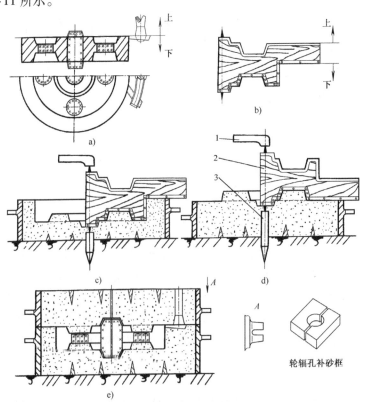

视频：刮板造型过程

图 2-11　轮形铸件的刮板造型过程示意图

a）轮形铸件　b）刮制上、下砂型的刮板　c）刮制下砂型　d）刮制上砂型　e）铸型

1—刮板支架　2—刮板　3—地桩（底座）

刮板造型与实模造型相比，造型时操作复杂，耗工时多，对操作人员的技术要求也较高。小型铸件用刮板造型没有实模造型的尺寸精度高。但大中型铸件，若用实模造型，尤其是薄壁的木模容易变形，而且模样越大起模时造成的型腔尺寸误差也越大，所以实模造型反而不如刮板造型的尺寸精度高。况且刮板造型能节省大量制模材料和工时，并能铸造出壁厚比较均匀的壳类铸件。因此，当铸件尺寸较大、形状又能用刮板制出、单件或小批量生产时，通常选用刮板造型。

九、抽心模造型和劈箱造型

铸造大、中型铸件时，若采用普通模样造型，在起模时，由于模样高大，型壁与模样表面之间有很大的摩擦阻力，起模困难，使砂型型腔的尺寸变动较大，且模样和砂型都易损坏。如果采用抽心模样造型，就会克服上述缺点。图 2-12a 所示为一个高大的方筒形铸件，其抽心模样分割成 8 块，如图 2-12b 所示。在分模面上做成 20°~30° 的斜度，造型起模时稍加松动，中心模块即可顺利抽出，然后将其他模块按图上序号依次取出，这样就能顺利地完成起模工作，且基本不会影响砂型型腔尺寸。

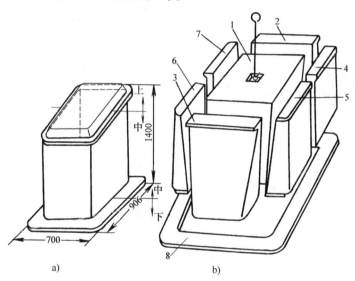

图 2-12 抽心模样示意图
a）铸件 b）抽心模样
1~8—模块起模次序

对于机床床身等大中型铸件，由于铸件内外形状都比较复杂，造型时除起模困难外，春砂、修型、下芯、检验等操作都比较困难，在这种情况下可采用劈箱造型。

劈箱造型是将三箱造型的中箱沿垂直方向再劈分成若干部分，通常劈分为 2 部分或 4 部分。劈分位置应根据铸件的结构形状和浇道开设位置来确定。模样也相应劈分成若干块，分别装在造型底板上制成模板。上箱、下箱和各中箱造型完成后，可按图 2-13 所示装配成铸型。用劈箱造型生产机床床身类铸件的优点是：填砂、春砂、起模和修型等操作方便省力；用劈分的几块模样可以同时造型，缩短了造型周期；合型是在半敞开状况下进行的，因此，下芯、检验、修型和清除散砂等都较容易。这是一种优质高产的造型方法，在成批生产中也很经济合理。

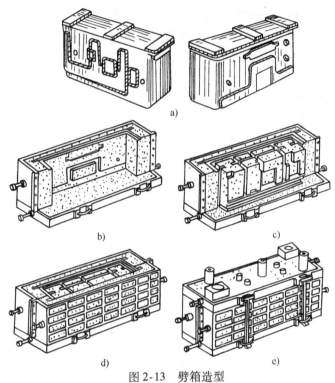

图 2-13 劈箱造型

a) 劈为两半的模样 b) 装配左侧中砂型 c) 组装砂芯 d) 装配右侧中砂型 e) 装配上砂型后成为铸型

十、脱箱造型（活箱造型）

用湿型成批生产铸件时，为免去制造许多砂箱，常采用脱箱造型。脱箱造型用的砂箱是可以拆合的，如图 2-14 所示。造型时，将砂箱合拢，扣上搭钩锁紧。砂型造好后，搬放到浇注场地，将砂箱脱开、取走，以便继续造型使用。为了减轻重量，可脱砂箱常用木材或铝合金制成。

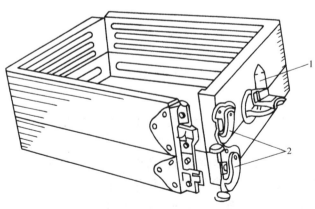

图 2-14 可脱砂箱简图

1—定位销 2—锁紧用搭钩

如图 2-15 所示为另一种脱箱结构的脱箱造型。上、下砂型紧实后，提起上砂型就可取出模板，完成起模工作。合好上砂型后，只要将上、下砂箱之间的活动支承板向外退出，就可取出砂箱。这种脱箱造型使用的是双面模板。脱箱本体用铝合金制成，既可用于小件手工造型，也可用于小件机器造型。

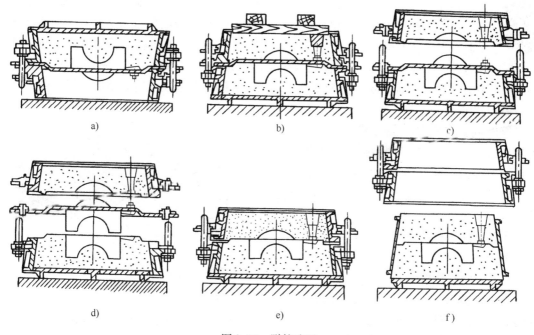

a) b) c)

d) e) f)

图 2-15 脱箱造型

a）造下砂型 b）造上砂型 c）提起上砂型 d）取出模板 e）合好上砂型 f）脱箱并套箱

脱箱造型的砂箱上有合箱定位销孔，可缩短砂箱定位的时间。可脱砂箱的内壁还开有凹槽，以防止砂型在搬运过程中塌箱。在浇注时，为防止金属液的压力将型胀坏，必须在排列好的砂型之间拥塞型砂，或者外套一个结构简单的套箱以加固砂型。

十一、叠箱造型

在生产活塞环等薄而小的铸件时，可采用叠箱造型方法，以提高车间面积的利用率。图 2-16 所示为多层叠箱造型示意图。除顶面和底面两个砂型外，其余每个砂型的上、下两面都将构成型腔的工作面。金属液由一个公用的直浇道注入，依次由下而上注入各个型腔。这种造型方法不仅

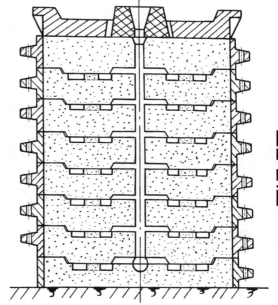

动画：叠箱造型过程

图 2-16 多层叠箱造型示意图

节省了造型场地、造型工时和材料，而且加快了浇注过程，减少了直浇道所用金属液的消耗，提高了工艺出品率。但要注意不宜叠得过高，否则下部铸件会产生胀砂缺陷。这种造型方法一般仅适用于大批量生产薄而小的铸件。

十二、模板造型

在大批量生产铸件时，为了提高生产率和铸件质量，可采用模板造型。图2-17所示为手工造型用的木质单面模板。模板上除有固定的铸件模样和浇冒口模样外，还装有3个合型用的定位锥。上、下砂型分别在上、下两块模板上同时造型。模板四角用厚度为6~10mm铁板制成镶角，一方面使砂箱端面不与底板接触，起到保护底板的作用，另一方面能保证分型面高出分箱面，确保合型锁紧后分型面之间密合。

模板造型可节省放置模样、开挖浇冒口等时间，特别是一箱多模造型时，可提高造型的生产率，又保证了铸型的质量。但制造模板费用大，周期长。当生产数量少时，使用模板造型是不合算的，所以模板造型适用于成批、大量生产中小型铸件。机器造型一定要采用模板造型。

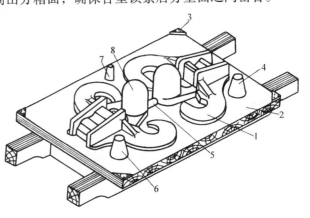

图2-17　手工造型用的木质模板
1—模样　2—底板　3—铁片镶角　4、6、7—定位锥
5—浇道模样　8—冒口模样

十三、漏模造型

当生产高度较高或形状复杂的铸件时，起模时难以掌握平稳，容易损坏砂型，如图12-18a所示的暖气片铸件，如果用通常的整体模样造型，起模时难以保证砂型（尤其是散热片之间）完好无损。为了提高造型生产率和保证砂型质量，可采用图2-18b所示的漏模造型。舂砂后，散热片模样经漏板漏出，这样散热片之间的型砂被漏板挡住，便能获得完整清晰的型腔。

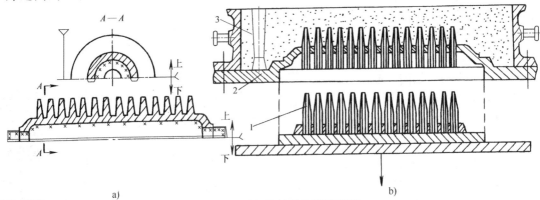

图2-18　暖气片铸件的漏模造型
a) 暖气片铸件简图　b) 散热片漏模起模
1—散热片模样漏板　2—漏板框　3—砂箱

漏模造型可以提高造型效率，确保砂型质量，模样的使用寿命长，但漏模的制

造费用较高。这种造型方法适用于大批量生产中小型铸件，如电机壳、齿轮坯等。

十四、地坑造型

在铸造生产中，除了在砂箱内造型以外，还可直接在砂坑内造型，称为地坑造型。一般在铸件生产数量较少、同时又没有合适的砂箱时采用，尤其是在大型铸件单件生产时，采用地坑造型能节省铸造大型砂箱的工时和费用，缩短大型铸件的生产周期。此外，将砂型制在坑内，可以降低铸型顶面距地面的高度，浇注时既安全又方便。

动画：地坑造
型过程

地坑造型首先要制备适宜于造型用的砂床，常用的砂床按其舂硬程度的不同分为软砂床和硬砂床两种，如图2-19所示。软砂床是在地坑中放置两块挡板（钢轨或木板），然后加入松散型砂并拍实，使砂床获得合适的紧实度，最后用刮板把高出挡板以上的型砂刮去。硬砂床内的型砂要经过紧实，使砂床具有一定的硬度，并要在砂床底面铺设焦炭或炉渣等通气材料，做出通气孔道，以便排气。

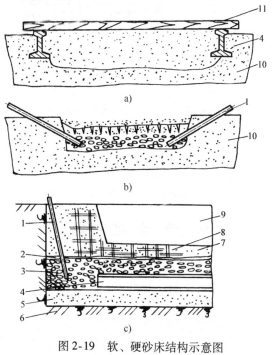

图2-19　软、硬砂床结构示意图

a）固定式制芯骨的软砂床　b）硬砂床　c）加固硬砂床

1—排气管　2—草袋　3—炉渣　4—钢轨　5—填充砂
6—地坑　7—铁棍　8—面砂　9—型腔　10—砂坑　11—刮板

软砂床多用于铸造顶面平直且无须切削加工的不重要的薄壁简单铸件，如芯骨、砂芯垫板、砂箱、炉栅等铸件。这类铸件多数采用无盖箱明浇注，故称为无盖箱地坑造型，如图2-20a所示。造型时，将模样放在已制好的砂床上，用锤轻轻敲击，使模样压入型砂中。起模后，制出浇注系统，便可浇注。无盖箱地坑造型不用砂箱，且省去了上砂型。但浇注出的铸件顶面极不平整，有气泡、熔渣、夹杂等。在硬砂床上进行有盖箱地坑造型的铸型如图2-20b所示。造型时，先在砂床底部埋设通气管，填砂紧实砂床底部砂层，复印模样底部型迹，将模样校正水平后，固定、压牢、填实模样四周的型砂，刮平分型面，舂制上砂型，因有上砂型做盖箱，故称为有盖箱地坑造型。用这种方法造型过程复杂，耗费工时多，烘干也不方便。所以，有盖箱地坑造型主要用于无合适砂箱且单件或小批生产精度要求不高的铸件，或用于铸造新产品试制件、工艺装备件以及大型、重型铸件。

视频：黄河铁牛

视频：青铜剑铸造工艺

视频：殷墟青铜铸造之谜

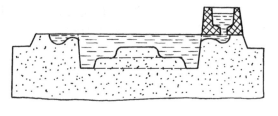

a)

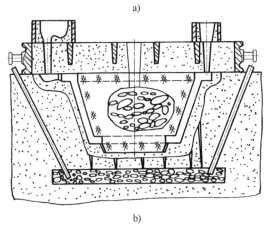

b)

图 2-20　无盖箱和有盖箱地坑造型示意图

a) 无盖箱地坑造型　b) 有盖箱地坑造型

第二节　砂芯制备

一、砂芯结构

砂芯由砂芯主体和芯头两部分组成，如图 2-21 所示。砂芯的主体用来形成铸件的内腔，芯头起支承、定位和排气作用。为了加强砂芯的强度和刚度，制造砂芯时应在其内部放置芯骨；为了使砂芯排气通畅，砂芯中应开设排气通道；为了提高砂芯表面的耐火度和降低表面粗糙度值，防止铸件产生粘砂缺陷，砂芯的表面常刷一层耐火涂料。

（1）芯骨　砂芯中放入芯骨不仅可提高其整体强度和刚度，而且便于吊运和下芯。芯骨应根据砂芯的结构形状和工作条件设计制造。对芯骨的要求是：要有足够的强度和刚度；避免妨碍铸件的收缩；中、大砂芯的

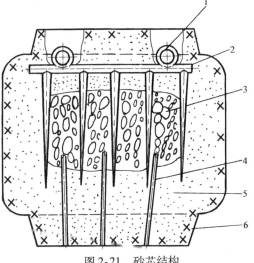

图 2-21　砂芯结构

1—吊环　2—芯骨　3—焦炭　4—通气孔
5—砂芯主体　6—芯头部位

芯骨要设吊运装置（如吊环）。吊环的位置应在砂芯的重心上。图 2-22 所示为大砂芯用的框架式芯骨和常用的插齿式芯骨。

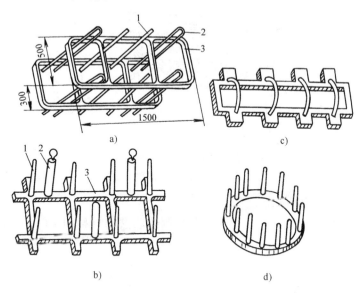

图 2-22　芯骨结构

a）框架式焊接芯骨　b）、c）、d）铸铁插齿式芯骨

1—芯骨齿　2—吊环　3—框架（骨架）

为了不妨碍铸件凝固时的收缩，芯骨与砂芯工作表面之间应有一定的距离，这段距离称为吃砂量。铸铁件芯骨的吃砂量一般为 15~50mm。因铸钢件的线收缩较大，故其吃砂量应比铸铁件大 20%~30%。

（2）砂芯通气　在浇注过程中，为使砂芯中的气体能顺利而迅速地从芯头排出，砂芯中必须留有通气孔道。对于简单圆柱形或方形的小砂芯，通常在舂实砂芯开启芯盒之前用气孔针扎出通气眼。对于细长的砂芯，在造芯时将气孔针埋在芯盒内的芯砂中，开启芯盒前将气孔针拔出，这样便在砂芯中留下通气孔道。当砂芯细薄且形状复杂时，一般在造芯时埋入蜡线，砂芯烘烤时蜡线熔烧消失，留下通气孔道。

用对开式芯盒造芯时，可用造芯工具在两半芯盒的砂芯中挖出或刮出排气孔道后再黏合。当大批量生产时，可用通气模板压出通气道。

对于截面厚大的砂芯，只做出通气孔是不够的，还需要在砂芯内放入焦炭或炉渣等加强通气的材料。这种通气方法同时可增加砂芯的退让性并减轻砂芯的重量。在砂芯内开设通气孔道时，应注意通气孔道之间要相互连通，不能中断或堵塞，通气孔应引到芯头端部，千万不能通到砂芯的工作表面上。

二、砂芯制备

砂芯制备按其成形的方法不同，可分为用芯盒造芯和用刮板造芯两类。

（一）芯盒造芯

用芯盒造芯须根据芯盒的种类及结构进行规范操作。芯盒造芯的尺寸精度和生产率高，可以制造各种形状复杂的砂芯，适用范围广，是普遍采用的造芯方法。

（二）刮板造芯

根据刮板移动方式的不同，有以下两种刮板造芯方法。

视频：手工制芯方法

图 2-23 所示为用钢管作芯骨，管壁上钻出通气孔。在芯骨上先绕一层草绳，以改善砂芯的退让性，在草绳表面再敷上芯砂材料即可造芯。

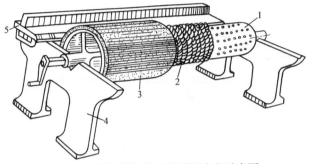

图 2-23　用钢管作芯骨的刮板造芯示意图
1—钢管芯骨　2—草绳　3—砂芯　4—刮板架　5—刮板

1）当圆柱体类砂芯的尺寸较大时，为节省制造芯盒的材料和工时，可用刮板造芯。水平车板车制砂芯如图 2-24 所示。

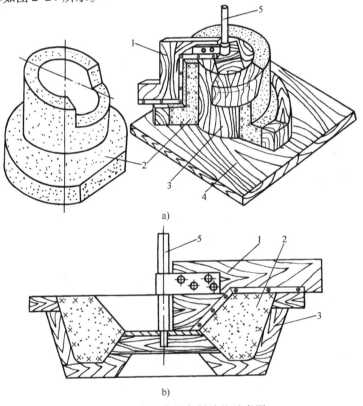

图 2-24　水平车板车制砂芯示意图
a）在底板上刮制中空砂芯　b）在芯盒内刮制中空砂芯
1—刮板　2—砂芯　3—模样（芯盒）　4—底板　5—轴

2）对于截面形状为圆形或多边形且截面形状无变化的砂芯，可用移动刮板（导向刮板）来刮制其半片砂芯。刮制方法与刮制砂型相同，刮板沿着轨道移动刮制砂芯，如图 2-25 所示。

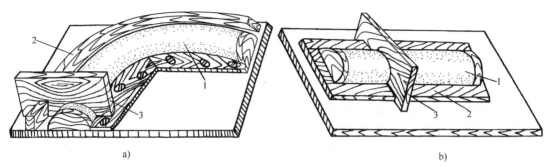

图 2-25　移动刮板造芯

a）刮弯形砂芯　b）刮直砂芯

1—砂芯　2—轨道　3—刮板

三、砂芯的修整、检验、连接和装配

（1）砂芯的修整　烘干后的砂芯需要进行清理和修整，对于分块制造并在烘干后装配使用的砂芯，在装配连接之前，需将各连接的黏合面（分芯面）用刮刀或砂轮加工平整。

（2）砂芯的检验　检验是砂芯在下芯前的最后一道工序，除应检查砂芯是否烘干、是否开裂损坏、通气孔是否堵塞外，对于一些易变形的砂芯更要注意检查其尺寸是否合格。检查砂芯尺寸时，单件小批量生产用普通量具，大批量生产时用专用卡规和样板。

（3）砂芯的连接　对于形状复杂的砂芯，常将其分割成若干块制造，烘干后再将它们连接成一体，这就是砂芯连接。小砂芯用黏结剂黏合；大砂芯用螺栓通过芯骨进行连接。

（4）砂芯的装配　大批量生产形状复杂的薄壁铸件（如发动机缸体等）时，在砂型中要放置多种砂芯。为提高砂芯装配速度，保证铸件尺寸精度，常将砂芯在平台上或在专用夹具内组装好，然后连接固定，一并吊装下入砂型中。图 2-26 为在专用夹具内装配砂芯的示意图。

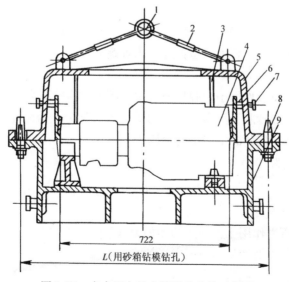

图 2-26　在专用夹具内装配砂芯的示意图

1—吊环　2—调节螺栓　3—测高度量具　4—砂芯　5—下芯夹具

6—吊芯钩　7—手轮　8—定位销　9—组芯模具

第三节　铸型的装配

一、铸型装配的主要任务

铸型装配的主要任务是按顺序将砂芯安装、固定在砂型内，清理通气孔道并检验型腔的主要尺寸，最后合型。

(1) 砂芯的安装　放入砂型中的砂芯应该稳固，不能因砂芯本身重量或金属液对其冲击或浮力的作用而使砂芯发生偏移、歪斜。砂芯一般依靠芯头在型中固定，当芯头仍不能固定砂芯时，可用芯撑辅助支撑。

(2) 砂芯的通气和补正　整个铸型的排气是一个非常重要的工艺问题，在合型时应使各砂芯的通气孔道相互贯通，并使通气道与型外大气连通，以便使型芯内的气体顺利而迅速地排出型外。

当砂芯已固定在砂型内后，在合型以前，还要将砂芯吊环处用芯砂补好并烘干，这一工序不可忽视。

(3) 型腔尺寸的检验　在铸造生产过程中，除了砂芯、砂型需要分别检验外，在铸型装配时，还要对装配后型腔的主要尺寸进行检验。

装配检验所用的主要工具是样板，一般有以下三种类型的样板：

1）用于检验砂芯在铸型中垂直方向安装的准确性的样板，这种样板大多以铸型分型面为基准面。

2）用于检验砂芯在水平方向安装的准确性的样板，这种样板从分型面上检验铸件的壁厚，也称为测壁厚样板。

3）用于同时检验砂芯在铸型中水平和垂直方向安装的准确性的样板。

二、铸型的紧固

砂型合型后装配成铸型，浇注前一定要将上、下砂型紧固。否则，由于浇注时金属液的压力和砂芯的浮力作用，可能将上砂型抬起，出现跑火（金属液泄漏）现象。

1. 抬型力的计算

在浇注过程中，金属液作用于型腔顶面的垂直压力称为抬型力。抬型力包括金属液压力作用于上砂型的抬型力和砂芯受浮力而产生的抬型力两部分。为防止浇注时上砂型被抬起，需要估算抬型力的大小，据此确定铸型的紧固力。

抬型力的计算公式为

$$F_{抬} = k\ (F_{型} + F_{芯}) \tag{2-1}$$

式中　$F_{抬}$——抬型力（N）；

$F_{型}$——金属液压力作用于上砂型的抬型力（N）；

$F_{芯}$——砂芯受浮力而产生的抬型力（N）；

k——安全系数，一般取 1.2～1.5。

其中

$$F_{型} = \rho g S_{型} h \tag{2-2}$$

$$F_{芯} = g V_{芯}\ (\rho - \rho_{芯}) \tag{2-3}$$

式中 g——重力加速度，$g \approx 10\text{m/s}^2$；

$\quad\quad S_{型}$——与金属液接触的型腔顶面水平投影面积（m^2）；

$\quad\quad h$——型腔顶面至浇口盆液面的平均高度（m）；

$\quad\quad V_{芯}$——被金属液包围部分的砂芯体积（m^3）；

$\quad\quad \rho$——金属液的密度（kg/m^3）；

$\quad\quad \rho_{芯}$——砂芯的密度（kg/m^3）。

按此式计算时，无须再扣除上砂箱及型砂重量，这样会更安全些。

例：如图 2-27 所示砂型浇注的铸铁管件，试求砂型紧固力（安全系数取 1.5，$\rho = 7000\text{kg/m}^3$，$\rho_{芯} = 1500\text{kg/m}^3$）。

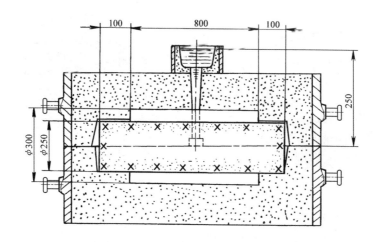

图 2-27 铸铁管件的浇注

解：$F_{抬} = k\ (F_{型} + F_{芯})$

$F_{型} = \rho g S_{型} h = 7000 \times 10 \times 0.8 \times 0.3 \times 0.25\text{N} = 4.2\text{kN}$

$F_{芯} = g V_{芯}\ (\rho - \rho_{芯})\ = 10 \times \dfrac{\pi \times 0.25^2}{4} \times 0.8 \times\ (7000 - 1500)\ \text{N} \approx 2.16\text{kN}$

则 $\quad F_{抬} = 1.5 \times\ (4.2 + 2.16)\ \text{kN} = 9.54\text{kN}$

故铸型的紧固力为 9.54kN。

2. 铸型的紧固方法

铸型的紧固方法是根据造型方法、砂型大小、砂箱结构和生产方式的不同来选择的。图 2-28 所示为常用的几种紧固方法。

生产小型铸件的铸型由于抬型力小，用压铁直接压在砂型上比较方便。如果小件用砂箱造型，可将普通压铁压在上砂箱的箱壁上，如图 2-28a 所示；小件脱箱造型时，宜采用高度低、平面较大、底面平整的成形压铁直接压在砂型上，如图 2-28b 所示。

生产大中型铸件的铸型，一般用卡子、螺栓等紧固。图 2-28c 所示为用带斜面的卡子与砂箱壁上的楔形凸台相配合紧固铸型；图 2-28d 所示为用卡子和楔铁紧固铸型；图 2-28e 所示为将楔铁插入柱栓的长斜孔中紧固铸型。这些方法装拆方便，常用于中型铸件的生产。

图 2-28f所示为用螺栓来紧固铸型，这种紧固方法多用于大型铸件砂箱的紧固。

　　紧固铸型前需在分箱面的四角用铁片将上下砂箱间的缝隙垫实，以防止铸型紧固时砂芯或砂型被压溃。

　　地面造型时，一般将压铁压在盖箱上。由于压铁质量太大，若将压铁直接压在盖箱上，必然会将铸型压溃，解决的办法如图 2-29 所示。在上砂型外两旁的地面上取 4 个点，把垫板放在地面上，把压铁梁架在垫铁上，全部压重由垫铁来承担。压铁梁与盖箱顶面之间留出 15～30mm 的间隙。浇注前用楔铁填实，使铸型在浇注前不会因承受压铁的重力而被破坏，在浇注时盖箱也不会因抬型力的作用而抬起。

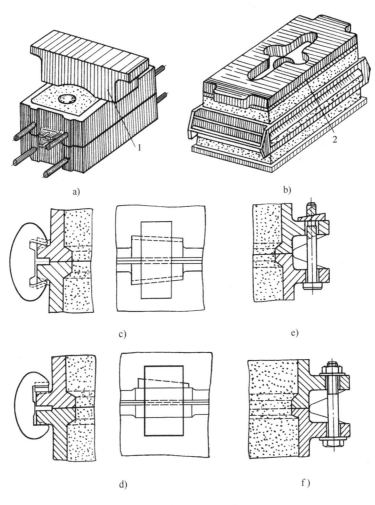

图 2-28　砂箱造型铸型的紧固方法

a）压铁　b）成形压铁　c）锁箱卡子
d）卡子和楔铁锁紧　e）楔铁插入柱栓　f）用螺栓紧固

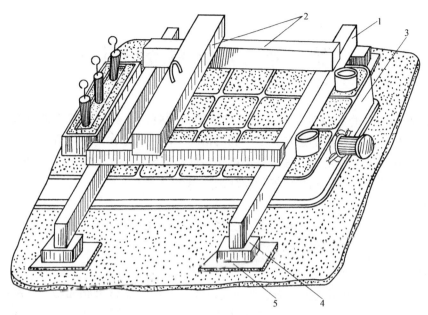

图 2-29 大型铸件地面造型压铁架设方法
1—压铁梁 2—压铁 3—上砂型砂箱 4—垫铁 5—垫板

思 考 题

1. 手工造型的主要适用范围是什么？
2. 什么情况下采用活块或砂芯造型方法造型？
3. 什么情况下采用地坑造型方法？
4. 砂芯芯头的作用是什么？
5. 何谓抬型力？如何计算？
6. 铸型的紧固方法有哪几种？

第三章　浇注系统设计

金属液在充型时的状态对获得优质铸件有很大影响，一些铸件缺陷如气孔、裂纹、冷隔、浇不到、砂眼、夹砂等都是在充型不利的情况下产生的。金属液的充型要靠浇注系统来实现，所以浇注系统设计是否合理将直接影响铸件的质量。本章主要介绍金属液在铸型中的流动规律和流动状态，并以此为依据来设计浇注系统。

第一节　液态金属的充型

一、液态金属充型能力的概念

（1）液态金属的充型能力　液态金属充满铸型型腔，获得形状完整、轮廓清晰的铸件的能力，称为液态金属的充型能力。金属液大多是在纯液态下充满型腔的，但也有在充型的同时伴随着结晶的情况。如果结晶的晶粒在金属液未充满型腔以前堵塞了浇注系统的通道，将会使铸件产生浇不到等缺陷。

（2）液态金属的流动性　液态金属本身的流动能力，称为流动性。它是金属的铸造性能之一，与金属的成分、温度、杂质含量及其物理性质有关。

金属液的流动性对铸型中气体和杂质的排出以及对铸件的补缩和防止裂纹等有很大的影响。衡量液态金属流动性的大小，通常采用浇注流动性试样来获得。流动性试样的类型很多，应用最多的是螺旋形试样。

二、影响充型能力的因素

液态金属的充型能力受金属性质、铸型性质、浇注条件和铸件结构四个方面的影响。

1. 金属性质方面

这类因素是内因，决定着金属本身的流动能力——流动性。影响金属流动性的因素有合金成分，结晶潜热，金属的比热容、密度和热导率，液态金属的黏度和表面张力等。

合金的流动性与成分之间存在着一定的对应关系。图 3-1 所示为 Pb-Sn 合金流动性与成分的关系曲线。对应着纯金属、共晶成分的合金流动性出现最大值，而有结晶温度范围的合金流动性下降，且在最大结晶温度范围的合金流动性出现最小值。合金成分与流动性的这种对应关系，主要是由成分不同时，合金的结晶特点不同决定的。图 3-2 所示为 Fe-C 合金的流动性和成分的关系。铸铁结晶温度范围比铸钢宽，但流动性却比铸钢好，这是由于铸钢的熔点高，钢液过热度

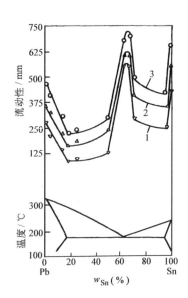

图 3-1　Pb-Sn 合金流动性与成分的关系
1—液相线温度 t_L　2—t_L +25℃　3—t_L +50℃

一般都比铸铁的小，保持液态流动的时间较短；另外，由于钢液的温度高，在铸型中的散热速度快，很快就析出一定数量的晶粒，使钢液失去流动能力。高碳钢的结晶温度范围虽然比低碳钢的宽，可是由于液相线温度低，容易过热，所以流动性并不比低碳钢差。

2. 铸型性质方面

铸型对金属液的流动阻力和与金属液热交换的强度都对金属液的充型能力有重要影响。

1）铸型的蓄热系数表示铸型从其中的金属吸取并储存在本身中的热量的能力。蓄热系数越大，铸型的激冷能力越强，金属液在铸型中保持的液态时间就越短，充型能力下降。一般情况下，砂型比金属型、干型比湿型、热型比冷型的充型能力要好。

2）预热铸型可以减小金属液与铸型的温差，使充型能力提高。如金属型在浇注前预热，熔模铸造在浇注前型壳的高温焙烧等，都是为了提高充型能力。

3. 浇注条件方面

（1）浇注温度　浇注温度对液态金属的充型能力有决定性的作用。浇注温度越高，充型能力越好。但浇注温度过高，易吸气且氧化严重。

根据生产经验，灰铸铁件的浇注温度可参考表3-1确定。一般铸钢件的浇注温度为 1520 ~ 1620℃，铝合金为 680 ~ 780℃，锡青铜与铝青铜为 1050 ~ 1220℃，普通黄铜为 980 ~ 1150℃，复杂件取上限，厚大件取下限。

（2）充型压头　液态金属在流动方向上所受的压力越大，充型能力就越好。但压头过大或充型速度过高时，不仅会发生喷射和飞溅现象，使金属氧化而产生铁豆缺陷，而且会因铸型中的气体来不及排出，反压增加，从而形成浇不到或冷隔等缺陷。

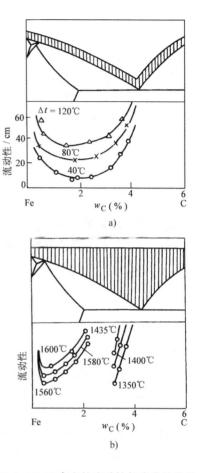

图 3-2　Fe-C 合金的流动性与成分的关系
a）相同过热度时的流动性
b）相同浇注温度时的流动性

表 3-1　灰铸铁件的浇注温度

铸件壁厚/mm	<4	4 ~ 10	10 ~ 20	20 ~ 50	50 ~ 100	100 ~ 150	>150
浇注温度/℃	1360 ~ 1450	1340 ~ 1430	1320 ~ 1400	1300 ~ 1380	1230 ~ 1340	1200 ~ 1300	1180 ~ 1280

（3）浇注系统结构　浇注系统的结构越复杂，流动阻力就越大，充型能力越低。所以，在保证铸件质量的前提下，浇注系统的结构越简单越好。

4. 铸件结构方面

铸件结构特点的因素主要是铸件的模数和复杂程度。

1）铸件的模数（或称换算厚度、当量厚度、折算厚度）M（cm）为

$$M = \frac{V}{S} \tag{3-1}$$

式中　V——铸件的实际体积（cm³）；

　　　S——铸件的全部散热面积（cm²）。

如果铸件的体积相同，在同样的浇注条件下，模数大的铸件，由于与铸型的接触面积相对较小，热量散失较慢，则充型能力较好。铸件的壁越薄、模数越小，则充型能力越差。

2）铸件结构复杂，则型腔结构复杂，对金属液流动的阻力大，铸型的填充就困难。

第二节　金属液在浇注系统中的流动

浇注系统是承接并引导液态金属流入型腔的一系列通道。浇注系统设计是工艺设计的重要组成部分。合理的浇注系统应满足下列基本要求：

1）金属液流动的速度和方向必须保证液态金属在规定的时间内充满型腔。

2）保持液态金属的平稳流动，尽量消除紊流，从而避免因卷入气体导致金属过分氧化以及冲刷铸型。

3）浇注系统应具有良好的挡渣能力。

4）使液态金属流入铸型后具有理想的温度分布，以利于铸件的补缩。

5）浇注系统所用的金属消耗量小，且易清理。

铸铁件浇注系统的典型结构如图 3-3 所示。它是由浇口盆、直浇道、横浇道、内浇道四个基本组元组成。根据铸件的合金特点和结构特点可减少或增加组元。出气孔及金属液需要在型内球化或孕育处理所设置的"反应室"也可视为浇注系统的组成部分。

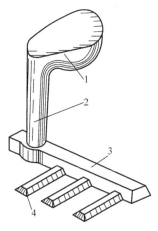

图 3-3　典型浇注系统结构图
1—浇口盆　2—直浇道
3—横浇道　4—内浇道

一、金属液在砂型浇注系统中流动的特点

金属液在砂型浇注系统中的流动不同于一般流体在封闭管道中的流动，它有其自身的特点：①型壁的透气性和与金属液的润湿条件。②金属液在流经浇注系统时与其型壁有强烈的机械作用和物理化学作用，导致其冲蚀铸型、吸收气体并产生金属氧化夹杂物。③一般金属液总含有少量夹杂和气泡，在充型过程中还可能析出晶粒及气体，所以金属液充型时属于多相流动。根据以上特点，在设计浇注系统时应考虑对金属液的挡渣和排气，以及尽量减小其紊流程度。

二、金属液在浇口盆中的流动

浇口盆的主要作用是承接和缓冲来自浇包的金属液并将其引入直浇道，以减轻对直浇道底部的冲击并阻挡熔渣、气体进入型腔。

当浇口盆中的金属液流向直浇道时，会使汇流在直浇道上部的

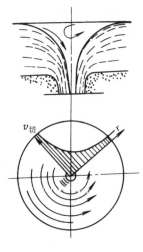

图 3-4　水平涡流

金属液旋转起来，形成水平涡流，如图3-4所示。涡流的速度分布规律为等边双曲线，公式为

$$v_{切} \, r = 常数$$

式中　$v_{切}$——偏离直浇道中心线的液流切线速度；

r——液流距离中心的半径。

由于水平涡流的产生，使距离涡流中心（直浇道中心）越近的金属液，其旋转速度越快，压力越低，甚至形成负压，在涡流中心形成喇叭口的低压空穴区，使附近的渣和气被吸入直浇道中。水平涡流的产生与浇口盆中液面高度及浇注时包嘴距离浇口盆的高度有关，如图3-5所示。由图可见，当浇口盆中的金属液面高而浇包位置较低时，流入直浇道的流线陡峭，水平分速度小，不易产生高速度的水平涡流（图3-5a）；当浇口盆中的金属液面低，流线趋向平坦，水平分速度大，就容易产生水平涡流（图3-5b）；当浇包位置较高时，尽管盆中的液面也较高，仍会产生水平涡流（图3-5c），这是因为，高速的液体穿入金属液面，对液面产生较大的冲击，使流线变得比较平坦，形成水平流股而产生涡流。因此，为避免水平涡流，应采用浇包低位浇注大流充满，并且使浇口盆中液面高度（H）与直浇道直径（d）保持一定的比值（即 $H > 6d$）。

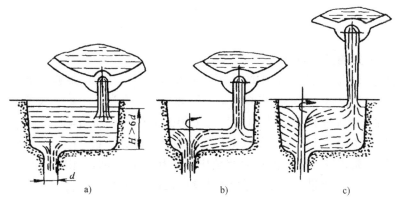

图3-5　液面高度和浇包高度对形成水平涡流的影响
a) 合理　b)、c) 不合理

浇口盆可分为漏斗形和盆形两大类。漏斗形浇口盆挡渣效果差，但结构简单，消耗金属量少。盆形浇口盆挡渣效果好，但消耗的金属量较多。常用的盆形浇口盆如图3-6所示。

普通浇口盆（图3-6a）是最常见的，其底坎可促使液流在流向直浇道时产生垂直涡流，对熔渣产生一个附加的上浮力，避免其进入直浇道。带滤网芯的浇口盆（图3-6b）常用于小件，滤网芯用油砂或黏土砂制成，网孔数目一般为 7~15 个，孔径上小下大，上部直径 6~8mm，下部直径 7.5~10mm，可阻挡熔渣。滤网芯也可安放在直浇道下部或横浇道中，其效果相同。闸门式浇口盆（图3-6c）多用于中型铸件。这种浇口盆一方面将大部分熔渣集中在浇注区的液面上，另一方面减少了直浇道附近金属液中的紊流搅拌现象，促使液流向上，从而使越过闸门的熔渣上浮且聚集在液面上。拔塞式浇口盆（图3-6d）常用于大型和重要铸件。这种浇口盆体积较大，必要时可容纳整个铸型所需的金属液量。浇口塞可用石墨棒或带长把的金属堵头，堵头表面要刷耐火涂料。浇口塞在浇口盆充满金属液后再拔起，可以有效地挡渣、浮渣、排气和防止卷入气体，也可以利用拔塞式浇口盆进行合金的孕育处理。

动画：水平涡流现象

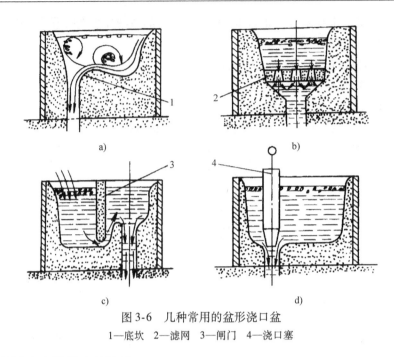

图 3-6　几种常用的盆形浇口盆
1—底坎　2—滤网　3—闸门　4—浇口塞

三、金属液在直浇道中的流动

直浇道的作用是将来自浇口盆中的金属液引入横浇道，并提供足够的压力头以克服各种流动阻力而充型。直浇道一般不具备挡渣能力，如果设计不当，还易吸入气体。

直浇道截面形状多呈圆形，常用的直浇道类型如图 3-7 所示。其中图 3-7a 是斜度为 1%~2% 上大下小的圆锥形直浇道，它起模方便，浇注时充型快，金属液在直浇道中呈正压状态流动，从而可以防止吸气和杂质进入型腔，是应用最广泛的一种直浇道。图 3-7b 是上小下大的倒锥形直浇道，在机器造型中应用较多，浇道模样固定在底板上，浇注时借助于横浇道和内浇道对金属液流增大阻力，使金属液在直浇道中仍呈正压状态流动。在大型铸钢件生产中，一般采用耐火材料圆管作为直浇道，如图 3-7c 所示。在非铁合金铸件的生产中，为了平稳浇注、减少氧化和吸气，常采用图 3-7d 所示的蛇形直浇道。

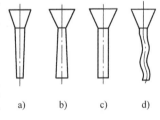

图 3-7　直浇道类型

直浇道与浇口盆的连接处以及与横浇道的连接处都应做成圆角，使直浇道呈充满状态，避免产生低压空穴区，以防止气体吸入型内，如图 3-8 所示。直浇道底部要设置直浇道窝，如图 3-9 所示，以减轻金属液的紊流和金属液对铸型的冲蚀作用，有利于渣、气上浮。

四、金属液在横浇道中的流动

横浇道是连接直浇道与内浇道的水平通道。它的作用除了向内浇道分配金属液外，主要是起挡渣作用，故又称为撇渣槽。

最初进入横浇道的金属液以较大的速度流向横浇道末端，并冲击型壁使动能转变为位能，从而使末端的金属液升高，形成金属浪并开始返回移动，如图 3-10 所示，直到返回移动的金属浪与由直浇道流出的金属液相遇（也称叠加现象），横浇道中的整个液面同时上升直至充满为止。在此过程中，如果横浇道延长段不够长，则两个不同方向形成的叠加流会把熔渣一同带入离横浇道末端最近的内浇道中。为避免这一现象，建议横浇道延长段（即最后一个内浇道与横浇道末端的距离）为 70～150mm。

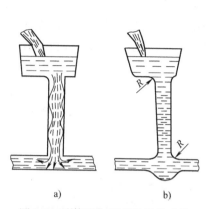

图 3-8　直浇道与其他浇道的连接

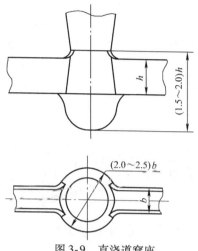

图 3-9　直浇道窝座

在充型过程中，难免有熔渣进入浇注系统。一般情况下熔渣的密度比金属液轻，熔渣会随着金属液流动时上浮，其上浮速度除了与熔渣的大小、密度和金属的密度有关外，还与金属液的紊流程度有关。如图 3-11 所示，熔渣质点 a 随金属液在横浇道中流动时，受两个速度（即金属液的水平液流速度 $v_水$ 和熔渣自身的上浮速度 $v_实$）的影响，并沿着两个速度的合速度 v_a 的方向运动。欲使杂质 a 浮升到横浇道顶部（横浇道高度为 h），横浇道的长度应为 L；当 $v_水$ 减少为 $v'_水$ 时，质点 a 以速度 v'_a 运动，横浇道只需长度 L' 就能浮到顶部。

动画：横浇道液流叠加现象

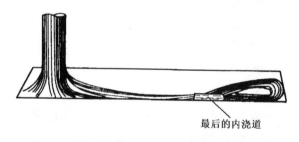

图 3-10　浇注初期在横浇道末端出现的叠加现象

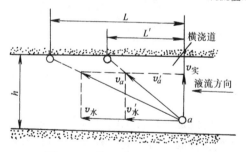

图 3-11　横浇道中杂质的上浮

当横浇道中的金属液流向内浇道附近时，会受到内浇道吸动的影响，产生一种向内浇道流去的"引力"，这种现象称为吸动作用。吸动作用区的范围都大于内浇道的截面积，熔渣一旦进入该区域，就可能被吸入型腔，如图 3-12 所示。吸动作用区范围的大小与内浇道中液流速度成正比，并随内浇道截面的增大及内浇道与横浇道高度的比值（$h_内/h_横$）的增大而增大，故生产中常将横浇道截面做成高梯形，内浇道做成扁平梯形并置于横浇道之下，且使 $h_横 = （5～6）h_内$。如果要使横浇道具有挡渣效果，则需要使横浇道呈充满状态且横浇道中液流速度应尽量低，以减少紊流倾向，使渣顺利上浮。

五、金属液在内浇道中的流动

内浇道是将金属液直接引入型腔的通道，其作用是控制金属液的速度和方向，调节铸型各部分的温度和铸件的凝固顺序。

同一横浇道上有多个等截面的内浇道时，各内浇道中的流量是不均匀的，即离直浇道较远的内浇道的流量较大，而靠近直浇道的内浇道的流量较小，如图3-13所示。这种现象可以引起铸件局部过热而造成铸件质量不均匀。为了均衡内浇道的流量，可采用图3-14所示的横浇道沿高度和宽度方向缩小的浇注系统，以及图3-15所示的内浇道截面积渐次减小的浇注系统。

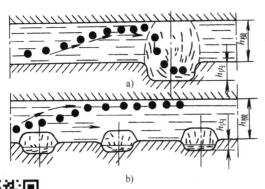

图3-12　吸动作用区范围

动画：内浇道
的吸动作用

图3-13　直浇道在一端的浇注系统的流动特性

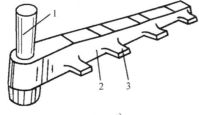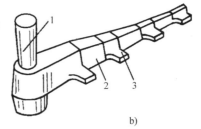

图3-14　横浇道沿高度 a) 和宽度 b) 减小的浇注系统
1—直浇道　2—横浇道　3—内浇道

内浇道在铸件上的开设位置和数量，不仅影响金属液对铸型的充填，还影响铸件的温度分布和补缩。对于同一种铸件，选择的位置不同，得到的结果也不同。如对于壁厚不均的铸件，当内浇道从薄壁处分散引入，可以快速充型，并使铸件厚薄不同部位的温差减小，因而使铸件的应力减小，不易变形，但组织的致密性差些，如图3-16所示。如果内浇道从厚壁处引入，则会使厚壁处的温度更高，铸件厚薄不同部位形成很大的温差，这虽然有利于铸件从薄壁至厚壁的定向凝固而获得致密的铸件，但由于温差较大而使铸件存在较大应力。所以，内浇道的开设位置应根据铸件结构、性能要求和合金特点来选择。

选择内浇道开设位置和数量，除了要考虑铸件本身所要求的凝固原则外，还应考虑下列原则：

1）内浇道不应开设在铸件的重要部位（如蜗轮、齿轮坯的四周），以免造成内浇道附近的铸型局部过热，而使铸件重要部位晶粒粗大，硬度降低，甚至出现缩松。

2）内浇道应开设在铸件易打磨的地方。

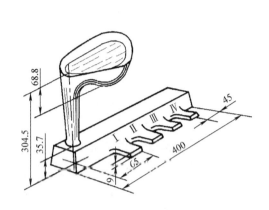

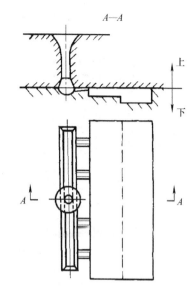

图 3-15 内浇道截面积渐次减小的浇注系统　　图 3-16 从铸件薄处引入的浇注系统

3）尽量在分型面上开设内浇道，以方便造型。

4）内浇道断面应尽量薄，以减小内浇道的吸动区，有利于挡渣，且便于清理。

5）金属液流不应正面冲击型壁及砂芯或型腔中的薄弱部位。

6）为了使金属液流快速平稳充型，有利于排气和除渣，各内浇道中金属液的流向应力求一致，以防止金属液在型内出现过度紊流。

7）对于收缩倾向大的铸件，内浇道的开设位置应尽量不阻碍铸件的收缩。

第三节　浇注系统的基本类型及选择

浇注系统可按两种方法分类：一是按内浇道在铸件上开设位置不同分类；二是按浇注系统各组元截面积比例关系的不同分类。

一、浇注系统按内浇道在铸件上的位置分类

1. 顶注（上注）式浇注系统

以铸件的浇注位置为基准，内浇道开设在铸件的顶部，称为顶注式浇注系统，即金属液从铸件顶部注入型腔。简单的顶注式浇注系统如图 3-17 所示。优点是金属液容易充满型腔，凝固顺序自下而上，有利于铸件的补缩，对薄壁铸件可以防止浇不到、冷隔等缺陷；浇注系统结构简单，紧凑，便于造型，节约金属。缺点是对铸型底部冲击大；流股与空气接触面积大，金属液易产生飞溅、氧化，容易产生砂眼、铁豆、气孔、氧化夹渣等缺陷。这种浇注系统适用于结构简单、高度不大的薄壁铸件，以及致密性要求较高、需用顶部冒口补缩的中小型厚壁铸件，而对易氧化的合金不宜采用。

根据铸件的结构特点，还可采用以下几种类型的顶注式浇注系统：

（1）楔形浇道　楔形浇道如图 3-18 所示。金属液通过长条楔缝可迅速充满型腔。楔形浇道的厚度应小于铸件壁厚，长度视铸件结构形状而定，过长的楔片可做成锯齿形，以便清

理。这种浇道常用于锅、盆、罩、盖类薄壁器皿铸件。

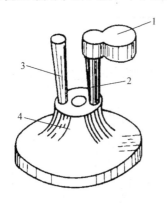

图 3-17　简单的顶注式浇注系统
1—浇口盆　2—直浇道　3—出气口　4—铸件

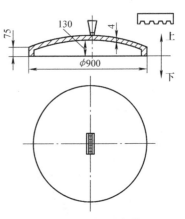

图 3-18　楔形浇道

(2) 压边浇道　压边浇道如图 3-19 所示。浇道是一条窄而长的缝隙，与铸件顶部相连接，缝隙对铸件的补缩起着自适应性调节作用，当金属液经压边缝隙流入型腔时，高温金属液把缝隙周围的砂型加热到很高温度，从而使金属液能源源不断地流入铸型。只要金属液不停止流动，浇道就不会凝固。当铸件不需要补缩时，缝隙处的金属液就停止流动，由于型砂的吸热，缝隙很快凝固。压边缝隙的宽度一般只有几毫米（约 2~7mm）。压边的宽度太窄，金属液流动时阻力大，易造成补缩不足；宽度太宽，会增加铸件接触热节，干扰压边缝隙的调节作用，使铸件产生缩松。压边浇道的长度对于轮类、圆盘类铸件，约为其周长的 1/6；对于方形的中小件，约为其边长的 1/2。压边缝隙一般随铸件的形状而设置，如图 3-19b 所示。由于缝隙的阻流作用，浇注时压边浇道迅速充满，熔渣可浮在浇口盆中的液面上，挡渣效果好。这种浇道多用于壁较厚的中小铸铁件及非铁合金铸件。

使用压边浇道应注意以下几点：压边浇道缝隙处应是锐角，不应做成圆角，否则不起挡渣作用；用一个压边浇道浇注多个铸件时，压边长度可适当缩短；浇注时金属液不应对着缝

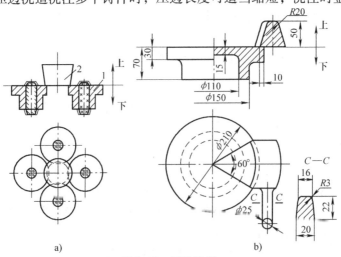

图 3-19　压边浇道
a) 普通压边浇道　　b) 随形压边浇道
1—铸件　2—压边浇道

隙冲击，最好采用设有直浇道和横浇道的压边浇注系统，如图 3-19b 所示。

（3）雨淋浇道　雨淋浇道的结构如图 3-20 所示。内浇道是由许多均匀分布的圆孔所组成，浇注时细流如雨淋，因此得名。由于金属液分成多股细流注入型腔，从而减轻了对铸型的冲击，并且保证同一截面上温度分布均匀，避免局部过热现象；同时由于液面的不断搅动，使上浮的夹杂物不容易黏附在型壁或型芯上，浇注系统挡渣效果好。但金属液流越细，其表面积越大，越容易氧化，所以雨淋浇道主要用于质量要求较高的大中型筒型铸件，如气缸套、卷扬机等，而不适用于铸钢及非铁合金等易氧化的合金。

2. 底注（下注）式浇注系统

内浇道开设在铸件底部，即金属液从铸件的底部注入型腔，称为底注式浇注系统。图 3-21 所示是铸钢齿轮毛坯（质量为 311kg）的底注式浇注系统示意图。这种浇注系统充型平稳，不会产生飞溅、铁豆，氧化倾向小，排气容易，但铸件的温度分布不利于自下而上的定向凝固，当铸件较高时补缩效果差。底注式浇注系统主要用于高度不大，结构不太复杂的铸件和易氧化的合金铸件，如铸钢、铝镁合金、铝青铜及黄铜等铸件。

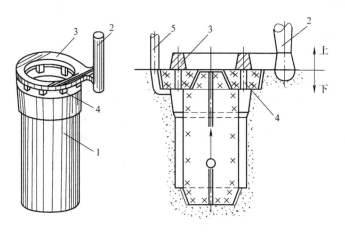

图 3-20　雨淋浇道
1—铸件　2—直浇道　3—横浇道　4—内浇道　5—出气冒口

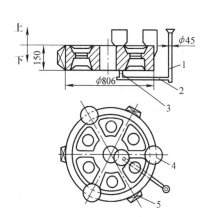

图 3-21　铸钢齿轮毛坯的底注式浇注系统
1—直浇道　2—横浇道　3—内浇道
4—冒口　5—冷铁

根据铸件的结构特点，还可采用下列形式的底注式浇注系统。

（1）牛角浇道　铸铁手轮（质量为 6.7kg）的牛角浇道如图 3-22 所示。轮缘四周不允许开设浇道，为能平稳浇注，故采用牛角式内浇道。牛角式内浇道多用于质量要求高的小型轮类铸件。

（2）反雨淋浇道　图 3-23 所示是汽轮机扩散管反雨淋浇注系统示意图。该铸件属于较高的筒套类铸件，不能采用雨淋浇道顶注，水平浇注又不能保证质量，故用立浇并将雨淋浇道设置在铸件的底部，即反雨淋。为避免熔渣进入型腔，内浇道应开在环形横浇道的外圈上。它适用于易氧化的中小型圆套类铸件。

3. 分型面（中间）注入式浇注系统

金属液经过开在分型面上的横浇道和内浇道进入型腔，称为分型面（中间）注入式浇

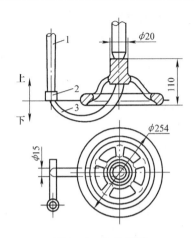
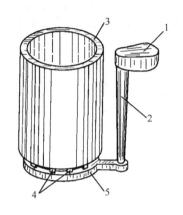

图 3-22　牛角浇道
1—直浇道　2—横浇道　3—牛角式内浇道

图 3-23　反雨淋浇注系统
1—浇口盆　2—直浇道　3—铸件　4—内浇道　5—横浇道

注系统，如图3-24所示（直浇道居中，一箱两件）。这种浇注系统对于分型面以下的型腔相当于顶注，而对于分型面以上的型腔则相当于底注，故兼有顶注和底注的特点。由于内浇道开在分型面上，所以便于选择金属液引入位置。这种浇注系统应用广泛，适用于中等大小、高度适中、中等壁厚的铸件。

4. 阶梯式浇注系统

阶梯式浇注系统是具有多层内浇道的浇注系统，如图3-25所示。金属液先按底注方式由最下层内浇道引入型腔，待型腔内金属液面接近第二层内浇道时，再由第二层内浇道将金属液引入型腔，依此类推，使金属液由下而上逐层按顺序充填型腔。优点是金属液对铸型的

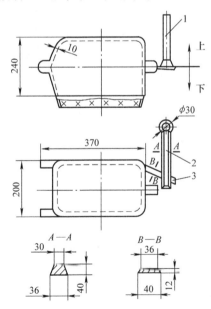
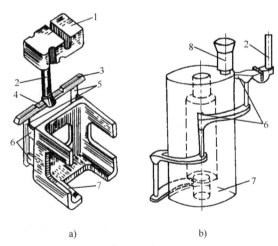

图 3-24　分型面（中间）注入式浇注系统
1—直浇道　2—横浇道　3—内浇道

图 3-25　阶梯式浇注系统
a）常用结构　b）印刷机辊子的特殊结构
1—浇口盆　2—直浇道　3—横浇道　4—阻流段
5—分配直浇道　6—内浇道　7—铸件　8—冒口

冲击力小，液面上升平稳，并且铸型上部的温度较高，有利于补缩，渣、气易上浮且排入冒口中，同时改善了补缩条件。缺点是结构较复杂，易出现上下各层内浇道中金属液同时流入型腔的"乱流"现象，因此结构设计与计算要求精确。阶梯式浇注系统适用于高大且结构复杂、收缩量较大或质量要求较高的铸件。

5. 垂直缝隙式浇注系统

垂直缝隙式浇注系统是阶梯式浇注系统的特殊形式，如图3-26所示。它是以片状内浇道与铸件的整个高度相连接，可使金属液充型平稳，氧化膜不易被卷入，且温度分布有利于补缩。对薄壁铸件如配以慢浇，可无须冒口补缩，对厚壁铸件则可减小冒口尺寸。缺点是造型较复杂，消耗金属多，清理困难，故它主要用于重要的铝合金铸件。

对于重、大型铸件，特别是重要铸件，采用一种形式的浇注系统往往不能满足要求，可根据铸件情况同时采用两种或更多形式的复合式浇注系统。图3-27所示是同时采用底注式与雨淋式浇注系统浇注大马力柴油机气缸套（质量为3100kg）的例子。开始时，用底注式内浇道切线引入金属液，当液面上升到一定高度时，再拔起雨淋浇口的堵塞。这样既保证金属液不产生氧化和飞溅，又能保证补缩。

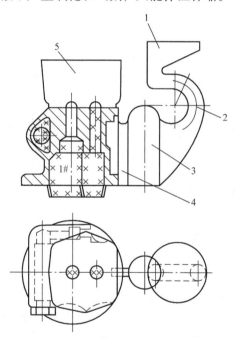

图3-26　垂直缝隙式浇注系统
1—浇口盆　2—鹅颈形直浇道　3—侧冒口
4—缝隙内浇道　5—顶冒口

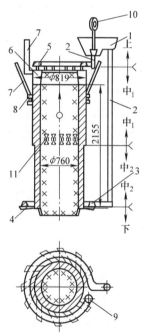

图3-27　气缸套的复合式浇注系统
1—双孔浇口盆　2—直浇道　3—横浇道
4—内浇道　5—雨淋浇道　6—冒口　7—出气口
8—出气环　9—集渣包　10—堵塞　11—冷铁

二、浇注系统按各组元截面积比例关系分类

浇注系统各组元截面积通常是指直浇道、横浇道、内浇道和阻流部分（即浇注系统截面最小的部分）的截面积，分别用$S_直$、$S_横$、$S_内$和$S_阻$表示。

（1）封闭式浇注系统　封闭式浇注系统各组元中截面积最小的是内浇道，即内浇道是该系统中的阻流截面，各组元截面积的大小关系为$S_直 > \sum S_横 > \sum S_内$。这种浇注系统在开始浇注后很短时间，浇注系统就被迅速充满，所以又称充满式浇注系统。由于该系统金属液充满快，故有较好的挡渣能力，浇道中不易吸气。但由于 $S_{内}$ 最小，故金属液进入型腔时的线速度较大，易冲刷铸型，易使金属液产生喷溅、氧化和卷入气体。所以，通常只适用于中小型铸件和不易氧化的合金。

（2）开放式浇注系统　这种浇注系统的特点是 $S_{直} < \sum S_{横} < \sum S_{内}$，即在直浇道的下端或在它附近的横浇道上设置阻流截面 $S_{阻}$，以保证直浇道能充满。图3-28中的"c"即为阻流截面尺寸。这种浇注系统的优点是由内浇道流出的液流速度低，充型平稳，金属氧化程度降低。这种浇注系统主要用于易氧化的非铁合金铸件和球墨铸铁铸件，以及用注塞包浇注的中、大型铸件。

（3）半封闭式浇注系统　这种浇注系统的特点是 $\sum S_{横} > S_{直} > \sum S_{内}$，即阻流截面是内浇道，横浇道截面积最大。直浇道一般是上大下小的锥形，浇注时，直浇道很快充满，而横浇道充满较晚，故可降低内浇道的流速，使浇注初期充型平稳，对铸型的冲击比封闭式的小；在横浇道充满后，因其中的金属液流速较慢，所以挡渣比开放式的好，但浇注初期在横浇道充满前，挡渣效果较差。这种浇注系统在生产中得到广泛应用。

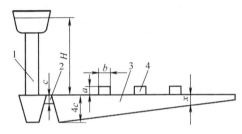

图3-28　用于球墨铸铁的一种浇注系统示意图
1—直浇道　2—阻流截面　3—横浇道　4—内浇道

对于树脂砂型，根据树脂砂的特点，浇注系统应遵循的原则是：快（大流量）、稳（防止飞溅和紊流）、顺（金属液流方向有利于气、渣排出）、活（无死角）、封闭、底注、保证压头。

第四节　铸铁件浇注系统设计与计算

铸铁件浇注系统设计与计算包括确定浇注时间、确定阻流截面积和各组元之间的比例关系等内容。

一、浇注时间的计算

液态金属从进入浇口开始到充满铸型所需的时间称为浇注时间，用 t 表示，它是指铸件的适宜浇注时间范围。最大浇注时间取决于型砂的抗夹砂能力，使铸件不至于产生浇不到、冷隔、氧化夹渣和变形等；而最小浇注时间则取决于：使型腔中的气体得以排除，使铸件不至于产生气孔，不会冲坏铸型和由于过大的冲击引起胀砂和抬型。所以，在这个时间范围内浇注，可减少铸件缺陷。

影响浇注时间的因素有：合金的种类、浇注温度、浇注系统的类型、铸件结构和铸型的种类等。目前，对浇注时间的确定实际上是根据经验图表和经验公式来计算的。大多数经验公式仅考虑铸件的壁厚和注入铸型中的金属液质量。

常用的浇注时间经验公式为

$$t = k \sqrt[3]{\delta G_1} \tag{3-2}$$

式中　t——浇注时间（s）；

　　　G_1——浇入型内的金属液总质量（kg）；

　　　δ——铸件的平均壁厚（mm），对于圆形或正方形的铸件，δ 取其直径或边长的一半；

　　　k——系数。对灰铸铁，取 2.0；需快浇时（如铁液温度低，含硫较高，碳的质量分数小于 3.3%，底注或有冷铁等），可取 1.7。对铸钢，可取 1.3 ~ 1.5。

根据我国生产灰铸铁和球墨铸铁件的经验和国外资料的计算结果，可把 k 值的选用范围扩大为 1.0 ~ 4.0，以适应不同铸件和不同的工艺要求，具体数值的选择可参考表 3-2。

表 3-2　铸铁件 k 值的选择

铸件种类或工艺要求	大型复杂铸件、高应力及大型球墨铸铁件	防止侵入气体和呛火	一般铸件	厚壁小件、球墨铸铁小件防止缩孔、缩松
k 值	0.7 ~ 1.0	1.0 ~ 1.3	1.7 · 2.0	3.0 ~ 4.0

计算所得的浇注时间是否合适，通常以型内金属液面上升速度来验证。浇注时间过长，会在金属液面上产生较厚的氧化层，造成气孔、夹渣等缺陷。铸铁件允许的最小液面上升速度见表 3-3。

表 3-3　型内铁液允许的最小液面上升速度

铸件壁厚/mm	壁厚大于 40mm 以及所有水平位置浇注的平板铸件	11 ~ 40	4 ~ 10	<4
最小液面上升速度/(mm/s)	8 ~ 10	11 ~ 20	21 ~ 30	31 ~ 100

型内金属液液面上升速度可按下式计算

$$v = \frac{C}{t} \tag{3-3}$$

式中　C——铸件最低点到最高点的距离，按浇注时的位置确定（mm）；

　　　t——计算的浇注时间（s）。

按上式计算的液面上升速度如果低于允许的最小液面上升速度时，就要强行缩短浇注时间或调整铸件的浇注位置，使上升速度达到或高于最小液面上升速度值。

举例：工具磨床上台面，长度为 1160mm，高度为 55mm，壁厚为 15mm，属于平板类铸件，包括浇注系统，铁液总质量为 65kg，水平浇注，按式（3-2）计算浇注时间。

将有关数值代入式（3-2）可得：$t = 2.0 \sqrt[3]{15 \times 65}$ s ≈ 20s

按式（3-3）可求得 $v \approx 2.8$mm/s，低于允许的最小液面上升速度 8 ~ 10mm/s。由于此件快浇有困难，工装条件又不允许直立或侧立浇注，便将铸型倾斜 10° 浇注，如图 3-29 所示。

验证倾斜浇注时的金属液面上升速度。此时铸件高度由 C（55mm）变为 C_1，C_1 值可作近似计算：$C_1 = (55 + 1160\sin10°)$ mm = 257mm，并可求出 $v \approx 13$mm/s，基本上满足了对上升速度的要求。

将板状铸件倾斜浇注，不但可以提高其金属液面的上升速度，而且还由于其减少了对铸型上表面的大面积热辐射，从而成为防止夹砂的一种有效措施。

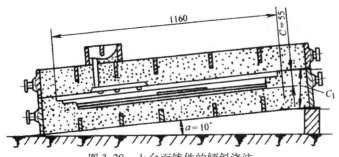

图 3-29　上台面铸件的倾斜浇注

二、阻流组元（或内浇道）截面积的计算及各组元之间的比例关系的确定

阻流组元截面（简称阻流截面）的大小实际上反映了浇注时间的长短。在一定的压头下，阻流截面大，浇注时间就短。所以，阻流截面的大小对铸件质量的影响与浇注时间长短的影响基本一致。

生产中有各种确定阻流截面尺寸的方法和实用的图、表，大多以水力学原理为基础，这里主要介绍水力学计算法。

1. 水力学计算法

把金属液看作普通流体，浇注系统看作管道，在封闭式浇注系统中，内浇道为阻流组元，根据流量方程和伯努利方程可推导出铸铁件内浇道截面积的计算公式为

$$S_{内} = \frac{G_1}{0.31 \mu t \sqrt{H_0}} \tag{3-4}$$

式中　$S_{内}$——内浇道截面积（cm^2）；

　　　G_1——型内金属液的总质量（kg）；

　　　μ——流量系数；

　　　t——浇注时间（s）；

　　　H_0——作用于内浇道的金属液静压头（cm）。

因为式中的 H_0 在浇注时大多是变化的，可用平均压头 $H_{均}$ 代替，则水力学公式可改写成

$$S_{内} = \frac{G_1}{0.31 \mu t \sqrt{H_{均}}} \tag{3-5}$$

式中　G_1——包括浇冒口在内的金属液总质量（kg）。浇冒口的质量按铸件质量的比例求出，见表3-4。

表3-4　浇冒口质量占铸件质量的比例

铸件质量/kg	大量生产（%）	成批生产（%）	单件、小批生产（%）
≤100	20 ~ 40	20 ~ 30	25 ~ 35
100 ~ 1000	15 ~ 20	15 ~ 20	20 ~ 25
>1000	—	10 ~ 15	10 ~ 20

若浇注系统为非封闭式，则计算结果为阻流组元的截面积。

(1) μ 值的确定　影响 μ 值的因素较多，除了金属液在浇注系统中的沿程及局部损失（大约为20%左右）外，μ 值基本上依铸型的种类及其复杂程度而定。铸件形状越复杂，壁

越薄，对金属液流动的阻力越大，μ 值就越小。μ 值可按表 3-5 选取。例如，对湿型浇注薄壁（≤10mm）铸铁件时，可取 0.35。考虑到其他工艺因素的影响，选取的 μ 值可按表 3-6 修正。

表 3-5　铸铁及铸钢的流量系数 μ 值

种　　类		铸 型 阻 力		
		大	中	小
湿型	铸铁	0.35	0.42	0.5
	铸钢	0.25	0.32	0.42
干型	铸铁	0.41	0.48	0.6
	铸钢	0.30	0.38	0.5

表 3-6　流量系数的修正值

影响 μ 值的因素	μ 的修正值
浇注温度升高能使 μ 值增大。浇注温度从 1280℃ 开始，每提高 50℃，使 μ 值增大	+0.05 以下
有出气口和明冒口，减小了型腔内气体压力，能使 μ 值增大。当 $\dfrac{\sum S_{出气口} + \sum S_{明冒口}}{\sum S_{内}} = 1 \sim 1.5$ 时	+0.05~0.20
直浇道和横浇道截面积比内浇道大得多时，可减少阻力损失，并缩短封闭前的时间，使 μ 值增大。当 $\dfrac{\sum S_{直}}{\sum S_{内}} > 1.6$，$\dfrac{S_{横}}{S_{内}} > 1.3$ 时	+0.05~0.20
采用顶注式（相对于中间引入式），使 μ 值增大	+0.1~0.2
采用底注式（相对于中间引入式），使 μ 值减小	−0.1~0.2
型砂透气性差，且无出气冒口和明冒口时，μ 值减小	−0.05 以下
内浇道总截面积相同而数量增多时，阻力增大，μ 值减小（2~4 个内浇道时）	−0.05~0.1

　注：封闭式浇注系统中，μ 的最大值为 0.75，如果计算结果大于此值，仍取 $\mu = 0.75$。当以浇口盆出口作为控制流量的阻流截面时，μ 值 $=0.85$。

（2）平均压头 $H_{均}$ 的确定　在浇注中，除了顶注式，作用在内浇道的压头 H_0 通常是变化的，见图 3-30。这需要使用平均压头 $H_{均}$ 来计算。

　　平均压头 $H_{均}$ 的计算公式为

$$H_{均} = H_0 - \frac{P^2}{2C} \qquad (3\text{-}6)$$

式中　H_0——内浇道以上的金属液压头，即内浇道至浇口盆液面的高度（cm）；

　　　C——浇注时铸件的高度（cm）；

　　　P——内浇道以上的铸件高度（cm）。

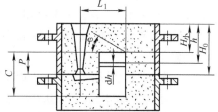

图 3-30　平均压头计算图

对于封闭式浇注系统，在不同注入位置时公式有以下形式：

顶注式　$P=0$，则 $H_{均} = H_0$ $\qquad\qquad\qquad (3\text{-}7)$

底注式　$P=C$，则 $H_{均} = H_0 - \dfrac{C}{2}$ $\qquad\qquad (3\text{-}8)$

中间注入式 $P = \dfrac{C}{2}$，则 $H_{均} = H_0 - \dfrac{C}{8}$ (3-9)

从图 3-30 中可以看出，浇注铸型的最小压头 $H_小$ 对充满型腔是必需的。计算的压头不能低于 $H_小$，这一数值也可用来校核上砂箱的高度是否足够。

$H_小$ 的值应根据型腔阻力大小等因素确定，其计算公式为

$$H_小 = L_1 \tan\varphi$$ (3-10)

式中 L_1——自直浇道中心线到铸件最高、最远点的水平距离；

       φ——保险压力角，可参考表 3-7 确定。

表 3-7   保险压力角 φ 值   （单位：°）

铸件壁厚/mm	L_1/mm													
	4000	3000	2800	2600	2400	2200	2000	1800	1600	1400	1200	1000	800	600
3~5	按位置具体确定										10~11	11~12	12~13	13~14
5~8	6~7	6~7	6~7	7~8	7~8	8~9	8~9	8~9	8~9	8~9	9~10	9~10	9~10	10~11
8~15	5~6	5~6	6~7	6~7	6~7	7~8	7~8	7~8	7~8	8~9	8~9	9~10	9~10	10~11
15~20	5~6	5~6	6~7	6~7	6~7	6~7	6~7	7~8	7~8	7~8	7~8	7~8	8~9	9~10
20~25	5~6	5~6	6~7	6~7	6~7	6~7	6~7	6~7	7~8	7~8	7~8	7~8	7~8	8~9
25~35	4~5	4~5	5~6	5~6	5~6	5~6	6~7	6~7	6~7	6~7	6~7	6~7	7~8	7~8
35~45	4~5	4~5	4~5	4~5	5~6	5~6	6~7	6~7	6~7	6~7	6~7	6~7	6~7	6~7
备注	用两个或更多的直浇道注入金属液（如从铸件两端注入）时，L_1 则取铸件平分线至直浇道中心线的距离										用一个直浇道注入金属液			

2. 计算举例

如图 3-31 所示的灰铸铁端盖件，浇注金属液总质量（包括浇冒口）为 114kg，壁厚为 20mm，浇注温度为 1330℃，湿型，直浇道高度为 350mm，两个内浇道开在分型面上，切向引入，型内设有出气冒口。试计算其内浇道截面积及尺寸。

已知：$G_1 = 114$kg，$\delta = 20$mm，$H_0 = 35$cm，$C = 28$cm，$P = 12.5$cm。

计算步骤：

（1）求浇注时间 按公式（3-2）：$t = 2.0 \sqrt[3]{20 \times 114}$s = 26s。

（2）验算液面上升速度 按公式（3-3）：$v = 280/26$mm/s = 11mm/s，由表 3-3 可知，基本满足要求。

（3）求流量系数 μ 值 按表 3-5 查得 $\mu = 0.5$，再按表 3-6 修正：

1）浇注温度升高，μ 值 +0.05。

2）有出气冒口，μ 值 +0.05。

3）有两个内浇道，阻力增大，μ 值 -0.05。因此，$\mu = 0.5 + 0.05 + 0.05 - 0.05 = 0.55$。

（4）确定平均压头（$H_均$） 按式（3-6）

$$H_均 = 35\text{cm} - \frac{(12.5)^2}{2 \times 28}\text{cm} \approx 32\text{cm}$$

（5）求内浇道总截面积 $\sum S_内$ 按式（3-5）

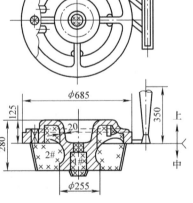

图 3-31 端盖铸件的工艺图

$$\sum S_{内} = \frac{114}{0.31 \times 0.55 \times 26 \times \sqrt{32}} cm^2 = 4.5 cm^2$$

（6）求单个内浇道形状尺寸 按图 3-32 选取图 3-32b 方梯形截面，求 b 值：

$$\frac{0.8b + 1.0b}{2}b = \frac{450}{2}mm^2$$

$$b = \sqrt{250}mm \approx 16mm$$

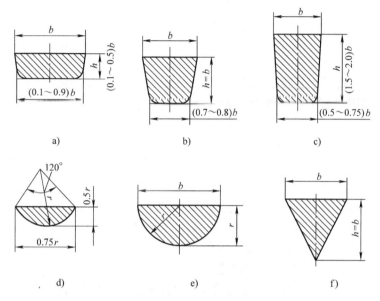

图 3-32　内浇道横截面的形状

a）扁平梯形　b）方梯形　c）高梯形　d）新月形　e）半圆形　f）三角形

3. 浇注系统其他各组元的截面积

求得阻流组元的截面积之后，根据合金和铸件的特点，选定浇注系统各组元截面比例关系的类型可参照表3-8。确定其比例值，即可得出其他组元的截面积，然后再按选定的形状确定具体尺寸。

表 3-8　各种合金浇注系统组元截面之间比例关系

类　型	$\sum S_{内}:\sum S_{横}:S_{直}$	应用范围及说明
封闭式	1:1.5:2	大型灰铸铁件
	1:1.2:1.4	中、大型灰铸铁件
	1:1.1:1.15	中、小型灰铸铁件
	1:1.06:1.11	薄壁灰铸铁件
	1:1.2:1.4	一般球墨铸铁件
	1:1.1:1.5	可锻铸铁件
	1:1.3	可锻铸铁件（横浇道直接连接侧冒口）
	1:(1.1~1.3):(1.2~1.6)	铸钢件（转包浇注）
	1:1.1	铸钢件（底包浇注）

（续）

类　型	$\sum S_{内}:\sum S_{横}:S_{直}$	应用范围及说明
半封闭式	$1:1.4:1.2$	重型机械铸铁件
	$1:1.5:1.1$	铸铁件表面干型
	$1:(1.3\sim1.5):(1.1\sim1.2)$	中、小型铸铁件
	$0.8:(1.2\sim1.5):1$	球墨铸铁薄壁小件
	$1:(1.5\sim2.0):1.2$	锡青铜阀体，内浇道处设有暗冒口
开放式	$(1.5\sim4):(2\sim4):1$	球墨铸铁薄壁铸件
	$(1.2\sim3):(1.2\sim2):1^{①}$	复杂的中、大型锡青铜件，内浇道处不设暗冒口
	$(1.5\sim2):1.2:1^{①}$	中、大型无锡青铜及黄铜件
	$(3\sim10):1.2:1$	复杂的大型无锡青铜及黄铜件
	$(2\sim4):(2\sim3):1$	大、中型铝合金件
	$(1\sim1.5):(1.5\sim3):1$	小型铝合金件

① 直浇道后如设过滤网，则网孔截面积 $S_{滤}$ 的比值取 0.9。

在砂型铸造中，一般内浇道（阻流组元）的最小截面积为 $0.4\sim0.5\text{cm}^2$，低于此值，则容易产生浇不到缺陷。直浇道的直径一般在 $\phi15\sim\phi100\text{mm}$ 范围内，小于 $\phi15\text{mm}$，会给浇注、充型带来困难，超过 $\phi100\text{mm}$ 则很罕见，过粗的直浇道可用两个较细的直浇道代替。

树脂砂型浇注系统总截面积可比黏土砂型大 50% 左右，以利于金属液快速充型。当采用封闭式浇注系统时，浇道截面比例可取 $S_{内}:S_{横}:S_{直}=1:1.25:1.25$。

各种类型的浇口盆的详细尺寸可参考有关图表。

三、阶梯式浇注系统截面尺寸的确定

当铸件高度超过 800mm 时，宜采用阶梯式浇注系统，即从铸件不同高度上开设内浇道，分别引入金属液的浇注系统。设计这种浇注系统应该保证金属液从各层内浇道自下而上地逐层注入，避免各层内浇道乱流或同时流入；同时，避免大量的金属液从最底层内浇道流入，即保证充型后铸件的上部金属液温度高于下部温度。

为了可靠地实现分层引注，铸铁件阶梯式浇注系统常采用图 3-33 所示的形式。它的直浇道下端 $A—A$ 面为阻流断面，此面以上封闭，此面以下完全开放，计算方法及步骤如下：

（1）最小控制截面 $S_{阻}$ 的计算　当铸件顶面低于阻流截面 $A—A$ 时，阻流截面上的流速 v 为定值，$v=\mu_1\sqrt{2gH_1}$，$S_{阻}$ 按水力学计算公式可得

$$S_{阻}=\frac{G_1}{0.31\mu_1 t\sqrt{H_1}}$$

（2）分配直浇道的截面积　$S_{阻}:S_{直(分)}=1:(1\sim2)$。

（3）内浇道截面积的计算　由图 3-33 可知，只有当 $h_{有效}<H_0$ 时，才能避免相邻两层内浇道同时注入的现象；在稳定流动时，通过阻流部位的流量 q_{v1} 和底层内浇道的流量 q_{v2} 可认为近似相等，即 $q_{v1}=q_{v2}$。则

$$q_{v1}=\mu_1 S_{阻}\sqrt{2gH_1}$$

$$q_{v2}=\mu_2 S_{内(底)}\sqrt{2gh_{有效}}$$

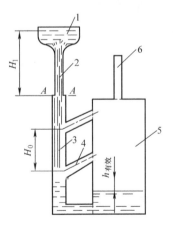

图 3-33　阶梯式浇注系统计算简图

1—浇口盆　2—主直浇道　3—分配直浇道

4—内浇道　5—型腔　6—出气孔

得
$$S_{内(底)} = \frac{\mu_1}{\mu_2} \frac{\sqrt{H_1}}{\sqrt{h_{有效}}} S_{阻}$$
(3-11)

式中　μ_1——由浇口盆液面到阻流截面的流量系数，对于只有浇口盆和直浇道的二元系
（图 3-33）$\mu_1 = 0.76$，对于有直浇道、横浇道、内浇道的三元系，$\mu_1 = 0.58$，
对于有浇口盆和直、横、内浇道的四元系，$\mu_1 = 0.48$；

　　μ_2——分配直浇道中自由液面到型腔内自由液面的流量系数，湿型时 $\mu_2 = 0.35 \sim 0.5$，
干型时 $\mu_2 = 0.4 \sim 0.6$，型腔内阻力大时取下限，阻力小时取上限；

　　H_1——浇口盆液面到阻流截面的高度；

　　$h_{有效}$——分配直浇道内液面与型腔液面的差值；

　　$S_{内(底)}$——底层内浇道截面积；

　　$S_{阻}$——阻流截面积。

当取 $h_{有效} = (1/4 \sim 1/2) H_0$ 时，式（3-11）可改写为

$$S_{内(底)} = \frac{\mu_1}{\mu_2} \frac{\sqrt{H_1}}{\sqrt{\left(\frac{1}{4} \sim \frac{1}{2}\right) H_0}} S_{阻}$$

上层内浇道的截面积应取 $S_{内(底)}$ 的 $1 \sim 2$ 倍，以保证铸件上部有较高的温度。

第五节　其他合金铸件浇注系统的特点

由于各种铸造合金的铸造性能不尽相同，所以它们的浇注系统也有其各自的特点。

一、球墨铸铁件浇注系统的特点

一般认为球墨铸铁的碳当量较高，其流动性应比灰铸铁好些，但经过球化孕育处理后的铁液，由于温度下降很多，且易氧化而产生氧化渣，所以要求铁液迅速、平稳充型，故浇注系统截面积通常比灰铸铁的大，并多采用半封闭式或开放式浇注系统。由于球墨铸铁具有糊状凝固特点和具有较大的膨胀压力，在铸型刚度不够大时，多采用冒口补缩液态和凝固初期的收缩。当内浇道通过冒口浇注时，可采用封闭式浇注系统，不仅有利于挡渣，而且充型也平稳。

球墨铸铁件的浇注系统可用水力学公式计算。流量系数 μ 值对湿型中小件可取 $0.35 \sim 0.5$；$t = (2.5 \sim 3.5) \sqrt{G_1}$，$G_1$ 为型中金属液总质量（kg），可取铸件质量的 $1.2 \sim 1.4$ 倍。

由于球墨铸铁的缩前膨胀比灰铸铁大，而线收缩比灰铸铁的小，所以如果铁液的化学成分控制得适宜，孕育处理充分，铸型刚度足够大，对于厚大铸件（模数大于 2.5cm），采用薄的内浇道和快浇工艺，就可能在无冒口或冒口很小的条件下获得良好的铸件。

球墨铸铁型内球化处理方法已在大批量流水线的生产中应用。这种方法的浇注系统结构与普通浇注系统结构最明显的区别是前者多了一个反应室。图 3-34 所示为两种反应室的结构图。型内球化的浇注系统如图 3-35 所示。各组元截面比例为 $S_{直} : S_{入} : S_{出} : S_{横} : S_{薄片} : S_{内} = 2.8 : 1.1 : (1.05 \sim 1.1) : 2 : 1 : (>1)$，其中 $S_{入}$ 及 $S_{出}$ 分别是反应室入口及出口处截面积。

二、可锻铸铁件浇注系统的特点

薄壁中小型可锻铸铁件的铸态为白口铸铁，而白口铸铁的碳当量低，熔点比灰铸铁高且

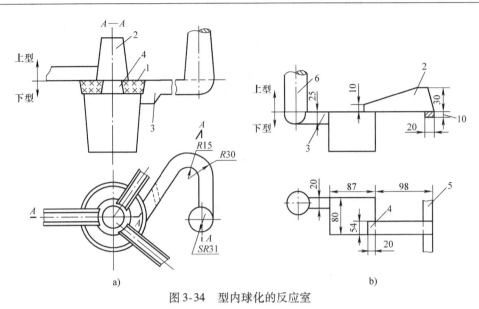

图 3-34 型内球化的反应室

a）圆柱形有盖板芯的 b）方形的

1—盖板 2—集渣包 3—反应室入口 4—反应室出口 5—横浇道 6—直浇道

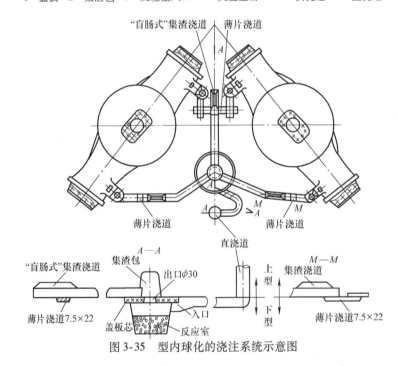

图 3-35 型内球化的浇注系统示意图

流动性差，收缩大，铁液中的熔渣较多。所以，浇注系统应有利于补缩，充型较快，且具有较强的挡渣能力。通常采用带暗冒口的封闭式浇注系统，其浇注系统截面积一般比灰铸铁的大（约大 20%），内浇道宜从铸件厚壁处引入，在内浇道与铸件之间设置暗冒口，采用滤网、阻流浇道、离心集渣包等措施增强挡渣效果。图 3-36 所示是两种可锻铸铁件浇注系统示意图。

可锻铸铁件的浇注系统可采用如下经验公式

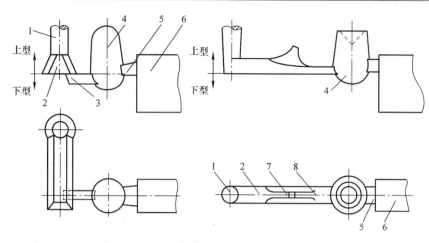

图 3-36　可锻铸铁件浇注系统举例

1—直浇道　2—横浇道　3—内浇道　4—侧暗冒口　5—冒口颈
6—铸件　7—集渣包　8—缩小截面积浇道

$$t = k \sqrt{G_1} \tag{3-12}$$

$$S_{内} = \frac{x \sqrt{G_1}}{\sqrt{H_{均}}} \tag{3-13}$$

式中　　t——浇注时间（s）；

　　$S_{内}$——内浇道总截面积（cm^2）；

　k 和 x——经验系数，按壁厚确定，见表3-9；

　　G_1——型内金属液总质量（kg），对于小于0.5kg的铸件，浇冒系统质量可取铸件质量的 $40\% \sim 80\%$；大于0.5kg的则取 $25\% \sim 30\%$；

　　$H_{均}$——平均压头（cm）。

表 3-9　k 值和 x 值与铸件壁厚的关系

铸件壁厚/mm	<5	5~8	8~15
k 值	1.5	1.85	2.35
x 值	7.5	6.3	5.5

三、铸钢件浇注系统的特点

铸钢由于熔点高，易氧化和流动性差，收缩大，易产生缩孔、缩松、热裂、变形等缺陷，所以，除了应按有利于补缩的方案设置浇注系统外，还应配合使用冷铁、收缩肋，拉肋等，采用不封闭的浇注系统，其形状、结构要简单，并有较大的截面积，使钢液充型快而平稳。对于中小铸件，多采用底注式浇注系统；对于高大件则宜采用阶梯式浇注系统。图3-37所示为高大铸钢件阶梯式浇注系统的典型实例。

机械化流水线生产小型铸钢件时多采用转包浇注，其计算公式与铸铁件用的相类似，只是一些经验系数不同而已（可参阅有关手册）。

铸钢件通常采用漏包（底注包）浇注。漏包浇注保温性能好，流出的钢液夹杂物少，但漏包浇注时压力大，易冲坏浇道，所以中、大型铸钢件的直浇道通常使用耐火材料管，当每个内浇道流经的钢液量超过1t时，内、横浇道也用耐火砖管。

漏包浇注的金属液流出量主要取决于包底注孔的直径，浇注系统则是承受包中落下的钢液，使其不会外溢即可，这时，包孔成为阻流截面，浇注系统对包孔是开放的。

漏包浇注时浇注系统的计算步骤如下：

(1) 确定浇注时间　可按下式确定

$$t = k\sqrt{G_1} \qquad (3\text{-}14)$$

式中　t——浇注时间（s）；

G_1——型内金属液总质量（kg）；

k——随铸件质量、形状而定的系数，其数值可参考表3-10确定。

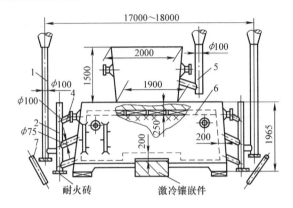

图3-37　毛重90000kg砧座铸件的金属注入图

1—缓冲直浇道　2—直浇道　3—横浇道　4—内浇道　5—补给冒口的浇注系统　6—放置内冷铁的轮廓线　7—排气管

表3-10　铸钢件浇注时间计算公式中的 k 值

浇注质量/kg	50	500	1～10000
复杂形状	0.5	0.6	0.8
简单形状	0.75	0.9	1.2

计算得出的浇注时间是否过长，可用浇注时钢液在型腔内的上升速度验算，见表3-11。

表3-11　钢液在铸型中的上升速度

铸件质量/t	≤5	>5～15		>15～35			>35～55			>55～160		
铸件的结构特点	—	复杂	简单	复杂	一般	实体	复杂	一般	实体	复杂	一般	实体
上升速度 v（不小于）/（mm/s）	25	20	10	15	12	8	12	9	6	10	7	4

注：对于大型合金钢铸件或试压铸件，钢液上升速度应比表中数值增加30%～35%。

(2) 确定包孔直径　已知型中浇注金属液总质量 G_1 和浇注时间 t，同时考虑浇包注孔数量 n，可按下式计算钢液流量 q_m

$$q_m = \frac{G_1}{tn} \qquad (3\text{-}15)$$

又

$$q_m = \mu_{孔} S_{孔} \rho \sqrt{2gH} \qquad (3\text{-}16)$$

故

$$S_{孔} = \frac{G_1}{\mu_{孔} \rho tn \sqrt{2gH}} \qquad (3\text{-}17)$$

式中 $S_孔$——包孔截面积（cm^2）；

    q_m——钢液流量（kg/s）；

    $\mu_孔$——包孔的消耗系数，取 0.89；

    ρ——钢液密度，为 0.0071kg/cm^3；

    g——重力加速度，980cm/s^2；

    H——钢液在包中的高度（cm）。

按钢液流量 q_m 的值及包中钢液液面高度 H 亦可求出包孔直径 d。表 3-12 列出了部分数例，查找 d 的详细数据可查阅有关资料。

表 3-12 钢液流量 q_m 值

包孔直径 d/mm	30	35	40	45	50	55	60	70	80
钢液流量/(kg/s)	10	20	29	42	55	72	90	120	150

（3）确定浇注系统各组元截面积 使用底注包浇注时，应采用开放式浇注系统，要满足 $S_直 \leq S_横 \leq S_内$ 的条件，各组元截面积比例关系为 $\sum S_孔 : \sum S_直 : \sum S_横 : \sum S_内 = 1 : (1.8 \sim 2.0) : (1.8 \sim 2.8) : 2$。当使用耐火砖管时，可采用 $S_直 = S_横 = S_内$，也可根据漏包注孔直径直接按表 3-13 确定各浇道的尺寸。

表 3-13 根据注孔直径确定浇道尺寸 （单位：mm）

注孔直径 d	直浇道的最小直径 d	直浇道不在横浇道对称位置时横浇道最小直径 d	直浇道在横浇道对称位置时横浇道最小直径 d	内浇道最小直径			
				40	60	80	100
				内浇道数量/个			
35	60	60	40	2	1		
40	60	60	40	2	1		
45	60	60	40	3	1		
50	80	80	60	3	2	1	
55	80	80	60	4	2	1	
60	80	80	60	5	2	1	
70	100	100	80	6	3	2	1
80	100	100	80	8	4	2	1

四、铜合金铸件浇注系统特点

锡青铜及磷青铜氧化倾向小，易产生分散缩孔和缩松，对于长套筒铸件可使用顶注式雨淋浇道；短小圆筒、圆盘及轴瓦类铸件可采用压边浇道；对于复杂件，可采用带过滤网或集渣包的浇注系统，一般可不设大尺寸冒口。

铝青铜、铝铁青铜、锰黄铜、铝黄铜等氧化性强，易形成氧化渣，收缩大，易产生集中缩孔，浇注系统采用底注开放式，并设有过滤网或集渣包。浇道的位置应有利于冒口补缩或使浇道通过冒口注入。

铜合金的浇注系统尺寸可在有关手册中查出。

五、铝合金铸件浇注系统特点

铝合金的特点是：热导率大，在流动过程中铝液降温快；易氧化吸气，且氧化膜的密度与铝液相近，若混入铝液中就难以上浮；凝固收缩大，易产生缩孔、缩松。所以，要求铝合金的浇注系统充型平稳，无涡流，充型时间短，挡渣能力强，并有利于补缩。除了高度小于100mm不重要的小铸件可采用顶注式外，一般都采用底注开放式或垂直缝隙式浇注系统。

铝合金铸件浇注系统各组元截面积比例及具体尺寸可参考有关手册图表确定。

思 考 题

1. 为什么薄壁铸件型腔充型困难？用什么办法解决？
2. 提高横浇道挡渣能力的办法有哪些？
3. 浇注系统可以分为哪些类型？
4. 为了能缩短浇注时间，提高浇注速度，要注意和解决哪些主要问题？
5. 球墨铸铁件、可锻铸铁件、铸钢件、铜合金铸件的浇注系统各有哪些特点？

第四章 铸件的凝固与补缩

合金从液态转变为固态的状态变化称为凝固，从液态转变为固态的过程称为凝固过程。铸件在凝固过程中，如果控制不当，就容易产生缩孔、缩松、热裂、气孔、夹杂等铸造缺陷。本章主要讨论铸件的凝固过程、凝固特性对铸件质量的影响，介绍缩孔、缩松的形成机理、防止措施以及冒口和冷铁的应用。

第一节 铸件的凝固

一、铸件的凝固方式

（1）**凝固区域** 铸件在凝固过程中，除纯金属和共晶合金之外，其断面上一般存在三个区域：固相区、凝固区和液相区。铸件的质量与凝固区域的大小和结构有密切关系。图4-1所示是铸件在凝固过程中某一瞬间凝固区域示意图。

动画：铸件的
三种凝固方式

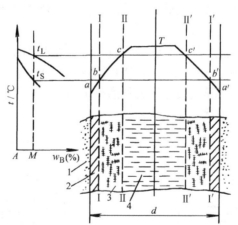

图 4-1 铸件某一瞬间凝固区域

d—铸件壁厚 T—铸件瞬间温度曲线 t_L—液相线温度 t_S—固相线温度

1—铸型 2—固相区 3—凝固区 4—液相区

图 4-1 左图是合金相图的一部分，成分为 M 的合金结晶温度范围为 $t_L \sim t_S$，右图是铸件中正在凝固的铸件断面，铸件壁厚为 d，该瞬时的温度场为 T（温度场指铸件断面上某瞬时的温度分布曲线）。在此瞬时，铸件断面上的 b 和 b′ 点的温度已降到固相线温度 t_S，因此，Ⅰ-Ⅰ 和 Ⅰ′-Ⅰ′ 等温面为"固相等温面"。同时 c 和 c′ 点温度已降到液相线温度 t_L，Ⅱ-Ⅱ 和 Ⅱ′-Ⅱ′ 为"液相等温面"。由于从铸件表面到Ⅰ 和Ⅰ′之间的合金温度低于 t_S，所以这个区域的合金已凝固成固相，称为固相区；液相等温面Ⅱ 和Ⅱ′之间的合金温度高于 t_L，尚未开始凝固，称为液相区；在Ⅰ 和Ⅱ之间、Ⅰ′和Ⅱ′之间的合金温度低于 t_L 而高于 t_S，正处于凝固状态或液固相并存状态，称为凝固区。

随着铸件的冷却，液相等温面和固相等温面向铸件中心推进，当铸件全部凝固后，凝固区域消失。

（2）凝固方式　铸件的凝固方式是根据铸件凝固时其断面上的凝固区域的大小来划分的。一般分为逐层凝固、糊状凝固（体积凝固）、中间凝固三种方式。

1）图 4-2 所示是逐层凝固方式示意图。图 4-2a 所示为恒温下结晶的纯金属或共晶成分合金某瞬间的凝固情况。t_C 为结晶温度，T_1 和 T_2 是铸件断面上两个不同时刻的温度场（图 4-3、图 4-4 同）。

从图中可以看出，恒温下结晶的合金，在凝固过程中其铸件断面上的凝固区宽度等于零，断面上的固体和液体由一条界线清楚地分开。随着温度的下降，凝固层逐渐加厚直至凝固结束。这种凝固方式称为逐层凝固方式。

如果合金的结晶温度范围 Δt_C 很小或断面上温度梯度 δ_t 很大时，铸件断面上的凝固区域也很窄，如图 4-2b 所示，这种情况也属于逐层凝固方式。

由于逐层凝固合金的铸件在凝固过程中发生的体积收缩可以不断得到液态合金的补充，因此铸件产生缩松的倾向极小，只是在铸件最后凝固的地方留下较大的集中缩孔。由于集中缩孔可从工艺上采取措施（如设置冒口等）来消除，因此这类合金的补缩性良好。另外，铸件在凝固过程中因收缩受阻而产生的晶间裂纹处，也很容易得到未凝固液态合金的填补而弥合起来，所以，铸件的热裂倾向较小；因铸件在凝固过程中凝固前沿较平滑，对液体金属的流动阻力较小，所以这类合金有较好的流动能力。这类合金包括低碳钢、高合金钢、铝青铜和某些结晶温度范围窄的黄铜等。

2）图 4-3 所示是糊状凝固方式示意图。当合金的结晶温度范围 Δt_C 很宽（图 4-3a），或因铸件断面温度场较平坦（图 4-3b），在铸件凝固过程中，铸件断面上的凝固区域很宽，在某一段时间内，凝固区域甚至会贯穿于铸件的整个断面，铸件表面尚未出现固相区，这种凝固方式称为糊状凝固方式或体积凝固方式。

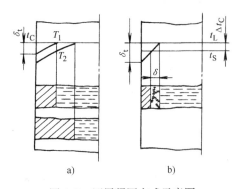

图 4-2　逐层凝固方式示意图

a）纯金属或共晶成分合金　b）窄结晶温度范围合金

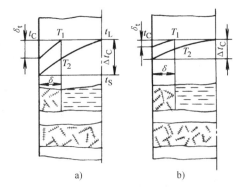

图 4-3　糊状凝固方式示意图

a）合金的结晶温度范围很宽　b）铸件断面温度场较平坦

呈糊状凝固方式的合金铸件，在凝固初期尚可得到金属液的补缩，但当凝固区中的固相所占的比例较大时，便将尚未凝固的液体分割成若干个互不相通的小熔池。这些小熔池在凝固时因得不到补缩而形成许多小缩孔即缩松。这类合金铸件的补缩性差、热裂倾向较大、流动能力较差。这类合金包括高碳钢、球墨铸铁、锡青铜、铝镁合金和某些结晶温度范围宽的黄铜等。

3）图 4-4 所示是中间凝固方式示意图。如果合金的结晶温度范围 Δt_C 较窄（图 4-4a），或者铸件断面上的温度梯度 δ_t 较大（图4-4b），铸件断面上的凝固区域宽度介于逐层凝固和糊状凝固之间时，则属于中间凝固方式。属于中间凝固方式的合金包括中碳钢、高锰钢、白口铸铁等。这类合金铸件的补缩能力、产生热裂的倾向和流动能力也都介于以上两类合金之间。

铸件断面凝固区域的宽度是由合金的结晶温度范围和铸件断面上的温度梯度决定的。在温度梯度相同时，凝固区域的宽度取决于合金的结晶温度范围；而当合金成分一定时，铸件断面上凝固区域的宽度则取决于铸件断面上的温度梯度。梯度较大时，可以使凝固区域变窄。所以铸件断面上的温度梯度是调节凝固方式的重要因素。

二、灰铸铁和球墨铸铁的凝固特点

生产中常用的灰铸铁和球墨铸铁都是接近共晶成分的合金，但是，它们的凝固方式和铸造性能却与一般逐层凝固的合金不同，其铸造性能和产生缺陷的倾向也有明显的区别。

灰铸铁和球墨铸铁的凝固过程可以分为两个阶段：第一阶段是从液相线温度到共晶转变开始温度，析出奥氏体枝晶，称为枝晶凝固阶段；第二阶段是从共晶转变开始温度到共晶转变终了温度，发生奥氏体＋石墨的共晶转变，称为共晶转变阶段。

实验表明，灰铸铁和球墨铸铁在枝晶凝固阶段的凝固过程十分相似，但在共晶凝固阶段却表现出明显不同，如图4-5所示。

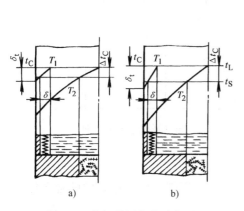

图4-4 中间凝固方式示意图
a）合金的结晶温度范围较窄
b）铸件断面上的温度梯度较大

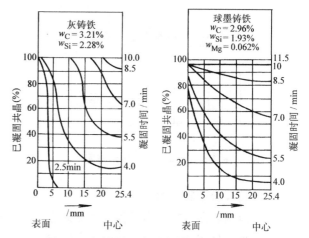

图4-5 灰铸铁和球墨铸铁的共晶凝固曲线

图4-5所示为从直径 $\phi50.8mm$ 圆柱体试样上测得的共晶凝固过程曲线。由图可知，共晶转变开始后，经过5.5min，灰铸铁表层已完全凝固的厚度达10mm左右，其余部分皆在凝固中。10min后，灰铸铁已完全凝固至中心。球墨铸铁在5.5min后表面只凝固了80%，与此同时，中心部分已开始凝固，即铸件整个断面都处于凝固状态，表面尚未结壳。在11.5min时全部凝固结束。球墨铸铁的共晶凝固是典型的糊状凝固方式。

三、铸件的凝固原则

（1）顺序凝固（也称定向凝固）**原则** 顺序凝固原则是通过采取工艺措施，使铸件各部分能按照远离冒口的部分先凝固，然后是靠近冒口部分，最后才是冒口本身凝固的次序进行。即在铸件上远离冒口的部分到冒口之间建立一个递增的温度梯度，如图4-6所示。

顺序凝固的铸件冒口补缩作用好，铸件内部组织致密。但铸件不同位置温差较大，故热应力较大，易使铸件变形或产生热裂。另外，顺序凝固一般需要加冒口补缩，增加了金属的消耗和切割冒口的工作量。

逐层凝固是指铸件某一断面上的凝固顺序，即铸件的表面先形成硬壳，然后逐渐向铸件中心推进，铸件断面中心最后凝固。所以，顺序凝固与逐层凝固二者的概念不同。逐层凝固有利于实现顺序凝固，糊状凝固易使补缩通道阻塞，不利于实现顺序凝固。因此，采用顺序凝固原则时，应考虑合金本身的凝固特性。

（2）同时凝固原则 同时凝固原则是采取工艺措施保证铸件结构各部分之间没有温差或温差很小，使铸件Ⅰ、Ⅱ、Ⅲ厚度不同的各部分同时凝固，如图4-7所示。采用同时凝固原则，铸件不易产生热裂，且应力和变形小。由于不用冒口或冒口很小，从而节省金属，简化工艺和减少工作量，但铸件中心区域可能会产生缩松缺陷，导致铸件组织不够致密。

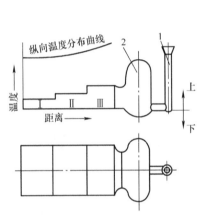

图4-6 定向凝固原则示意图
1—浇道 2—冒口

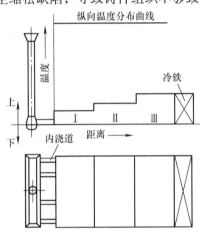

图4-7 同时凝固原则示意图

四、铸件凝固原则的选择

顺序凝固和同时凝固两者各有其优缺点，如何选择凝固原则，应根据铸件的合金特点、铸件的工作条件和结构特点以及可能出现的缺陷等综合考虑。

1）除承受静载荷外还受到动载荷作用的铸件，承受压力而不允许渗漏的铸件或要求表面粗糙度值低的铸件（如气缸套、高压阀门或齿轮等）宜选择定向凝固或局部（指铸件重要部位）顺序凝固原则。

2）厚实的或壁厚不均匀的铸件，当其材质是无凝固膨胀且倾向于逐层凝固的铸造合金（如低碳钢）时，宜采用顺序凝固原则。

3）碳硅含量较高的灰铸铁，其铸件凝固时有石墨化膨胀，不易出现缩孔和缩松，宜采用同时凝固原则。

4）球墨铸铁铸件利用凝固时的石墨化膨胀力实现自补缩（即实现无冒口铸造）时，应选择同时凝固原则。

5）非厚实的、壁厚均匀的铸件，尤其是各类合金的薄壁铸件，宜采用同时凝固原则。

6）当铸件易出现热裂、变形或冷裂缺陷时，宜采用同时凝固原则。

对于结晶温度范围大、倾向于糊状凝固的合金铸件，对其气密性要求不高时，一般宜采用同时凝固原则。当其重要部位不允许出现缩松时，可用覆砂金属型铸造或加放冷铁，使该处提前凝固以避免缩松。由此可见，凝固原则是可以通过采取一定的工艺措施来控制的。

图 4-8 所示是水泵缸体在不同凝固原则下所采用的两种工艺方案。图 4-8a 所示为采用同时凝固原则的工艺方案，在铸件壁厚较大的部位安放冷铁，使铸件各部分的冷却速度趋于一致。当该铸件工作压力要求不高时，使用此种工艺方案，不但可以满足铸件的使用要求，还可以简化铸造工艺。如果该件的致密度有较高要求时，则应采用顺序凝固原则，如图 4-8b所示，在铸件下面厚实部位安放厚大的冷铁，在铸件顶面厚实部位安放冒口，保证铸件自下而上地顺序凝固，以消除缩松和缩孔缺陷。

五、控制铸件凝固原则的措施

在生产中，控制铸件凝固原则的工艺措施有很多，包括正确布置浇口位置、确定合理的浇注工艺、采用冒口补缩、在铸件上增加补贴、采用冷铁或不同蓄热系数的铸型材料、浇注后改变铸件位置等。其中冒口、补贴及冷铁将在本章的后面详细讨论，这里只介绍其他控制铸件凝固原则的措施。

(1) 合理地确定浇口开设位置及浇注工艺　浇口的开设位置可以调节铸件的凝固顺序。当浇口从铸件厚大处（或通过冒口）或顶注式引入时，有利于顺序凝固，若在浇注时采用高温慢浇，则更能增大铸件的纵向温度梯度，提高补缩效果；当浇口从铸件的薄壁处均匀分散引入时，采用低温快浇，则有利于减小温差，有利于实现同时凝固。

(2) 采用不同蓄热系数的铸型材料　凡比硅砂蓄热系数大的材料（如石墨、镁砂、锆砂、刚玉等）均可用来加速铸件局部的冷却速度。可以根据需要，用不同的铸型材料来控制铸件不同部位的凝固速度，实现对凝固过程的控制。

(3) 卧浇立冷法　若铸件属于易氧化合金不能采用顶注式，而铸件又有补缩冒口时，可采用卧浇立冷的方法，如图 4-9 所示，以提高冒口的补缩效果。

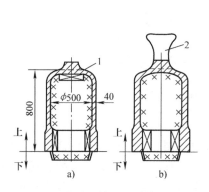

图 4-8　水泵缸体的两种工艺方案
1—冷铁　2—冒口

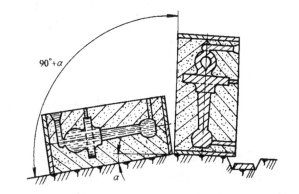

图 4-9　铸件的卧浇立冷示意图

第二节　铸件的缩孔和缩松

铸件在凝固过程中，由于合金的液态收缩和凝固收缩，容易在铸件最后凝固的部位出现孔洞。容积大而集中的孔洞称为集中缩孔，简称缩孔；细小而分散的孔洞称为分散缩孔，简称缩松。缩孔的形状不规则，表面不光滑，可以看到发达的枝晶末梢，故可以和气孔区别开来。

铸件中缩孔或缩松不但使铸件的承载有效面积减小，而且在缩孔、缩松处产生应力集中，使铸件的力学性能下降，同时使铸件的气密性等性能降低。对于有耐压要求的铸件，如果内部有缩松，则容易产生渗漏或不能保证气密性，从而导致铸件报废。所以，缩孔、缩松是铸件的主要缺陷之一，必须加以防止。

一、缩孔和缩松的形成机理

缩孔和缩松是因为型内的金属在凝固过程中产生收缩而引起的，但是不同种类的金属，缩孔和缩松产生的机理是不同的。

（1）缩孔产生的机理 由于合金的性质不同，产生缩孔的机理也不同。

1）在凝固过程中不产生体积膨胀的合金产生缩孔的机理。这类合金包括铸钢、白口铸铁、铝青铜等结晶温度范围窄的合金。当金属液充满铸型后，由于型壁的传热作用使其温度下降，金属液在铸型内由表及里逐层凝固。如果在冷却和凝固过程中合金的收缩得不到补偿，则会在铸件最后凝固的部位出现缩孔。图4-10a～e所示为铸件中缩孔形成过程示意图。

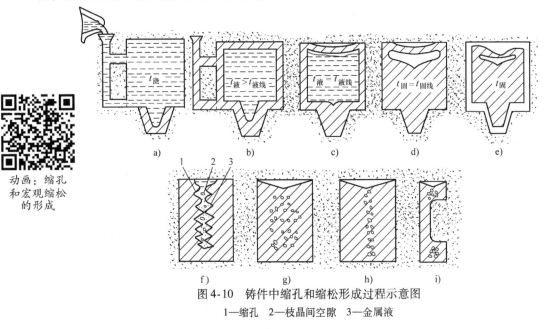

动画：缩孔和宏观缩松的形成

图4-10 铸件中缩孔和缩松形成过程示意图
1—缩孔 2—枝晶间空隙 3—金属液

在浇注刚结束时，铸型内的金属液随着温度的下降而收缩，此时可以从内浇道得到液体补充，所以，在此期间铸型内一直充满了液体，如图4-10a所示。当型壁表面的金属液下降到液相线温度时，开始凝固，形成一层硬壳，如果此时内浇道凝固，则硬壳内的金属液处于封闭状态，如图4-10b所示。随着温度的降低，金属液继续发生液态和凝固收缩，而硬壳也将发生固态收缩。在大多数情况下铸件的液态收缩和凝固收缩大于固态收缩，因此在金属液自身重力作用下，液面将脱离硬壳的顶层而下降，如图4-10c所示。金属液凝固收缩继续进行，随着硬壳的增厚，液面不断下降。全部凝固后，铸件上部就形成带有一定真空度的漏斗形缩孔，如图4-10d所示。在大气压力的作用下，处于高温状态的强度很低的顶部硬皮，将可能向缩孔方向缩凹进去，如图4-10c和图4-10e所示。在实际生产中，铸件顶部硬皮往往太薄或不完整，因而缩孔的顶部通常和大气相通。

2）灰铸铁和球墨铸铁缩孔产生的机理。灰铸铁在共晶凝固过程中，石墨以片状析出，其尖端在共晶液中优先长大，所产生的体积膨胀，绝大多数直接作用在初生奥氏体枝晶或共晶团的液体上，并推动液体通过枝晶间的通道去补缩由液态和固态收缩所形成的小孔洞，如图4-11a所示。这就是灰铸铁所谓的"自补缩能力"。另外，片状石墨长大所产生的膨胀压力，通过奥氏体或共晶团最终作用在铸型表面，而使型腔扩大，这种现象称为"缩前膨胀"。但是由于灰铸铁的共晶凝固倾向于中间凝固方式，其凝固中期已有完全凝固的外壳，能够承受一定的石墨化膨胀压力，所以灰铸铁的"缩前膨胀"可忽略不计。由此可见，由于灰铸铁的"自补缩能力"而使其产生缩孔的倾向减少。因此，只有当灰铸铁的液态收缩和凝固收缩的总和大于石墨析出所产生的膨胀和固态收缩的总和时，铸件才会产生缩孔，否则铸件不会产生缩孔。

球墨铸铁共晶团中的石墨呈球状，如图4-11b所示。在共晶凝固时，石墨核心析出后立即被一层奥氏体壳所包围，共晶液体中的碳原子是通过奥氏体扩散到石墨核心使其长大。当共晶团长大到一定大小后，石墨化膨胀所产生的膨胀力只有一小部分作用到枝晶间的液体上，而大部分通过共晶团或初生奥氏体骨架作用在铸型型壁上。由于球墨铸铁的共晶凝固呈糊状凝固方式，在凝固期间没有坚固的外壳，如果铸型刚度不够，就会使型腔扩大，即球墨铸铁的缩前膨胀比灰铸铁大得多。因此，球墨铸铁缩孔的形成不仅与液态收缩、凝固收缩、石墨化膨胀、固态收缩有关，而且与铸型刚度有关。当球墨铸铁的液态收缩、凝固收缩和型腔扩大的总和大于石墨化膨胀和固体收缩的总和时，铸件将产生缩孔，否则就不产

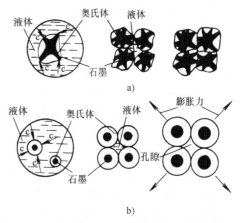

图4-11 灰铸铁和球墨铸铁石墨长大特点
a) 片状石墨长大 b) 球状石墨长大

生缩孔。球墨铸铁的"缩前膨胀"，有时会产生比铸钢和白口铸铁更大的缩孔，见表4-1。

表4-1 钢和铸铁的缩孔体积

种类	浇注温度/℃	化学成分（质量分数,%）						缩孔体积（%）	基体组织
		C	Si	Mn	P	S	Mg		
碳钢	1540	0.24	0.10	0.05	0.05	0.04	—	6.45	铁素体-珠光体
白口铸铁	1250	2.65	1.10	0.48	0.16	0.09	—	5.70	莱氏体-珠光体
灰铸铁	1270	3.23	2.93	0.45	0.11	0.032	—	2.57	铁素体-珠光体
灰铸铁	1290	3.40	4.12	0.60	0.9	0.025	—	1.65	铁素体
球墨铸铁	1290	3.15	2.27	0.47	0.12	0.008	0.05	8.40	珠光体-铁素体
球墨铸铁	1290	3.22	3.27	0.51	0.09	0.010	0.06	5.50	珠光体-铁素体

（2）缩松产生的机理 铸件凝固后期，在其最后凝固部分的残余金属液中，由于温度梯度小，使其按同时凝固原则凝固，即在金属液中出现许多细小的晶粒，当晶粒长大互相连接后，将剩余的金属液分割成互不相通的小熔池，这些小熔池在进一步冷却和凝固时得不到液体的补缩，会产生许多细小的孔洞，即缩松，其形成过程如图4-10f所示。

缩孔和缩松是因为液态金属在冷却和凝固过程中，得不到液体金属的充分补充而形成

的。因此，在实际生产中，几乎所有的铸造合金都可能产生缩孔或缩松，或缩孔与缩松并存。在一般情况下，结晶温度范围窄的合金易产生缩孔，结晶温度范围宽的合金易产生缩松。

缩松按其分布状态可分为下列三种：

1）弥散缩松。细小的孔洞均匀分布在铸件大部分体积内，容易在结晶温度范围宽的合金铸件冷却缓慢的厚大部位产生，如图 4-10g 所示。

2）轴线缩松。常在截面均匀的板状及柱状铸件的中心产生，故称为轴线缩松，如图4-10h 所示。

3）局部缩松。常产生于铸件的某些不能补缩的部位，如局部厚大、浇口和缩孔的附近等，如图 4-10i 所示。

二、缩孔位置的确定

缩孔的位置一般都是在铸件最后凝固的部位。确定缩孔位置是合理设置冒口与冷铁的重要步骤。在生产中，常用等固相线法或内切圆法来确定。

（1）等固相线法　一般用于形状比较简单的铸件。此法假定铸件各方向的冷却速度相等，按逐层凝固方式进行凝固，凝固层始终与冷却表面平行且铸件顶部不凝固。这时可将凝固前沿视为固液相的分界线，称为等固相线或等温线。等固相线法就是在铸件截面上从冷却表面开始，按凝固前沿逐层向内绘制相互平行的等固相线，直至铸件截面上的等固相线接触为止，此时等固相线尚未连接的部位，就是铸件最后凝固区，即缩孔产生的部位。

图 4-12a 所示为用等固相线法确定工字型铸件中缩孔位置示意图。图 4-12b 所示为铸件内缩孔的实际位置和形状。图 4-12c 表示铸件的底部设置外冷铁使缩孔位置上移的情况。图 4-12d 表示冷铁尺寸适当，并在铸件顶部设置冒口，使缩孔移至冒口的情况。

在同一铸件中，如果各部分散热条件不同，则等固相线的位置也会改变。如图 4-12e 所示，铸件外角散热快，则等固相线的距离应加宽；而内角散热比正常平壁慢，则等固相线的距离变窄。

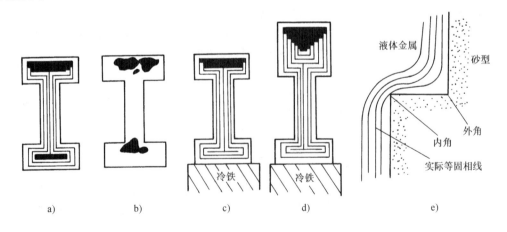

图 4-12　用等固相线法确定铸件中缩孔的位置

（2）内切圆法　此法常用来确定铸件相交壁处的缩孔位置，如图 4-13 所示。

铸件两壁相交处的内切圆直径大于相交壁的任一壁厚，故把此内切圆称为热节。由于内角处散热慢，实际热节应以图中细实线圆表示。根据经验，内切圆直径放大值可取 10 ~

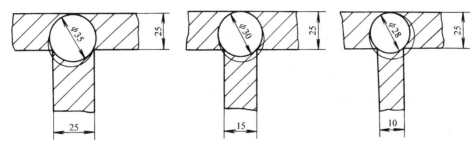

图 4-13 用内切圆法确定铸件中缩孔的位置

30mm。内切圆的中心往往就是缩孔的位置。

三、缩孔缩松的转化规律

一般情况下，对于大多数铸造合金而言，在未经补缩的情况下，常是缩孔、缩松并存。而缩孔和缩松体积将随铸造条件的改变而变化。

下面以 Fe-C 合金为例来进行分析，如图 4-14 所示。

采用干型浇注时，收缩总体积 $V_{缩总}$ 与缩孔 $V_孔$ 和缩松 $V_松$ 所占比例如图 4-14 中实线所示（图中画剖面线部分为 $V_孔$，画点部分为 $V_松$，$V_{缩总} = V_孔 + V_松$）。

提高浇注温度，因液态收缩增大，使 $V_孔$ 增大，$V_松$ 基本不变，故 $V_{缩总}$ 将增大，如图 4-14a 中的点画线部分。

当采用湿型浇注时，由于冷却速度比干型大，铸件截面上的温度梯度变陡，凝固区域变窄，而使 $V_孔$ 增大，$V_松$ 减少，如图 4-14b 所示。若采用金属型浇注，则由于激冷能力的增强，不但使 $V_松$ 减少，还可以使后续的铁液补偿在金属浇注过程中的液态收缩，故 $V_{缩总}$ 也有所减少，如图 4-14c 所示。

当采用绝热铸型时，因冷却速度极慢，除纯金属和共晶合金产生集中缩孔外，其他合金的收缩几乎全部以缩松的形式出现，如图 4-14d 所示。

如果浇注速度很慢，使得浇注时间接近于铸件的凝固时间，或向明冒口不断地补充金属液，则可使 $V_孔$ 为零，而 $V_{缩总}$ 也将显著减少并全部以 $V_松$ 的形式存在，如图 4-14e 所示。连续铸造接近于这种条件。

图 4-14f 表示在凝固过程中增大补缩压力，可增大 $V_孔$，减小 $V_松$。结晶温度范围较宽的合金，这种效果较明显。当金属液在高压下浇注和凝固时，可使 $V_{缩总}$ 接近为零，如图 4-14g 所示。

通过以上分析可知，只要根据铸件的使用要求来正确选择合金的成分，并通过制订合理的铸造工艺，采取相应的工艺措施，控制铸件的凝固原则，就可以避免或减少缩孔、缩松的产生。

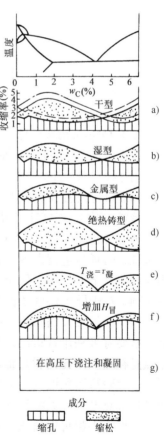

图 4-14 Fe-C 合金中缩孔和缩松体积的分配情况

第三节 冒口的种类及补缩原理

冒口是在铸型内专门设置的储存金属液的空腔，用以补偿铸件成形过程中可能产生收缩所需的金属液，防止缩孔、缩松的产生，并起到排气和集渣的作用。

一、冒口的种类

（1）冒口的种类 冒口的种类很多，一般冒口的分类如下：

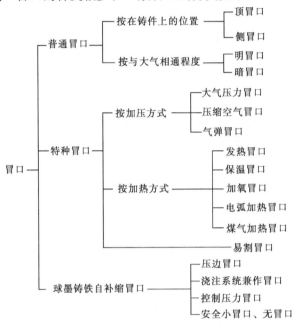

图4-15是常用冒口种类示意图。

顶冒口位于铸件的最高部位，不仅有利于排气、浮渣，也有利于重力补缩，厚大的铸钢件多用这种冒口补缩。

侧冒口是设置在铸型被补缩侧面的冒口，一般采用暗冒口形式，它有利于机械化造型。

顶冒口和侧冒口又有明冒口和暗冒口之分，一般来说，明冒口造型方便，并能通过它观察到型腔内金属液面上升情况，便于在冒口顶面撒发热剂和保温剂，对于厚大铸件还能进行捣动冒口液面和补浇等操作，加强补缩作用。明冒口不受砂箱高度限制，必要时可利用冒口圈来保证所要求的高度；其缺点是补缩效率比暗冒口低。暗冒口要求砂箱高于冒口，使砂箱体积增大，但它比较灵活，可以靠近铸件热节点开设。大型铸件尤其是铸钢件多采用明冒口，而中小型可锻铸铁、球墨铸铁件的冒口以暗冒口为主。暗冒口尤其适用于机器造型。

（2）冒口形状 冒口的形状应使其容量足够大

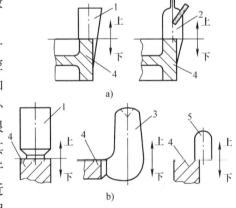

图4-15 常用冒口种类
a）铸钢件冒口 b）铸铁件冒口
1—明顶冒口 2—大气压力顶冒口
3—侧冒口 4—铸件 5—压边冒口

而其相对的散热面积最小（即有足够大的模数），有一定的金属液压头，以达到延长其凝固时间，提高补缩效果的目的。所以，尽管球形冒口模数最大，但因压力较小和制造困难等原因较少采用。实际生产中常用的是圆柱形、球顶圆柱形、腰圆柱形及整圈冒口等，如图4-16所示。

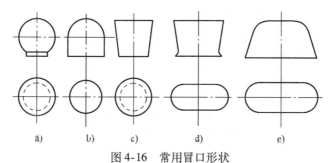

图4-16 常用冒口形状

a）球形 b）球顶圆柱形 c）圆柱形（带斜度） d）腰圆柱形（明） e）腰圆柱形（暗）

生产中最常用的是圆柱形冒口。对于齿圈、轮类铸件，由于热节为长条形，所以常采用腰圆柱形（长圆形）冒口，对于筒、套类件及轮毂部位多采用整圈接长冒口。

冒口的纵剖面形状对冒口中缩孔深度的影响，如图4-17所示。由图可见，采用上大下小的冒口形状能缩短冒口中缩孔的深度，一般铸件明冒口的斜度为6°。

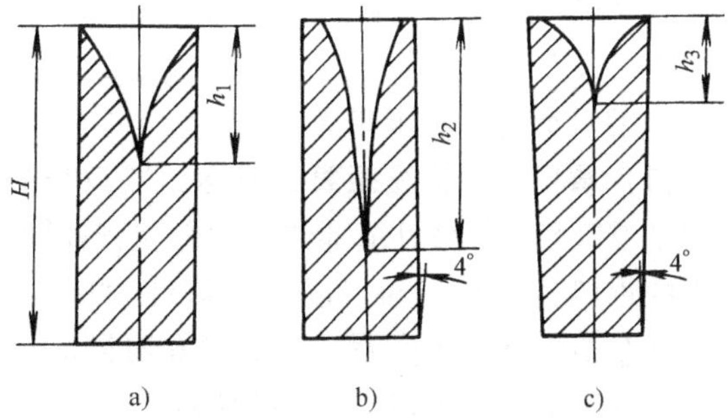

二、常用冒口补缩原理

1. 基本条件

冒口必须满足的基本条件：

1）冒口的凝固时间必须大于或等于铸件被补缩部分的凝固时间。

2）有足够的金属液补充铸件在冷却过程中收缩所需的金属液。

3）在凝固补缩期间，冒口和铸件被补缩部位之间必须存在补缩通道，扩张角向冒口张开。

图4-17 钢锭纵剖面形状对缩孔深度的影响示意图

h_1、h_2、h_3—分别表示缩孔的深度

2. 冒口的位置

冒口安放的位置是否合理，直接影响铸件的质量及冒口的补缩效率。冒口位置不合理，不但不能消除缩孔和缩松，还可能引起其他缺陷（如裂纹等）。确定冒口位置应遵循以下基本原则：

1）冒口应就近设置在铸件热节的上方和侧面。

2）冒口应尽量设在铸件最高、最厚的部位。当铸件不同高度上的热节需要补缩时，可以分别设置冒口，但各冒口的补缩区域应采用冷铁予以分开，如图4-18所示，以防高位冒口在补缩铸件的同时还要对低位冒口进行补缩，致使高位的铸件出现缩孔和缩松。

3）避开应力集中点，不应设在铸件易拉裂或应力集中部位，否则会加剧应力集中倾向，使铸件更易产生裂纹。

4）尽量用一个冒口补缩铸件上的多个热节，以提高冒口的补缩效率，如图4-19所示。

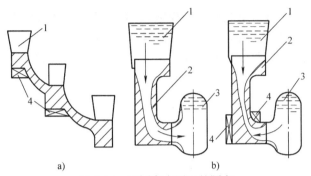

图4-18　不同高度冒口的隔离

a) 阶梯形热节　b) 上下有热节

1—明顶冒口　2—铸件　3—暗侧冒口　4—外冷铁

5) 冒口应尽可能设在铸件的加工面上,以减少精整工时。

6) 冒口不应设在铸件重要的、受力大的部位,防止因其组织粗大而降低力学性能。

3. 冒口的有效补缩距离

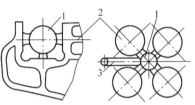

(1) 冒口有效补缩距离的概念 冒口补缩铸件的前提条件是冒口与铸件被补缩部位之间必须有补缩通道,否则,再大的冒口也无济于事。以板状铸件为例,如图4-20所示,其左端设有一个大冒口,铸件在凝固时,冒口右侧的铸件形成三个区域,如图4-20d所示。

图4-19　一个冒口补缩几个热节

a) 补缩同一铸件上的三个热节

b) 补缩多个铸件上的热节

1—冒口　2—铸件　3—浇道

1) 末端区:远离冒口的末端区域。由于较其他部分多了一个冷却端面,使其冷却速度加快,在铸件的纵向上存在较大的温度梯度,越接近端面,凝固前沿向铸件中心推进得越快,因此在末端区中构成楔形的补缩通道,其扩张角为φ_1,如图4-20a所示。可见,铸件凝固后,在该区域内的组织是致密的。

2) 冒口区:离冒口最近的区域。由于冒口中液态金属的热作用,使这一区域在纵向上也存在着温度梯度,越靠近冒口,温度越高,由图4-20a、b可见,在凝固过程中,冒口区始终存在着楔形的补缩通道,其扩张角为φ_2、φ_3,所以,冒口区凝固后也是致密的。

3) 轴线缩松区:这是一个冒口热作用和末端的激冷作用都达不到的中间区。在该区域内,各点的冷却速度都相同,纵向上没有温度梯度,凝固前沿平行地向铸件中心推进。所以,凝固后期,由于枝晶的生长割断了补缩通道,而在该区域内产生轴线缩松。

由以上三个区域的情况可以得出结论:①为了保证冒口的补缩作用,必须在冒口与铸件之间存在着补缩通道,补缩通道的扩张角越大,补缩越畅通。②只有末端区和冒口区衔接时,才能获得致密的铸件,因此,一个冒口的有效补缩距离是冒口区与末端区长度之和。铸件长度若超过有效补缩距离,就会产生缩松区。

(2) 碳钢和铸铁件冒口补缩范围的确定 冒口的补缩范围是以冒口中心为圆心,以冒口半径加上冒口的有效补缩距离为半径所做的圆。根据冒口的补缩范围,可确定冒口的数量。冒口的有效补缩距离与铸件结构、合金成分及凝固特性、冷却条件等有关。

1) 碳钢($w_C = 0.2\% \sim 0.3\%$)铸件的补缩距离:可将铸件的被补缩部分简化为板件(截

面宽:厚 = 5:1）和杆件（截面宽:厚 < 5:1），当铸件的壁厚为 T 时，其冒口的补缩距离如图 4-21 所示。具体尺寸可通过图 4-22 和图 4-23 查出。

　　通过图 4-22、图 4-23 的数据说明，冒口补缩距离随铸件厚度的增加而增加，并随铸件宽厚比的减少而减少。这意味着薄壁件比厚壁件、杆状件比板状件更容易出现轴线缩松。

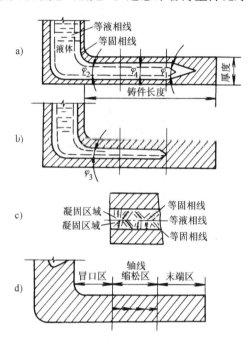

图 4-20　板状铸件凝固过程示意图

a)、b) 等液相线和等固相线移动情况

c) 中间区凝固区域放大　d) 凝固结束后的三个区域

φ_1—末端区扩张角　φ_2、φ_3—冒口区扩张角　φ_4—中间区扩张角

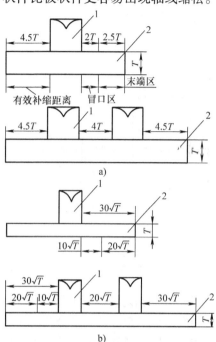

图 4-21　板件及杆件铸钢冒口的补缩距离

a) 板形件　b) 杆形件

1—冒口　2—铸件

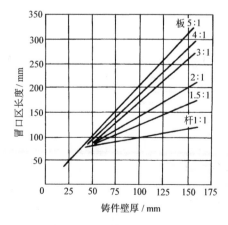

图 4-22　板状和杆状铸钢件（$w_C = 0.2\% \sim 0.3\%$）冒口区长度与铸件壁厚的关系

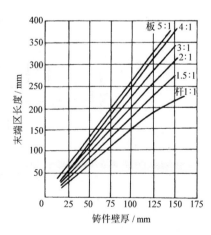

图 4-23　板状和杆状铸钢件（$w_C = 0.2\% \sim 0.3\%$）末端区长度与铸件壁厚的关系

阶梯形铸钢件的冒口补缩距离比板形件的大，如图4-24所示。

冒口的垂直补缩距离至少等于冒口的水平补缩距离。

2）灰铸铁件冒口的补缩距离：灰铸铁凝固时，由于石墨化膨胀可以抵消部分凝固的体收缩，因此冒口主要用于补充液态收缩，其冒口的补缩距离与碳硅含量有关。碳硅含量低，则冒口的补缩距离小；否则，冒口的补缩距离增大。冒口补缩距离可根据图4-25得出。

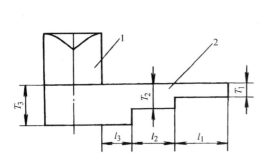

图4-24　阶梯形铸钢件冒口补缩距离
1—冒口　2—铸件
$l_1 = 3.5T_2$　$l_2 = 3.5T_3 - T_1$　$l_3 = 3.5T_3 - T_1 + 110mm$

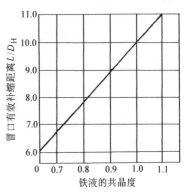

图4-25　灰铸铁冒口补缩距离和
共晶度的关系

（3）外冷铁对冒口补缩距离的影响　试验证明，在两个冒口之间安放冷铁，相当于在铸件中间增加了激冷端，使冷铁两端向着两个冒口方向的温度梯度增大，形成两个冷铁末端区，明显地增大了冒口的补缩距离，如图4-26所示。

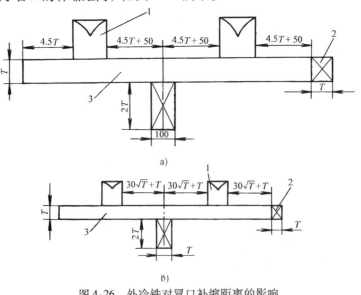

图4-26　外冷铁对冒口补缩距离的影响
a）板件　b）杆件
1—冒口　2—冷铁　3—铸件

（4）补贴的应用　补贴是指由铸件被补缩区起至冒口为止，在铸件壁厚上补加一块逐渐增厚的金属块（即金属补贴）或者发热材料块（即发热或保温补贴）。金属补贴实质上是改变了铸件的结构，人为地造成补缩通道；保温补贴可以延长该区域的凝固时间。两种方法都可以达到加强顺序凝固的目的，保证补缩效果。

采用金属补贴，在铸出铸件后要将补贴去掉。它增加了金属消耗量以及清理和机加工费用，所以，近年来已经开始采用保温补贴，以提高经济效益。

水平壁的补贴如图 4-27 所示。水平金属补贴的尺寸常用冒口模数 $M_冒$ 来表示，它的模数 $M_补$ 按冒口颈的模数计算，$M_补 = ab/2(a+b-c) = M_{冒(最小)}$。

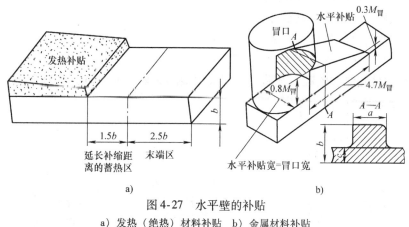

图 4-27 水平壁的补贴

a) 发热（绝热）材料补贴 b) 金属材料补贴

垂直壁的补贴如图 4-28 所示，其金属补贴尺寸可按图 4-29 确定。如碳钢钢套铸件（图 4-30）全部加工，不允许有轴线缩松，工艺上除加顶冒口外，还采用补贴来实现定向凝固。求补贴值：首先从图 4-29 上查出该铸件补贴为零时的高度，约为 100mm；然后由铸件总高减去此值，得到所需补贴的高度 400mm；查壁高 400mm 和壁厚为 50mm 的补贴厚度值应为 45mm 左右，补贴应加在铸件整个内圈的圆周上。图 4-29 所示的补贴值仅适用于顶注式碳

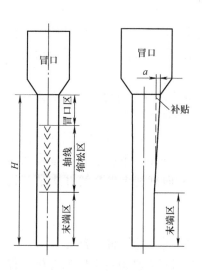

图 4-28 垂直壁的补贴

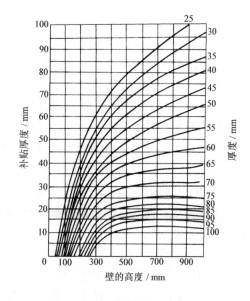

图 4-29 补贴厚度与铸件高度及厚度关系

钢板件。对于杆件则应加大补贴值，因而要乘以一个补偿系数，见表4-2。

表4-2　杆状铸件补贴值的补偿系数

杆的宽厚比	4:1	3:1	2:1	1.5:1	1.1:1
补偿系数	1.0	1.25	1.5	1.7	2.0

对底注和高合金及低合金钢的补偿系数为：

1）底注式碳钢及低合金钢板件为1.25。

2）顶注式高合金钢板件为1.25。

3）底注式高合金钢板件为1.25×1.25≈1.5。

对于齿轮铸件轮缘和轮毂，补贴尺寸多采用滚圆法来确定，如图4-31所示。

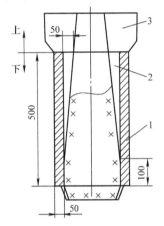

图4-30　钢套铸件的补缩方案
1—铸件　2—补贴　3—冒口

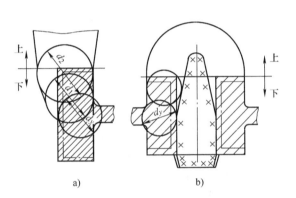

a)　　　　　　　　b)

图4-31　用滚圆法确定轮缘和轮毂的补贴

轮缘补贴值的确定：如图4-31a所示，d_y 是将热节处内切圆直径加大 $10\sim30$mm 得到的直径，再取 $d_1=1.05d_y$，$d_2=1.05d_1$；d_1 和 d_2 均与轮缘内壁相切，圆心依次取在 d_y 和 d_1 的圆周上，最后画出一条曲线与各圆相切，即为补贴外形曲线。图4-31b所示为轮毂的内补贴，一般对轮毂的要求没有轮缘高，故用直径为 d_y 的热节圆沿着轮毂内壁连续滚到轮毂冒口根部，做这些圆的外切线，即可得到轮毂冒口的补贴。

一般内补贴比外补贴小。补贴在铸钢件上应用较多，球墨铸铁件有时也采用，灰铸铁件应用很少。对于结晶温度范围很大的合金（如锡青铜），采用补贴效果不大。

图4-32所示是大齿轮铸件使用补贴的举例。图4-32a所示为采用传统的金属补贴，在补贴区，热中心临近齿面；图4-32b所示为采用发热（保温）补贴，不仅节省了金属及清理、加工等费用，而且热中心出齿面附近移向铸件内表面，从而有利于提高铸件质量（比采用金属补贴的好）。

采用发热（保温）补贴时要注意：

1）在用模数法设计冒口时，要把发热（保温）补贴材料看作是金属断面部分。

2）当用发热（保温）补贴来延长冒口的补缩区域时，金属断面必须占金属和发热（保温）材料所形成的总断面的60%。

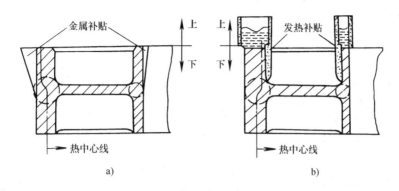

图 4-32　大齿轮铸件采用的补贴举例

第四节　铸钢件冒口的设计与计算

冒口设计与计算的一般步骤是：

1）确定冒口的安放位置。

2）初步确定冒口的数量。

3）划分每个冒口的补缩区域，选择冒口的类型。

4）计算冒口的具体尺寸。

冒口尺寸主要指冒口的根部直径（或宽度）和高度。冒口尺寸过大，会增加铸件成本；尺寸过小，会产生缩孔和缩松。所以，正确确定冒口尺寸，对于铸件质量和降低成本具有重要意义。

下面介绍两种常用的冒口计算方法。

一、模数法

（1）模数法计算冒口的原理　模数法的原理是：如果冒口的模数 $M_冒$ 大于铸件被补缩部位的模数 $M_件$，就能保证冒口晚于铸件凝固。即

$$M_冒 \geqslant M_件 \tag{4-1}$$

对于铸钢件，冒口、冒口颈、铸件的模数应满足下列比例关系：

明顶冒口　　　　　　　　$M_冒 = (1.1 \sim 1.2)M_件 \tag{4-2}$

暗侧冒口　　　　　　$M_件 : M_颈 : M_冒 = 1 : 1.1 : 1.2 \tag{4-3}$

钢液通过冒口浇注　　$M_件 : M_颈 : M_冒 = 1 : (1 \sim 1.03) : 1.2 \tag{4-4}$

式中　$M_冒$、$M_颈$、$M_件$——分别为冒口、冒口颈和铸件被补缩处的模数。

为了保证冒口中有足够的金属液补充铸件的收缩，还应满足下列条件

$$\varepsilon_V(V_件 + V_冒) \leqslant V_冒 \eta \tag{4-5}$$

式中　$V_件$——冒口所能补缩的铸件体积；

　　　$V_冒$——冒口体积；

　　　ε_V——合金钢的体收缩率，具体数值参见表 4-3；

　　　η——冒口的补缩效率，各种冒口的补缩效率值见表 4-4。

表4-3 确定铸钢体收缩率 ε_V 的图表

普通碳钢的体收缩率	合金钢的体收缩率
$\varepsilon_V = \varepsilon_C$	$\varepsilon_V = \varepsilon_C + \varepsilon_X$

ε_C 与普通碳钢相同，可由左图中查出

各合金元素体收缩量的总影响为 $\varepsilon_X = \sum k_i w_i$

式中：

w_i——合金钢中各合金元素的含量，w_i 分别表示 w_1、w_2、w_3、…

k_i——各合金元素对体收缩率的修正系数，由下栏中查出。各元素分别为 k_1、k_2、k_3、…

即 $\varepsilon_X = \sum k_i w_i = k_1 w_1 + k_2 w_2 + k_3 w_3 + \cdots$

合金元素	W	Ni	Mn	Cr	Si	Al
修正系数 k_i	-0.53	-0.0354	$+0.0585$	$+0.12$	$+1.03$	$+1.70$

表4-4 冒口的补缩效率

冒口种类和工艺措施	η （%）	冒口种类和工艺措施	η （%）
圆柱形或腰圆柱形冒口	12 ~ 15	浇口通过冒口时	30 ~ 35
球形冒口	15 ~ 20	发热保温冒口	30 ~ 50
补浇冒口时	15 ~ 20	大气压力冒口	15 ~ 20

(2) 模数法计算冒口的步骤

1) 计算铸件的模数。根据铸件需补缩的部位划分补缩区，分别计算铸件的模数。铸件的模数除了可以用模数的定义式计算外，还可以通过相关的图表求出，后一种方法比较简单。因为任何复杂的铸件都可以看成由许多简单的几何体和与其的相交体构成。为便于计算，在表4-5中列出了最基本的几种形状的模数计算公式。根据铸件上热节的形状，在表中确定热节的类型，然后根据计算公式，就可以计算出实际铸件或被补缩处的模数。

表4-5 简单几何体和组合体模数 M 计算

类 型	简 图	模数 M 计算公式
板状体	a 和 b 大于 $5T$	$M = \dfrac{T}{2}$
杆状体	$L > a, b$	$M = \dfrac{ab}{2(a+b)}$

（续）

类　型	简　图	模数 M 计算公式
圆柱体	D　$h>2.5D$　$h<2.5D$　h　r	$M = \dfrac{D}{4}$ $M = \dfrac{rh}{2(r+h)}$
球、立方体、正圆柱体	a　a　a　a　a　a	$M = \dfrac{a}{6}$
环形体、空心圆柱体	$b<5a$　$b>5a$　b　a	$M = \dfrac{ab}{2(a+b)}$ $M = \dfrac{a}{2}$
法兰体	D_m　b　a　c	$M = \dfrac{ab}{2(a+b)-c}$
L 形体	a　$\frac{D_m}{a}=8$　b　c	$M = \dfrac{ab}{2(a+b)-c}$
实心法兰体	c　b　a	$M = \dfrac{ab}{2(a+b-c)}$
杆的相交体	a　b　b	$M = \dfrac{ab}{2(a+b)}$
板的相交体	a　r　a　a　r　a　a　r	$M = r$ 十字形——$r = 0.68a$ T 形——$r = 0.62a$ L 形——$r = 0.56a$
杆与板的相交体	c　b	$M = \dfrac{ab}{2(a+b)-c}$

（续）

类　　型	简　　图	模数 M 计算公式
圆柱与圆盘组合体	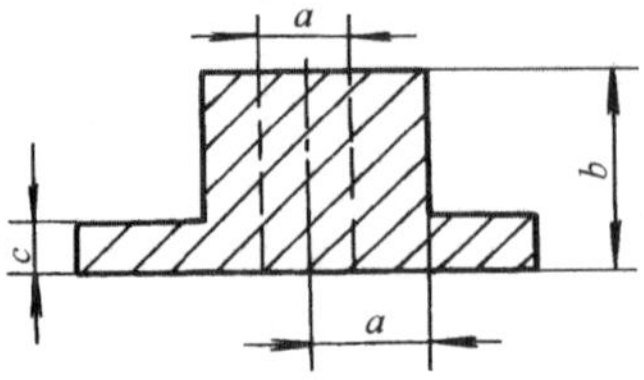	$M = \dfrac{ab}{2(a+b)-2c}$ 或 $M = \dfrac{ab}{2(a+b-c)}$

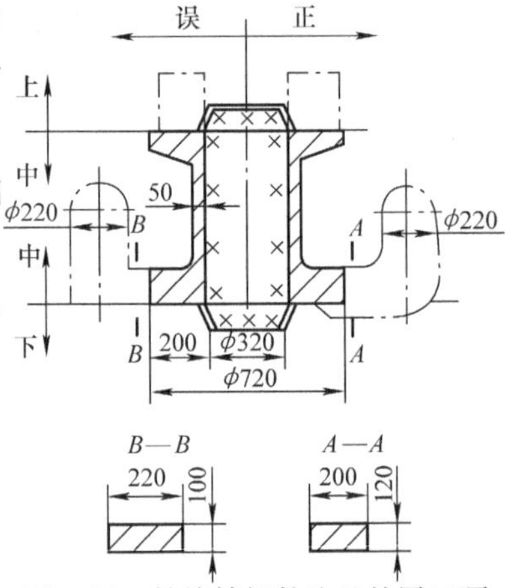

2）计算冒口及冒口颈模数。根据热节的位置，确定冒口的类型，再根据式（4-2）或式（4-3）、式（4-4）即可计算出冒口及冒口颈模数。

计算举例：铸钢件在下部法兰处放置暗冒口补缩，如图 4-33 所示。求 $M_{件}$、$M_{颈}$ 和 $M_{冒}$。

利用表 4-5 中 L 形体计算公式，法兰处 $a=200\text{mm}$，$b=100\text{mm}$，非散热面 $c=50\text{mm}$，可得

$$M_{件} = \frac{10 \times 20}{2(10+20)-5}\text{cm} = 3.636\text{cm}$$

因浇口通过冒口，故：$M_{颈} = 1.03 M_{件} = 3.75\text{cm}$

$$M_{冒} = 1.2 M_{件} = 4.36\text{cm}$$

图 4-33 中左边的冒口颈，$M_B = (22 \times 10)/[2(22+10)]\text{cm} = 3.44\text{cm}$，小于 3.75cm，不能满足补缩要求，在铸件热节处将出现缩松。采用右边的冒口颈，$M_A = (20 \times 12)/[2(20+12)]\text{cm} = 3.75\text{cm}$，满足了要求。

图 4-33　补缩铸钢件法兰的冒口颈

3）确定铸钢的体收缩率 ε_V。钢的体收缩率 ε_V 与它的化学成分和浇注温度有关，可由表 4-3 求出。

例如，已知 ZG270-500 的平均 $w_C = 0.35\%$，若浇注温度为 1560℃，可从表 4-3 中图上查得 ε_V 为 4.7%。高锰钢成分：$w_C = 1.5\%$、$w_{Mn} = 15\%$、$w_{Si} = 0.3\%$ 和 $w_{Cr} = 1.25\%$；浇注温度为 1450℃，其体收缩值为 $\varepsilon_V = \varepsilon_C + \varepsilon_X$，将查得的 $\varepsilon_C = 5\%$ 及各合金元素影响代入式中可得

$$\varepsilon_V = (5 + 0.0585 \times 15 + 1.03 \times 0.3 + 0.12 \times 1.25) \times 100\% = 6.34\%$$

4）确定冒口的形状和尺寸。根据冒口的模数和体收缩率 ε_V，可选定冒口的形状，并从有关标准冒口表格中查得所需冒口的尺寸及冒口能补缩铸件的体积。

5）冒口数目的确定。利用该种冒口能补缩铸件的最大体积（重量），确定冒口数目。也可根据铸件结构和冒口有效补缩距离，确定冒口数目。

6）校核冒口最大补缩能力。根据式（4-5）导出

$$V_{件} = V_{冒}(\eta - \varepsilon_V)/\varepsilon_V \tag{4-6}$$

当冒口所能补缩的铸件体积 $V_{件}$ 大于被补缩铸件的体积时，说明冒口补缩能力有余；反之，则说明冒口补缩能力不足，这时要增大冒口尺寸或增加冒口数目。

应该注意的是，如使用若干个冒口补缩时，则每个冒口的补缩能力只分别对其所补缩的那一部分铸件体积进行校核。

二、比例法

比例法也称热节圆法。这种方法就是使冒口的根部直径大于铸件被补缩处热节圆直径或壁厚，再以冒口根部直径来确定其他尺寸。

冒口根部直径的计算公式为

$$D = cd \tag{4-7}$$

式中　D——冒口根部直径；

　　　d——铸件被补缩热节处内切圆直径；

　　　c——比例系数。

铸件被补缩热节处内切圆（简称热节圆）直径可按作图法（按铸件实际尺寸画图）作出，如图4-34所示。画热节圆时要把加工余量（图中双点画线所示）加上。

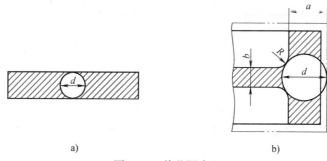

a)　　　　　　　　　　　　　　b)

图4-34　热节圆直径

a）壁厚均匀　b）壁面相交

确定比例系数是应用比例法的关键，由于比例系数范围较宽，需要具有较丰富的经验才能准确确定，可参见表4-6选择比例系数及确定其他数据。

表4-6　普通顶冒口尺寸关系

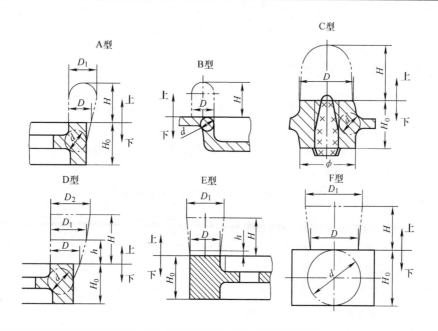

（续）

类 型	H_0/d	D	D_1	D_2	h	H	冒口延伸度（%）	应用实例
A 型	<5 >5	$(1.4\sim1.6)d$ $(1.6\sim2.0)d$	$(1.5\sim1.6)D$				$(1.8\sim2.2)D$ $(2.0\sim2.5)D$	35~40 30~35	车轮、齿轮、联轴器
B 型	1<d<50	$(2.0\sim2.5)d$					$(2.0\sim2.5)D$	30~35	瓦盖
C 型	<5 >5	$D=\phi$ $D=\phi$					$(1.3\sim1.5)D$ $(1.4\sim1.8)D$	100 100	
D 型	<5 >5	$(1.5\sim1.8)d$ $(1.6\sim2.0)d$	$(1.3\sim1.5)D$	$1.1D_1$	$0.3H$ $0.3H$	$(2.0\sim2.5)D$ $(2.5\sim3.0)D$	100	制动臂
E 型	<5 >5	$(1.3\sim1.5)d$ $(1.6\sim1.8)d$	$(1.1\sim1.3)D$ $(1.3\sim1.5)D$		15~20 15~20	$(2.0\sim2.5)D$ $(2.5\sim3.0)D$	100	制动臂
F 型		$(1.4\sim1.8)d$ $(1.5\sim1.8)d$	$(1.3\sim1.5)D$ $(1.3\sim1.5)D$			$(1.5\sim2.2)D$ $(2.0\sim2.5)D$	50~100	锤座立柱

应用表 4-6 的顺序如下：

1）选取比例系数 c。先根据铸件的结构选择冒口的类型，并按条件在该类型中选取比例系数 c。例如，若铸件属于表中 D 型，且 $H_0/d<5$，则 $D=(1.5\sim1.8)d$。当 d 值大时，c 值取下限为 1.5；当 d 值小时，则取 1.8。

2）确定冒口高度。冒口直径 D 值确定后，再由表中选择恰当比例值确定冒口高度 H。冒口越高则补缩压力越大，但消耗的金属也越多。一般是铸件壁较厚时，H 值减小；壁薄则 H 值增大。

3）求每个冒口长度或冒口个数。表中所列冒口延伸度是指冒口根部沿铸件长度方向的尺寸之和与铸件被补缩长度之比。如有一齿轮坯件，轮缘直径为 $D_件$，则其周长为 $\pi D_件$；冒口沿着轮缘长度方向的尺寸为 l，冒口数量为 n，则冒口延伸度 $L=nl/(\pi D_件)$。按表查得该冒口类型中的延伸度值，已知 $D_件$ 和初步确定的冒口数量 n，即可算出每个冒口长度 l；同样，当 l 值确定后，也可求得冒口的个数 n。

三、铸钢件工艺出品率的校核

$$工艺出品率 = \frac{铸件质量}{铸件质量 + 浇注系统质量 + 冒口质量} \times 100\% \qquad (4\text{-}8)$$

铸钢件的工艺出品率见表 4-7。

浇注系统质量约占铸件质量的 3%~6%。当铸件质量为 500~600kg 时，取 6% 左右；铸件质量在 25t 以上时，取 3%。

表 4-7 碳钢和低合金钢铸件的工艺出品率

组 别	名 称	铸件质量/kg	大部分铸件壁厚 δ/mm	工艺出品率（%） 明冒口	工艺出品率（%） 半球形暗冒口
I	一般重要的小铸件	<100	<20 20~50 >50	54~62 53~60 52~58	59~67 58~65 57~63
	特别重要的小铸件	<100	<20 20~50 >50	52~58 51~57 50~56	57~63 56~62 55~61

（续）

组别	名 称	铸件质量/kg	大部分铸件壁厚 δ/mm	工艺出品率（%）	
				明冒口	半球形暗冒口
Ⅱ	一般重要的中等铸件	100 ~ 150	<30 30 ~ 60 >60	56 ~ 64 54 ~ 62 52 ~ 60	61 ~ 69 59 ~ 67 57 ~ 65
	特别重要的中等铸件	100 ~ 150	<30 30 ~ 60 >60	54 ~ 62 53 ~ 60 50 ~ 58	59 ~ 67 58 ~ 65 55 ~ 63
Ⅲ	一般重要的大铸件	500 ~ 5000	<50 50 ~ 100 >100	57 ~ 65 55 ~ 63 53 ~ 61	62 ~ 70 60 ~ 68 58 ~ 66
	特别重要的大铸件	500 ~ 5000	<50 50 ~ 100 >100	55 ~ 63 53 ~ 61 51 ~ 59	60 ~ 68 58 - 66 56 ~ 64
Ⅳ	一般重要的重型铸件	>5000	<50 50 ~ 100 >100	58 ~ 66 56 ~ 64 54 ~ 62	62 ~ 70 60 ~ 68 58 ~ 66
	特别重要的重型铸件	>5000	<50 50 ~ 100 >100	57 ~ 65 55 ~ 63 53 ~ 61	61 ~ 69 59 ~ 67 57 ~ 65
Ⅴ	齿轮	≤100 >100 ~ 500 >500		54 ~ 58 55 ~ 59	55 ~ 60 58 ~ 62 59 ~ 63
Ⅵ	齿圈	≤1000 >1000		56 ~ 60 58 ~ 62	59 ~ 63 61 ~ 65
Ⅶ	外形或内表面加工的圆筒活塞	>1000		61 ~ 67	

注：1. 要进行液压试验或专门探伤检查的重要铸件，一般不允许焊补。

2. 表中Ⅴ和Ⅵ组铸件沿轮缘没有采用外冷铁。

采用普通冒口时，冒口尺寸可根据表 4-7 中数值进行验算和调整，即将冒口质量数代入计算后，若工艺出品率低于表中数值，则冒口尺寸偏大，可适当减小冒口高度；若高于表中数值，则应加大冒口尺寸或增加冒口个数。采用补缩效率高的冒口类型会提高工艺出品率。

冒口计算举例：试确定图 4-35 所示的 ZG35SiMn 齿轮铸件冒口。由图可知，轮缘与轮辐的 6 个交接处均为热节，外边可用 6 个腰圆形暗冒口补缩；也可用 3 个冒口与 3 个外冷铁间隔布置进行补缩。

轮毂部分则采用整圈暗冒口补缩。浇注温度为 1560℃，合金成分为 $w_{Mn} = 1\%$，$w_{Si} = 1\%$。

（1）模数法 轮缘部分按表 4-5 应为板与杆的相交体，由图 4-35 可得 $a = d = 60mm$，$b = 180mm$，$c = 24mm$，则

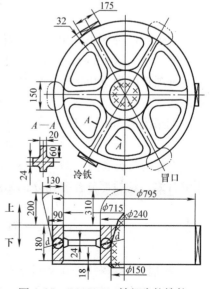

图 4-35 ZG35SiMn 铸钢齿轮铸件

$$M_{件} = \frac{ab}{2(a+b)-c} = \frac{6 \times 18}{2(6+18)-2.4} \text{cm} = 2.37 \text{cm}$$

$$M_{冒} = 1.1 \times 2.37 \text{cm} = 2.6 \text{cm}$$

轮毂部分则按环形体公式计算模数，步骤与轮缘同。

计算合金体收缩率：

$$\varepsilon_V = 4.7\% + 0.0585 \times 1\% + 1.03 \times 1\% = 5.79\%，取 6\%$$

选用腰圆形明冒口，从有关资料查得 $M_{冒} = 2.6 \text{cm}$ 的冒口尺寸为 $a = 110 \text{mm}$，$b = 220 \text{mm}$，$H = 165 \text{mm}$，当 $\varepsilon_V = 6\%$，能补缩的最大体积 $V_{件}$ 为 4700cm^3。

冒口补缩能力的校核：轮缘部分的最大体积为 $V_{件} = 250 \text{cm} \times 18 \text{cm} \times 5.5 \text{cm} = 24750 \text{cm}^3$，其中 5.5cm 是增大了的壁厚，因为考虑到原壁厚（40mm）在热节圆以上部分有补贴增厚及轮辐十字肋部分的影响。轮缘部分采用 6 个冒口补缩，则一个冒口需补缩的体积为

$$V_{件}/6 = 24750 \text{cm}^3/6 = 4125 \text{cm}^3$$

而一个冒口最大补缩量为 4700cm^3，因此冒口尺寸足够补缩。

（2）比例法　轮缘部分冒口属于表 4-6 中 A 型，铸件热节圆用作图法或计算求得直径为 50mm，考虑热节增大，取 $d = 60 \text{mm}$，故

$$D = (1.4 \sim 1.6)d = 1.5 \times 60 \text{mm} = 90 \text{mm}$$

$$D_1 = (1.5 \sim 1.6)D = 1.5 \times 90 \text{mm} \approx 130 \text{mm}$$

$$H = (1.8 \sim 2.2)D = 2.2 \times 90 \text{mm} = 198 \text{mm}，取 200 \text{mm}$$

轮毂部分冒口补缩则属于 C 型，并可查得

$$D = \phi = 240 \text{mm}$$

$$H = (1.3 \sim 1.5)D = 1.3 \times 240 \text{mm} = 312 \text{mm}，取 310 \text{mm}$$

A 型冒口延伸度 $L = 35\%$，按铸件热节数量设 6 个冒口，铸件直径 $D \approx 800 \text{mm}$，则轮缘冒口延伸度

$$L = nl/(\pi D_{件}) = 35\%$$

得　　　　　$$l = \frac{0.35\pi D}{n} = \frac{0.35 \times 3.14 \times 800}{6} \text{mm} = 146 \text{mm}，取 150 \text{mm}$$

根据冒口补缩距离检验 6 个冒口是否够用。两个冒口间有效补缩距离按板件取 $L = 4T$，铸件壁厚平均取 40mm，则 $L = 4T = 4 \times 40 \text{mm} = 160 \text{mm}$；一个冒口长度 $l = 150 \text{mm}$，故 6 个冒口可补缩长度为 160mm × 6 + 150mm × 6 = 1860mm，而轮缘展开长度 $\pi D \approx 2500 \text{mm}$，故不够补缩。

如果改为 3 个冒口，间隔设置 3 个冷铁，冷铁长度为 175mm，这时一个冒口的长度

$$l = 0.35 \times \pi \times 800 \text{mm}/3 \approx 300 \text{mm}$$

补缩的总长度为 $[(9T + 175) \times 3 + 300 \times 3] \text{mm} = [(9 \times 40 + 175) \times 3 + 900] \text{mm} \approx 2500 \text{mm}$，则够补缩。轮毂部分补缩充分，无须校核。

第五节　铸铁件冒口的设计与计算

灰铸铁、球墨铸铁在凝固过程中的石墨化膨胀，可以抵消一部分液态和凝固态收缩，使得铸件总的收缩量减少。由于这种特性，使铸铁的冒口设计不同于其他合金。石墨化膨胀的

大小、出现的早晚与冶金质量和冷却速度有关。球墨铸铁的冶金质量是指从 25.4mm 厚（$M_件 = 0.79$cm）Y 形试样上取样进行金相检查，以 $1mm^2$ 面积上石墨球数作为评定标准，规定如下：

冶金质量	石墨球数（个/mm^2）
好	>150
中	90 ~ 150
差	<90

冶金质量可看作是铸铁体积收缩倾向的大小。冶金质量好的铸铁，在相同的冷却速度下，体积收缩倾向小，形成缩孔、缩松和铸件胀大变形的倾向小，容易获得健全的铸件。在冶金质量一定的条件下，冷却速度小，铸铁的收缩倾向也小。在砂型条件下，冷却速度取决于铸件的模数，模数越大，铸件的收缩越小，可采用小冒口或无冒口铸造。模数较小的铸件则应设置冒口。

灰铸铁和球墨铸铁因共晶凝固方式不同，而使其冒口设计也不相同。

一、球墨铸铁件的冒口设计

球墨铸铁冒口设计法可分为通用（传统）冒口设计法和实用冒口设计法。通用冒口设计法遵循传统的顺序凝固原则，依靠冒口的金属液柱重力补偿凝固收缩，冒口和冒口颈迟于铸件凝固，铸件进入共晶膨胀期会把多余的铁液挤回冒口。而实用冒口设计法不实行顺序凝固，它让冒口和冒口颈先于铸件凝固，利用全部或部分的共晶膨胀量在铸件内部建立压力，实现"自补缩"，使铸件不出现缩孔、缩松缺陷。相比之下，实用冒口设计法的工艺出品率高，铸件质量好，比通用冒口设计法更实用。

实用冒口根据适用范围的不同可分为直接实用冒口和控制压力冒口。

1. **直接实用冒口（又称压力冒口）**

直接实用冒口适用于模数为 0.48 ~ 2.5cm 的高强度铸型（如干型、自硬型等）生产的铸件，其原理是利用冒口来补缩铸件的液态收缩，而当液态收缩终止或共晶膨胀开始时，冒口颈即行凝固。这样，型内的金属液不会因为石墨化膨胀而返回冒口内，从而使金属液处于正压力之下，只要铸型刚度足够，就可以避免由于凝固收缩而引起的缺陷。

（1）冒口和冒口颈　冒口有效体积依铸件液态收缩体积而定，一般比铸件所需补缩的铁液量大。可按图 4-36 确定冒口的有效补缩体积（图中横坐标的数值为铁液的浇注温度减去铸铁的共晶温度 1150℃）。

为了简便、可靠起见，对接近共晶成分的铸铁，冒口有效体积取铸件体积的 5%，而碳当量低的铸件，冒口有效体积取铸件体积的 6%。冒口有效体积是指高于铸件最高点的那一部分的冒口体积，只有这部分金属液才能对铸件起补缩作用。为了有效地发挥冒口的作用，将暗冒口做成大气压力冒口的形式。如果是明冒口，则在其顶部进行保温或加压。

为了使冒口颈在铸件液态收缩结束或共晶膨胀开始时及时凝固，冒口颈模数 $M_颈$ 可由下式确定

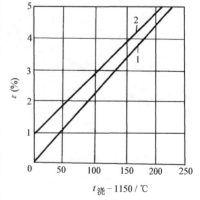

图 4-36　铸铁的 $\varepsilon - t_浇$ 曲线

ε—液态体收缩率　$t_浇$—浇注温度

1—CE = 4.3%　2—CE = 3.6%

$$M_{颈} = \frac{t_{浇} - 1150}{t_{浇} - 1150 + \dfrac{l}{c}} M_{件}$$ (4-9)

式中 $M_{颈}$——冒口颈模数 (cm);

    $M_{件}$——设置冒口部位的铸件模数 (cm);

    $t_{浇}$——浇注温度 (℃);

    c——铁液比热容,与铁液温度有关,在 1150~1350℃ 范围内,c 为 835~963J/(kg·℃);

    l——铸铁结晶潜热,为 $(193~247) \times 10^3$ J/kg。

设置冒口的部位应满足的条件是:当冒口颈凝固时,该部分的石墨化膨胀量能抵偿所有更厚部分的液态体收缩量,直到比它厚的部分开始体积膨胀为止。一个铸件上能满足这样条件的部位可能有几个,这时就应该选择其中模数最小的那个部分设置冒口,只有这样才能充分发挥铸件体积膨胀的作用,同时冒口和冒口颈的模数最小。

考虑到其他方面的因素,将式 (4-9) 修正成 $M_{件}$ 和 $M_{颈}$ 的关系图,如图 4-37 所示,可以初步用来近似地确定冒口颈的模数 $M_{颈}$。

(2) 用浇注系统代替直接实用冒口 适用于湿型铸造,铸件模数 $M_{件} < 0.48$cm 的薄壁小型球铁件。

对于薄壁铸件,由于冒口颈很小,可用浇注系统代替冒口,如图 4-38 所示($M_{件} = 0.475$cm,$M_{颈} = 0.4$cm)。超过铸件最高点水平面的浇口盆和直浇道部分实质上就是冒口。内浇道的截面尺寸按冒口颈计算,可用图 4-37 确定冒口颈(内浇道)的模数,图上的浇注温度应采用浇注后型内的金属液温度。因为浇注薄壁小件时,浇注温度和充型完后的金属液温度差别较大,应以最低的浇注温度来选择冒口颈(内浇道)的模数,否则会导致液态收缩缺陷,即出现集中缩孔和缩凹。

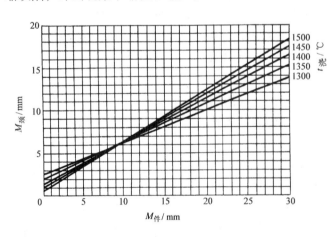

图 4-37 $M_{件}$ 和 $M_{颈}$ 的关系图

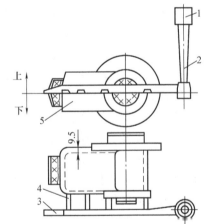

图 4-38 浇注系统当冒口

1—浇口盆 2—直浇道 3—横浇道

4—内浇道(冒口颈) 5—铸件

2. 控制压力冒口(又称释压冒口)

控制压力冒口适用于砂型铸造、模数为 0.48~2.5cm 的球墨铸铁件,其特点是:只利用部分共晶膨胀量来补偿铸件的凝固收缩。如图4-39所示为控制压力冒口示意图。浇注结束后，冒口补给铸件的液态收缩，在共晶膨胀初期冒口颈畅通，可使铸件内部的铁液回填冒口以释放"压力"。应用合理的冒口颈尺寸或一定的暗冒口容积控制回填程度，使铸件内建立适中的内压来克服凝固收缩，从而获得既无缩孔、缩松又能避免胀大变形的铸件。

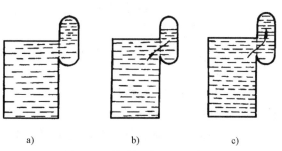

图4-39　控制压力冒口示意图
a）浇注结束　b）液态收缩　c）膨胀回填

（1）冒口和冒口颈　冒口以暗侧冒口为宜，安放在铸件厚大部位附近。冒口模数 $M_冒$ 与铸件厚大部分的模数 $M_件$ 及冶金质量有关，如图4-40所示。当冶金质量好时，$M_冒$ 按曲线2取值，反之按曲线1取值，一般应取两条曲线的中间值。冒口的有效补缩容积位于铸件最高点以上。

按所确定的冒口模数 $M_冒$ 选定冒口尺寸，然后按图4-41校核冒口的有效补缩容积。一般要求冒口有效补缩容积大于铸件液态收缩体积，若不能满足，则应增大 $M_冒$。

冒口颈的模数按下式确定

$$M_颈 = 0.67 M_冒 \tag{4-10}$$

采用短的冒口颈，其形状没有特殊要求。

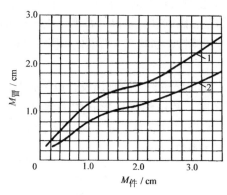

图4-40　$M_冒$ 和 $M_件$ 的关系图
1—冶金质量差　2—冶金质量好

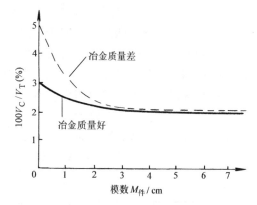

图4-41　需要补缩金属液量和铸件模数的关系
V_T—设置冒口部位铸件或热节体积　V_C—铸件需补缩体积

（2）冒口的补缩距离　控制压力冒口的补缩距离是指由凝固部位向冒口输送回填铁液的距离。这与传统的冒口补缩距离的概念不同，该距离与铁液的冶金质量和铸件的模数密切相关，如图4-42所示。冶金质量好，模数大，输送距离也大。输送距离达不到的部位，铸件内膨胀压力过大，可导致铸件胀大变形，而内部又可能产生缩松。

对于质量要求高且壁厚均匀的球墨铸铁件，可根据冒口补缩距离计算冒口数量。

3. 无冒口铸造的应用条件

无冒口铸造适用于刚性大的砂型，模数大于2.5cm的球墨铸铁件。由于模数大，冷却速度较慢，所以共晶石墨化充分，因此在坚固的铸型内，利用足够大的膨胀压力来消除铸件的缩孔、缩松缺陷，实现"自补缩"。

实现无冒口铸造必须满足的工艺条件是：

1）冶金质量好。减少铁液的液态和凝固态收缩量，减小缩孔、缩松的倾向。

2）铸件平均模数 $M_件 > 2.5cm$。铸件的模数大，可获得很高的膨胀压力。

3）采用高强度、高刚度的砂型，并且上、下型紧固牢靠，杜绝型壁变形和抬型。

4）低温浇注。浇注温度控制为 1300 ~ 1350℃，以减少其液态收缩。

5）采用扁薄内浇道分散引入金属液，每个内浇道的截面积不超过 15mm × 60mm，使之尽早凝固，促使铸件内部尽快建立起共晶膨胀压力。

6）设置 $\phi20mm$ 的明出气孔，间距 1m，均匀布置。

二、灰铸铁件的冒口设计

视频：灰铸铁件冒口的设计要点访谈录

球墨铸铁以糊状方式凝固，且共晶膨胀压力大，所以铸件形成缩孔、缩松的倾向性也大，只有当铸型刚度很高，铸件模数 >2.5cm 时，才可考虑无冒口铸造工艺，一般情况下，均应设置冒口。而灰铸铁以层状-糊状方式凝固，其共晶膨胀压力小，加之石墨片尖端伸向铁液的生长方式，使其有很好的"自补缩"能力，铸件形成缩孔、缩松的倾向小。对于一般低牌号灰铸铁，因碳硅含量高，石墨化比较充分时，不需设置冒口，只需安放排气冒口即可。但对于高牌号灰铸铁，当其产生石墨化体积膨胀量不足以补偿凝固收缩时，则应设置冒口，但所需冒口体积较小。

灰铸铁冒口尺寸主要靠比例法来确定。它是从传统的顺序凝固原则出发，以铸件热节圆或截面厚度为基础，按比例放大，求得冒口直径和高度。常用的冒口形式和参数见表4-8。对于高牌号铸铁、合金铸铁和质量要求高的铸铁件，取表中数值的上限，反之取下限。

右上角图注：

图 4-42 铁液输送距离和冶金质量及铸件模数的关系

1—冶金质量好 2—冶金质量中等 3—冶金质量很差

表4-8 常用的冒口形式和参数

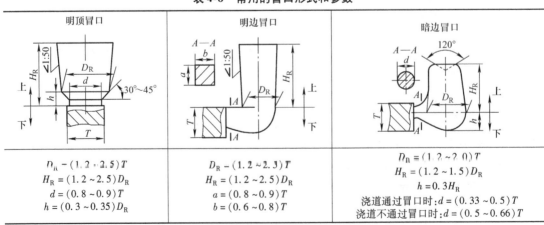

明顶冒口	明边冒口	暗边冒口
$D_R = (1.2 \sim 2.5)T$ $H_R = (1.2 \sim 2.5)D_R$ $d = (0.8 \sim 0.9)T$ $h = (0.3 \sim 0.35)D_R$	$D_R = (1.2 \sim 2.3)T$ $H_R = (1.2 \sim 2.5)D_R$ $a = (0.8 \sim 0.9)T$ $b = (0.6 \sim 0.8)T$	$D_R = (1.2 \sim 2.0)T$ $H_R = (1.2 \sim 1.5)D_R$ $h = 0.3H_R$ 浇道通过冒口时：$d = (0.33 \sim 0.5)T$ 浇道不通过冒口时：$d = (0.5 \sim 0.66)T$

注：1. T 为铸件的厚度或热节圆直径。

2. 明冒口高度 H_R 可根据砂箱高度适当调整。

3. 随明顶冒口直径 D_R 增大，冒口颈处的角度取小值。

三、可锻铸铁件的冒口设计

由于可锻铸铁没有石墨化膨胀，故在凝固时的收缩较大，所以必须用冒口补缩。为增强冒口的补缩作用，通常采用带暗冒口的浇注系统，如图 4-43 所示。

（1）模数法　当铸件质量大于 1kg 时，冒口的直径（或体积）和冒口颈截面积（f）可由图 4-44 查出。

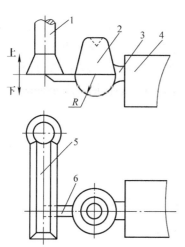

图 4-43　可锻铸铁件带暗冒口的浇注系统
1—直浇道　2—暗冒口　3—冒口颈
4—铸件　5—横浇道　6—内浇道

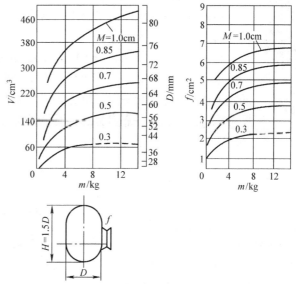

图 4-44　确定可锻铸铁件补缩冒口尺寸图
V—冒口体积　D—冒口直径
f—冒口颈截面积　m—铸件质量　M—铸件模数

（2）比例法　可锻铸铁的暗冒口和冒口颈的尺寸可按与铸件被补缩处热节圆直径 T 的比例关系算出，见表 4-9。

表 4-9　可锻铸铁件暗冒口尺寸

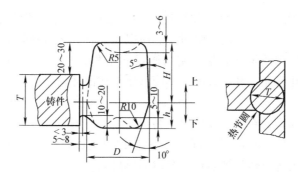

暗冒口直径 D	铸件被补缩位置		冒口颈截面积与铸件被补缩部分热节圆的截面积之比
	上型	下型	
$D = (2.2 \sim 2.8) T$	$H = 1.5D$ $h = 0.25D$	$H = D$ $h = 0.25D$	$(1 \sim 1.5):1$

注：1. 对于壁厚较薄，但质量较大或较高的铸件，D/T 的数值应当适当扩大，一般可取 $D = (3 \sim 4)T$。
　　2. 当一个暗冒口补缩两个热节区时，该暗冒口的直径要相应增大到表中数据的 1.1～1.2 倍；当一个暗冒口补缩两个以上的热节区时，该暗冒口的直径要相应增大到表中数据的 1.2～1.3 倍。

冒口颈的长度一般取 5～10mm。这不仅可以增强冒口的补缩效果，还可以减少机加工工作量。但冒口颈不能太短，否则不能保证冒口颈处的砂型强度，易产生掉砂缺陷；冒口至少要高出铸件 20～30mm，以保证补缩压力；与冒口进口处相连的内浇道（或横浇道）的截面积必须小于冒口颈，以免造成反缩。

四、铸铁件的均衡凝固原理

视频：均衡凝固理论在灰铸铁件工艺设计中的应用

铸铁件均衡凝固理论是近些年来发展起来的，经过大量推广使用，获得了很好的经济效益和社会效益。

均衡凝固理论认为，一个铸件在凝固的某一时刻，有些部分正在收缩，有些部分则已进入石墨化膨胀，与此同时，铁液相通，则收缩和膨胀可以叠加相抵。当某个时间收缩值与膨胀值相等时，就达到了均衡状态，如图 4-45 所示。在 P 点以后，冒口的补缩时间终止，只靠自身的石墨化膨胀已足够补缩，冒口的作用只限于补缩均衡时刻到来之前的自补不足的部分。

由图可见，当铸件收缩值大，石墨化膨胀量小时，则表观收缩值大，均衡点 P 后移，冒口补缩量大，补缩时间长。如果铸件无膨胀（如铸钢、白口铸铁），P 点和 C 点重合，铸件凝固时间就是冒口补缩时间。

铸件的收缩速度大，即收缩来得集中，相对地石墨化膨胀后移，表观收缩加大，则必须加强冒口的外部补缩。这相当于小型球墨铸铁件和高牌号灰铸铁件的情况。

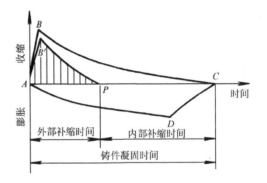

图 4-45　铸铁件凝固时收缩和膨胀的叠加
曲边三角形 ABC—铸件的总收缩　曲边三角形 ADC—铸件总膨胀　曲边三角形 AB'P—铸件的表观收缩　P—均衡点，其对应的时间为收缩量等于膨胀量的时间，此时表观收缩为零，冒口补缩作用终止

对于厚大铸铁件，收缩速度小，相对地石墨化膨胀提前，有利于胀缩相抵，使均衡点前移，缩短了冒口的补缩时间。所以，凡有利于铸件收缩后移，石墨化膨胀提前的因素，都有利于胀缩的早期叠加，使均衡点 P 前移，从而使冒口尺寸减小。提高铸型刚性，可以提高石墨化膨胀的利用程度，不使型壁外移消耗膨胀量大于型腔扩大量，也有利于 P 点前移。

按上述均衡凝固原则，冒口的设计要点为：

1）冒口不必晚于铸件凝固，冒口在尺寸上或模数上可以小于铸件的壁厚或模数。冒口的凝固时间只要大于或等于铸件的表观收缩时间就可以了。

2）采用"短、薄、宽"的冒口颈，以保证在 P 点前，补缩通道畅通；而在 P 点后，冒口颈很快凝固，便于在铸件内部建立必要的石墨化膨胀压力来完成自补缩。经过近些年的研究与实践，铸铁件冒口已自成体系。铸铁件推荐冒口类型及结构如图 4-46 所示。需要时，可查阅有关资料。

3）冒口不应设置在铸件的热节上，冒口要靠近热节，以利于补缩，又要离开热节，以减少冒口对铸件的热干扰。

4）热节（冒口根部）处应安放冷铁来平衡壁厚差，缩短热节处的凝固和收缩时间，以适应冒口的补缩，有效地防止热节（冒口根部）处的缩松。

5）利用刚性大的铸型并将其卡紧，以最大限度地利用石墨化膨胀。

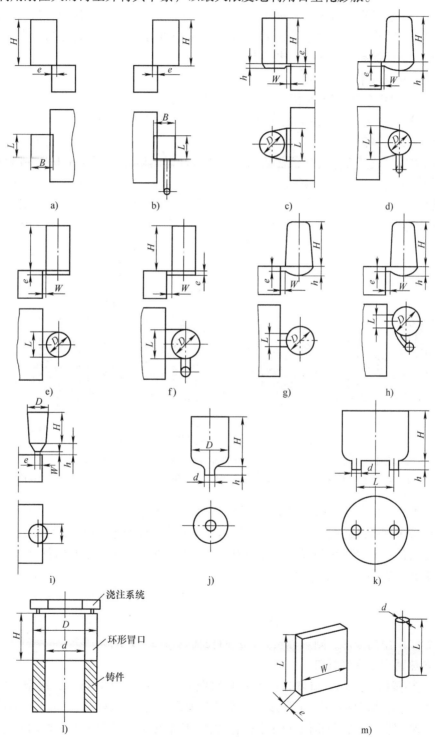

图 4-46 铸铁件推荐冒口类型及结构示意图

第六节 提高冒口补缩效率的方法

普通冒口一般是靠冒口中金属液柱的自重来进行补缩，又称自重压力冒口。这种冒口的补缩效率较差，其重量占铸件重量的40%~80%，甚至更多。若能提高补缩效率，可使冒口的重量减小，从而提高铸件的工艺出品率。

提高冒口补缩效率的途径有：

1）提高冒口中金属液的补缩压力，如采用大气压力冒口等。

2）延长冒口中金属保持液态的时间，如采用发热冒口和保温冒口等。

一、大气压力冒口

大气压力冒口就是在暗冒口顶部插入一个透气性好的砂芯（图4-47b），或者在暗冒口顶部做出倒锥形的吊砂（图4-47c），将其伸入到冒口最热区域，由于砂芯底部或吊砂的尖端部分的剧烈受热，使其晚于冒口的其他部分凝固，而大气压力却可通过砂的孔隙作用在冒口内的金属液面上，从而提高了冒口的补缩压力，其补缩效率为15%~20%。图4-47d所示为铸钢件大气压力冒口的实例。

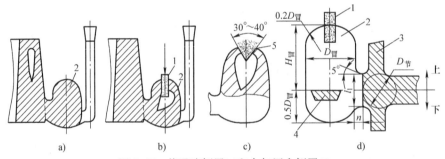

图4-47 普通暗侧冒口和大气压力侧冒口

a）普通暗侧冒口 b）大气压力暗侧冒口 c）带吊砂的暗侧冒口 d）铸钢件用大气压力冒口举例

1—砂芯 2—冒口 3—铸件 4—内浇道 5—吊砂 n—补缩颈长度（0.15~0.20$D_{冒}$，$n \geqslant 15mm$）

机器造型中的中、小铸铁件多采用带吊砂的大气压力冒口。

铸钢件多采用带砂芯的大气压力冒口，其冒口尺寸可按普通冒口的方法确定。冒口高度取允许的最小值，大气压力侧冒口的直径 $D_{冒}$、冒口颈的最小尺寸 l_1 与铸件热节圆直径 $D_{节}$ 之间可按下列经验公式计算

$$l_1 = (1.3 \sim 1.7)D_{节}$$

$$D_{冒} = (2.0 \sim 2.5)D_{节}$$

冒口颈如采用椭圆形，则短轴长为 l_1，而长轴取 $(1.2 \sim 1.5)l_1$。

二、发热冒口及保温冒口

（1）发热冒口 发热冒口就是用发热材料做成发热套（图4-48a），造型时放入型中，形成冒口的型腔，如图4-48b、c所示。在明冒口液面上要撒发热剂，以防止顶面散热过快。这种冒口是利用发热材料与钢液接触时发生化学反应放出大量的热，使冒口内液态金属的作用时间延长。冒口的补缩效率可达25%~30%，其冒口体积仅为普通冒口的1/4~1/2。

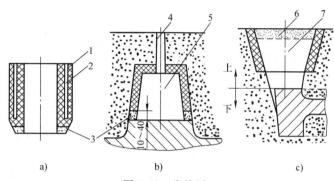

图 4-48 发热冒口

a）发热套 b）发热套暗冒口 c）发热套明冒口

1—明冒口发热套 2—排气孔 3—型砂层 4—出气孔 5—暗冒口 6—明冒口顶部保温剂 7—明冒口

发热套材料由发热剂、保温剂及黏结剂三部分组成，其配方举例见表 4-10。发热剂为铝粉和氧化铁粉；保温剂为木炭粉、木屑和煤粉；黏结剂为水玻璃和膨润土。

为防止铸件增碳，应在发热套根部做出一层 10~40mm 厚的型砂层。

表 4-10 发热套材料配方比例（质量分数，%）

序 号	膨润土	木炭粉	氧化铁	木 屑	水玻璃	无烟煤粉	植物油	铝 屑	水（另加）
1	2.5	53.5	10	11	20	—	—	3	20~25（占发热材料量）
2	2.0	—	15	23	24	30	2	4	适量
3	2.0	25	15	14	25	15	—	4	适量

发热冒口多用于直径小于 $\phi400mm$ 的冒口。由于使用的材料较贵，混合料混制不当时，冒口作用不稳定且发热冒口燃烧时会产生大量的烟气，对环境和操作不利，故进一步发展了保温冒口。

（2）保温冒口 保温冒口通常是采用蓄热系数小的材料做成像发热套那样的保温套。只是套的根部不用再加型砂层，因为它不会使铸钢件增碳。

影响保温冒口保温性能的主要因素有保温材料的蓄热系数和保温套的壁厚。

蓄热系数 b 值越小，保温性能越好。所以要求保温材料在保持高温体积稳定的条件下，密度 ρ 越小、热导率 λ 越低越好。保温冒口常用材料见表 4-11。

表 4-11 保温冒口常用材料

材 料	主 要 成 分
珍珠岩	体积分数（%）：膨胀珍珠岩 95；水玻璃 4；质量分数为 10% 的 NaOH 水溶液 1
发泡石膏	质量分数（%）：石膏 78；水泥 20；发泡剂 0.25；促凝剂（钾矾）0.5；水（另加）
陶瓷棉	陶瓷棉加木质纤维素
湿型砂	红砂（100/200）；水分约 6%（质量分数）

试验结果表明，珍珠岩、发泡石膏和陶瓷棉三种材料中以陶瓷棉为最好，用这种材料做的冒口体积比普通冒口小 8 倍，如图 4-49 所示。

保温冒口壁越厚，保温效果越好。但当壁厚 δ 与保温冒口模数（M）之比 $\delta/M \geqslant 1$ 时，保温效果增加不明显。由此可见，保温冒口壁过厚是不经济的。

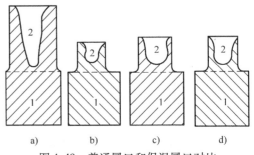

图 4-49　普通冒口和保温冒口对比

a）普通冒口 $\phi 90mm \times 120mm$　b）陶瓷棉保温冒口 $\phi 57mm \times 57mm$
c）珍珠岩保温冒口 $\phi 60mm \times 60mm$　d）发泡石膏冒口 $\phi 60mm \times 60mm$
1—铸件（边长为 100mm 的立方体）　2—缩孔

一般保温冒口的补缩效率为 25%～30%，冒口体积可减少 50% 左右，其经济效益是显而易见的。

延长冒口中金属液态作用时间的方法还有加氧冒口和电弧加热冒口。加氧冒口是在铸型充满后一定时间内，向明冒口顶部吹入氧气，使补加进去的发热剂（硅铁和锰铁）氧化发热，从而使冒口中的钢液温度提高，而浮在顶部的熔渣又可形成多孔性保温层，不仅使冒口顶部的结壳时间延长，而且使大气压力长时间作用在冒口中的钢液上，使冒口的补缩效率得以提高。这种方法一般用在重型件大明冒口上。

电弧加热冒口用于重型铸钢件的生产中。如大型轧钢机架和大型水轮机转子，从浇注到完全凝固需数小时以上，在这段时间里，采用石墨电极的电弧加热冒口，使冒口保持熔融状态，从而保证铸件得到充分补缩。

三、易割冒口

易割冒口如图 4-50 所示。在冒口根部放一片由耐火材料制成的隔片，隔片上有一个小于冒口直径的圆孔，形成冒口根部的"缩颈"，使冒口中的金属液通过"缩颈"对铸件进行补缩。与普通冒口相比，易割冒口容易从铸件上清理，使清理冒口的费用降低。这对于不易用机械方法切割而气割又容易产生裂纹的高合金铸件（如高锰钢铸件）来说具有重要的意义。

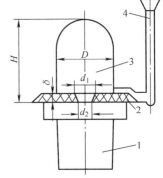

图 4-50　易割冒口结构示意图
1—铸件　2—隔片　3—暗冒口　4—浇道

为了使缩小的冒口颈不至于影响补缩，必须恰当选择缩颈直径和隔片的厚度。此外，应尽可能使金属液经过隔片上方再流入型腔，以延缓缩颈处的凝固。

易割冒口尺寸可按以下关系式确定：当铸件被补缩部分延续长度大于 $8T$ 时，冒口直径 $D = (2 \sim 2.5)T$；小于 $8T$ 时，$D = (1.5 \sim 1.8)T$，T 为铸件热节圆直径。

采用明冒口时，冒口高度 $H = (1.5 \sim 1.7)D$；采用暗侧冒口时，$H = (2.0 \sim 2.2)D$。

冒口直径与缩颈孔直径 d_1、d_2 及隔片厚度 δ 之间的关系，见表 4-12。

隔片通常用白泥 15%，耐火泥 60%，膨润土 10%，耐火砖粉 15%（均为质量分数），另加水 12% 配制而成。制成的隔片要经自然干燥 24h，再在 1000～1100℃ 下焙烧 2～3h 即可使用。

表 4-12　易割冒口缩颈孔直径、隔片厚度与冒口直径的关系　　　（单位：mm）

冒口直径 D	隔片厚度 δ	缩颈孔直径	
		小端 d_2	大端 d_1
80	6	25	30
100	7	30	34
120	7	34	40
150	8	34	40
180	10 ~ 12	40	46

第七节　冷铁的应用

冷铁是用来控制铸件凝固最常用的一种金属块。各种铸造合金均可使用冷铁，尤以铸钢件应用最多。冷铁的主要作用有：

1）与冒口配合使用，加强铸件的顺序凝固，扩大冒口的有效补缩距离，不仅有利于防止铸件产生缩孔、缩松缺陷，而且能减少冒口的数量或体积，提高工艺出品率。

2）加快铸件热节部分的冷却速度，使铸件趋向于同时凝固，有利于防止铸件产生变形和裂纹。

3）加快铸件某些特殊部位的冷却速度，改善其基体组织和性能，提高铸件表面硬度和耐磨性等。

4）难于设置冒口或冒口不易补缩到的部位放置冷铁可减少或防止出现缩孔、缩松。

冷铁分为外冷铁和内冷铁。

一、外冷铁

外冷铁作为铸型的一部分，浇注后不与铸件熔合，落砂后可回收并重复使用。

外冷铁的材料以导热性好，热容量大，有足够的熔点为佳。常用的材料有轧制钢材和铸铁、铸钢的成形冷铁。形状一般根据铸件需激冷部分的形状来确定。

外冷铁的种类可分为直接外冷铁和间接外冷铁两类。直接外冷铁（明冷铁）如图 4-51所示，它与铸件表面直接接触，激冷作用强。如果直接外冷铁因激冷作用太强而使铸件产生

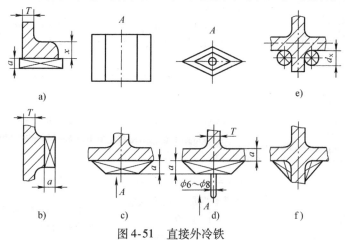

图 4-51　直接外冷铁

a）、b）平面直线形　c）带切口平面　d）平面棱形　e）圆柱形　f）异形

裂纹时，可采用间接外冷铁（图4-52）。间接外冷铁同被激冷铸件之间有$10 \sim 15mm$厚的砂层相隔，故又称隔砂冷铁或称暗冷铁。因为这种冷铁激冷作用弱，不仅可避免铸件表面裂纹，而且可避免灰铸铁件表面出现白口，且铸件外观平整，不会出现冷铁与铸件熔接等缺陷。

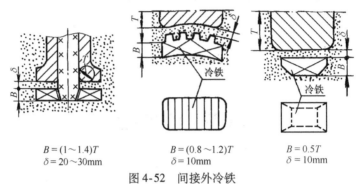

$B = (1 \sim 1.4)T$
$\delta = 20 \sim 30mm$

$B = (0.8 \sim 1.2)T$
$\delta = 10mm$

$B = 0.5T$
$\delta = 10mm$

图4-52　间接外冷铁

常用外冷铁的位置和尺寸可参见表4-13。

表4-13　常用外冷铁的位置和尺寸

冷铁安放位置	尺　寸	备　　注
	$t = (0.5 \sim 0.7)a$	如法兰宽度较大（超过200mm），外冷铁可分为内外两圈或多圈交错安放
	$t = (0.7 \sim 1.0)a$	
	$t = (0.6 \sim 0.7)a$	
	（1）$b > a$ 　　$t = (0.6 \sim 0.8)a$ （2）根据圆角处半径，采用相同R的冷铁	转角半径$R \leqslant 15mm$时，放圆钢外冷铁；转角半径$R > 15mm$时，用成形圆角冷铁
	（1）$b > a$ 　　$t = (0.7 \sim 0.9)a$ （2）按转角处半径，采用相同R的冷铁	转角半径$R \leqslant 15mm$时，放圆钢外冷铁；转角半径$R > 15mm$时，用成形圆角冷铁
	圆角冷铁根据转角半径安放 $t = (0.5 \sim 0.6)b$ $L = 100 \sim 200mm$	转角半径$R \leqslant 15mm$时，放圆钢外冷铁；转角半径$R > 15mm$时，用成形圆角冷铁

安放外冷铁时应注意以下几点：

1）冷铁工作表面不得有孔洞、裂纹、氧化皮等缺陷。为了提高冷铁的使用寿命和防止与铸件熔接，冷铁的工作表面需刷涂料，且保持干燥。

2）在铸件厚度大于150mm处，尽量不用外冷铁，以免与铸件熔接。

3）板状外冷铁厚度不宜超过80mm，圆钢外冷铁直径不宜超过40～50mm，因为冷铁的激冷效果并不随厚度的增大而一直增加。所以，对于厚壁铸件的激冷，最好采用内冷铁。

4）厚大的板状外冷铁的四周应制成45°的斜面，使砂型和冷铁界面处有平缓的过渡，防止因温差过大而产生裂纹，如图4-53所示。

5）外冷铁的长度不宜太长，否则会导致安放困难，或因膨胀变形将砂型挤坏，铸件也易产生裂纹。所以当激冷面积大时，可采用多块小型外冷铁交错布置，相互间留有一定的间隙，如图4-54所示。

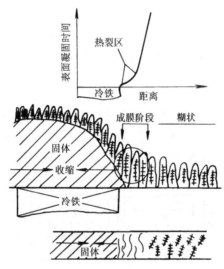

图4-53　冷铁边界处的裂纹

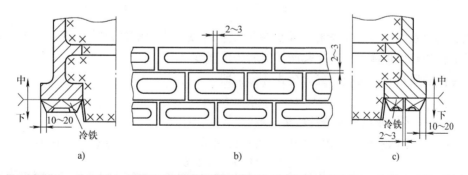

图4-54　机床床身导轨使用冷铁工艺

6）冷铁安放位置要得当，以保证补缩通道畅通，避免在热节处形成缩孔，如图4-55所示。当冷铁和冒口配合使用时，冷铁离冒口不能太近，否则会加速冒口冷却，降低冒口的补缩效果，如图4-56所示。

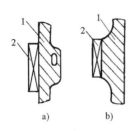

图 4-55　冷铁位置对补缩通道的影响
a) 补缩通道变小　b) 补缩通道正常
1—铸件　2—冷铁

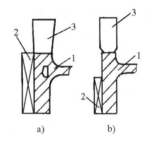

图 4-56　冷铁位置对冒口补缩力的影响
a) 冒口补缩力减弱　b) 冒口补缩力正常
1—铸件　2—冷铁　3—冒口

二、内冷铁

将金属激冷物直接插入需要激冷部分的型腔中，浇注后该激冷物对金属液产生激冷并同金属熔接在一起，最终成为铸件的组成部分，这种激冷物称为"内冷铁"。

内冷铁通常是在外冷铁激冷效果不够时才采用，而且多用于厚大的质量要求不高的铸件，如铁砧子、落锤等。对于承受高温、高压的铸件，不宜采用。

由于要求内冷铁与铸件金属相熔合，所以用作内冷铁的材料应与铸件材质基本相同或相适应。对于铸钢件和铸铁件，宜用低碳钢作内冷铁，铜合金铸件应用铜质内冷铁。对于质量要求不高的砧子、锤头等铸件，可用浇注后的直浇口棒作为内冷铁，中小型铸件可用铁丝、铁钉、钢屑等作为内冷铁。图 4-57 所示为铸钢件常用内冷铁的形状和放置方法示意图。

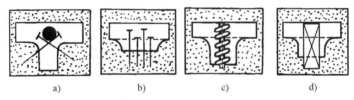

图 4-57　常用内冷铁的形状和放置方法
a) 横卧圆钢冷铁　b) 插钉冷铁　c) 螺旋形内冷铁　d) 直立方钢冷铁

确定内冷铁的尺寸、质量和数量的原则是：冷铁要有足够的激冷作用以控制铸件的凝固，且能够和铸件本体熔接在一起而不削弱铸件强度。

内冷铁的质量 $m_冷$ 可根据经验公式计算，即

$$m_冷 = Km_件 \tag{4-11}$$

式中　$m_件$——铸件或热节部分的质量（kg）；

K——比例系数，即内冷铁质量占铸件热节部分质量的百分数，见表 4-14。

表 4-14　K 值的选定

铸件的类型	K（%）	内冷铁直径/mm
小型铸件或要求高的铸件，防止因内冷铁而使力学性能急剧下降	2 ~ 5	5 ~ 15
中型铸件或铸件上不太重要的部分，如凸肩等	6 ~ 7	15 ~ 19
大型铸件对熔化内冷铁非常有利时，如床座、锤头、砧子等	8 ~ 10	19 ~ 30

使用内冷铁时应注意以下几点：

1）内冷铁的表面应十分干净，使用前要除锈、油污和水分。

2）干型中的内冷铁应于铸型烘干后再放入型腔；水玻璃砂型和湿型放置内冷铁后应尽快浇注，以免冷铁表面氧化、聚集水分而使铸件产生气孔。

3）需要存放的内冷铁必须镀锡防锈。

4）放置内冷铁的上方砂型应有明出气孔或明冒口。

概括以上内容，为获得优质铸件，就应根据铸件的凝固特点和具体要求选择正确的凝固原则来控制铸件的凝固。为实现某种凝固原则，要综合运用冒口、冷铁和补贴等工艺措施，以达到预期的目的。

下面对几个实例进行分析说明。

图 4-58 所示是碳钢筒形铸件工艺方案简图，它是按顺序凝固原则设计的。为能实现自下而上的顺序凝固，用 1#、2# 和 3# 冷铁分别消除底部热节和增加末端区（圆周方向）；在三个大气压力冒口下分设三块补贴增加（轴线方向）补缩距离；浇注系统采用阶梯式，上层浇道按切线方向通过冒口底部引入。

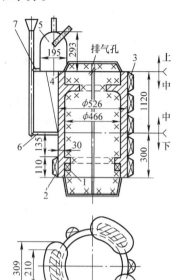

图4-58　碳钢筒形铸件工艺方案简图
1、2、3—分别为 1#、2#、3# 冷铁
4—补贴　5—大气压力冒口
6—第一层内浇道　7—第二层内浇道

图 4-59 所示是蒸汽锤砧座铸钢件工艺简图，这是依靠内冷铁实现顺序凝固原则的。砧座重 5.5t（铸钢），在铸件中部设置内冷铁，其质量占铸件质量的 16%～22%，内冷铁用圆钢多层排列组成；铸件采用阶梯式浇注系统，顶部设置一个明冒口，可在浇满后补注冒口。

图 4-60 所示是汽车后轮毂球墨铸铁件的工艺图。此为同时凝固方案，采用底注，铁液均匀引入，厚壁处设置冷铁，实行无冒口铸造并获得成功。

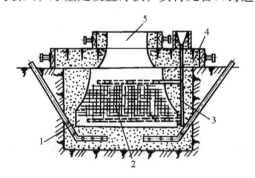

图4-59　蒸汽锤砧座铸钢件工艺简图
1—砧座　2—内冷铁　3—浇注系统　4—砂箱　5—明冒口

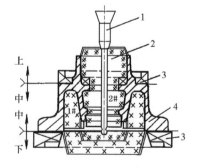

图4-60　汽车后轮毂球墨铸铁件的工艺图
1—浇道　2—砂芯　3—冷铁　4—铸件

思 考 题

1. 合金的凝固方式对铸件质量有何影响?
2. 合金的凝固区域受哪些因素影响? 可否调节?
3. 为什么球墨铸铁石墨化膨胀量比灰铸铁大, 反而容易产生缩松、缩孔缺陷?
4. 控制铸件凝固的原则有几种? 各适用于什么情况?
5. 为了起到补缩作用, 冒口必须具备哪些基本条件?
6. 冷铁的主要作用有哪些?

第五章　铸造工艺设计及工装的应用

第一节　铸造工艺设计概述

铸造的生产过程，从零件图开始，一直到铸件成品验收合格入库为止，要经过很多道工序，涉及合金熔炼、造型（造芯）材料的配置、工艺装备的准备、铸型的制造、合型、浇注、落砂和清理等许多方面。人们把铸件的生产过程称为铸造生产工艺过程。

对于一个铸件，编制出其铸造生产工艺过程的技术文件就是铸造工艺设计。这些技术文件必须结合工厂的具体条件，在总结经验的基础上，以图形、文字和表格的形式对铸件的生产工艺过程加以科学的规定，它是铸造生产的直接指导性文件，也是技术准备和生产管理的依据。

一、工艺设计的依据

设计人员在设计之前，必须掌握工厂的生产条件，了解生产任务和要求等详细情况。这些是铸造工艺设计的原始条件和基本依据。

1. 生产任务和要求

1）产品零件图样。所提供的图样必须清晰无误，有完整的尺寸和各种标记。对图样应仔细审查，认为有必要进行修改时，需与设计方或订货方共同协商，以修改后的图样作为铸造工艺设计的依据。

2）零件的技术要求。它主要包括金属材料的牌号、金相组织、力学性能；铸件质量、尺寸允许偏差，是否经过水压、气压试验；零件的工况条件；允许缺陷存在的部位和缺陷程度等。在编制工艺时，应满足这些技术要求。

3）产品数量和交货期。根据产品数量可大概划分为三类：同样的铸件，年产量大于5000件以上的为大量生产，生产过程中应尽量使用专用设备和装备；年产量在 500～5000件的为成批生产，生产过程中一般应使用通用设备和装备；铸造一件或年产量小于 500 件的即为单件或小批量生产，生产过程中所用工艺装备应尽可能简单，以缩短生产准备时间和降低工艺装备的费用。

交货期是指生产厂家向订货方交付合格铸件的日期。

2. 车间条件

1）车间设备。包括车间起重运输设备能力（最大起重量和高度），熔化炉的数量和生产率，造型机及造芯机型号和机械化程度，烘干炉和热处理炉的大小，厂房高度和大门尺寸等。

2）原材料的应用情况和供应情况。

3）车间生产工人的技术水平和生产经验。

4）制造模具等工艺装备车间的加工能力。

二、设计的内容

由于每种铸件的生产量和要求不同，生产条件不同，因此，铸造工艺设计的内容也不同。对于单件小批量生产的一般铸件，铸造工艺设计比较简略。一般在选用手工造型生产条件下，只需绘制铸造工艺图和填写铸造工艺卡即可。对于要求较高的重要件和大量生产的铸件，除了要绘制铸造工艺图、填写工艺卡以外，还应绘制铸件图、铸型装配图及大量的工艺装备图。

一般情况下，铸造工艺设计包括以下几种技术文件。

1）铸造工艺图。铸造工艺图是铸造生产所特有的一种图样，它规定了铸件的形状和尺寸、铸件的生产方法和主要工艺过程。铸造工艺图是铸造工艺设计最根本的指导性文件，是设计和编制其他技术文件的基本依据。在单件小批量生产的条件下，铸造工艺图是直接指导施工的文件。铸造工艺符号及表示方法有专门规定，可查相关手册。表5-1 中列出了几种最常用的铸造工艺符号及表示方法。

表5-1　铸造工艺符号及表示方法（JB/T 2435—2013）

名称	工艺符号和表示方法	名称	工艺符号和表示方法
分型线	用红色线表示，并用红色写出"上、中、下"字样 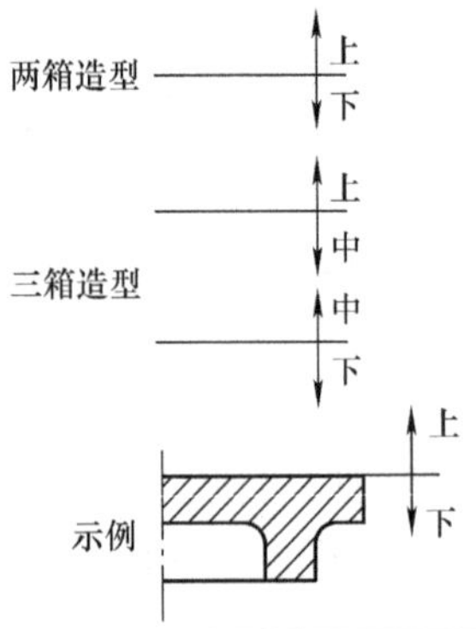 两箱造型　上/下 三箱造型　上/中/中/下 示例　上/下	机械加工余量	用红色线表示，在加工符号附近标注加工余量数值 凡带斜度的加工余量应标注斜度 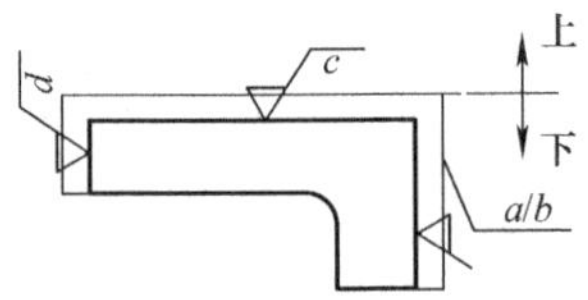 （图示：上/下，标注 a、c、a/b）
分模线	用红色线表示，在任一端画"＜"符号 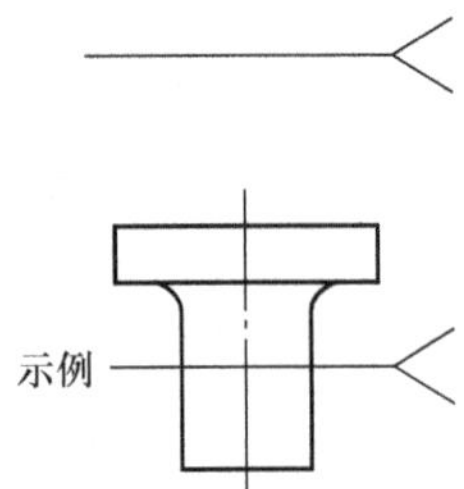 示例	芯头斜度与芯头间隙	用蓝色线表示，并标注斜度和间隙数值 有两个以上型芯时，用数字"1#""2#"等标注 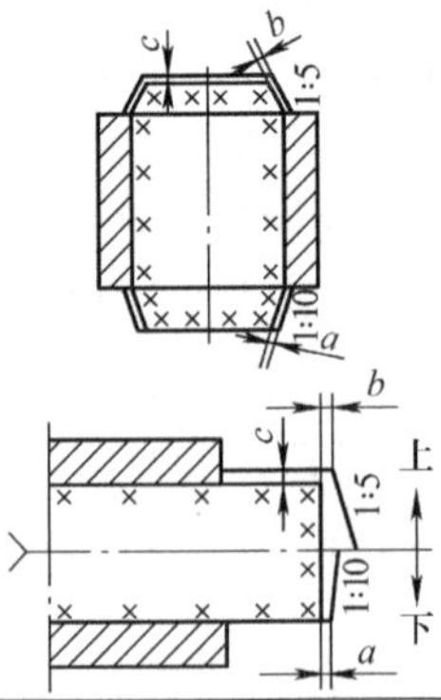 （图示：标注 b、c、1:5、a；上/下，1:5、1:10、a、b、c）
分型分模线	用红色线表示 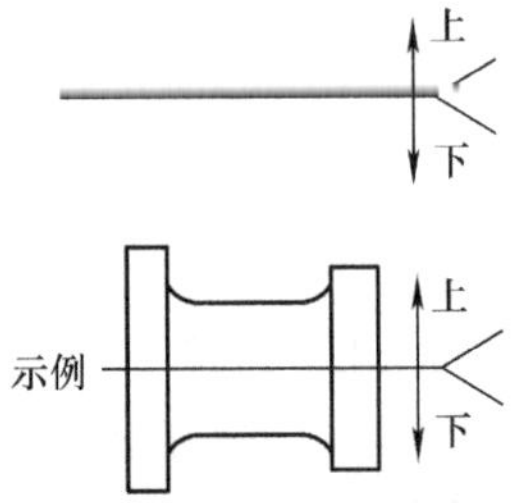 上/下 示例　上/下	不铸出孔和槽	用红色线画叉 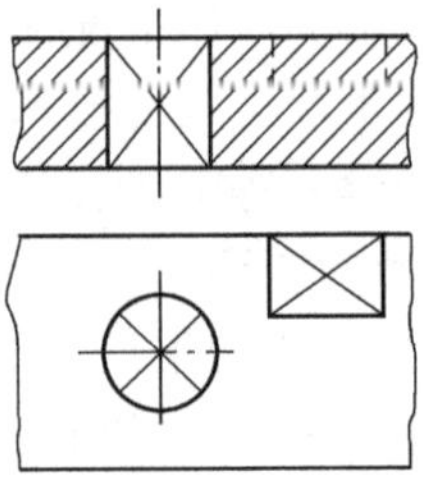

2）铸造工艺卡。铸造工艺卡是以表格形式扼要说明铸造工艺过程的要求及参数。在单件小批量生产的条件下，铸造工艺图和铸造工艺卡就构成全部的技术文件，起到指导施工的作用。

3）铸件图（也称毛坯图）。铸件图是根据铸造工艺图绘制的，它反映了零件经过铸造工艺设计后，生产成铸件应有的形状和尺寸。

4）铸型装配图。铸型装配图是依据铸造工艺图绘制的，它表明铸型的装配情况，应清楚地表明铸件在砂型中的位置、砂芯的数量及安放位置，浇冒口、冷铁、砂箱结构等。

三、设计的程序

铸造工艺设计的程序一般是：对零件图样进行审查和进行铸造工艺性分析；选择造型方法；确定铸造工艺方案；绘制铸造工艺图；填写铸造工艺卡。如有必要，还要绘制铸型装配图和绘制各种铸造工艺装备图样。

第二节 铸造工艺方案的确定

铸造工艺方案设计的主要内容有：铸造工艺方案的选择，浇注位置及分型面的选择，砂芯设计等。要想确定最佳的铸造工艺方案，首先应对零件结构的铸造工艺性进行分析。

一、零件结构的铸造工艺性

零件结构的铸造工艺性是指零件的结构应符合铸造生产的要求，易于保证铸件的质量，简化铸造工艺过程和降低成本。

视频：编制铸造工艺时如何进行技术要求分析

当然，零件图上的零件结构一般是不能随意修改的，在铸造工艺方面应尽量采取各种措施，实现用户对零件提出的各项技术要求。只有当铸件质量能得到保证，或在不影响使用性能的前提下，并征得设计部门和用户的同意，才能修改零件图，使其符合铸造工艺性。

（1）从避免缺陷方面审查铸件结构 铸件结构方面的审查内容主要包括铸件壁厚、铸件壁的连接过渡、铸造圆角等。

1）铸件应有合适的壁厚。为了避免浇不到、冷隔等缺陷，铸件壁厚不应太薄。铸件的最小允许壁厚和铸造合金的流动性密切相关。合金成分、浇注温度、铸件尺寸和铸型的热物理性能等都显著影响金属液的流动性。在砂型铸造、熔模铸造、金属型铸造和压力铸造条件下，铸件最小允许壁厚分别见表 5-2 ~ 表 5-5。

表 5-2 砂型铸造时铸件最小允许壁厚　　　　　　（单位：mm）

合金种类	铸件轮廓尺寸					
	<200	200~400	400~800	800~1250	1250~2000	>2000
碳素铸钢	8	9	11	14	16~18	20
低合金钢	8~9	9~10	12	16	20	25
高锰钢	8~9	10	12	16	20	25
不锈钢、耐热钢	8~10	10~12	12~16	16~20	20~25	—
灰铸铁	3~4	4~5	5~6	6~8	8~10	10~12
孕育铸铁（HT300以上）	5~6	6~8	8~10	10~12	12~16	16~20
球墨铸铁	3~4	4~8	8~10	10~12	12~14	14~16

（续）

合金种类	铸件轮廓尺寸					
	< 50	50 ~ 100	100 ~ 200	200 ~ 400	400 ~ 600	600 ~ 800
铝合金	3	3	4 ~ 5	5 ~ 6	6 ~ 8	8 ~ 10
黄铜	6	6	7	7	8	8
锡青铜	3	5	6	7	8	8
无锡青铜	6	6	7	8	8	10
镁合金	4	4	5	6	8	10
锌合金	3	4	—	—	—	—

表 5-3　熔模铸造时铸件的最小允许壁厚　　　　（单位：mm）

铸件尺寸	碳　钢	高温合金	铝合金	铜合金
10 ~ 50	1.5 ~ 2.0	0.6 ~ 1.0	1.5 ~ 2.0	1.5 ~ 2.0
50 ~ 100	2.0 ~ 2.5	0.8 ~ 1.5	2.0 ~ 2.5	2.0 ~ 2.5
100 ~ 200	2.5 ~ 3.0	1.0 ~ 2.0	2.5 ~ 3.0	2.5 ~ 3.0
200 ~ 350	3.0 ~ 3.5	—	3.0 ~ 3.5	3.0 ~ 3.5
>350	4.5 ~ 5.0	—	3.5 ~ 4.0	3.5 ~ 4.0

表 5-4　金属型铸造时铸件的最小允许壁厚　　　　（单位：mm）

铸件尺寸	铝硅合金	铝镁合金、镁合金	铜合金	灰铸铁	铸钢
50 × 50	2.2	3	2.5	3	5
100 × 100	2.5	3	3	3	8
225 × 225	3	4	3.5	4	10
350 × 350	4	5	4	5	12

表 5-5　压力铸造时铸件的最小允许壁厚　　　　（单位：mm）

压铸件面积/cm²	锌合金	铝合金、镁合金	铜合金	压铸件面积/cm²	锌合金	铝合金、镁合金	铜合金
< 25	0.7 ~ 1.0	0.8 ~ 1.2	1.5 ~ 2.0	100 ~ 400	1.6 ~ 2.0	1.8 ~ 2.5	2.5 ~ 3.0
25 ~ 100	1.0 ~ 1.6	1.2 ~ 1.8	2.0 ~ 2.5	>400	2.0 ~ 2.5	2.5 ~ 3.0	3.0 ~ 3.5

　　铸件壁厚尺寸也不应太大。超过临界壁厚的铸件，中心部分晶粒粗大，易出现缩孔、缩松等缺陷，导致力学性能降低。在砂型铸造工艺条件下，各种合金铸件的临界壁厚可按铸件最小壁厚的3倍来考虑。铸件壁厚应随着铸件尺寸增大而相应增大。在铸件壁厚合适的情况下，既能方便铸造又能充分发挥材料的力学性能。

　　2）铸件的内、外壁厚度有所不同。由于铸件内、外壁冷却条件不同，铸件的内壁比外壁冷却慢，所以一般将内壁厚度设计得比外壁薄，以实现内外壁冷却均匀，减少内应力和防止裂纹。铸件内壁厚相对减薄的实例如图5-1所示，图中 $\delta_A > \delta_B$。

3）铸件壁的连接应当逐渐过渡，壁厚应均匀。壁的相互连接处往往形成热节，容易出现缩孔、缩松等缺陷。因此，为使铸件壁厚尽可能接近一致，以达到较均匀冷却，应使铸件壁厚发生变化的地方逐渐过渡，而且交叉肋要尽可能交错布置，以避免或减小热节，还要避免出现"尖角砂"，因为它散热慢，也容易引起铸造缺陷。图5-2 所示为均匀壁厚避免形成大热节的例子。

4）合适的铸造圆角。一般情况下，铸件转角处都应设计成合适的圆角，可以减少该处产生缩孔、缩松及裂纹等缺陷。

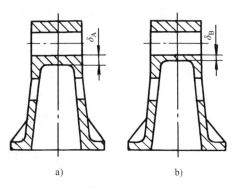

图5-1 铸件内壁厚相对减薄的实例
a）不合理 b）合理

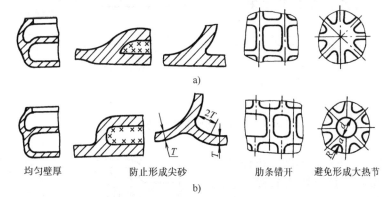

均匀壁厚　　防止形成尖砂　　肋条错开　　避免形成大热节
b)

图5-2 均匀壁厚避免形成大热节
a）不合理 b）合理

5）防止铸件出现变形和裂纹。铸件往往由于内应力而发生变形或产生裂纹。某些壁厚比较均匀的细长件、较大的平板件或某些箱体件都可能由于刚性不够而发生变形，通常要修改零件结构来减小铸件应力，用加强肋增加铸件刚性或用反曲率的模样来解决这类问题，如图5-3、图5-4所示。

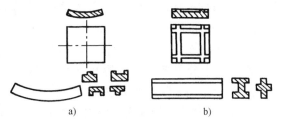

图5-3 防止变形的铸件结构
a）不合理 b）合理

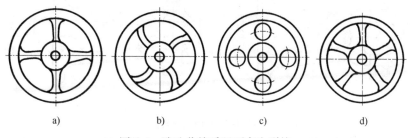

图5-4 防止收缩受阻而产生裂纹
a）不合理 b）弯曲辐条以松弛应力 c）带孔辐板防止断裂
d）单数辐条产生的应力比对称辐条的小

（2）从简化铸造工艺方面改进零件结构

1）改进妨碍起模的凸台、凸缘和肋板结构。铸件侧壁的凸台（搭子）、凸缘和肋板等常妨碍起模，为此，机器造型时只能增加砂芯，手工造型时也要把这些妨碍起模的凸台、凸缘和肋板等制成活动模样（活块）。无论哪种情况，都增加了造型、造芯和模具制造的工作量。如果对铸件结构稍加改进，就可以避免这些缺点，如图5-5所示。

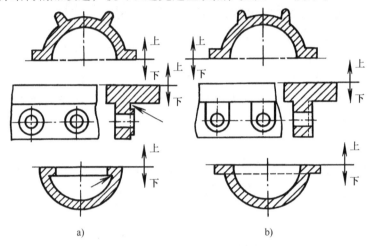

图5-5　改进妨碍起模的铸件结构

a）不合理　b）合理

2）尽量取消铸件外表侧凹。铸件外侧壁上如有凹入部分，必然妨碍起模，这就需要用砂芯才能形成铸件凹入部分的形状。如对铸件结构稍加改进，既能避免侧凹部分，同时也能减少分型面，提高铸件的精度，如图5-6所示。

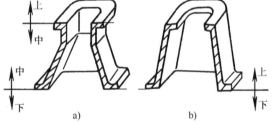

图5-6　外壁内凹的框形件

a）不合理　b）合理

3）有利于砂芯的固定和排气。砂芯的固定和排气十分重要，否则容易导致偏芯或气孔等缺陷。图5-7a所示为轴承架铸件的原结构，2#砂芯呈悬臂式，需用芯撑固定。如改为图5-7b所示结构，使两个砂芯合二为一，既可省去芯撑，又有利于砂芯的固定和排气。

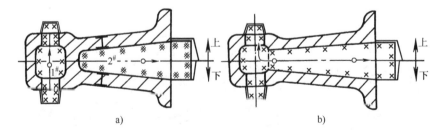

图5-7　轴承架铸件

4）分体铸造。为了方便铸造，降低成本，有些大而复杂的部件，可分成两个以上简单的部件分别铸造，再用焊接或螺栓将其连接成一个整体部件。

二、铸件浇注位置的选择

铸件的浇注位置是指浇注时铸件在铸型中所处的位置（方位）。浇注位置的选择取决于合金种类、铸件结构和轮廓尺寸、铸件质量要求及生产条件。选择铸件浇注位置时，首先以保证铸件质量为前提，同时尽量做到简化造型工艺和浇注工艺。确定浇注位置的主要原则有以下几点。

（1）重要加工面应朝下或呈直立状态　铸件在浇注时，朝下或垂直安放部位的质量比朝上安放的高。经验表明，气孔、非金属夹杂物等缺陷多出现在朝上的表面上，而朝下的表面或侧立面通常比较光洁，出现缺陷的可能性小。个别加工表面必须朝上时，应适当放大加工余量，以保证加工后不出现缺陷。

各种机床床身的导轨面是关键表面，不允许有砂眼、气孔、渣孔、裂纹和缩松等缺陷，要求组织致密、均匀，以保证硬度值控制在规定范围内。因此，尽管导轨面比较肥厚，对于灰铸铁而言，床身的最佳浇注位置是导轨面朝下，如图5-8所示。锥齿轮铸件的齿坯部分的质量要求较高，因此其齿坯表面应朝下，如图5-9所示。对于圆筒零件，内外表面要求组织致密、均匀，一般采取筒身直立的浇注位置，如图5-10所示。

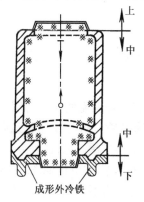

图 5-8　车床床身的浇注位置

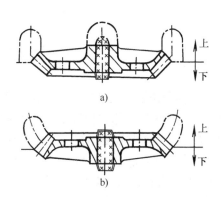

图 5-9　锥齿轮铸件的浇注位置
a）正确　b）不正确

（2）铸件的大平面应朝下　铸件大平面朝下既可以避免气孔和夹渣，又可以防止在大平面上形成砂眼缺陷。在图5-11中，如果将铸件的平面朝上，造型操作上有其方便之处，如果铸件全部在下型，上型是平的且没有吊砂，但铸件平面部分的质量难以保证。因此，应选用铸件平面朝下的方案，而浇注时可采用倾斜浇注的方法。

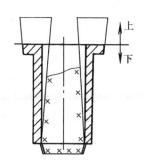

图 5-10　圆筒类铸件的浇注位置

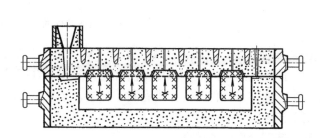

图 5-11　平板铸件

（3）**应有利于铸件的补缩**   对于因合金固态收缩率大或铸件结构厚薄不均匀而容易出现缩孔、缩松的铸件，浇注位置的选择应优先考虑实现顺序凝固的条件，要便于安放冒口和发挥冒口的补缩作用。厚大部分应尽可能安放在上部位置，而对于局部处于中、下位置的厚大处应采用冷铁或侧冒口等工艺措施解决其补缩问题。

（4）**应保证铸件有良好的金属液导入位置，保证铸件能充满**   较大而壁薄的铸件部分应朝下、侧立或在内浇道以下，以保证金属液的充填，避免出现浇不到和冷隔缺陷。浇注薄壁件时要求金属液到达薄壁处所经过的距离或所需的时间越短越好，使金属液在静压力的作用下平稳地充填型腔的各个部分，如图 5-12 所示。

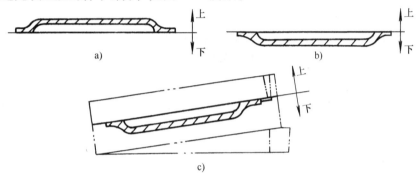

图 5-12   车床切削盘浇注位置
a）不合理 b）、c）合理

（5）**应尽量少用或不用砂芯**   应尽量少用或不用砂芯，若确需使用砂芯时，应保证砂芯定位稳固、排气通畅及下芯和检验方便，还应尽量避免用吊砂、吊芯或悬臂式砂芯。经验表明，吊砂在合型、浇注时容易塌箱，在上半型上安放吊芯很不方便。悬臂砂芯不稳固，在金属液浮力作用下容易偏斜，故应尽量避免悬臂砂芯。箱体铸件的浇注位置如图 5-13 所示。图 5-13a 所示的砂芯为吊芯；图 5-13b 所示的砂芯为悬臂芯，两者均不稳固；图 5-13c 所示的砂芯安放在下型，下芯、定位、固定和排气均方便，且容易直接测量型腔尺寸，是箱体类铸件应用最广的浇注方案。

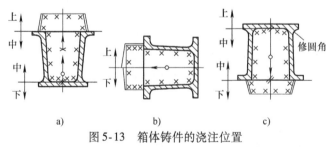

图 5-13   箱体铸件的浇注位置

（6）**应使合型、浇注和补缩位置相一致**   为了避免合型后或浇注后翻转铸型，引起砂芯移动、掉砂甚至跑火等，应尽量使合型、浇注和补缩位置相一致。只有个别情况如单件、小批量生产曲轴等铸件时，为了有利于补缩，才采用平浇立冷方案或平做立浇方案，但必须在铸造工艺图上注明。

三、铸型分型面的选择

分型面是指两半铸型相互接触的表面。除了地面砂床造型、明浇的小件和实型铸造法以外，都要选择分型面。在铸造工艺图上应明确标注出来。

分型面一般在确定浇注位置后再选择。但分析各种分型面方案的优劣之后，可能需要重新调整浇注位置。在生产中，浇注位置和分型面有时是同时考虑确定的，分型面的优劣，在很大程度上影响铸件的尺寸精度、成本和生产率。应仔细地分析、对比，选择出最适合于技术要求和生产条件的铸型分型面。

动画：分型面的概念及应用

如图 5-14 所示为一简单铸件的分型面方案。如此简单的铸件可以找出七种不同的分型面，而每种分型方案对铸件都有不同影响。方案 a 保证铸件四边和孔同心，飞翅易于除去。方案 b 保证内孔和外边平行，飞翅易除去，但很难保证边孔同心。方案 c 可使孔内起模斜度值减少 50%，这使得内孔直度所需切削的金属较少。如果铸件由难以加工的材料所铸成，则可显出其优点。缺点是可能有错偏。方案 d 和 e 类似，只是外边斜度值减少 50%。方案 e 的内孔和外壁的起模斜度值都减少 50%，铸件所需金属以及内外孔取值所切去的金属比任何方案都少。方案 f 保证上、下两个外边平行于孔的中心线。方案 g 则可保证所有 4 个外边面都平行于孔的中心线。由此可见，任何铸件总能找出几种分型面，而每种方案都有各自特点。只要认真对照，仔细分析，一定会找出一种适合于技术要求和生产条件的分型面。

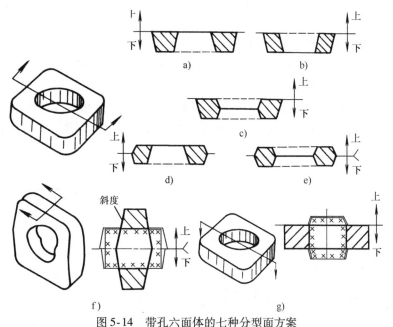

图 5-14 带孔六面体的七种分型面方案

选择分型面时，应注意以下原则：

（1）应使铸件全部或大部分置于同一半型内 为了保证铸件精度，应使铸件全部或大部分置于同一半型内，如果达不到这一要求，也应尽可能把铸件的加工面和加工基准面放在同一半型内。分型面主要是为了取出模样而设置的，但会影响铸件的精度。一方面会使铸件产生错偏，这是因错型引起的；另一方面由于合型不严，在垂直分型面方向上增加铸件尺寸。轮毂的分型方案如图 5-15 所示，其中方案 a 有产生错型的可能，一旦错型，铸件上 ϕA 与 ϕB 不同心，对机械加工不利，甚至因偏差过大而造成报废。在起模行程和型腔深度允许的前提下，方案 b 较为合理。

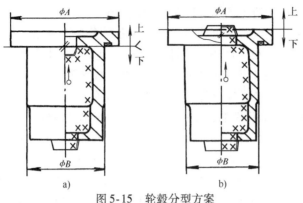

图 5-15　轮毂分型方案

（2）应尽可能减少分型面数目　铸件的分型面少，铸件精度容易保证，且砂箱数目少。机器造型的中小件，一般只许可有一个分型面，以充分发挥造型机生产率高的优势。铸件上凡不能出砂的部位均采用砂芯，而不允许用活块或多分型面，如图 5-16a 所示。虽然总的原则是应尽量减少分型面，但针对具体情况，有时采用多分型面也是有利的，如图 5-16b 所示。采用两个分型面，对单件生产的手工造型是合理的，因为能省去一个砂芯的费用。

（3）平直分型面和曲折分型面的选择　要尽可能地选择平直分型面，以简化工装结构及其制造、加工工序和造型操作。但在有些情况下还必须选择曲面分型。例如，为了有利于清理和机械加工而采用曲面分型，如图 5-17 所示。图 5-17a 所示为平直分型面的方案，但沿整个铸件中线都有披缝。这么多披缝靠砂轮来磨掉，工作量相当大，如果打磨得不够平整，在机械加工时，会由于卡夹定位不易准确而影响加工质量，因此，图 5-17b 所示的方案较合理。

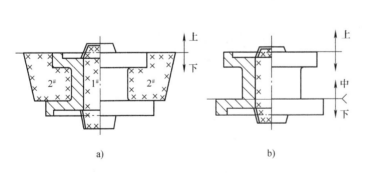

图 5-16　确定分型面数目的实例

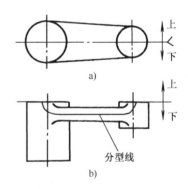

图 5-17　摇臂铸件的分型面
a）不合理　b）合理

（4）分型面应选取在铸件最大投影面处　如图 5-18 所示，分型面应选取在铸件最大投影面处，尽量不用或少用活块。机器造型通常不允许有活块，而单件、小批生产中有时采用活块较为经济，如图 5-19 所示。

以上介绍的选择分型面的原则，有的相互矛盾和制约。一个铸件应以哪几项原则为主来选择分型面，需要进行多方面的对比，应根据实际生产条件，并结合经验做出正确的判断，最后选出最佳方案，付诸实施。

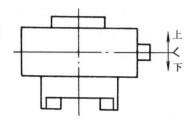

图 5-18　起模方便的分型面

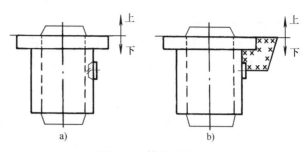

图 5-19　铸件两种方案
a）用活块　b）用砂芯

四、砂型中铸件数目的确定

对于中小铸件，尤其是小铸件，在生产中常把几个相同的铸件放在同一个砂型中，有时也可以把几个材质相同、壁厚相近的不同铸件放在同一砂型中生产，以提高生产率，降低成本。

砂型中的铸件数目一般要依据工艺要求和生产条件来确定。例如，铸件的大小、砂箱的尺寸、合理的吃砂量、浇冒口系统的布置，以及箱带的位置和高低等都会影响砂型中的铸件数目。因此，在工艺设计中，必须根据各种条件综合考虑，以确定砂型中铸件的数目。

五、型芯的设计

型芯是铸型的一个重要组成部分，型芯的作用是形成铸件的内腔、孔洞、阻碍起模部分的外形及铸型中有特殊要求的部分。

型芯应满足以下要求：型芯的形状、尺寸及在铸型中的位置应符合铸件要求；具有足够的强度和刚度；在铸件形成过程中型芯所产生的气体能及时排出型外；铸件收缩时阻力小；造芯、烘干、组合装配和铸件清理等工序操作简便；芯盒的结构简单。

1. 型芯的种类及其应用

型芯依据制作的材料不同可分为以下几类。

（1）砂芯　用硅砂等材料制成的型芯，称为砂芯。砂芯制作容易、价格便宜，可以造出各种复杂形状的砂芯。砂芯的强度和刚度一般都能满足使用要求，对铸件收缩时的阻力小，铸件清理方便，在砂型铸造中得到广泛的应用。在金属型铸造、低压铸造等铸造工艺中，对于形状复杂的内腔孔洞，也用砂芯来形成。

（2）金属芯　在金属型铸造、压力铸造等工艺方法中，广泛应用金属材料制作型芯。金属芯的强度和刚度好，生产的铸件尺寸精度高，但对铸件收缩的阻力大，对于形状复杂的空腔，抽芯比较困难，选用时应引起足够重视。

（3）可溶性型芯　用水溶性盐类制作的型芯或用水溶性盐类作为黏结剂制作的型芯称为水溶芯。此类型芯有较高的常温强度和高温强度、低的发气性、较好的抗粘砂性，清理铸件时用水就可方便地溶失型芯。水溶芯在砂型铸造、金属型铸造、压力铸造等工艺方法中得到一定应用。

2. 砂芯分块的基本原则

在铸件的浇注位置和分型面等工艺方案确定后，就可根据铸件结构来确定砂芯如何分块（即砂芯采用整体结构还是分块组合结构）和各个分块砂芯的结构形状。确定时总的原则是：使造芯和下芯过程方便，铸件内腔尺寸精确，不致造成气孔等缺陷，芯盒结构简单。

（1）保证铸件内腔尺寸精确 对于铸件内腔尺寸精度要求较高的部位，应由同一砂芯形成，一般不宜分割成几个砂芯。但对于大型砂芯，为保证某一部分的精度，有时需将砂芯分块。如图5-20所示铸件，下部窗口位置要求准确，分成两个砂芯后，2#砂芯即使错动，也不会影响1#砂芯的位置。

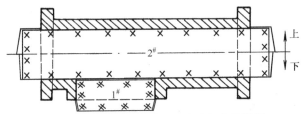

图5-20 为保证铸件精度而将砂芯分块举例

（2）应使操作方便 复杂的大砂芯、细而长的砂芯可分为小而简单的砂芯。大而复杂的砂芯，分块后结构简单，造芯方便。细而长的砂芯，应分成数段，并设法使芯盒通用。砂芯上的细薄连接部分或悬臂凸出部分应分块制造，待烘干后再粘接装配在一起。

（3）应使芯盒捣砂面宽敞且砂芯烘干支持面最好为平面 捣砂面宽敞便于向芯盒内安装芯骨和填砂。对于进炉烘干的大砂芯或外形复杂的砂芯，常沿最大截面分为两半制作，这样既可以使捣砂面宽敞，又可获得平直的烘干支持面。砂芯烘干的支撑形式如图5-21所示。

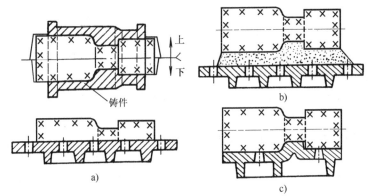

图5-21 烘干砂芯的几种方法

a）平面烘干板 b）砂胎支撑烘干 c）成形烘干器烘干

除上述几条原则外，还应使每块砂芯有足够大的断面，保证有一定的强度和刚度，并能顺利排出砂芯中的气体；使芯盒结构简单，便于制造和使用等。

3. 芯头的设计

芯头是指伸出铸件以外不与金属液接触的砂芯部分。它本身不形成铸件的轮廓。芯头的作用是定位、支撑和排气，但不一定同时起到三个作用。对芯头的要求是：定位和固定砂芯，使砂芯在铸型中有准确的位置，并能承受砂芯重力及浇注时液体金属对砂芯的浮力，使砂芯不被破坏；芯头应能及时将浇注后砂芯所产生的气体排出型外；上下芯头及芯号容易识别，不致搞错下芯方向和芯号；下芯、合型方便，芯头应有适当斜度和间隙，间隙量要考虑砂芯和铸型的制造误差，又要少出飞翅；使砂芯堆放、搬运方便，重心平稳。

芯头可以分为垂直芯头和水平芯头（包括悬臂式芯头）两大类，分别如图5-22和

图 5-23 所示。

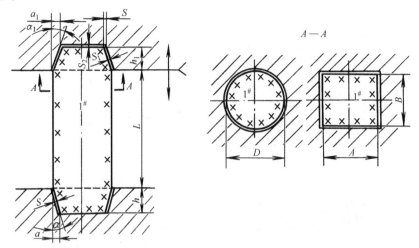

图 5-22 垂直芯头结构
α—斜度 S—间隙 h—芯头高度

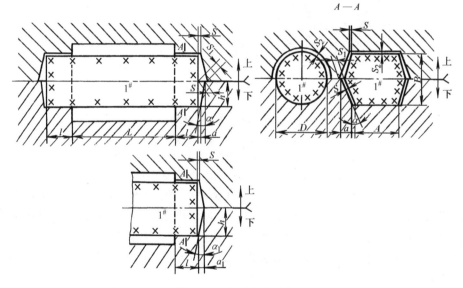

图 5-23 水平芯头结构
l—芯头长度 S—间隙 α—斜度 h—下芯座高度 B—芯头高度

（1）芯头的组成 典型的芯头结构如图 5-24 所示。它包括芯头长度、斜度、间隙、压环、防压环和积砂槽等结构。具体尺寸可查相关手册确定，不需要烦琐的计算。

1）芯头长度。芯头长度指的是砂芯伸入铸型部分的长度，如图 5-23 中尺寸 l。垂直芯头长度通常称为芯头高度，如图 5-22 中尺寸 h、h_1。

对于水平芯头，砂芯越大，浇注时所受浮力就越大，因此芯头长度也应越长，以使芯头和砂型之间有更大的承压面积。垂直芯头砂芯的重量或浮力由垂直芯头的底面积来承受。芯头不要设计得太长，只要能满足芯头的基本要求即可，过长的芯头会增加砂箱的尺寸。

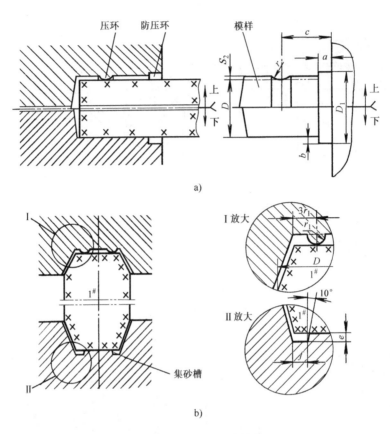

图 5-24 典型的芯头结构

a）水平芯头 b）垂直芯头

a—防压环厚度 b—防压环下部深度 c—压环至防压环的距离

D—砂芯直径 e—集砂槽深度 f—集砂槽宽度

根据 JB/T 5106—1991 中所列数据，对于直径 $D<160mm$ 和长度小于 1000mm 的中小型砂芯，水平芯头长度一般在 20～100mm 之间，特大型砂芯的水平芯头有长达 300mm 的。由于湿型的抗压强度低，因此，砂芯在湿砂型中芯头的长度大于干砂型和自硬砂型中芯头的长度。垂直芯头的高度根据砂芯总高度和横截面的大小确定，一般取 15～150mm。具体尺寸可参考相关手册确定。

确定垂直芯头的高度时应注意：对于细而高的砂芯，上下都应留有芯头，以免在金属液冲击下发生偏斜，而且下芯头高度取值应大些。对于湿砂型，芯座与芯头之间可不留间隙，以便下芯后能使砂芯保持直立。对于 L/D（L 为砂芯高度，D 为砂芯直径）$\geqslant 2.5$ 的细高砂芯，采取扩大下芯头直径的办法，增加砂芯在型中的稳定性；对于粗而矮的砂芯，可不设上芯头，以方便造型、合型；对于等截面或上下对称的砂芯，为了下芯方便，上、下芯头可用相同的高度和斜度，而对于需要区分上、下芯头的砂芯，一般应使下芯头高度大于上芯头高度。

2）芯头斜度。为了下芯准确、方便，避免碰坏型、芯，芯头和芯座在造型取模和下芯方向设有一定的斜度。对于垂直砂芯，其上部的芯头和芯座斜度一般比下部斜度大。为了保证芯头与芯座的配合，形成芯座的模样芯头的斜度应取正偏差（如 $\alpha = 5° + 15'$），芯盒中芯头部分的斜度取负偏差（如 $\alpha = 5° - 15'$）。有关芯头斜度的取值可参考相关手册。

3）芯头与芯座的配合间隙。芯头与芯座的配合关系和轴与轴承的配合相似，必须有一定的装配间隙。如果间隙过大，虽然下芯、合型较方便，但是会降低铸件尺寸精度，甚至金属液可能流入间隙中造成"披缝"，使铸件落砂清理困难，或者堵塞芯头的通气孔道，使铸件产生气孔等缺陷；如果间隙过小，将使下芯、合型操作困难，易产生掉砂或塌箱。间隙的大小取决于铸型种类、砂芯大小、精度要求等。机器造型、造芯时，间隙一般较小，而手工造型、造芯时，间隙较大。具体的配合间隙可参考相关手册。

4）压环、防压环和集砂槽（图5-24）。压环（压紧环）是指在上模样芯头上车削一道半圆凹沟（ $r = 2 \sim 5mm$ ），造型后在上芯座上凸起一环型砂，合型后它能把砂芯压紧，避免金属液沿间隙进入芯头而堵塞通气道，这种方法只适用于机器造型的湿砂型。

防压环是在水平芯头模样的根部，设置凸起圆环（高度为 $0.5 \sim 2mm$ ，宽度为 $5 \sim 12mm$ ），造型后在芯座相应部位形成下凹的一环状缝隙。下芯和合型时，可防止砂型被压塌。防压环的作用和手工造型中的"打披缝"的作用是一样的，都是为了使靠近型腔表面的砂型不受压力，防止压塌砂型。

铸造生产中，常因为砂粒存于下芯座中而使砂芯放不到底面上，手工造型时可人工清除这些砂粒，但机器造型就不可能这样做。为此，在下芯座模样的边缘上设一道凸环，造型后砂型内形成一环形凹槽，称为集砂槽。其作用是存放个别散落的砂粒。这样就可以加快下芯速度。集砂槽一般深 $2 \sim 5mm$ ，宽 $3 \sim 6mm$ 。

（2）特殊定位芯头　有的砂芯有特殊的定位要求，如防止砂芯在型内绕轴线转动、砂芯轴向位移偏差过大及下芯时搞错方位，这时就应采用特殊定位芯头。特殊定位芯头结构如图5-25所示。图5-25d中的水平芯头兼有防止砂芯沿轴线移动的作用。

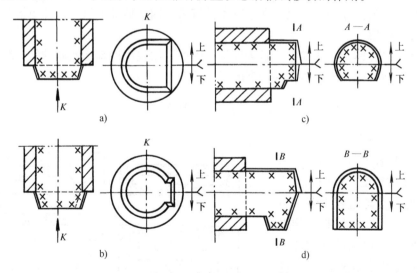

图5-25　特殊定位芯头结构

a)、b) 垂直芯头　c)、d) 水平芯头

4. 芯骨

放入砂芯中用以加强砂芯整体强度并具有一定形状的金属构件称为芯骨。芯骨形状及材料的选择一般根据砂芯形状和尺寸大小、砂芯种类而定。按使用情况可分为三种类型，分别

是：①铁丝芯骨，用铁丝制作的芯骨，常用于小型砂芯，铁丝使用前应进行退火处理，以消除弹性；②圆钢芯骨，由圆钢焊接而成，较为坚固，可重复使用，但难于清砂，适用于形状简单的砂芯；③铸铁芯骨，其结构主要由基础骨架和插齿两部分组成。

5. 芯撑

在铸型中支撑砂芯的金属支撑物称为芯撑。芯撑的形状、尺寸依铸件形状结构而定，大多由钢板冲、焊而成。使用芯撑时应注意：芯撑材料的熔点不能高于铸件材质的熔点；芯撑应有足够的强度；芯撑表面应无锈、无油、无水气；应尽量将芯撑放置在铸件的非加工面或不重要的面上；有气密性要求的铸件应避免采用芯撑，以免熔合不好而达不到要求。

视频：砂芯排气设计

6. 砂芯的排气

砂芯在高温金属液作用下，短时间内会产生大量气体，这就需要在砂芯中做出通气道，以使气体能迅速排出型外。形状复杂、尺寸较大的砂芯，应开设纵横沟通的通气道，通气道必须通至芯头端面，不能通到砂芯的工作表面。

第三节 铸造工艺设计参数

铸造工艺设计参数（简称工艺参数）通常是指工艺设计时需要确定的某些数据。铸造工艺参数与铸件形状、尺寸、技术要求和铸造方法有关，工艺设计时应结合具体的生产情况，合适、准确选取工艺参数，以达到提高生产率、降低成本、获得优质铸件的目的。除了铸造收缩率、机械加工余量和起模斜度这些工艺参数以外，其余的工艺参数一般只适用于特定的条件下。下面着重介绍铸造工艺参数的概念和应用条件，具体数据可参考相关手册和资料。由于工艺参数的选取与铸件尺寸和验收条件有关，因此铸件的尺寸公差也需介绍。

一、铸造收缩率

铸造收缩率又称铸件线收缩率，是铸件从线收缩开始温度冷却至室温的线收缩率。铸造收缩率用模样与铸件的长度差占铸件长度的百分数表示，即

$$\varepsilon = \frac{L_1 - L_2}{L_2} \times 100\%$$

式中　ε——铸造收缩率（%）；

L_1——模样长度（mm）；

L_2——铸件长度（mm）。

因为铸件在冷却过程中各部分尺寸都要缩小，所以必须将模样及芯盒的工作面尺寸根据铸件收缩率来加大，加大的尺寸称为缩尺。

铸造收缩率主要与合金的收缩大小和铸件收缩时受阻条件有关，如合金种类、铸型种类、砂芯退让性、铸件结构、浇冒口等。图5-26表明，合金成分相同的铸钢件，因

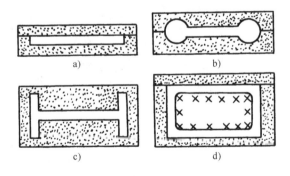

图5-26 铸钢件结构对铸造收缩率的影响

a) 自由收缩，收缩率为2.5%　b) 容易收缩，收缩率为1.5%

c) 难于收缩，收缩率为1.0%　d) 十分难于收缩，收缩率为0.5%

结构不同，其收缩率相差很大。因此，在工艺设计时应正确选择铸造收缩率，一般砂型铸造灰铸铁件的收缩率取 1.0%；铸钢件取 2.0%。具体数据可查相关手册。

在生产中制造模样时，为了方便起见，常用特制的缩尺，缩尺的刻度比普通尺长，其加长的量等于收缩量。常用的有 0.8%、1.0%、1.5%、2.0% 等缩尺。

视频：铸造用缩尺简介及其使用方法

二、机械加工余量

机械加工余量是指为了保证铸件加工面尺寸和零件精度，工艺设计时，在铸件待加工面上预先增加的而在机械加工时切削掉的金属层厚度。机械加工余量等级的代号用 "RMAG" 表示，并由精到粗分为 A、B、C、D、E、F、G、H、J 和 K 共 10 个等级。

选择加工余量应当适当。加工余量过大，增加了机械加工工作量，浪费金属，而且会使铸件加工后的表面各种性能下降；加工余量太小，不能保证铸件尺寸精度，且铸件有时因其他因素的影响会产生变形或表面缺陷，这些都要靠增加加工余量来弥补。另外砂型铸造铸件表面上常有粘砂层，过小的加工余量不能完全除去铸件表面的缺陷，甚至个别部位加工后还会有铸件黑皮，因达不到零件图要求而报废。

一般碳钢铸件的加工余量比灰铸铁件要大；机器造型比手工造型生产的铸件加工余量小；尺寸较大、结构复杂、精度不易保证的铸件加工余量大些；铸件加工面在浇注位置的上面时比在下面时的加工余量大；铸件内表面（如孔和槽的表面）比铸件外表面加工余量大。

铸件的加工余量数值可查相关手册。按照 GB/T 6414—2017《铸件　尺寸公差、几何公差与机械加工余量》的规定，铸件加工余量应与该标准规定的铸件尺寸公差配套使用。

公称尺寸是指两个相对加工面之间的最大距离，或者从加工基准面或中心线到加工面的距离。若几个加工面对其基准面是平行的，则公称尺寸必须选取最远一个加工面到基准面的距离。

三、铸件尺寸公差

铸件各部分尺寸允许的极限偏差称为铸件尺寸公差。在实际生产中，无论采取哪种铸造方法，铸件的实际尺寸和图样上的尺寸相比，总会有一些偏差。偏差越小，铸件的精度就越高。我国的铸件尺寸公差标准 GB/T 6414—2017 是设计和检验铸件尺寸的依据，标准中具体规定了砂型铸造、金属型铸造、压力铸造、低压铸造、熔模铸造等方法生产的各种铸造合金的铸件尺寸公差。

铸件尺寸公差等级的代号为 DCTG。所规定的公差等级由精到粗分为 16 级，即 DCTG1～DCTG16，其数值可查 GB/T 6414—2017。在图样上采用公差等级代号标注，如 "GB/T 6414 – DCTG10"。

铸件尺寸公差数值应根据铸件公称尺寸查取，铸件图上的公称尺寸应包括铸件的机械加工余量。铸件图上的铸件尺寸公差和机械加工余量的关系如图 5-27 所示。

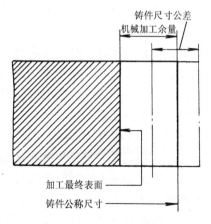

图 5-27　铸件尺寸公差和机械加工余量

四、起模斜度

为了使造型、芯时起模方便，在模样、芯盒的出模方向留有一定斜度，以免损坏砂型或砂芯，这个斜度称为起模斜度。

起模斜度应设计在铸件没有结构斜度并垂直于分型面（或分盒面）的表面上，其大小依起模高度、模样表面粗糙度值及造型、造芯的方法而定。使用时尚需注意：起模斜度应小于或等于零件图上所规定的起模斜度值，以防止零件在装配或加工中与其他零件相妨碍；尽量使铸件内、外壁的起模斜度和芯盒斜度取值相同、方向一致，以使铸件壁厚均匀；在非加工面上留起模斜度时，要注意与相配零件的外形相一致，保持整台机器的协调、美观；同一铸件的起模斜度应尽可能只选用一种或两种斜度，以免加工金属模时频繁更换刀具；非加工的装配面上留斜度时，最好用减小厚度法，以免安装困难；手工制造木模，起模斜度应标注毫米数值，机械加工的金属模应标注角度值，以利操作。

起模斜度的三种形式如图5-28所示。一般在铸件加工面上采用增加铸件厚度法（图5-28a）；在铸件不与其他零件配合的非加工表面上，可采用三种形式的任何一种；在铸件与其他零件配合的非加工表面上，采用减少铸件厚度法（图5-28c）或增加和减少铸件厚度法（图5-28b）。原则上，在铸件上留出起模斜度后，铸件尺寸不应超出铸件的尺寸公差。

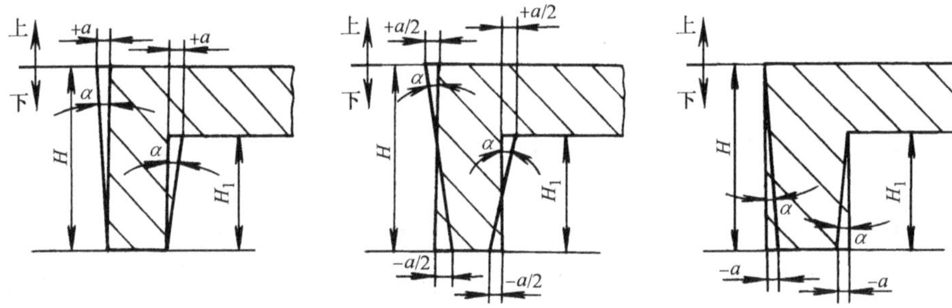

a) b) c)

图5-28 起模斜度的三种形式

a）增加铸件厚度法 b）增加和减少铸件厚度法 c）减少铸件厚度法

五、最小铸出孔和槽

铸件上的孔和槽是否铸出，要根据具体情况而定。一般说来，较大的孔和槽应铸出，以节约金属和机加工工时。较小的孔和槽，则不宜铸出，直接进行机械加工反而方便。一般灰铸铁件成批生产时，最小铸出孔直径为15～30mm，单件小批量生产时为30～50mm；铸钢件最小铸出孔直径为30～50mm，薄壁铸件取下限，厚壁铸件取上限。对于有弯曲形状等特殊的孔，无法机械加工时，则应直接铸造出来。需用钻头加工的孔（中心线位置精度要求高的孔）最好不铸出。难于加工的合金材料，如高锰钢等铸件的孔和槽应铸出。

铸件的最小孔和槽的数值可查相关手册。

六、工艺补正量

在单件、小批量生产中，由于各种原因（例如铸造收缩率选取不当、操作偏差、偏芯等）使加工后的铸件局部尺寸小于图样上要求的尺寸，为了防止铸件局部尺寸超差，在铸件相应的非加工面上增加的金属层厚度称为工艺补正量。如图5-29a所示，管件如按尺寸L加工凸缘的平面后，常发现凸缘的厚度比要求的尺寸小，为了保证要求的厚度，制作模样时，在该处增加一个e值，这个e值就是工艺补正量。图5-29b为铸件凸台需加工艺补正量e的示意图。工艺补正量增加的金属层常保留在零件上。补正量e的取值可查相关手册。

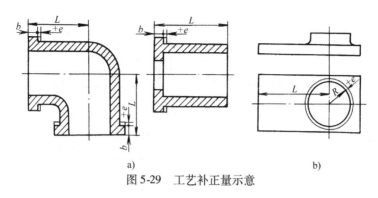

图 5-29　工艺补正量示意

七、非加工壁厚的负余量

在手工造型和造芯时，由于起模敲动及木模因吸潮而引起膨胀等原因，都会使型腔尺寸扩大，为了保证铸件的尺寸、壁厚的准确性和避免铸件超重，应当采用负余量。形成铸件非加工表面壁厚的木模或芯盒内肋板尺寸应该减小（即小于图样上标注的尺寸），所减小的尺寸，称为非加工壁厚的负余量。

非加工壁厚负余量应在铸造工艺图上标注，其数值与铸件重量、壁厚等因素有关。必须指出：非加工壁厚的负余量，只限于手工造型、造芯时采用，其数值可查相关手册。

八、分型负数

干砂型、表面烘干型及尺寸很大的湿型，由于分型面烘烤、修整等原因，一般都不很平整，上、下型接触面不很严密。为了防止浇注时跑火，合型前，需要在分型面之间垫以耐火泥条或石棉绳等，这样在分型面处就明显地增大了铸件的尺寸。为了抵消铸件在分型面部位的增厚（垂直于分型面的方向），保证铸件尺寸符合图样要求，在拟订工艺时，应在模样上相应部位减去一定的尺寸，这个被减去的值，称为分型负数，用 a 表示。分型负数的几种留法如图 5-30 所示。

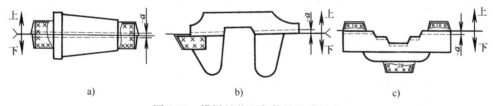

图 5-30　模样的分型负数的几种留法

a）两半模样都留负数　b）上半模样留负数　c）下半模样留负数

分型负数的数值可查相关手册。

九、反变形量

根据铸件在凝固、冷却过程中可能产生的弯曲变形，在制模样时，预先做出与弯曲变形相反的变形量，称为反变形量，或称为反挠度、假曲率。反变形量的形式如图 5-31 所示。

一般壁厚差别不大的中小型铸件不必留反变形量，而用加大加工余量的办法来补偿铸件挠曲变形即可。大的床身类、平台类铸件，箱体类铸钢件，细长的纺织机械类铸件，在制模样时多采用反变形量。反变形量的大小一般根据实际生产经验来确定，如床身类铸件，有的工厂采取 0.1% ~ 0.3% 的反变形量。反变形量的经验数据可查相关手册。

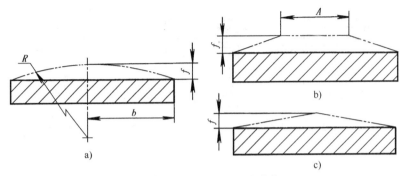

图 5-31　反变形量的三种形式

a）月牙形 $R = (b^2 + f^2) / 2f$　b）竹节形　c）三角形

十、砂芯负数

砂芯在湿态时因自重而下沉、涂料层较厚及烘干后膨胀变形等原因引起砂芯四周方向尺寸增大，会使铸件壁厚减薄。所以，在制造芯盒时，将芯盒的长、宽尺寸减去一定值，这个被减去的值，称为砂芯负数。砂芯负数适用于大型黏土砂芯。砂芯负数的经验数值可查相关手册。

第四节　铸造工艺装备的应用

铸造工艺装备（简称工装）是铸造生产过程中所用的各种模具、工夹量具的总称，例如模样、模板、芯盒、砂箱等。本节主要介绍常用工艺装备的概念、结构特点及适用范围等。工装设计中的一些数据，可参考相关手册和资料。

一、模样

模样是造型工艺必需的工艺装备之一，其作用是用来形成铸型的型腔，因此模样直接关系着铸件的形状和尺寸精度。为了保证铸件质量，提高造型生产率，模样必须有足够的强度和刚度，有与技术要求相适应的表面粗糙度和尺寸精度。同时要求使用方便，制造简单，成本低。

模样外形与铸件外形基本相似，但在铸件上用砂芯形成孔的地方，模样上无孔，而是凸出一块芯头（砂型中形成芯座），如图 5-32 所示。

模样的尺寸除了要考虑产品零件的尺寸以外，还要考虑零件的铸造工艺尺寸（包括机械加工余量、起模斜度、工艺补正量等各种工艺参数）和零件材料的铸造收缩率。模样尺寸可由下式计算

$$模样尺寸 = (零件尺寸 \pm 工艺尺寸) \times (1 + 铸造收缩率)$$

公式中"±"的用法："＋"用于模样凸体部位的尺寸；"－"用于模样凹体部位的尺寸。

模样尺寸是指模样上直接形成铸件的尺寸，不包括模样本身的结构尺寸，如壁厚、加强肋等。因模样上的芯头部分和浇冒口模样等不形成铸件本体，故不必计算铸造收缩率。

根据铸件的结构特点、造型方法和生产批量不同，可选用不同的材料制作模样。按照制作模样的材料分类，可将模样分成木模、金属模和塑料模三类。

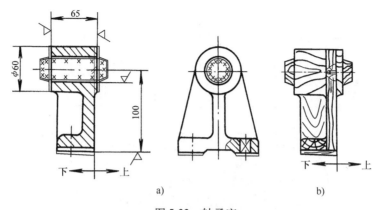

图 5-32　轴承座

a）铸造工艺图　b）木模结构图

（1）**木模**　用木材制成的模样称为木模，是生产中应用较多的一种模样。它具有质轻、易加工、生产周期短、成本低等优点，但强度和硬度低，容易变形和损坏，一般用于单件小批量生产中。制造模样用的木材要求纹理平直、纤维坚韧、硬度适中、质地细密、吸湿性低、缩胀性小、无木节裂纹等缺陷。常用的木材有红松、白松、杉木等。制作木模前应将木材进行干燥处理，以免发生干缩变形。

（2）**金属模**　金属模是用金属制成的模样，它具有强度高、尺寸精确、表面光洁、耐磨耐用等优点，但制模生产周期长、成本高，多用于成批大量生产。

制造金属模常用的材料有铝合金、铸铁、铸钢、铜合金等。这些材料具有不同的加工性能和力学性能，应根据具体情况选用。

根据模样大小不同，模样可设计成实体或空心结构。当模样较小时，可做成实体结构，中大型模样一般都做成空心结构。设计空心金属模时，一般采用均匀壁厚，内腔设加强肋，保证其具有足够的强度和刚度。

（3）**塑料模**　塑料模是用环氧树脂为主要材料制成的模样。它具有表面光洁、起模性能好、不易变形、质轻、耐磨耐蚀、制造工艺简单、生产周期短等优点。缺点是使用中不能加热，在制造中挥发出有害气体。塑料模多用于成批生产的中小件，特别是形状复杂和机械加工困难的模样。

二、模板

（1）**模板的组成**　模板一般是由铸件模样、芯头模样和浇冒口系统模样与模底板通过螺钉、螺栓、定位销等装配而成的，但也有整铸的模板，如图 5-33 和图 5-34 所示。通常模底板的工作面形成铸型的分型面。铸件模样、芯头模样、浇冒口模样分别形成铸件的外轮廓、芯头座、浇冒口系统的型腔。

采用模板造型不仅可以简化造型操作，提高生产率，而且型腔尺寸精确。所以模板造型不仅用于成批大量生产的机器造型中，在小批量生产的手工造型中，为了提高铸件质量，也可采用模板造型。

（2）**模板的分类及其结构特点**　表 5-6 列出了模板的分类及其结构特点。

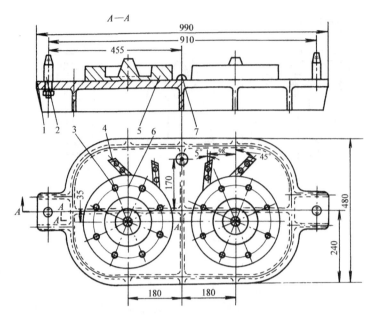

图 5-33　装配式单面模板

1—模底板　2—定位销　3—沉头螺钉　4—内浇道　5—下模样　6—圆柱销　7—直浇道窝

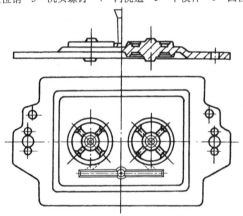

图 5-34　整铸式双面模板

表 5-6　模板的分类及其结构特点

分类方法	模板种类	结构特点	应用范围
按制造方法分	整铸式模板	模样和模底板连成一体铸出	成批大量生产
	装配式模板	模样和模底板分开制造,然后装配在一起,模样可以固定在模底板上,也可以是活动可换的	各种生产条件下都可选用
按模板材料分	铸铁模板	材料:HT150、HT200、QT500-7	单面模板的模底板、模底板框
	铸钢模板	材料:ZG200-400、ZG230-450、ZG270-500	单面模板的模底板
	铸铝模板	材料:ZL101、ZL102、ZL104	各种中小型模板
	塑料模板	一般与金属骨架、框架联合使用	双面模板和小型铸件的单面模板

（续）

分类方法	模板种类	结构特点	应用范围
按模板结构分	双面模板	上、下模样分别位于同一块模底板的两面	小型铸件成批大量生产的脱箱造型
	单面模板	上、下模样分别位于上、下模底板上，组成一副单面模板	各种生产条件下都可选用
	漏模模板	模样分型面处的外廓形状与漏模框的内廓形状一致，起模时，模样由升降机构带动下降，漏模框托住砂型不动	难以起模的铸件，如斜齿轮、螺旋轮等，以及手工造型时，模样较高，起模斜度很小或无起模斜度的铸件
	坐标模板	模底板上具有按坐标位置整齐排列的坐标孔。使用时，将上、下模样分别定位、固定在坐标模底板上的相应的坐标孔中	单件少量生产的机器造型或手工造型
	快换模板	由模板和模板框两部分组成。模板框固定在造型机工作台上，而可更换的模板固定在模板框中，可减少更换模板时间	适用于成批生产的机器造型
	组合模板	同一模板框内，可安放多种模板，可以任意更换其中一块或几块模板，实现多品种生产，合理组织生产	适用于多品种流水线生产的机器造型
按起模方式分	顶杆起模模板	模板上有顶杆通道，顶杆直接顶起砂箱起模	适用于造中、小型上型的模板
	顶框起模模板	模板外形尺寸与顶框内廓尺寸相适应，模底板的高度尺寸与顶框一致。起模时，顶杆通过顶框间接顶起砂箱	适用于造大、中型上型的模板
	转台起模模板	砂型紧实后，砂箱和模板一起翻转，使模板在上，砂箱在下。模板、砂箱和砂箱托架总高度应小于造型机最大回转高度。模底板应设置夹紧装置	适用于造下型的模板

（3）模样在模底板上的定位及尺寸标注　单面模板的上、下两半模样必须严格地准确对位，才能保证铸件不致错型。

1）基准线选择。单面模板造出的上、下砂型是以模底板上的定位销和导向销为基准的，因此模样在模板上的定位也必须以模底板上的定位销和导向销为基准。基准线有两条，即垂直基准线和水平基准线，前者取定位销中心线，后者取定位销和导向销中心线的连线。模样在模底板上的定位尺寸都以这两个基准来标注，如图5-35a所示。

另外，有的工厂用两定位销中心连线的中点作为垂直基准线，而水平基准线仍是两定位销中心线的连线，如图5-35b所示，但这样划线多一次定位误差。

2）单面模板的上、下模样对位的操作方法。同时在已经加工好的两半模样上划线，配对夹紧，钻（铰）定位销孔及螺孔；将上、下模底板划线，钻出螺孔；将上模样按线对准并紧固在上模底板上，以上模样的定位销孔为准（相当于钻模），先钻一孔，打入定位销，再钻另一孔；拆去上模样，将上、下模底板面贴面，以导销中心线及导销中心线连线为基准夹紧，用上模底板已钻的定位销孔配钻一孔，打入定位销后，再钻另外一孔；通过定位销将

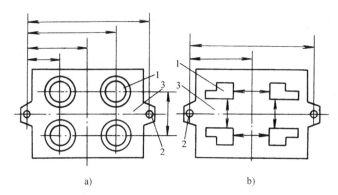

图 5-35　模样在模底板上的定位及尺寸标注
1—模样　2—销孔　3—模底板

上、下模样分别装在上、下模底板上，检查无误，即可紧固螺钉。

三、芯盒

在铸造生产中，除了少数简单的铸件不需要型芯形成铸件的内腔或孔洞外，大部分铸件都由型芯形成内腔。芯盒是制造型芯必需的模具，其尺寸精度和结构是否合理，将在很大程度上影响型芯的质量和造芯效率。

（1）芯盒内腔尺寸计算　芯盒的内腔尺寸即砂芯尺寸，应根据铸造工艺图进行计算，计算公式为

$$芯盒内腔尺寸 = (零件尺寸 \pm 工艺尺寸) \times (1 \pm 铸造收缩率)$$

公式中"±"的用法："+"用于工艺尺寸使砂芯尺寸增大的情况；"−"用于工艺尺寸使砂芯尺寸减小的情况。

（2）芯盒的结构型式　芯盒的结构型式一般有整体式、拆开式、脱落式三种，如图5-36所示。

图 5-36a 所示为整体式芯盒，芯盒的四壁是不能拆开的，一般具有敞开的填砂面，在出芯方向有一定的斜度，翻转芯盒即可倒出砂芯。这种芯盒结构简单，操作方便，适用于制造

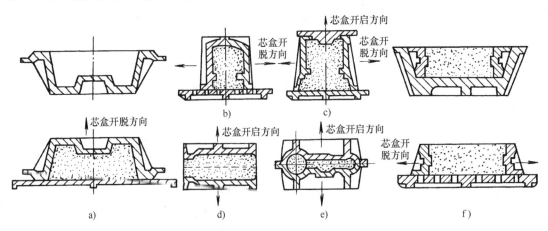

图 5-36　芯盒结构型式
a）整体式芯盒　b）~ e）拆开式芯盒　f）脱落式芯盒

高度较小的简单砂芯。

图 5-36b~e 所示为拆开式芯盒，拆开式芯盒是由两部分以上盒壁组成，并有定位、夹紧装置。填砂前先把芯盒锁紧，填砂紧实完毕后拆开芯盒即可取出砂芯。由于芯盒拆开面的不同，又分为水平式芯盒和垂直式芯盒。

图 5-36f 所示为脱落式芯盒，这种芯盒使用很广，它由内外两层盒壁组成，内层壁构成砂芯的形状和尺寸，外层壁是作为固定内层壁用的套框。砂芯制好后将芯盒翻转脱去外框，再从不同方向使内层壁组块与砂芯分离。这种芯盒适用于制造形状复杂的砂芯，但精度较差。为了便于芯盒脱落，要将芯盒各内层壁组块与外层壁之间的配合面留有一定斜度，一般为3°~5°。

（3）芯盒的种类 生产中使用的芯盒种类很多，按制造芯盒的材料可分为木质芯盒、金属芯盒和塑料芯盒。

木质芯盒是用木材制造的芯盒，常用于手工造芯及自硬砂造芯的单件、小批量生产。金属芯盒常用铝合金和灰铸铁等金属材料制造，适用于大批量制造砂芯及造芯工艺有特殊要求的情况，以提高砂芯精度和芯盒的耐用性。塑料芯盒具有与塑料模样相同的优点，适用于制造几何形状复杂、有曲折分盒面的芯盒。

视频：铸造用木质芯盒制作过程

四、砂箱

砂箱是构成铸型的一部分，其作用是制造和运输砂型。

砂箱是铸造车间造型所必需的工艺装备。砂箱结构既要符合砂型工艺的要求，又要符合车间的造型、运输设备的要求。因此，正确地选用和设计砂箱的结构，对于保证铸件的质量，提高生产率，减轻劳动强度，降低成本及保证安全生产都具有重要意义。

（1）砂箱的分类 砂箱的种类很多，可按不同方法进行分类。

1）按砂箱的尺寸大小和重量不同，可分为小型砂箱（其内框尺寸为 300mm×250mm~500mm×400mm，重量不超过 20kg）、中型砂箱（其内框尺寸为 500mm×350mm~1200mm×900mm，重量不超过 65kg）和大型砂箱（其内框尺寸大于 1200mm×900mm）三类。

2）按砂箱材料可分为木质砂箱、铝合金砂箱、灰铸铁砂箱、球墨铸铁砂箱和铸钢砂箱五种。木质砂箱只适用于单件、小批量生产的手工脱箱造型用的脱箱；铝合金砂箱因铝合金熔点低，不适宜制造浇注用的砂箱，一般用于脱箱机器造型用的脱箱；灰铸铁砂箱因其强度高，制造容易，成本低而在生产中得到广泛应用；球墨铸铁砂箱多用于造型生产线上；铸钢砂箱因成本较高，多用于大型铸造车间，尤其是铸钢车间和造型生产线上。

3）按结构型式可分为普通砂箱和专用砂箱两种。普通砂箱是指铸造车间的通用砂箱，常为方形或矩形，这类砂箱应用最多。专用砂箱是指按照特定铸件设计的砂箱，如圆形砂箱，可节约造型材料和造型时间。

（2）对砂箱的基本要求 虽然砂箱种类繁多，大小不一，但其结构有许多共同之处，砂箱的结构基本上是一个框形体。对砂箱的基本要求是：内框尺寸应保证砂箱壁和模样间有合理的吃砂量；为保证砂箱的强度和刚度，应有合适的箱壁、箱带和加强肋结构，这些结构应有利于黏附型砂、不妨碍浇冒口的设置、不阻碍铸件的收缩、便于落砂和脱出铸件；为便于铸型烘干和浇注时的排气，中、大型砂箱的箱壁上应设有排气孔；为保证造型和合型时准确定位，砂箱上应设有安装定位销套的结构；为便于搬运，小型砂箱应有把手，中、大型砂箱应设有吊轴、吊环，并有足够的强度，以确保安全；为防止浇注时抬箱跑火，砂箱上应设有紧固结构，合型后要锁紧；在满足工艺要求和确保安全的前提下，砂箱的结构应简单、轻便、易于制造；砂箱的规格尽可能标准化、系列化、通用化，以减少砂箱规格，降低生产成本，便于使用和管理。

砂箱的设计可参考相关手册和资料。

常用砂箱结构实例如图5-37所示。

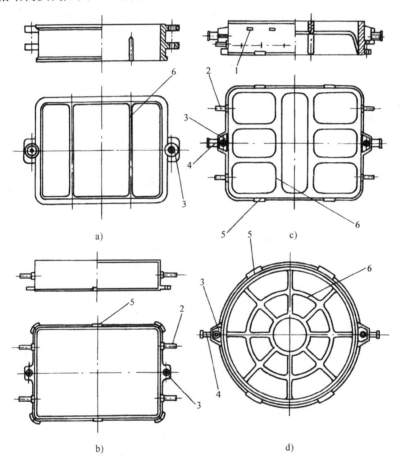

图 5-37　常用砂箱结构实例
a) 小型砂箱　b) 中型手抬砂箱　c) 中型吊运砂箱　d) 圆形砂箱
1—排气孔　2—把手　3—定位箱耳　4—吊轴　5—锁紧楔形凸台　6—箱带

第五节　铸造工艺实例分析

一、箱体类铸件

箱体类铸件一般指封闭或半封闭的箱形或框架形铸件。如齿轮箱、床身、柴油机缸体等。其特征是内腔容积较大，尺寸精度要求较高，壁较薄，有些铸件内腔具有隔板及轴孔，有些还要求铸件耐压及耐磨，其铸造难度相对较高。

通常，箱体类铸件的工艺特点是：重点考虑砂芯的制作、安放、固定、排气及检查等问题，浇注系统应满足浇注快速、平稳，排气顺利等要求，一般按同时凝固的原则来设计浇冒口。

箱体类铸件较易产生的铸造缺陷有气孔、砂眼、夹渣、冷隔、裂纹等。

举例 1：S195 柴油机缸体

（1）材质 HT250。

（2）基本结构参数及技术要求

1）壁厚。一般为 5mm，最大壁厚为 15mm。

2）结构。铸件为封闭式箱形结构，毛坯轮廓尺寸为 528mm×306mm×183mm。

3）重量。铸件毛坯重 41kg，加工后净重 35.4kg，每箱浇注铁液总质量 98kg。

4）铸件水套要求在 0.3~0.4MPa 的水压下保压 3min 不渗漏。

5）内外表面要求清洁，无粘砂、飞翅及毛刺，表面粗糙度 Ra 值≤25μm。

6）铸件不允许有裂纹、冷隔、错型等缺陷。

（3）生产方式及条件 大批量生产；CF 气冲造型线造型；K87 壳芯机及 Z8612B 射芯机造芯；冲大炉加工频炉双联熔炼。

（4）铸造工艺方案（工艺图见图 5-38）

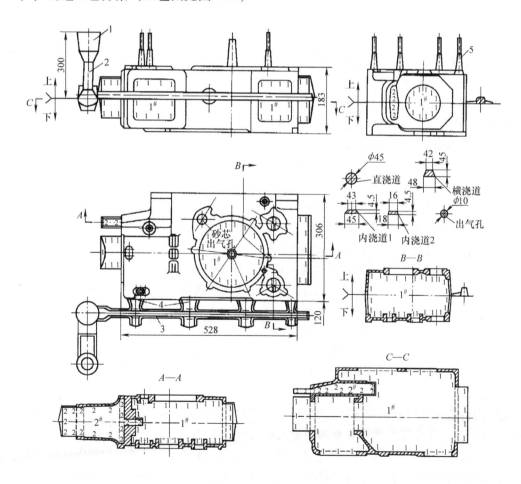

图 5-38 S195 柴油机缸体工艺简图

1—浇口杯 2—直浇道 3—横浇道 4—内浇道 5—出气孔

1）浇注位置和分型面。从造型及下芯方便且有利于排气等多方面因素考虑，采用平做平浇方式，中间对称分型，浇注位置为缸盖面朝下，采用中注式浇注。该方案的特点是：分型面设于缸体中部，使模样分模面与主体砂芯的芯盒分盒面保持一致，起模斜度方向相同，有利于保证铸件的尺寸精度，且便于造型和下芯；缸盖面设于下箱是考虑缸盖面外形较复杂，置于下箱有利于保证造型质量。由于飞轮端主轴孔垂直芯头的直径较大，置于上箱有利于砂芯的排气及保证砂芯在浇注时不产生上浮现象。

2）每箱铸件数量的确定。造型线砂箱尺寸为 $1000mm \times 800mm \times 300mm/300mm$，根据缸体尺寸确定为 1 箱 2 件。

3）确定工艺参数。

① 加工余量。因缸体采用金属模样在气冲造型线上大量生产，侧底面加工余量取 3mm，其余取 3.5mm。

② 缩尺。根据合金种类及铸件结构，各向缩尺同取 1%。

③ 起模斜度和铸造圆角：一般起模斜度为 1°，自带芯为 3°。铸造圆角取 $R = 3mm$。

④ 浇注温度。$1340 \sim 1400℃$。

⑤ 开箱时间。大于 40min。

4）砂芯设计。根据缸体内腔结构，其主结构形状用两个砂芯形成，其中 $1^{\#}$ 砂芯为主体芯（壳芯），$2^{\#}$ 砂芯为挺杆孔芯（热芯盒），下芯时先下 $1^{\#}$ 芯，再下 $2^{\#}$ 芯。为保证下芯位置准确，$1^{\#}$ 主体芯采用专用夹具下芯。

5）浇注系统设计。因缸体的结构为薄壁箱体件，浇注时要求快速、平稳充型。根据每箱排放两个铸件且为对称布置的特点，将两个缸体并在一起计算。

① 采用水力学计算公式计算 $\sum A_内$

$$\sum A_内 = \frac{G}{0.31\mu t \sqrt{H_均}}$$

式中 $\sum A_内$——内浇道总截面积（cm^2）；

G——每箱铸型浇注铁液总质量（kg），$G = 98kg$；

μ——流量系数，查有关表格并经修正得 $\mu = 0.30$；

t——浇注时间（s），查有关表格并经计算得 $t \approx 18.31s$；

$H_均$——平均静压头高度（cm），对中间注入式浇道

$$H_均 = H_0 - \frac{C}{8} = 30cm - \frac{18.3}{8}cm = 27.7cm$$

综上，$\sum A_内 = \dfrac{98}{0.31 \times 0.30 \times 18.31 \times \sqrt{27.7}}cm^2 \approx 10.94cm^2$

取 $\sum A_内 = 11cm^2$。

② 内浇道从壁较薄的箱体窗口面引入，取内浇道截面积形状为扁梯形，因受铸件结构位置尺寸限制，每个铸件所设 4 个内浇道采用两种尺寸。

③ 浇注系统各部分比例选择为 $\sum A_内 : \sum A_横 : \sum A_直 = 1 : 1.84 : 1.45$。为加强挡渣作用，在上下型横浇道搭接处放置一块高硅氧纤维过滤网，网孔尺寸为 $1.5mm \times 1.5mm$。

6）排气系统设计。

① 砂型的排气。在缸体主轴孔法兰边、凸轮轴孔和平衡轴孔等凸台处共设置 $\phi10mm$ 出

气孔 15 处。

② 砂芯的排气。在 1# 芯主轴孔垂直芯头中心和后封门水平芯头处设砂芯排气道，另在 2# 芯内设两处 $\phi 8\mathrm{mm}$ 排气道从水平芯头处引出气体。设计时，在芯头部位均做出压紧环，以防铁液进入排气道。

举例 2：床身

（1）材质　HT300。

（2）基本结构参数及技术要求

1）壁厚。一般壁厚为 12~13mm，最大壁厚 65mm。

2）结构。铸件为半封闭式箱形结构，毛坯轮廓尺寸为 2240mm×400mm×479mm。

3）重量。铸件质量 520kg，浇注铁液总质量 620kg。

4）硬度。导轨面硬度要求 190~240HBW（铸态），并要求硬度均匀。

5）导轨面不允许有任何铸造缺陷。

6）铸件须经人工时效处理。

（3）生产方式及条件　成批生产；干型、抛砂机造型；手工造芯；冲天炉熔炼。

（4）铸造工艺方案（工艺图见图 5-39）

1）浇注位置和分型面。沿床身轴向中心线分型，两箱造型。下芯合型后反转 90°，浇注位置为导轨面朝下。

2）每箱铸件数量。每箱 1 件。

3）确定工艺参数。

① 加工余量。导轨处为 6~9mm，床脚等处为 5~7mm。为预防床身变形，在导轨面处设反变形量 3mm。

② 缩尺。轴向取 1%，径向取 0.8%。

③ 浇注温度。1340~1380℃。

4）砂芯设计。铸件的内腔和肋板等均由砂芯形成。为便于造芯，将主体芯 3#、4# 再分成两半造芯，干燥后再组装成整体，在接合面各留 0.5mm 的砂芯减量。芯头间隙取 2mm。

5）浇注系统设计。因该床身较短，铁液可从床身一端的底部沿导轨长度方向注入。使用 1 个直浇道，截面积为 28cm²，横浇道总截面积为 24cm²，内浇道总截面积为 18.5cm²。浇注系统各部分比例为 $\sum A_内 : \sum A_横 : \sum A_直 = 1:1.3:1.5$。

由于材质为灰铸铁，且铸件顶部壁厚较均匀，故采用同时凝固方式，不设置补缩冒口，只在前后床脚处设尺寸为 22mm×20mm 的 3 个和 35mm×20mm 的 1 个扁出气冒口。

二、筒体类铸件

筒体类铸件根据其直径与高度比的不同，可分为长筒类和短筒类。这类铸件的铸造工艺方案有立浇和平浇两大类。立浇又可分为平做立浇和立做立浇，前者适用于长筒，后者适用于短筒。相对而言，立浇的铸件质量要优于平浇，但其操作较麻烦。立浇常采用顶雨淋、底雨淋或多层阶梯式浇道。平浇常采用中注式浇道。

举例：气缸套

（1）材质　HT350。

（2）基本结构参数及技术要求

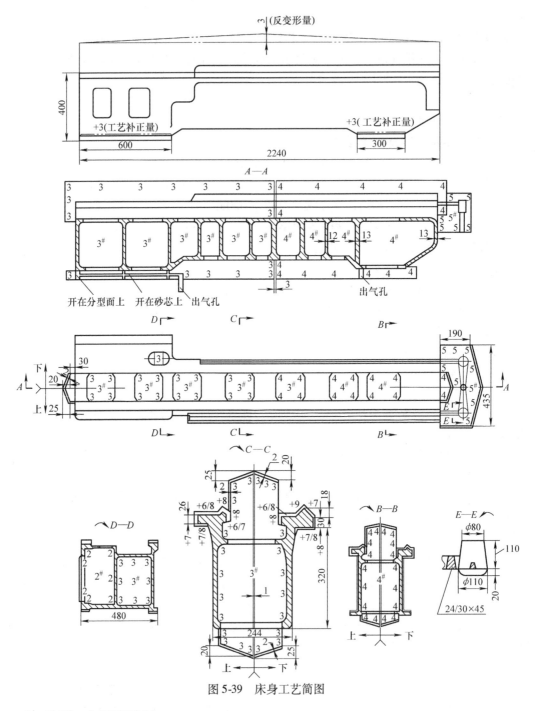

图 5-39　床身工艺简图

1）壁厚。主要壁厚 36mm。

2）结构。长筒类结构，铸件轮廓尺寸为 $\phi350mm \times \phi290mm \times 850mm$（带环形冒口）。

3）重量。铸件质量 160kg，浇注铁液总质量 250kg。

4）硬度。207~241HBW，要求硬度均匀。

5）铸件不允许存在任何铸造缺陷（铸件各表面都需机械加工）。

6）铸件须经 7.5MPa 水压试验。

7）铸件须经人工时效处理。

（3）生产方式及条件　成批生产；干型，手工造型与造芯；冲天炉加电炉双联熔炼。

（4）铸造工艺方案（工艺图见图 5-40）

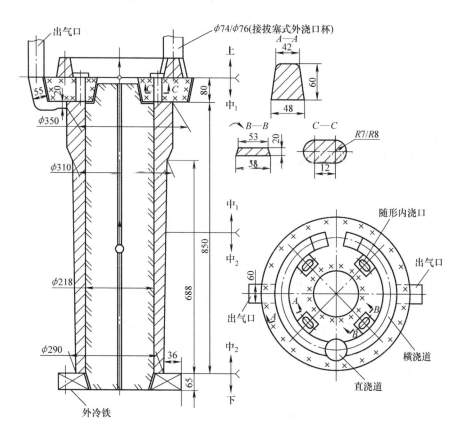

图 5-40　气缸套工艺简图

1）浇注位置和分型面。根据该铸件质量要求高的特点，采用立做立浇方案，4 箱造型。

2）每箱铸件数量。每箱 1 件。

3）确定工艺参数。

① 加工余量。铸件内外圆各为 6mm，底面 9mm。

② 缩尺。各向缩尺取 0.8%。

③ 浇注温度。1340～1380℃。

4）砂芯设计。主体砂芯的中部用带孔钢管作芯骨和排气道。另外，要求用强度较高、变形量较小的砂芯制作主体砂芯，砂芯的烘干质量和表面质量要严格控制。雨淋浇口砂芯的紧实度和 4 个内浇道截面尺寸要保证。

5）浇注系统设计。浇注系统采用顶注雨淋式，铁液通过直浇道、横浇道从椭圆形内浇道注入型腔。为防止铁液冲刷型（芯）壁，将内浇道的中心对准铸件壁的中心。浇注系统各部分的比例为 $\sum A_{内}:\sum A_{横}:\sum A_{直}=1:4.2:3.6$。为进一步提高挡渣效果，采用定量拔塞式外浇口杯。另外，在铸件的顶端加高一段作为补缩冒口，可在切削加工时割除并从中取样进行检验。冒口顶部开设两道出气口，以排出型腔内气体并作为浇注指示。为保证铸件底端的质量，在铸件底端设一圈放置冷铁的贮存穴。

三、轮盘类铸件

轮盘类铸件包括齿轮、带轮、蜗轮、叶轮、飞轮等铸件。由于轮缘和轮毂及上下端面通常都需机械加工，故对铸件质量要求较高，尤其在齿轮齿面和轴孔处不允许有任何铸造缺陷。

通常轮盘类铸件的壁厚差较大，故其铸造应力较大。另外，壁厚较大的轮缘和轮毂处是热节区，易形成缩孔或缩松。针对该类铸件的结构特点，铸造工艺常采用多而分散的内浇道，使金属液平稳而快速充型。为保证热节区的铸造质量，工艺上常采用冒口补缩或冒口与冷铁配合使用的方案。

轮盘类铸件较易产生的铸造缺陷有缩孔、缩松、气孔、砂（渣）眼等。某些壁厚差较大的铸件，也会因铸造应力过大而产生裂纹。

举例：蜗轮

(1) 材质 QT450-10。

(2) 基本结构参数及技术要求

1) 壁厚。最薄处 15mm，最厚处 65mm。

2) 结构。铸件为轮盘类，毛坯轮廓尺寸为 $\phi835mm \times 140mm$。

3) 质量。铸件质量 240kg，浇注铁液总质量 340kg。

4) 金相要求。球化级别不得大于4级，渗碳体含量（体积分数）不得大于2%（附铸试块）。

5) 硬度。160~210HBW。

6) 轮缘齿面及轴孔内不允许有任何铸造缺陷。

7) 铸件须经高温石墨化退火处理。

(3) 生产方式及条件 单件小批生产；干型、干芯，手工造型、造芯；冲天炉熔炼，冲入法球化处理。

(4) 铸造工艺方案（工艺图见图5-41）

1) 浇注位置和分型面。分型面设于轮缘一端的倒角处。采用两箱造型，平做平浇方案。

2) 每箱铸件数量。每箱1件。

3) 确定工艺参数。

① 加工余量。顶面12mm，外圆9mm，内孔和底面8mm。

② 缩尺。各向缩尺取0.8%。

③ 浇注温度。1320~1350℃。

4) 浇注系统设计。根据铸件壁厚差较大的结构特点和球墨铸铁的糊状凝固特性，浇注系统采用顺序凝固方案。铁液从直浇道、横浇道进入两个对称布置的暗边冒口（暗冒口直径为热节圆直径的1.8倍），再从铸件轮缘处进入型腔。由于铸件轮缘周长尺寸较大，两个边冒口的补缩距离不够（冒口单侧有效补缩距离按3倍的热节圆直径考虑），尚需在其补缩距离之外再设置12块外冷铁，以加速这些部位的冷却，防止产生缩孔、缩松。另外，在轮毂顶端设一个明冒口补缩（该冒口在铸件浇注末期要补充高温铁液），明冒口直径为该处热

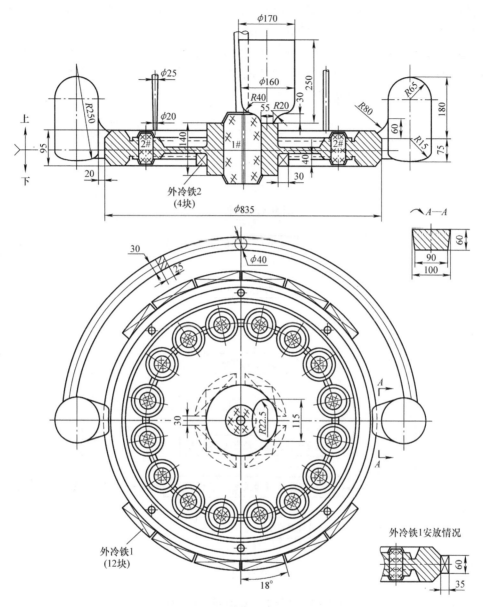

图 5-41　球墨铸铁蜗轮工艺简图

节圆直径的 2.6 倍。为保证轮毂与辐板连接处热节区的铸造质量，在下型的轮毂与辐板交接处再设置 4 块外冷铁。因为当作内浇道的两个冒口颈截面尺寸较大，浇注系统呈开放式，故要求在直浇道或横浇道上设置过滤网挡渣。

铸型在浇注时通过设在轮缘上的 6 个 $\phi20$mm 的出气孔和中部 $\phi160$mm 的冒口进行排气。

第六节　铸造工艺 CAD 简介

一、铸造工艺 CAD 的基本概念

CAD 是人机结合、各尽所长的新型设计方法。铸造工艺 CAD 通常指计算模拟、几何模

拟和数据库的有机结合，铸造工作者利用计算机进行工艺分析、试浇注和质量预测，从而优选铸造方案、估算铸造成本，并用计算机绘制、编制铸造工艺图、工装图、工艺卡等技术资料。铸造工艺 CAD 系统原理的框图如图 5-42 所示。目前，铸造工艺 CAD 技术仍在不断发展和完善，且随着计算机辅助制造技术 CAM 的发展和普及，将进一步促进铸造工艺 CAD 向实际铸造生产过程的 CAD/CAM 发展。

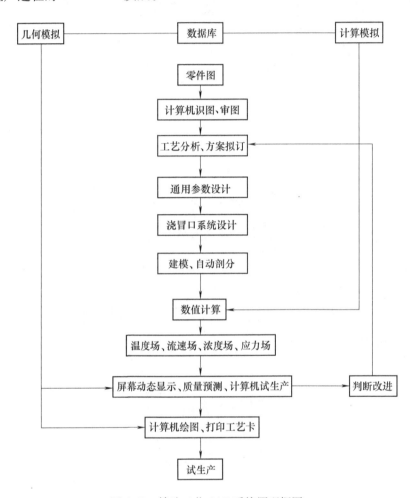

图 5-42　铸造工艺 CAD 系统原理框图

二、铸件凝固模拟及铸造工艺优化

（1）铸件收缩缺陷预测原理　铸件凝固模拟是铸造工艺 CAD 的一个重要组成部分，其目的是预测铸件在凝固过程中是否会产生收缩缺陷，如缩孔、缩松。目前的凝固模拟技术一般采用临界流动固相率法来预测铸造收缩缺陷。假定温度与液态金属固相率呈线性关系，即

$$f_S = \frac{T_L - T}{T_L - T_S} \tag{5-1}$$

式中　f_S——液态金属固相率；

　　　T_L——金属液相线温度；

　　　T_S——金属固相线温度；

T——金属在 t 时刻的温度。

由式（5-1）可知：

当 $T \geqslant T_L$ 时，$f_S \leqslant 0$，金属为液态；

当 $T_S < T < T_L$ 时，$0 < f_S < 1.0$，固液共存；

当 $T \leqslant T_S$ 时，$f_S \geqslant 1.0$，金属完全凝固。

事实上，当液态金属固相率 f_S 大于该金属的临界流动固相率 f_{SC} 时，就已经丧失了流动性，补缩通道封闭（普通球墨铸铁的 f_{SC} 约为 0.75）。所以，预测铸件内部是否产生收缩缺陷的准则是：$f_S < f_{SC}$ 时，金属液可流动，补缩通道畅通；当 $f_S \geqslant f_{SC}$ 时，补缩通道封闭。

（2）铸件凝固模拟软件系统组成 铸件凝固模拟软件系统由前处理、计算和后处理三部分组成，其系统结构框图如图 5-43 所示。

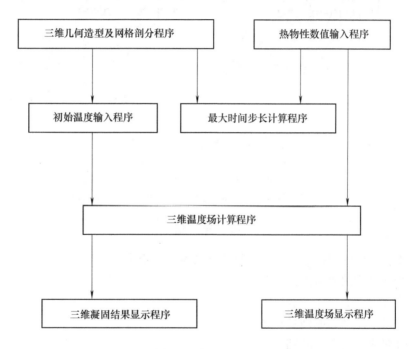

图 5-43 铸件凝固模拟软件系统结构框图

视频：ProCAST
铸造工艺仿真
分析软件简介

（3）凝固模拟技术在实际铸造工艺优化中的应用 图 5-44 所示为某汽车后桥壳铸件，其材质为 QT450 – 10，铸件毛重 100kg。图 5-44a 所示为原工艺方案，该工艺经现场应用并对首批铸件解剖检查时，发现在法兰根部和弹簧钢板平台不放浇口的一侧有缩孔和缩松缺陷。这是由于铸件在弹簧钢板平台和法兰根部之间的连接通道壁厚较小，凝固快，补缩通道关闭太早，导致冒口无法对其进行补缩，以致产生收缩缺陷。后用计算机进行凝固模拟分析后证实了这一事实。图 5-44b 所示为该铸件浇注后 300s 时的模拟凝固状态。图中铸件上的白区为已凝固部分，黑色部分为液相区，因其与冒口连通的补缩通道已经关闭，所以形成了收缩缺陷区。经在计算机上改进原工艺，即在原收缩缺陷相应部位加设外冷铁，如图 5-44c 所示。改进工艺经计算机模拟试浇，内部缺陷已消除，见图 5-44d。该工艺在现场应用后，效果良好。

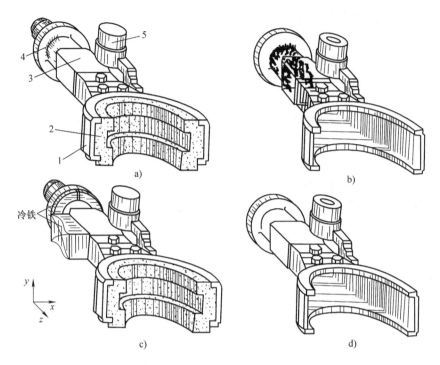

图 5-44　后桥壳工艺优化过程

a）原工艺方案　b）原方案在浇注后 300s 时模拟凝固状态

c）改进工艺方案　d）改进工艺方案在浇注后 210s 时模拟凝固状态

1—铸件　2—砂芯　3—弹簧钢板平台　4—法兰根部　5—冒口

思 考 题

1. 铸造工艺设计的依据是什么？常用工艺技术文件有哪几种？
2. 何谓铸件结构的铸造工艺性？
3. 如何确定铸件的浇注位置？
4. 铸型分型面选择的原则是什么？
5. 砂芯分块应考虑哪些原则？
6. 芯头结构分为几大类？各包括哪些内容？
7. 加工余量过大和过小各有什么缺点？
8. 对砂箱的基本要求有哪些？

第六章　铸造生产质量控制

第一节　铸造生产过程的质量控制

一、铸件质量的概念

1. 铸件质量的定义

铸件质量反映在铸件的合格品上，它是指满足用户提出的一切性能要求的总和，它包括质量标准和验收条件。

2. 铸件质量的含义

铸件质量一般包括三个方面的内容：

1）铸件内在质量。铸件内在质量包括铸件材质质量（化学成分、金相组织、冶金缺陷、物理力学性能和某些特殊性能等）和铸件内部铸造质量。

2）铸件外在质量。铸件外在质量一般包括铸件表面质量（表面粗糙度值、表面硬层深度及硬度等）、尺寸和重量精度（尺寸公差、几何公差、重量公差）和铸件外表铸造质量。

3）铸件的使用质量。使用质量包括铸件的切削性能、焊接性能、工作寿命及使用要求的性能（耐压性、耐磨性、耐蚀性、耐氧化性、耐疲劳性及其他工作要求）等。

二、影响铸件质量的因素

铸造生产过程工序繁多，是一个复杂的过程，影响铸件质量的因素有以下几点：

1）铸造用原材料质量难以保证。例如，低硫低磷生铁、优质的铸造焦炭很难保证供应，铸造用砂没有统一的生产管理机构，质量无法保证，其他原、辅材料都有类似情况。没有高质量的原材料就很难生产出高质量的铸件。

2）管理水平落后。有的企业把铸件的最终检验当成质量控制的主要手段，这是不符合质量控制程序的。正确的质量控制应该是检查和控制整个铸造生产过程，并利用统计学的原理，事先发现并控制生产过程中可能出现的不正常情况，从而达到不断稳定生产过程和提高铸件质量的目的。只有这样，才能提高产品质量和降低生产成本。

3）铸造测试技术缺乏。要提高铸件的质量，不仅要有高质量的原材料、先进的科学技术和严格的质量管理制度，还要靠先进的测试技术和手段。提高检测技术水平是铸造生产从经验型走向科学化的重要环节。

铸造生产过程必须贯彻"市场导向"的现代管理原则，只有降低生产成本，缩短生产周期，提高为客户服务的质量，才能提高企业竞争力。

三、技术准备过程的质量控制

对于铸造生产，一般是根据产品零件图样设计铸件图，并按铸件图设计工艺和工装及铸件的验收条件，再根据工装图制造工装。如果是新产品或老产品需要修改工艺，则要对工艺和工装进行验证和鉴定。显然，铸件结构和工艺方案及工装设计是否正确、合理，工装制造是否符合精度要求，对铸件质量起着重要的作用。因此，要控制铸造质量，首先就要控制工艺技术准备过程的质量。

1. 质量标准的制定

制定并不断完善铸造质量标准，是保证和提高铸件质量的前提条件。主要有以下几方面的内容。

(1) 铸造用材料标准 铸造用材料包括金属材料与非金属材料两大类：一般都有国家标准或部颁标准。随着生产发展和市场对铸件质量要求的不断提高，这些标准也在不断修订和完善。材料的质量指标一般都分为若干等级，每个企业应根据铸件的质量要求及自身的具体情况，选用其中的一个或几个等级作为材料的质量标准。

(2) 铸件质量标准

1) 铸件材质标准。铸件材质标准均由国家标准或部颁标准规定。铸造工作者应按产品图样中对材质的要求，严格按照标准规定对材质进行检验。由于力学性能和金相组织检查费用较高，可浇注本体试样或单独浇注试样（保证试样与铸件有相同或接近的工艺条件）来控制铸件的力学性能和金相组织。

2) 铸件精度标准。包括铸件尺寸精度和铸件表面粗糙度等，是铸件质量的重要指标之一。铸件尺寸公差和铸件表面粗糙度比较样块的国家标准已经制定，该标准等效于国际标准ISO 8062-3：2007《铸件一般尺寸、几何公差和机械加工余量》，有广泛的适用性，既适用于各种不同的造型方法，又适用于不同的铸造合金。

3) 铸件表面及内部缺陷的修补标准。在通常情况下，对于大多数铸件只能制定企业标准，一般由产品设计部门根据产品中铸件的工作环境和使用条件来制定，但由于铸件的形状、结构及使用条件的千差万别，很难为铸件的表面及内部缺陷制定通用的标准。如果不允许铸件的表面和内部存在任何缺陷，就会大幅度提高铸件的生产成本。因此，对于影响铸件美观的表面缺陷，或经修补后不再影响铸件使用性能及耐用性的其他缺陷，均可采取适当的补救措施对铸件进行修补，将不合格品转变为合格品，以降低生产成本。

2. 铸件设计

一个铸件的设计是否合理，不仅对铸件质量有很大影响，而且对其生产成本也有很大影响。在接到要生产的铸件零件图（或铸件图）以后，首先要进行铸造工艺审查，以便做到选材正确和结构合理。

(1) 铸件用金属材质的选择 零件在工作时所处的环境（温度、周围介质的性质等）和承载的大小及特性（静态、动态、冲击、相关零件间有无滑动等）是选择铸件用金属材质的主要依据。在能满足工作条件的前提下，价格也是选材的重要依据。必须根据铸件的使用条件，提出其必须具备的性能，然后进行正确选材。常用铸件材质的适用场合见表6-1。

表6-1 常用铸件材质的适用场合

对铸件性能的主要要求	适应铸件性能要求的材质
强度	灰铸铁（铸件主要承受压应力时）、珠光体球墨铸铁、可锻铸铁、铸造碳素钢、铸造合金结构钢
塑性、韧性	铸造低碳钢、铁素体球墨铸铁及可锻铸铁

（续）

对铸件性能的主要要求	适应铸件性能要求的材质
吸振性	灰铸铁
重量轻	铸造铝合金及镁合金
耐磨性	白口铸铁、合金铸铁、高锰钢、铸造铜合金
耐热性 最高工作温度： 1000~1200℃ 700~800℃ 500~600℃ 400℃ 350℃ 250·300℃ 200~250℃ 100~200℃	 铸造耐热钢、耐热铸铁 铸造不锈钢、耐热铸铁 铸造低合金钢、低合金耐热铸铁 铸造碳素钢、高锰钢 球墨铸铁、可锻铸铁 灰铸铁 铸造铜合金 铸造铝合金
耐蚀性 耐淡水 耐海水 耐硝酸 耐盐酸 耐稀盐酸 耐高温氧化 耐硫酸 耐碱	 铸造铝合金、铸造铜合金 铸造铜合金 铸造不锈钢、高铬铸铁、高硅铸铁 耐酸铸钢、铸造铜合金 高硅铸铁 高铬铸铁、铸造不锈钢、铸造高铬镍钢 高硅铸铁、铸造铜合金（黄铜除外）、耐酸钢 铸造低碳钢、铸造不锈钢、铸铁、铸造铜合金
导电、导热性	铸造铝合金、铸造铜合金（特别是铍青铜）

（2）铸件结构设计　结构不合理的铸件，在浇注过程中容易产生某些缺陷。由于各种合金的铸造性能有很大差别，故不同的合金对铸件结构有不同的要求。例如，液态流动性差的合金，要求铸件的相对壁厚不能太薄或结构太复杂；液态凝固时收缩大的合金，要求铸件按顺序凝固原则设计；铸件的壁厚应均匀，无明显热节，特别是不应在不同高度有多个孤立的热节，否则会给冒口补缩带来困难，导致铸件产生缩孔或缩松。

铸件结构不合理，可能会使铸造过程或铸造工艺装备变得复杂。铸件越复杂，就越容易产生铸造缺陷。应遵循在满足使用要求的前提下，铸件结构尽量简单的原则。

3. 铸造工艺、工装设计及验证

（1）铸造工艺水平的确定　在确定铸造工艺方案前，首先要确定铸造工艺水平，即首先要确定采用什么铸造方法，是采用砂型铸造还是采用特种铸造。如确定用砂型铸造，则还要确定造型方法为手工造型还是机器造型；型砂采用黏土砂还是其他种类的型砂（如水玻璃砂、树脂砂等）；型芯采用油芯还是壳芯或热芯盒芯等。

确定铸造工艺水平的依据是必须保证铸件质量的要求，同时还要考虑生产成本和企业的具体条件。在一般情况下，铸造工艺水平越先进，工艺装备越完善，铸件质量就越容易保证，铸造废品率也越低。但另一方面，铸造工艺水平越高，用于一次性投资的费用也越多，故应作必要的经济分析。

(2) 工艺及工装验证　由于铸造的生产过程复杂，在生产一个新产品或老产品需要修改工艺方案时，首先应对工艺方案进行验证，即先小批量试制，以便考查工艺方案能否满足铸件质量的要求，只有通过验证证明是正确的工艺方案，才能正式投放生产。如果通过试制，证明工艺方案不能满足要求时，则必须修改或重新制订工艺方案，再进行试制和验证，直至达到要求为止。

四、生产工艺过程的质量控制

1. 原材料的质量控制

要控制铸件的质量，就必须控制原材料的质量。由于铸造用原材料品种繁多，各企业应当根据国家标准或专业标准并结合铸件质量要求及原材料的供货等具体情况，制定本企业所用各种原材料的技术条件及验收标准。

2. 设备及工装的质量控制

(1) 设备　为确保设备和检测仪器的完好，应做到：

1）为每一台主要设备和仪器建立技术档案。

2）制定并完善主要设备和仪器的操作规程和责任制度。

3）对设备和仪器进行精心维护和保养。

4）对设备和仪器进行定期检查和调校。

(2) 工艺装备　工艺装备对铸件质量（特别是铸件精度）有重要影响。工艺装备应由制造部门按照技术要求负责全面检查，使用部门进行复检验收。允许在试制过程中调整和修改工装，但不允许未经检查和未作合格结论的工装直接投入生产。

工装在使用过程中会磨损变形，从而降低铸件精度，甚至出现废品。因此，要对工装定期进行检查。

3. 工艺过程的质量控制

生产过程的规范操作是保证铸件质量的重要条件，操作者的经验、责任心和精神状态都会给铸造生产带来影响。为确保铸件质量，就要保持生产过程的稳定，对铸造生产各主要工艺过程制定正确的操作规程（即工艺守则）和铸造工艺卡。

为使操作者严格执行操作规程，应当加强中间环节的检查，对每一道工序的质量（特别是主要工艺参数和执行操作规程的情况）进行严格的控制，使任何一道不合格的工序都消除在铸件形成之前。例如，不合格的型砂不能用于造型；不合格的铁液不能进行浇注，不正常的设备及工装不能投放生产等。

要满足以上要求，需具备两个条件：

1）建立完善的检查制度和执行这一职能的机构。前者包括质量责任制度（企业主要领导人的质量责任制度、质量管理职能机构的责任制度和班组与工人的责任制度）和质量管理制度（质量考核制度、铸件质量分级管理制度、质量分检制度、质量会议制度、自检与互检及专检相结合的制度等）；后者指在企业主要负责人领导下设立的专职质量管理职能机构，一般包括质量情报、质量计划和质量检查三个系统。

2）要采用先进和科学的测试方法和手段，并对所测得的数据进行科学的分析处理。每一道工序的质量，要用准确可靠的数据来评定，对各工序进行及时而严格的控制，及时采取改进和补救措施，使工艺过程一直保持稳定状态。

第二节 铸造质量技术检验

一、技术检验的任务

技术检验的主要任务是：及时发现检验对象的缺陷，防止生产出不符合规定要求的铸件。根据检验所处工段的不同，检验可分为原料检验、工序检验和验收检验。

1）原料检验是指对其他企业和工段所供应的原材料进行检验。

2）工序检验是指在整个铸造生产的工艺过程中，每完成一个或几个工序后，便进行检验。

3）验收检验是完成全部工序以后，对成品铸件的检验，并根据检验结果，决定铸件能否交货和投入使用。

根据受检产品数量的多少，一般分为全数检验和抽样检验两种方式。

二、铸件尺寸精度控制

1. 影响铸件尺寸精度的因素

视频：箱体铸件划线检验过程

对砂型铸造来说，铸件最终的几何形状及尺寸主要取决于两个方面：一是铸型型腔的几何形状与尺寸，它与模样、芯盒等工艺装备的几何形状和尺寸以及浇注前型壁的位移和型芯的变形等有关；二是浇注后铸件在凝固冷却过程中膨胀和收缩的大小，它与合金的物理性能、铸件膨胀时型壁的位移和铸件收缩时的受阻程度有关。

影响铸件尺寸精度的因素有：模样尺寸公差；模样在模板上的定位公差；芯盒尺寸公差；型芯在制造中的变形公差；型芯在下芯时的定位公差和铸件收缩公差等。由于影响铸件尺寸精度的因素复杂，事先准确估计其尺寸精度的高低是很困难的，只有严格控制各因素对铸件尺寸精度的影响，缩小这些影响因素的变动范围，才能缩小铸件实际尺寸的波动范围，提高铸件的尺寸精度。

2. 提高铸件尺寸精度的措施

（1）正确设计模样和芯盒的工作尺寸（模样及芯盒直接形成铸件的尺寸） 当铸件实测尺寸的平均值与图样尺寸值不相符时，需修改模样及芯盒的工作尺寸，使铸件尺寸的平均值符合图样的要求。在成批、大量生产中，一般要通过试制一定批量的铸件，测量并计算其实际尺寸的平均值，再按此值来计算铸件的实际收缩率，并计算出模样及芯盒的工作尺寸。

（2）严格控制工艺装备的制造和装配公差 模样和芯盒工作尺寸公差直接影响铸件的尺寸公差。由于这一公差是机械加工时形成的，控制比较容易，故应严格要求。

（3）控制型芯尺寸和下芯位置准确度 型芯的尺寸精度主要取决于造芯方法，而同一造芯方法则取决于芯盒的尺寸精度、取芯时芯壁的位移及型芯在浇注前和浇注过程中的变形。

对湿强度低的型芯，由于易变形，尺寸精度一般很难控制；故对精度要求高的铸件，一般应采用尺寸精度高的热芯盒、壳芯和自硬砂制造的型芯。

芯头间隙对下芯位置的准确度有很大影响，为了提高型芯位置的准确度，下芯后一般要用检验样板检查并校正型芯的位置。

（4）严格控制型壁的位移 铸型紧实度越高，型壁位移量越少；浇注时浇包提得越高，则浇注时金属液压力越大，当压铁重量不够或铸型紧固不当时都可能使型壁位移增大。应严格控制有关工艺因素的影响，尽量缩小型壁位移的范围，以保证铸件的尺寸精度。

三、铸造表面粗糙度

表面粗糙度表示物体表面粗糙的程度。铸造表面粗糙度是铸件表面上具有的较小间距和峰谷所组成的微观几何形状特征，一般取决于铸件的材质、铸造方法和清理方法（如喷丸、喷砂、抛丸、滚筒等）。铸造表面粗糙度与铸件表面粗糙度的差异在于同一铸件的不同表面可以有不同的表面粗糙度要求。

影响铸造表面粗糙度的因素很多，如铸造方法的选择、铸型表面粗糙度、金属液的化学成分和浇注温度，以及金属液与铸型表面的相互作用、清理铸件表面的方法等。

（1）铸造方法的选择 铸造方法包括砂型铸造和特种铸造（如金属型铸造、压力铸造、熔模铸造等）。

一般情况下，用特种铸造方法生产的铸件，其表面粗糙度值均较低。表 6-2 列出了各种铸造方法所能达到的表面粗糙度值的范围。

表 6-2 各种铸造方法所能达到的表面粗糙度值的范围

铸 造 方 法		表面粗糙度值 $Ra/\mu m$	铸 造 方 法	表面粗糙度值 $Ra/\mu m$
砂型铸造	普通砂型	$50\sim400$	熔模铸造（铸钢）	$0.8\sim12.5$
	高压造型	$12.5\sim50$	低压铸造	$0.8\sim100$
压力铸造（非铁金属）		$0.4\sim50$	金属型铸造	$0.8\sim100$

（2）铸型表面粗糙度 铸型表面粗糙度对铸件表面粗糙度有直接的影响。对砂型来说，砂子颗粒是决定铸型表面粗糙度值大小的主要因素。砂粒越粗，铸件表面粗糙度值越高。对于不同铸件，应合理地选择原砂粒度及其分布。对原砂进行级配优化是最有效、最直接的方法。使用较细的砂子，用不同粒度的砂子混制型砂，减小了砂粒间隙，可降低铸型表面粗糙度值，从而提高铸件表面质量。

（3）金属液和铸型 金属液渗入型腔表面的砂粒间隙将造成物理粘砂，会增大铸件表面粗糙度值。影响金属液渗入的因素主要有液态金属的表面张力、液态金属的压力和铸型工作表面砂粒的间隙。

第三节　铸造生产的环境保护

铸造生产行业是对环境污染严重的行业之一。尘、渣、废气、废水、噪声等对环境的污染不可忽视，这对人们的身心健康和自然环境构成严重威胁，为此，必须实行严格有效的环境保护措施。铸造工业只有走集约化清洁生产之路，才能持续发展。

联合国环境规划署（UNEP）将清洁生产定义为：清洁生产是将综合预防的环境战略持续应用于生产过程和产品中，以便减少对人类和环境的威胁。清洁生产会给环保带来两个根本性转变：一是从末端治理转为以防为主，促进资源合理利用；二是生产方式从粗放型向集约型转变，使环保与经济发展相互协调，应用先进工艺技术时做到环保加效率，增强环保和质量意识。

一、环境保护

环境问题是指人类与环境这一对矛盾体在相互依存、相互制约中产生的问题，它可分为原生环境（即第一类环境）问题、次类环境（即第二类环境）问题及社会环境（即第三类环境）问题。原生环境问题是与人类活动无关的，由自然界原来的环境造成的，如自然灾害等。次类环境问题是由人类活动引起的环境质量的变化及对人类生产、生活和健康的影响问题。社会环境问题是由社会结构本身所造成的，如人口增长、城市膨胀及经济发展不平衡等带来的社会结构和社会生活问题。

我们所讨论的环境问题多指次类环境问题，它随着人类社会的发展而产生并加剧。人类对环境问题的重视程度也在不断提高。"我们只有一个地球""发展经济必须保护环境，经济发展必须与环境保护相协调才能持续发展"已逐渐成为人们的共识和主张。

二、铸造生产对环境的污染及其防治

在铸造生产中，所出现的污染物大致有废物、废气、废水、粉尘、振动和噪声等。

1. 废物

铸造车间排出的废物指固态废弃物，主要有熔炼时的炉渣、铸型的废砂、除尘器收集的灰尘和污泥等杂物。表6-3所列为每生产1t铸铁件各生产工段产生的废弃物量。表6-4所列为用不同铸造合金，每生产1t铸件所产生的废弃物量。

表6-3　每生产1t铸铁件各生产工段产生的废弃物量

工 段	废弃物产生量/kg	废弃物内容	产生量/kg	所占比例（质量分数,%）
造型	382	湿型砂废砂	200	52.3
		自硬砂废砂	90	23.6
		粉尘	50	13.1
		其他	42	11.0
熔炼	80	化铁炉渣	35	43.75
		电炉渣	28	35.0
		熔炉粉尘	8	10.0
		耐火物屑	8	10.0
		电炉粉尘	1	1.25
清理	39	抛丸砂	19	48.7
		抛丸粉尘	14	35.9
		砂轮打磨粉尘	2	5.1
		其他	4	10.3

表6-4　生产不同铸造合金铸件时产生的废弃物量

合 金 种 类	生产1t铸件所产生的废弃物量/t	调查对象工厂数
铸铁件	0.50	217
铸钢	0.92	40
铜合金	0.44	22
轻合金	0.64	12
平均（总计）	0.54	（291）

调查统计显示，酸性冲天炉炉渣约占铁液质量的 5% ~ 10%，熔化 1t 铁液排出的炉渣约 50 ~ 100kg。采用黏土砂工艺，生产 1t 铸件产生废砂约 500 ~ 700kg。采用树脂砂工艺，生产 1t 铸件产生废砂约 100 ~ 300kg。废砂量的多少取决于车间管理水平及旧砂再生装置的效率，也与除尘系统的完善程度有关。使用块煤对型芯进行烘干，1t 铸件耗煤量约为 130 ~ 150kg，烘窑的排渣量约为 30 ~ 50kg/t。

铸造车间固态废物有可能造成的污染包括：①对大气有污染，废物中的细颗粒会携带有害物质随风飘扬，并在大气中扩散，废物中某些有机物质在生物分解中会产生恶臭，所含的病原菌进入人体会致病；②对土壤造成污染，废弃物占用大量土地，渗透液和滤液中所含的有害物质会污染土壤，影响土壤中微生物的活动，妨碍植物生长并在植物内积蓄，最终危害人体健康；③对水体的污染更大，将会严重影响鱼类及水生物和水面农作物的生长，危害人类健康和水资源的利用。

我国的工业"三废"排放试行标准中指出："凡已有综合利用经验的废渣，如高炉矿渣、金刚渣、粉煤灰、硫铁渣、赤泥、硅锰渣等，必须纳入工艺设计、基本建设与产品生产计划，要实行一业为主、多种经营，不得任意丢弃。""废渣堆放场所，要尽量少占和不占农田，要尽量避免扬散，以防止对大气、水源和土壤的污染。""对含汞、镉、砷、氧化物、黄磷及其他可溶性剧毒废渣，必须具有防水、防渗措施的存放场所，禁止埋入地下或排入地面水体。"

采用砂型铸造生产，浇注后的型砂称为旧砂，其中一部分因各种物理和化学变化而不能再继续使用，成为抛弃不用的废砂，可供其他需要所用，另一部分则通过旧砂再生工艺处理，性能接近新砂的性能，成为再生砂投入铸造生产，循环使用。

2. 废气

铸造生产中熔化铸铁的冲天炉、熔炼铸钢的电弧炉、工频炉和烘烤铸型的燃煤烘窑、浇注铸型等是产生废气的主要来源。高温废气携带大量烟气、烟尘和 CO、SO_2、氟化物等有害气体排入大气，造成空气污染。表 6-5 为冲天炉烟气成分。

表 6-5　冲天炉烟气成分

成　分	CO	SO_2	氟　化　物	灰　　尘
含量/($\mu g/m^3$)	90 ~ 720	3.5 ~ 5	150 ~ 400	5600 ~ 12400

铸造使用的焦炭，其主要成分是碳，碳燃烧产生大量 CO、CO_2 气体，焦炭中的硫生成 SO_2。为了稀释炉渣，熔炼时加入萤石，燃烧后有 SiF_4 生成。根据理论计算，熔化 1t 铁液排放的废气污染物的量为：CO 120kg；SO_2 0.773kg；氟化物 7.7kg。

目前国内铸造厂家，采用树脂砂工艺所用黏结剂大多是呋喃树脂，在铸造生产过程中有化学污染物产生，析出的物质弥漫在车间并进入大气造成污染。

废气污染的危害主要有两个方面：一是对人体健康的危害，废气中的悬浮颗粒（尘埃、矿物粉尘、重金属元素等）通过呼吸系统进入人体，引起局部刺激、中毒、病毒感染，严重影响人体健康；二是对工业的危害，污染物（灰尘、水分、淤泥）黏附在气动设备、液压设备、仪器设备上，使其不能正常运行，造成振动和噪声，甚至损坏机器，导致事故。另外，大气中的灰尘污染建筑物并腐蚀金属和混凝土等结构材料，形成孔洞或产生裂纹，在建筑物表面产生污点。

废气必须净化后达到排放标准才能排入大气。净化的基本方法有：

(1) 吸收法　用适当的吸收剂，从废气中吸收气态污染物以消除污染。

(2) 吸附法　利用多孔性固体吸附剂处理气体混合物，使其中所含的一种或数种组分吸附于固体表面上，以达到分离污染物的目的。

(3) 燃烧法　用燃烧的办法来销毁可燃的气态污染物（主要是有机态污染物），使之成为无害物质，主要适用于含有机溶剂及碳氢化合物的废气的净化处理。

3. 废水

废水是指在使用过程中，因混进了各种污染物，丧失了使用价值的水。

(1) 废水的来源　铸造生产的废水来源主要有：冲天炉、电炉等熔炼炉的湿式除尘器所排出的废水；熔炼炉炉渣粒化处理所排出的废水；砂处理工部湿法再生系统和湿式除尘器所排出的废水；清理工部湿式除尘器所排出的废水；车间捕集粉尘和有害气体的湿式装置所排出的废水；压铸机、穿压机等流出来的混有润滑油的废水；由于酸洗、化学分析等排出的酸性或碱性废水；荧光渗透检测所排出的废水及其他的清洗用排出的废水。

(2) 废水的污染　废水造成的污染物和危害有以下几个方面：

1）固体污染物。它包括固体溶解物、悬浮物、胶体物质等。溶解物主要指无机盐类，浓度高时对农业和渔业有不良影响；悬浮物的主要危害是造成沟渠管道和抽水设备堵塞、淤积和磨损，造成土壤孔隙的堵塞，影响植物生长，造成水生动物的呼吸困难，造成水源的浑浊，干扰废水处理和回收设备的正常运转。

2）有机污染物。在生活污水和工业废水中的绝大多数有机物，在微生物作用下，可逐渐分解转化为二氧化碳、水、硝酸盐等简单的无机物质，此即生物的可降解性。有机物的分解过程需要消耗大量氧气，当水中的氧浓度低于某一限值时，水生动物的生命就受到威胁，以致死亡。当溶解氧消耗殆尽时，厌氧微生物就进行厌氧分解，代谢产物中的硫化氢、硫酸、氨等散发出刺鼻恶臭，有些对生物还有致毒作用。在缺氧环境中产生的硫化铁使水呈墨黑色，底泥冒泡，泥片向水面泛起，严重污染环境。

3）酸碱污染物。主要是指进入废水中的无机酸和碱，一般借助 pH 值来反映酸碱污染物的含量，其危害主要是对金属及混凝土结构材料的腐蚀，使土壤盐碱化。

(3) 废水的处理　废水处理按其处理程序和要求分为一级处理、二级处理和三级处理。一级处理为预处理，是用机械方法和简单化学方法，使废水中悬浮物或胶状物沉淀下来，初步中和酸碱度。二级处理主要是解决可分解的有机溶解物和部分悬浮固体物的污染问题，常采用添加凝聚剂使固体悬浮物凝聚分离，从而改善水质，使其基本达到废水排放标准。三级处理为深度处理，主要解决难以分解的有机物和溶液中的无机物，处理方法有活性吸附、离子交换和化学氧化等，处理后的水能达到地面水、工业用水和生活用水的水质标准。

4. 粉尘

粉尘是污染空气的污染物之一。铸造车间的粉尘主要来源于冲天炉和电炉的烟气及废气、烘干窑的粉尘及型砂制备过程（如混砂、砂处理、清理、造型、造芯、合型、浇注、开型、落砂、清理等工序）中的粉尘。

统计资料表明，熔化 1t 铸铁，冲天炉排尘约 3～10kg。炉气中的烟尘主要是金属氧化物，其尺寸在 1μm 左右。

在黏土砂车间，粉尘主要来自含黏土量高的黏土砂（含泥的质量分数一般为 20%），生产 1t 铸件消耗黏土砂约为 600kg，消耗黏土约为 200kg。用黏土砂干型生产 1t 铸件，型砂带入粉尘约 212kg，这些粉尘在各工序中产生不同量的扬尘。

在应用树脂砂工艺的铸造车间，原砂含泥量低，带入粉尘很少，因不使用黏土，故扬尘大大减少。

烘窑内的型芯在出窑过程中产生大量扬尘。砂处理、落砂、清理都伴随着大量的扬尘，造成严重污染。

粉尘类的悬浮粒子污染物对人体的影响是多方面的，其危害程度视粒子的性质、浓度与接触时间的长短而定，有的导致全身中毒，有的引发局部刺激。人长期吸入某些矿物质会导致尘肺（如硅肺、石棉肺、铝肺、氧化铁肺、石墨肺等）。粉尘中的一些重金属元素对人体的危害则更大，可导致各种中毒症状。以雾状形式混悬于空气中的污染物对人体也有很大的危害。大量烟尘和水蒸气一同混入大气，吸收和阻挡了对人体有益的紫外线，并降低大气能见度，使辐射强度减弱，影响动、植物的生长，危害人体健康。

铸造车间的防尘、防毒是环境保护的重要任务之一，应结合废气的处理和其他的环境保护措施同时进行。治理粉尘应该首先将悬浮于空气和废气中的粉尘进行吸收、过滤、集中，然后进行加湿处理。多数冲天炉在其烟囱顶部设有火花捕集器，可捕集直径 >50μm 的粉尘。在各个粉尘源地设置吸尘装置，通过除尘系统可捕集直径 >20μm 的粉尘。布袋除尘器一般置于除尘系统的最后一级，可滤出直径 >1μm 粉尘。烟尘中的氟化物、硫化物等只能用湿法去除。

5. 噪声

从物理学的观点看，噪声就是各种不同频率的声音无规则的杂乱组合。从生理的观点看，噪声就是使人感到烦躁、影响人们正常的生活工作和学习、甚至引发疾病的声音。铸造车间的噪声属于工业噪声，它包括各种机械在工作时的机械振动所发出的噪声。

（1）噪声的危害

1）损害人的听力，引起耳聋。噪声对人体的危害有个渐进过程，即初时适应、听觉疲劳、听力下降，最终导致噪声性耳聋。

2）引发疾病和其他生理功能障碍。噪声会导致心血管疾病、神经衰弱、消化系统功能失调、内分泌功能紊乱等。

3）影响休息，使人烦躁不安，工作效率降低。

4）对工业造成危害。声疲劳会造成仪器、仪表失灵。

（2）铸造车间噪声的特点

1）噪声源多，声级高。铸造车间的噪声源遍及车间各处，每一工序都有比较高的噪声，噪声声级大都超过噪声标准的规定值。

2）频率范围广。铸造车间的噪声既有高频的，也有低频的，但以中、低频为主。

3）噪声持续时间长，除了常发生的金属撞击声外，大部分噪声是长时间持续不断的。

（3）噪声的控制　噪声的控制基本上可以概括为消除噪声源、阻隔传递途径、保护接受者三个方面。首先应从消除或抑制噪声源着手；其次在传播途径上进行吸收、阻隔等治理；最后对接受者即人体进行保护。常用的保护用具有：耳塞、防声棉、耳罩、头盔等。

控制噪声的根本措施是对声源进行控制。控制声源的有效方法是降低辐射声源声功率。控制声源的原则是：设计低噪声、无噪声设备；采用低噪声、无噪声的新工艺；采用吸声、防噪声的新材料；对发声设备进行合理布置并加强管理。

三、铸造业的集约化清洁生产

铸造行业和其他行业一样，在新世纪面临着严峻挑战和新的机遇。逐步实现优质、高效、低耗、清洁的目标，是我国铸造行业由大变强的根本所在。目前，我国的铸造业缺乏科学规划和管理，厂点小而分散，普遍存在的问题是：铸件综合质量差，生产率低，技术、经济效益差，污染严重。

所谓集约化，是指通过高投入的人才、科技和资财，进行科学经营和管理，以获得更大的社会效益和经济效益。

我国的铸造业只有实现高新技术化，才能面对国内外激烈的市场竞争。先进的铸造技术以熔体洁净、铸件的组织致密（力学性能高）和表面光洁、尺寸精度高（少、无切削）为主要特征，可称为洁净铸造成形工艺。

思 考 题

1. 铸件的质量一般包括哪些内容？
2. 铸造生产过程中影响铸件质量的因素有哪些？
3. 试述铸造生产对环境的污染及其防治办法。

视频：用匠心
"铸造"卓越—
毛正石

第七章 铸件缺陷分析与防止

第一节 铸 件 缺 陷

一、铸件缺陷的定义

狭义的铸件缺陷是铸件上可检测出的、包括在 GB/T 5611—2017《铸造术语》中的全部名目,有尺寸与重量超差、外观质量低、内部质量不健全、材质不符合验收技术条件等。狭义的铸件缺陷是通常意义的缺陷,可进一步细分为显著和微观缺陷,后者在铸件上规定出允许出现缺陷的尺寸、深度、数量及分布情况,有时还附有极限状况的样块(临界缺陷)或照片,以便于比较、评定。

广义的铸件缺陷是指铸件质量特性没有达到分等标准,铸造生产企业质量管理差,产品质量得不到有效保证。广义的铸件缺陷分析实际上是全面评定铸件质量,除对铸件实物质量进行检测外,还要评定其技术管理和售后服务。

铸件实物质量主要分为外部质量和内部质量,其内容与狭义的铸件缺陷相同。铸件缺陷还可按其可消除程度分为可消除缺陷和不可消除缺陷。例如,铸件的致密度不高(铸件内部存在不可消除的疏松),内部的残余应力难以控制,就属于不可消除缺陷。可消除缺陷是具体的,是可检测出来的,应及时找出根由,有效地予以纠正。

在 JB/T 7528—1994 中,质量等级以外的铸件称为不合格品。铸件作为商品,如不能满足订货合同规定的要求也是不合格品。不合格品也称不良品,它可分为废品、次品、返修品和回用品(回炉料)等。

废品是指不符合规定要求,不能正常使用的产品,或是铸件缺陷无法修补或修补费用太高,经济上不合算的不合格品。在铸造生产中,废品还分为外废(件)与内废(件)。外废是指在铸造车间以外的场所(例如机械加工车间等)检验出来的废品。内废则是指在铸造车间内检查出来的废品,一般与回用品的意义相同。

次品是指存在缺陷但不影响主要性能的产品。铸件缺陷、机械损坏或加工差错都可能导致次品。

返修品是指技术上可以修复,并从经济上考虑值得修复的不合格品。例如需焊补的铸钢件、铸铁件,需要浸渗修补渗漏的气缸盖等。

回用品实质上就是废品,由本企业作为熔化炉料回收,再次投入本企业的生产中使用。

二、铸件废品率、成品率、工艺出品率的概念

(1)铸件废品率 废品率是指在规定的时间内,铸件废品量(内废量)占合格铸件量和铸件废品量之和的百分比。

$$铸件废品率 = \frac{废品量}{合格品量 + 废品量} \times 100\%$$

铸件质量是以合格铸件的使用特性来评判的,内废件没有出铸造车间,不具有任何使用

特性，所以废品率不是质量指标，它是企业生产废品多少的指标。废品率与检测标准的高低、检查的松严及检查制度有关。废品率能反映企业的技术水平和管理水平，可以作为工艺过程质量控制的指标。它影响企业的生产成本，而不影响铸件的质量指标。

（2）铸件成品率　在经济技术指标考核中，还经常用到铸件成品率的概念，它是指合格铸件质量占所投入的金属炉料总质量的百分比。铸件成品率是反映铸造技术水平和金属炉料利用程度的指标。

$$铸件成品率 = \frac{合格铸件质量}{投入的金属炉料质量} \times 100\%$$

（3）工艺出品率　为了研究浇冒口所消耗金属量的多少，常使用工艺出品率的概念，其计算公式为

$$工艺出品率 = \frac{铸件毛坯质量}{铸件毛坯质量 + 浇口质量 + 冒口质量 + 补贴质量} \times 100\%$$

式中，铸件毛坯质量是指铸件去掉浇冒口、补贴并经清理后的铸件质量。

计算工艺出品率时不考虑金属熔化时的损耗和浇注时溅、溢的损失以及铸件是否合格，但铸件应是完整的，即不能是浇不到的铸件。工艺出品率是相关铸造方法效益的单项检查指标。

第二节　铸件常见缺陷的分类

一、我国的铸件缺陷分类

铸件缺陷的名称及分类以铸件缺陷外观特征为依据。铸件缺陷可分为八类 52 种，见表 7-1。

表 7-1　铸件缺陷

类别	序号	名称	定义或释义
多 肉	1	飞翅（飞边）	垂直于铸件表面上厚薄不均匀薄片状金属突起物，常出现在铸件分型面和芯头部位
	2	毛刺	铸件表面上刺状金属突起物，常出现在型和芯的裂缝处，形状极不规则。呈网状或脉状分布的毛刺称为脉纹
	3	抬型（抬箱）	由于金属液的浮力使上型或砂芯局部或全部抬起，使铸件高度增加的现象
	4	胀砂	铸件内外表面局部胀大，质量增加
	5	冲砂	砂型或砂芯表面局部砂子被金属液冲刷掉，在铸件表面的相应部位上形成的粗糙、不规则的金属瘤状物。常位于浇道附近，被冲刷掉的砂子在铸件其他部位形成砂眼
	6	掉砂	砂型或砂芯的局部砂块在机械力作用下掉落，使铸件表面相应部位形成金属突起物，其外形与掉落砂块很相似。在铸件其他部位往往出现砂眼或残缺
	7	外渗物（外渗豆）	铸件表面渗出来的金属物，多呈豆粒状。一般出现在铸件的自由表面上，如明浇铸件的上表面，离心浇注铸件的内表面等，其化学成分与铸件金属往往有差异

(续)

类别	序号	名　　称	定义或释义
孔洞	8	气孔	表面一般比较光滑，主要为梨形、圆形、椭圆形的孔洞。一般不在铸件表面露出，大孔常孤立存在，小孔则成群出现
	9	针孔	一般为针头大小出现在铸件表层的成群小孔。铸件表面在机械加工 1~2mm 后可以去掉的称为表面针孔。在机械加工或热处理后才能发现的长孔称为皮下气孔
	10	缩孔	铸件在凝固过程中，由于补缩不良而产生的孔洞。形状极不规则，孔壁粗糙并带有枝状晶，常出现在铸件最后凝固的部位
	11	缩松	铸件断面上出现的分散而细小的缩孔，有时借助放大镜才能发现。铸件有缩松缺陷的部位，在气密性试验时可能渗漏
	12	疏松（显微缩松）	铸件缓慢凝固区出现的细小孔洞
裂纹、冷隔	13	冷裂	容易出现的长条形且宽度均匀的裂纹。裂口常穿过晶粒延伸到整个断面
	14	热裂	断面严重氧化，无金属光泽，裂口沿晶粒边界产生和发展，外形曲折而不规则的裂纹
	15	热处理裂纹	铸件在热处理过程中出现的穿透或不穿透的裂纹，其断口有氧化现象
	16	白点（发裂）	钢中主要因氢的析出而引起的缺陷。在纵向断面上，它呈现近似圆形或椭圆形的银白色斑点，故称为白点；在横断面宏观磨片上，腐蚀后则呈现为毛细裂纹，故又称为发裂
	17	冷隔	在铸件上穿透或不穿透，边缘呈圆角状的缝隙。多出现在远离浇道的宽大上表面或薄壁处、金属流汇合处、激冷部位等
	18	浇注断流	铸件表面某一高度可见的接缝。接缝的某些部分结合不好或分开
表面缺陷	19	鼠尾	铸件表面出现的较浅（<5mm）的带有锐角的凹痕
	20	沟槽	铸件表面上产生的较深（>5mm）的边缘光滑的 V 形凹痕。通常有分枝，多发生在铸件的上、下表面
	21	夹砂结疤（夹砂）	铸件表面产生的疤片状金属突起物。其表面粗糙，边缘锐利，有一小部分金属和铸件本体相连，疤片状突起物与铸件之间有砂层
	22	机械粘砂（渗透粘砂）	铸件的部分或整个表面上，黏附着一层砂粒和金属的机械混合物，清铲粘砂层时可以看到金属光泽
	23	化学粘砂（烧结粘砂）	铸件的部分或整个表面上，牢固地黏附一层由金属氧化物、砂子和黏土相互作用而生成的低熔点化合物。硬度高，只能用砂轮磨去
	24	表面粗糙	铸件表面粗糙，凹凸不平，但未与砂粒结合或化合
	25	皱皮	铸件上不规则的粗粒状或皱褶状的表皮，一般带有较深的网状沟槽
	26	缩陷	铸件的厚断面或断面交接处上平面的塌陷现象，缩陷的下面有时有缩孔。缩陷有时也出现在内缩孔附近的表面

（续）

类别	序号	名　称	定义或释义
残缺	27	浇不到	铸件残缺或轮廓不完整，或可能完整但边角圆且光亮。它常出现在远离浇道的部位及薄壁处。其浇注系统是充满的
	28	未浇满	铸件上部产生缺肉，其边角略呈圆形，浇冒口顶面与铸件平齐
	29	跑火	铸件分型面以上的部分产生严重凹陷。有时会沿未充满的型腔表面留下类似飞翅的残片
	30	型漏（漏箱）	铸件内有严重的空壳状残缺。有时铸件外表虽然较完整，但内部的金属已漏空，铸件完全呈壳状，铸型底部有残留的多余金属
	31	损伤（机械损伤）	铸件受机械撞击而破损，残缺不完整的现象
形状及重量差错	32	拉长	铸件的部分尺寸比图样尺寸大，由于凝固收缩时铸型阻力大而造成
	33	超重	铸件的重量超出允差的上限
	34	变形	铸件由于铸造或热处理冷却速度不一，收缩不均，或由于模样与铸型形状发生变化等原因，造成的几何尺寸与图样不符
	35	错型（错箱）	铸件的一部分与另一部分在分型面处相互错开
	36	错芯	由于砂芯在分芯面处错开，铸件孔腔变形
	37	偏芯（漂芯）	由于型芯在金属液作用下漂浮移动，铸件内孔位置偏错，使形状、尺寸不符合要求
夹杂	38	夹杂物	铸件内或表面上存在的和基体金属成分不同的质点，包括渣、砂、涂料层、氧化物、硫化物、硅酸盐等
	39	冷豆	浇注位置下方存在于铸件表面的金属珠，其化学成分与铸件相同，表面有氧化现象
	40	内渗物（内渗豆）	铸件孔洞缺陷内部带有光泽的豆粒状金属渗出物，其化学成分和铸件本体不一致，接近共晶成分
	41	渣气孔	铸件浇注位置的上表面的非金属夹杂物。通常在加工后发现与气孔并存，孔径大小不一，成群集结
	42	砂眼	铸件内部或表面带有砂粒的孔洞
性能、成分、组织不合格	43	亮皮	在黑心可锻铸铁的断面上存在的清晰发亮的边缘，缺陷层主要是由含有少量回火碳的珠光体组成。回火碳有时包有铁素体壳
	44	菜花头	由于溶解气体析出或形成密度比铸件小的新相，铸件最后凝固处或冒口表面鼓出的现象。有的是起泡或重皮
	45	石墨漂浮	在球墨铸铁件纵向断面的上部，一层密集的石墨黑斑，和正常的银白色断面组织相比，有清晰可见的分界线。金相组织特征为石墨球破裂，同时缺陷区富有含氧化合物、硫化镁
	46	石墨集结	在加工大断面铸件时表面上充满石墨且边缘粗糙的现象。石墨集结处硬度低，且渗漏
	47	偏析	铸件或铸锭的各部分化学成分、金相组织不一致现象
	48	硬点	在铸件的断面上出现分散的或比较大的硬质夹杂物，多在机械加工或表面处理时发现

（续）

类别	序号	名　称	定义或释义
性能、成分、组织不合格	49	反白口	灰铸铁件断面的中心部位出现白口组织和麻口组织，外层是正常的灰口组织
	50	球化不良	在球墨铸铁件的断面上，有块状黑斑或明显的小黑点、愈近中心愈密的现象，其金相组织有较多的厚片状石墨或枝晶间石墨
	51	球化衰退	球墨铸铁试样或铸件断面组织变粗，力学性能低下的现象，金相组织由球状转为团絮状石墨，进而出现厚片状石墨
	52	脱碳	铸钢或铸铁表层有脱碳层或存在碳量降低的现象

二、按缺陷形成机理分类

铸件缺陷的分类形式有很多种，按缺陷的物理特征分类，并对每一分类项目中的不同缺陷进行说明，这是缺陷分类最常用的方法，这种说明大部分是有关缺陷生成的直接原因。这样分类的优点在于原因和缺陷之间的因果关系明确、判断关系真实，由此便可作出对策，达到消除和降低缺陷的目的。

引起各种缺陷产生的原因不尽一致，有的缺陷产生的原因很少，有的缺陷产生的原因比较多。从原因到缺陷生成之间所经历的各种物理和化学变化，通常被称为机理，它们可作为分类的依据。表 7-2 中的铸件缺陷是按缺陷形成机理分类的。由表 7-2 看出，材料的有关性能在工程上取最佳值时，其工艺过程顺利，过犹不及则导致铸件缺陷。因此，按缺陷形成机理分类应对性能不同的情况加以说明。例如表 7-2 中 A21 型砂性能，太粗产生粘砂，太细导致结疤、热裂和气孔。表 7-3 就是对表 7-2 中 A2 型砂性能造成缺陷的说明。它可为铸件缺陷分析提供线索，找出产生缺陷的各种原因，以便采取相应措施，防止缺陷的产生。

表 7-2　铸件缺陷分类

类　别	序　号		性　能	生　成　缺　陷
A. 物理-力学性能变化	A1 金属	A11	吸气性	析出气孔、裂纹状气孔、反白口、白点
		A12	流动性	冷隔、夹杂
		A13	氧化性	皱皮、附着性气孔
		A14	收缩特性	缩孔、热裂
		A15	凝固特性	微观缩松、外/内渗出物
		A16	表面张力	机械粘砂、针孔
		A17	浮力	抬型
	A2 型砂	A21	粒度	粘砂、结疤、热裂、气孔
		A22	湿度	气孔、夹砂、掉砂、化学粘砂
		A23	透气性	气孔、脉纹、机械粘砂
		A24	湿强度	表面粗糙、掉砂、落砂困难
		A25	湿衰形量	砂眼、夹砂、掉砂
		A26	流动性	夹砂、表面粗糙
		A27	干强度	热裂、砂眼
		A28	急热强度	鼠尾、夹砂
		A29	高温强度	热裂、机械粘砂
		A210	热溃散性	热裂、鼠尾
		A211	发气性	气孔、夹砂

（续）

类　别	序　号	性　能	生　成　缺　陷
B. 化学反应	B1	金属/大气	氧化、夹渣
	B2	金属/炉衬	渣气孔、夹杂、硬点
	B3	金属/铸型	反应性气孔、粘砂、夹渣、麻坑
	B4	金属/金属	气孔、金属夹杂物

表 7-3　型砂引起的铸件缺陷

型砂性能	铸件缺陷											
	气孔	热裂	针孔	鼠尾	砂眼	夹砂结疤	表面粗糙	机械粘砂	化学粘砂	脉纹	掉砂	落砂困难
砂粒细度	太细	太细	细	不分散		太细	太粗	太粗				过细
湿度	太湿	太湿	高	高	低	高	过高过低		太湿		过高过低	高
透气性	低		太高			低	高	高		高		低
湿强度			低		低	低	高			低	低	高
湿变形量					低	高				低		
流动性						高	低	低		低		
干强度		太高		太高	低							高
急热强度				太高		高	高	高	高			
高温强度		太高					低	低				高
热溃散性		低		太高				高		高		低
型腔气氛			氧化性					氧化性	氧化性			
发气性	太高		太高			高			低			
热变形量				低	低	低				低		

三、按工序分类

我国某些企业按工序将铸件缺陷分类如下：

（1）**造型废**　造型工操作疏忽造成的铸件缺陷，如合型时忘记吹净型腔，导致砂眼缺陷等。

（2）**浇废**　浇注工操作失误造成的缺陷，如浇包中金属液量不够而造成未浇满等。

（3）**料废**　金属料配比不当造成的化学成分不合格。

（4）**毛坯废**　毛坯在清理过程中产生机械损伤。

（5）**芯废**　造芯不当出现型芯尺寸不合格，导致铸件尺寸不合格缺陷。

（6）**混砂废**　型砂、芯砂混制不当而使铸件产生的缺陷，如型砂配方不合适，导致铸件表面粗糙缺陷等。

按工序分类意味着缺陷发生是由于这一工序控制不当或工艺参数不合理造成的。从管理的角度出发，可严格各项工序的操作规程，将缺陷控制在最低限度。

第三节 铸件常见缺陷分析与防止

铸件缺陷的种类很多，下面主要介绍常见缺陷的产生原因及防止措施。

一、气孔和针孔

气孔可根据形成的机理分为侵入气孔、析出气孔及反应气孔三种。

视频：CT扫描检测汽车变速箱壳体铸件气孔缺陷

(1) 产生原因 在金属液中溶解有气体，当浇注温度较低时，析出的气体来不及向上逸出；炉料潮湿、锈蚀、油污，带有容易产生气体的夹杂物；出铁液槽和浇包未烘干；型砂中的水分超过了所要求的范围、透气性差；涂料中含有过多的发气材料；型芯未烘干或未固化，存放时间过长而吸湿返潮，通气不良；湿型局部舂得太紧，砂型的排气能力差；浇冒口设计不合理，位置不合适，压头小，排气不良；浇注时有断流和气体卷入现象。

(2) 防止措施 炉料要烘干、除锈、去油污；确保焦炭的质量（块度适中、固定碳含量高、含硫量低、灰分少），以提高金属液的出炉温度；孕育剂、球化剂和所用的工具要烘干；防止液体金属在熔炼过程中过度氧化，熔炼球墨铸铁时，尽量降低原铁液中的含硫量；在混制型砂过程中要混制均匀，严格控制型砂中的含水量；在保证强度的前提下，尽量减少黏土的加入量，以提高型砂的透气性；尽量减少型砂中发气物质的含量；在烘干型、芯的过程中，要控制其烘干程度；制造砂型时舂砂要均匀，型、芯排气要通畅；浇注系统设计要合理，增加直浇道高度，以提高液态金属的静压力；出气冒口要设置在型腔的最高处和型腔中气体不易排出的地方。

二、缩陷、缩孔和缩松

(1) 产生原因 合金的液态和凝固收缩大于固态收缩且在液态和凝固收缩时得不到足够的金属液补充；浇注温度过高时易产生集中缩孔，浇注温度过低时易产生分散缩松；浇注系统和冒口与铸件连接不合理，产生较大的接触热节；铸型的刚度低，在液态金属压力和析出石墨时膨胀力的作用下，型壁易扩张变形。

视频：透盖铸件缩孔缺陷原因分析及解决措施

(2) 防止措施 正确设计内浇道、冒口、冷铁的位置，确保铸件在凝固收缩过程中不断有液体金属补充；改进铸件结构，使铸件有利于补缩；保证铸型有足够的刚度，对较大的铸件采用干型，防止型壁向外扩张。

三、冷裂

(1) 产生原因 铸件壁厚相差悬殊，薄、厚壁之间没有过渡，变化突然，致使冷却速度差别大，收缩不一致，造成铸件局部应力集中；金属液中含磷量高，增加了脆性；铸件内部的残余应力大，受到机械作用力时而开裂。

(2) 防止措施 力求铸件壁厚均匀，使铸件各部分的冷却速度尽量趋于一致；尽量不使铸件收缩受阻；提高合金的熔炼质量，减少有害元素和非金属夹杂物；提高型、芯砂的质量，改善砂型、砂芯的退让性；延长铸件开箱时间，使铸件在型内缓慢冷却；对铸件进行时效处理，减少残余应力。

四、热裂

(1) 产生原因 铸件壁厚变化突然，在合金凝固时容易产生应力集中；金属液中含硫量高，使金属材料产生热脆性；浇注系统阻碍了铸件的收缩；铸型和砂芯的退让性差，芯骨结构不合适，吃砂量太小等。

（2）防止措施 铸件设计要尽量避免壁厚的突然变化，铸件转角处做成适当的圆角，铸件中容易产生拉应力的部位和凝固较迟的部位可采用冷铁或工艺肋；单个内浇道截面不宜过大，要尽量采用分散的多个内浇道，内浇道与铸件交接处应尽量避免形成热节，浇冒口与铸件交接处要有适当的圆角，浇冒口形状和安放位置不要妨碍铸件的收缩；黏土砂中加入适量木屑或采用有机黏结剂，以改善型芯砂的溃散性；砂型和砂芯不应舂得过紧；改用刚度合适的芯骨，芯骨外部要有足够的吃砂量。

五、冷隔

（1）产生原因 金属液浇注温度低，流动性差；浇注系统设计不合理，内浇道数量少、断面面积小，直浇道的高度太低，金属液压头不够；金属液在型腔中的流动受到阻碍。

（2）防止措施 提高浇注温度，改善熔炼工艺，防止金属液氧化，提高流动性；改进浇注操作，防止大块熔渣堵塞浇口，浇注过程中不能断流；合理布置浇注系统，增大内浇道截面积，增多内浇道数量或改变其位置，采用较高的上箱或浇口杯；加强对合型、紧固铸型的检查，防止分型面和砂芯出气孔等处跑火；改变铸件浇注位置，对于薄壁大平面尽量设置在下面或采用倾斜浇注；铸件壁厚不能过小；提高型砂透气性，适当设置出气冒口。

六、夹砂结疤

（1）产生原因 造型时紧实不均匀；型砂的抗夹砂能力差；浇注位置不合适。

（2）防止措施 从减少砂型膨胀力入手，在型砂中加入煤粉、沥青、重油、木屑等，使砂型膨胀时有缓冲作用；湿型使用优质膨润土，以提高湿强度；型砂的粒度适当粗一些，以提高型砂的透气性，上砂型多扎气眼；造型时力求紧实度均匀，避免砂型局部紧实度过大；严格控制型砂水分，水分不宜过高；在易产生缺陷的砂型处可插钉加固，避免表层剥落；浇注温度不宜过高，浇注时间尽量缩短，使金属液能快速而均匀地充满型腔。

七、粘砂

粘砂根据形成机理可分为机械粘砂和化学粘砂。

（1）产生原因 铸件表面金属氧化，氧化物与造型材料作用生成低熔点化合物；浇注时金属液因压力过大渗入砂粒间隙；当金属液温度过高并在砂型中保持液态时间较长时，金属液渗入砂型的能力强，并容易与造型材料发生化学反应，造成粘砂；造型材料的耐火度低。

动画：铸件表面机械粘砂

（2）防止措施 湿型在保证有足够透气性的前提下，尽可能选用粒度细的原砂；提高砂型的紧实度，尤其是高大砂型下部的紧实度；铸铁件湿型砂中可加入煤粉、重油和沥青等；适当降低浇注温度；减少吃砂量以提高粘砂层的冷却速度；避免型、芯局部过热；选用耐火度高或冷却能力强的造型材料。

动画：铸件表面化学粘砂

八、夹渣

（1）产生原因 浇注前金属液上面的浮渣没有清除干净，浇注时挡渣不好，浮渣随着金属液进入铸型；浇注系统设计不合理，挡渣效果差，进入浇注系统的熔渣直接进入型腔而没有被排出。

（2）防止措施 浇注系统要使金属液流动平稳，设置集渣包和挡渣装置；尽量降低金属液中硫的含量；尽量提高金属液的出炉温度；浇包要保持清洁，最好用茶壶式浇包；浇注前可加入除渣剂，如稻草灰、冰晶石等。

九、冲砂、掉砂、砂眼

(1) 产生原因 砂型、砂芯的强度低，型、芯烘烤过度；液态金属流速太快，对型、芯的局部表面冲刷时间过长；分型面不平整，芯头间隙小，下芯、合型操作时型、芯局部被压溃，在紧固铸型过程中受冲击碰撞，型、芯局部掉砂；型砂的水分过高且通气性差，浇注时有沸腾现象产生；砂型内散落的砂子没有清理干净，造成由散砂形成的砂眼。

(2) 防止措施 提高型、芯的强度；防止型、芯烘烤过度；防止内浇道正对型壁或转角处；受金属液剧烈冲刷的部位，使用专门配制的耐冲刷及耐火材料制品；大的干型要预留合适的分型负数；砂型在合型、紧固铸型、放压铁和运输过程中，操作要小心，防止冲击碰撞；型、芯修补处和薄弱部位要采取加固措施（如插钉等）；下芯、合型前要仔细检查，清理多余的砂子。

第四节 铸件缺陷的修补

有缺陷存在的铸件并不都是废品，若进行必要的修补，除去缺陷，只要能满足铸件的技术要求，大部分经修补后的铸件仍可作为成品使用。铸件修补的目的是避免重新铸造，将有缺陷的铸件修复，使其达到验收标准规定的外观质量和内在质量要求，从而不延误工期，提高产品合格率，提高经济效益。铸件缺陷修补是铸造生产过程中必不可少的一道重要工序。

铸件缺陷修补的原则是：修补后铸件的外观、性能和寿命均能满足要求，且经济上合算，即应修补。反之，技术上无把握，经济上得不偿失，就不进行修补。

铸件缺陷修补的方法很多，各种方法的适用范围也不同，应根据铸件材质、种类、缺陷类型来选择不同的修补方法。表 7-4 列出了常用的铸件修补方法及适用范围。

表 7-4 常用的铸件修补方法及适用范围

序　号	修补方法	适 用 范 围
1	矫正	用于矫正变形的铸件
2	电焊	主要用于铸钢件，其次用于铸铁及非铁合金铸件
3	气焊	多用于铸铁和非铁合金，铸钢件用得很少
4	钎焊	修补铸铁件和非铁合金铸件的孔洞与裂纹等，但零件使用温度不能过高
5	熔补	多用于熔补铸铁件的大孔洞与浇不到等局部缺陷
6	浸渗	修补非加工面上的渗漏缺陷，用于承受水压检验压力不高的容器及渗漏不很严重的铸件
7	填腻修补	修补不影响使用性能的小孔洞与渗漏缺陷，零件使用温度低于 200℃
8	塞补	修补不影响伸用性能的孔洞等缺陷
9	金属喷镀	修补非加工表面上的渗漏处，修补后零件工作温度应低于 400℃
10	粘接	粘补不承受冲击载荷与承力很小的部位的表面缺陷

修补铸铁件缺陷的常用方法如下。

一、焊补法

焊补法是修补铸件最常用的方法。对气孔、缩孔、裂纹、砂眼及冷隔等缺陷均可使用焊补法。按焊接工艺特点可分为冷焊和热焊。

采用冷焊法，铸件不需预热，可直接施焊，这种方法操作简单，劳动条件好，常用于焊补铸件非加工面上的缺陷，多用镍基或铜基铸铁焊条，以防铸件产生白口并减小应力。焊接时尽量采用小电流，避免由于温差过大而使铸件母体白口层增厚。凡承受动载荷的部位不允许用冷焊。

热焊法即将铸件预热后再施焊。焊补前将铸件预热至赤褐色（600℃左右），快速施焊，焊后保温缓冷。这种方法虽然劳动条件差，但焊接质量比冷焊的好，所以常用于焊补铸件加工面的各种缺陷。一般采用高硅铸铁焊条，可获得灰口组织。

无论采用何种焊补法，施焊前必须做好铸件缺陷部位的准备工作。具体步骤：在缺陷部位开出上大下小向外扩张的坡口，如图7-1所示；将坡口内的夹杂物清除干净，直至露出完好的金属为止；对于裂纹缺陷，应在距离裂纹的首、末端5~10mm处钻出止裂孔，孔径为8mm，深度超过裂纹深度2~3mm。有的热焊法需在缺陷处造型，以防金属液流溢，同时还可降低冷却速度。

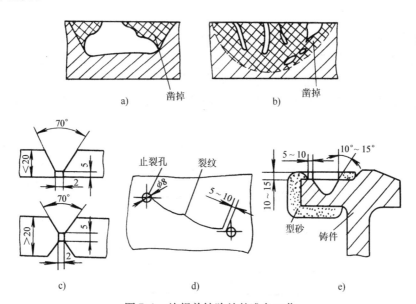

图7-1　施焊前缺陷处的准备工作

a）正确方案　b）应清掉部分　c）透孔焊前准备　d）裂纹焊前准备　e）热焊焊前准备

二、浸渗修补

容器铸件在压力下工作，经试验发现渗漏，如果渗漏部位无法焊补，其工作温度较低（<250℃）时，可采用浸渗方法加以修补。浸渗修补法是将呈胶状的浸渗剂渗入铸件的孔隙，浸渗剂硬化后与铸件孔隙内壁连成一体，以达到堵漏的目的。

1. 浸渗剂

（1）水玻璃型浸渗剂　该类浸渗剂组成及技术指标见表7-5，其主要组成是水玻璃和超细度的金属或非金属氧化物。这种浸渗剂价格较低，工艺简单；在室温下就能固化；耐热、耐蚀性好，但性脆，易龟裂，收缩大。渗补直径小于0.15mm的孔隙较为合适。对较大孔隙往往要进行多次渗补。

表 7-5　水玻璃型浸渗剂组成及技术指标

成　　分										技　术　指　标			
组成	粒度 <300 目的添加成分									密度 ρ/ (g/cm^3)	pH 值	黏度 η/ $(Pa \cdot s)$	耐温/℃
名称	SiO_2	Na_2O	Al_2O_3	Fe_2O_3	CaO	MgO	ZnO	P_2O_5	水玻璃				
含量(质量分数,%)	32.7	11.66	1.32	0.47	0.16	0.13	0.04	0.03	余量	1.32 ~ 1.35	11.7 ± 0.2	$(25 ~ 30)$ $\times 10^2$	-50 ~550

(2) 合成树脂型浸渗剂　合成树脂型浸渗剂表面张力小，收缩小，耐蚀、耐压，一次浸渗成功率高，可修补直径小于 0.2mm 的孔洞。固化温度为 135℃（需在烘箱中烘 1 ~ 2h），但有毒气，须有抽风系统。因树脂的膨胀率比金属大 10 倍，在固化聚合和冷却时收缩大，易使某些被修补部位未能被完全密封而出现渗漏。

(3) 厌氧型浸渗剂　国产的厌氧胶有 Y - 50，GY - 340，ZY - 801、802、80、804 及铁锚 350 等几种，其特点是黏度小、浸渗强、储存性好（一年以上）、用量少，但价格较贵，耐热性低（<150℃），适用于铁、铝、铜及其他合金铸件的浸补。

2. 浸补方法

(1) 整体浸补　目前国内一般采用真空加压整体浸补法。采用水玻璃型或合成树脂型浸渗剂所用浸渗设备如图 7-2 所示。铸件经清洗、晾干后，放入浸渗罐内，罐内抽真空（压力 <5kPa）1.5 ~ 2min；注入浸渗液淹没铸件并超过铸件顶面 3 ~ 5cm，静置 3 ~ 5min，使浸渗剂充分渗入孔隙中；然后通入 0.5 ~ 0.7MPa 的压缩空气，保压 20min；取出铸件并洗净，待浸渗剂固化即可。

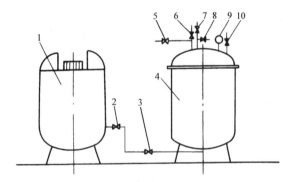

图 7-2　整体浸渗处理设备

1—浸渗液搅拌罐　2、3、6、7—阀　4—浸渗真空罐　5—阀（接真空泵）

8—阀（接压缩空气）　9—真空压力表　10—安全阀

(2) 局部浸渗　局部浸渗采用的是厌氧型浸渗剂——厌氧胶，其工艺为：铸件经耐压试验找出渗漏点，打上标记，用氧气-乙炔或喷灯对渗漏点表面喷烧，温度控制在 200℃ 以下。将蘸足厌氧胶的棉球放置于渗漏点，胶水渗入孔隙后，绝氧固化，一般需 24h 才能完全固化。浸补后再进行耐压试验，检查浸补质量。局部浸渗设备简单，施工方便。

三、填腻修补

对于铸件不甚重要但有装饰意义部位的孔洞类缺陷，可根据铸件的颜色，配制腻子来填补。腻子粘补剂种类很多，可根据铸件缺陷及使用要求来选用。例如，对于非受力部位的孔洞类缺陷，修补时可采用的腻子配方（质量分数）为：铁粉75%、水玻璃20%、水泥5%。填补时，要先将缺陷处清理干净，再用刮刀压入腻子，修平即可。

对于铸件的非加工面和非重要部位的孔洞类缺陷，均可使用环氧树脂粘补剂填补，其配方举例及粘补工艺见表7-6。用环氧树脂填补的部位硬度高，耐磨、耐蚀、耐酸，但不耐热（工作温度＜100℃）。

表7-6　环氧树脂粘补剂配方及粘补工艺

品　　　名	配　　比	作　　用	粘　补　工　艺
6101 环氧树脂	100g	黏结剂	1. 将铸件缺陷部位用錾子清除干净，然后用丙酮擦洗干净
（邻）苯二甲酸二丁酯	15mL	增塑剂	2. 称取环氧树脂，加入增塑剂，在小铁杯内调匀，用红外线灯烘烤至40~50℃
还原铁粉	40g	填料，增加强度	3. 依次加入还原铁粉、硅砂粉和氧化铝粉并调匀
硅砂粉	40g	填料，增强	4. 加入无水乙二胺，搅拌3~5min，使其完全均匀，一般以不冒烟为佳；然后倒入缺陷部位，应高出铸件1~2mm
氧化铝粉	20g	调料，调色	5. 用红外线灯烘烤2~3h，直到完全固化，然后自然干燥2h；用机械加工或人工锉平
无水乙二胺	8~10mL	固化剂	

四、熔补法

熔补法是利用金属液的热量将铸件缺陷表面熔化，同时使铸件被修补部分与熔补的金属液熔接在一起，常用于大型铸件上浇不到或残缺尺寸较大的缺陷。熔补工艺如图7-3所示。熔补前将铸件残缺处铲磨干净，再放上弥补残缺部分的砂型，四周用型砂围好。注入砂型的金属液流经补缺部位后，从砂型下部的一个流出口流出，积存在下面的聚集槽内，待铸件被修补处软化后（可用金属棒探知），将流出口堵塞，并继续注入金属液，使残缺部分充满。为了避免铸件产生过大的应力，应注意熔补以后铸件的保温，使其缓慢冷却。

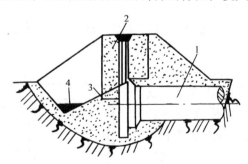

图7-3　金属液熔补
1—铸件　2—砂型　3—流出口　4—聚集槽

思　考　题

1. 区别铸件废品率、铸件成品率、工艺出品率的概念。

2. 说明表7-3中产生机械粘砂六方面的具体原因。

3. 试述热裂、冷隔和粘砂缺陷产生的原因和防止办法。

第八章　铸造生产机械装备

第一节　造型（芯）设备

一、型砂紧实及其要求

铸造型（芯）砂的砂粒表面包覆着黏结剂膜，由于黏结剂膜的作用，使型（芯）砂成为具有黏性、塑性和弹性的散体。铸型（芯）就是由这些松散的型砂和芯砂经过一定的力的作用，借助模样和芯盒而紧实成形的。被紧实的型（芯）砂必须具有一定强度和紧实度。

通常，把紧实型砂的外力称为紧实力。在紧实力的作用下，型砂的体积变小的过程称为紧实过程。用单位体积内型砂的重量或型砂表面的硬度来衡量型砂的紧实程度，又称为紧实度。紧实度的测量方法在第一章中已作介绍。

铸造工艺对砂型有如下要求：

1）砂型（芯）应有足够的强度，能经受搬运、翻转过程的振动和金属液的冲刷，而不会被破坏。

2）紧实后的砂型应容易起模，起模后，能够保持型腔尺寸的精确，砂型不会发生损坏和脱落现象。

3）砂型应有必要的透气性，避免铸件产生气孔等缺陷。高压造型时，常采用扎通气孔的方法来解决透气性问题。

二、黏土砂紧实方法及特点

型砂的紧实方法通常有压实紧实、震击紧实、抛砂紧实和射砂紧实等。

1. 压实紧实

压实紧实是采用直接加压的方法使型砂紧实。按加压方式的不同，压实紧实又分为压板加压（上压式）、模底板加压（下压式）、对压加压三类。压板加压和模底板加压如图 8-1 和图 8-2 所示。不同的加压方法，型砂紧实度的分布是不相同的。为了使压实砂紧实度均匀化，还可采用成形压板（压板的形状与模样形状相似）和多触头压头。

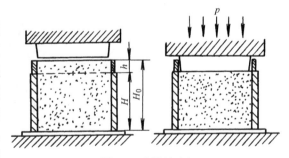

图 8-1　压板加压

2. 震击紧实

震击紧实的过程如图 8-3 所示。当压缩空气从进气孔 4 进入气缸时，使震击活塞 2 驱动工作台 1 连同充满型砂的砂箱上升进气行程 s_j 距离后，排气孔 5 打开，经过惯性行程 s_g 后，震击活塞急剧下降，砂箱中的型砂随砂箱下落时，得到一定的运动加速度。当工作台与机座 3 接触时，下降的速度骤然减小到零，因此产生很大的惯性加速度，

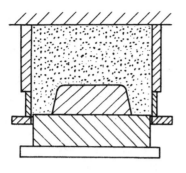
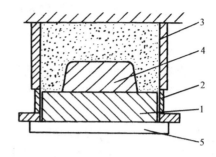

图 8-2　模底板加压

1—压板　2—辅助框　3—砂箱　4—模样　5—模底板

由于惯性力的作用，在各层型砂之间产生瞬时的压力，将型砂紧实，经过数次撞击后得到所需的型砂紧实度。震击时，越是下面的砂层，受到的惯性力越大，越容易被紧实，而砂型顶部的型砂仍然是疏松状态。为了减小震击紧实度分布不均匀的缺陷，需对上层型砂进行补充紧实，即在震击紧实后，用手工或风动捣机补充紧实，还可以压实气缸为动力压实上层型砂（即压实）。

3. 抛砂紧实

抛砂紧实的原理如图 8-4 所示。型砂经过高速旋转的叶片加速后，砂团以高达 30 ~ 60m/s 的速度抛入砂箱，高速砂团以很大的动量转变成对先加入型砂的冲击而使其紧实。抛砂紧实能同时完成型砂的充填与紧实过程，它多用于单件小批生产和大件生产，但造型生产率低。

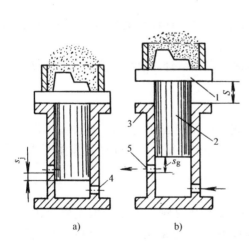
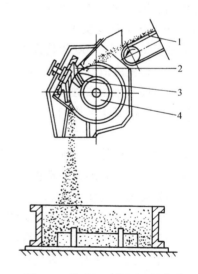

图 8-3　震击紧实原理

1—工作台　2—活塞　3—气缸（机座）

4—进气孔　5—排气孔

图 8-4　抛砂机工作原理示意图

1—带式输送机　2—弧板　3—叶片　4—转子

4. 射砂紧实

射砂紧实是利用压缩空气将型（芯）砂以很高速度射入型腔或芯盒内而得到紧实。射砂机构如图 8-5 所示。射砂紧实过程包括加砂、射砂、排气紧实三个工序。

(1) 加砂　打开加砂闸板 6，砂斗 5 中的型砂加入射砂筒 1 中，然后关闭加砂闸板。

（2）射砂 打开射砂阀7，储气包8中的压缩空气从射砂筒1的顶横缝和周竖缝进入筒内，形成气砂流并射入芯盒（或砂箱）中。

（3）排气紧实 型腔中的空气通过排气塞排出，高速气砂流由于型腔壁的阻挡而停止，使型（芯）砂得到紧实。

射砂紧实能同时完成快速填砂和预紧实的双重作用，生产率高，劳动条件好，工作噪声小，紧实度较均匀。但射砂紧实的紧实度不够高，对芯盒和模样的磨损较大。射砂紧实广泛应用于造芯和造型的填砂与预紧实，是一种高效率的造芯、造型方法。

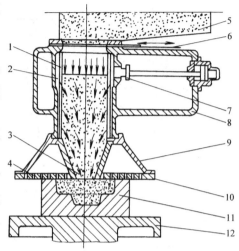

图8-5 射砂机构示意图

1—射砂筒 2—射腔 3—射砂孔 4—排气塞 5—砂斗 6—加砂闸板 7—射砂阀 8—储气包 9—射砂头 10—射砂板 11—芯盒 12—工作台

三、黏土砂造型设备

1. 震压式造型机

以 Z145 型造型机为例，它是典型的以震击为主、压实为辅的小型造型机，广泛用于小型机械化铸造车间，最大砂箱尺寸为 400mm × 500mm，比压为 0.125MPa，单机生产率为 60 型/h。

Z145 型造型机采用顶杆式起模，顶杆顶着砂箱四个角而起模。为了适应不同大小的砂箱，顶杆在起模架上的位置可以在一定范围内调节。

2. 多触头高压微振造型机

高压造型机是 20 世纪 60 年代发展起来的黏土砂造型机，它具有生产率高，所得铸件尺寸精度高、表面粗糙度值低等优点，目前仍被广泛使用。

高压造型机通常采用多触头压头，并与气动微振紧实相结合，故称为多触头高压微振造型机。其特点是型砂紧实度均匀。

3. 垂直分型无箱射压造型机

如果造型时不用砂箱（无箱）或者在造型后能先将砂箱脱去（脱箱），使砂箱不进入浇注、落砂等循环过程，就能减少造型生产的工序，节省许多砂箱，而且可使造型生产线所需辅机减少，容易实现自动化生产。

垂直分型无箱射压造型的造型原理如图8-6所示。

造型室由造型框及正、反压板组成。正、反压板上有模样。封住造型室后，由上面射砂填砂，再由正、反压板两面加压，紧实成两面有型腔的型块（图8-6a）。然后反压板退出造型室并向上翻起，让出型块通道（图8-6b）。接着压实板将造好的型块从造型室推出，且一直向前推，使其与前一块型块推合，并且还将整个型块向前推过一个型块厚度的距离（图8-6c）。随后压实板退回，反压板放下并封闭造型室，即进入另一个造型循环。

这种造型方法的特点是：

1) 用射压方法紧实砂型，所得型块紧实度高且均匀。

2) 型块的两面都有型腔，铸型由两个型块间的型腔组成，分型面是垂直的。

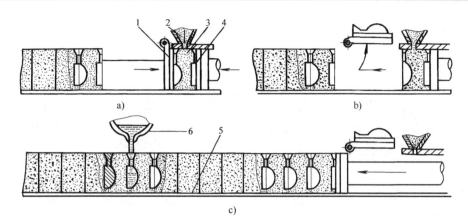

图 8-6　垂直分型无箱射压造型的造型原理

1—反压板　2—射砂机构　3—造型室　4—压实板　5—浇注台　6—浇包

3）连续造出的型块互相推合，形成一个很长的型列。浇注系统设在垂直分型面上。由于型块之间相互推紧，在型列的中间浇注时，几块型块与浇注平台之间的摩擦力足以抵住浇注金属液的压力，使型块之间仍保持密合，不需卡紧装置。

4）一个型块即相当一个铸型，而射压都是快速造型法，所以造型机的生产率很高。制造小型铸件的砂型时，生产率可达 300 型/h 以上。

四、造芯设备

造芯设备的结构型式与芯砂的黏结剂及造芯工艺密切相关，常用的造芯设备有热芯盒射芯机、冷芯盒射芯机和壳芯机三类。

1. 热芯盒射芯机

热芯盒射芯机主要由供砂装置、射砂机构工作台及夹紧机构、立柱机座、加热板及控制系统组成，依次完成加砂、芯盒夹紧、射砂、加热硬化、取芯等工序。

2. 冷芯盒射芯机

冷芯盒射芯机是指采用气体硬化砂芯，即射砂后，通入气体（如三乙胺、SO_2 或 CO_2 等气体），使砂芯硬化。与热芯盒及壳芯相比，用冷芯盒造芯不用加热，降低了能耗，改善了工作条件。

目前已有各种类型的冷芯盒射芯机。冷芯盒射芯机与热芯盒射芯机的不同之处，在于射砂工序完成后，通入硬化气体硬化砂芯，取代了热芯盒射芯机中的加热装置。

3. 壳芯机

壳芯机基本上是利用吹砂原理制成的，其过程如图 8-7 所示。依次经过芯盒合拢、翻转吹砂及加热结壳、回转摇摆倒出余砂、芯盒分开及取芯等工序。

壳芯是相对于实体芯而言的中空壳体芯。它是以强度较高的酚醛树脂为黏结剂的覆膜砂经加热硬化而制成的。用壳芯作为型芯所生产的铸件，由于壳芯使用的砂粒细，所以铸件表面光洁，尺寸精度高；芯砂用量少，降低了材料消耗。加之型芯是中空的，增加了型芯的透气性和溃散性，所以壳芯在制造大型芯上得到了广泛应用。

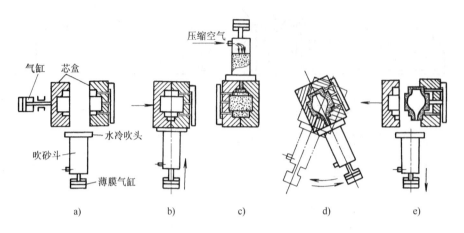

图 8-7　壳芯机工作原理示意图

a）原始位置　b）芯盒合拢，吹砂斗上升
c）翻转吹砂及加热结壳　d）回转摇摆倒出余砂并硬化　e）芯盒分开及顶芯取芯

第二节　混砂及旧砂再生设备

一、黏土砂混砂机

混砂机种类繁多，结构各异。按工作方式分，有间歇式和连续式两种；按混砂装置可分为碾轮式、转子式、摆轮式等。

对混砂机混制黏土砂的要求是：将型砂的各种成分混合均匀；使水分均匀湿润所有物料；使黏土膜均匀地包覆在砂粒表面；将混砂过程中产生的黏土团破碎，使型砂松散，便于造型。

（1）碾轮式混砂机　碾轮式混砂机由碾压装置、传动系统、刮板、出砂门与机体等部分组成。传动系统带动混砂机主轴以一定转速使十字头旋转，碾轮和刮板就不断地碾压和松散型砂，达到混砂的目的。碾轮式混砂机的优点是碾压力随砂层厚度自动变化，加砂量多或型砂强度增加，则碾压力增加，反之亦然。这不但符合混砂要求，混砂质量高，而且可以减少功率消耗和刮板磨损。

（2）转子式混砂机　转子式混砂机中没有碾轮，只有转子。它是根据强烈搅拌原理设计的。这种混砂机的主要混砂机构是高速转动的混砂转子。转子上的叶片迎着砂的流动方向，对型砂施以冲击力，使砂粒间彼此碰撞、混合，使黏土团破碎、分散；旋转的叶片同时对松散的砂层施以剪切力，使砂层间产生速度差，砂粒间相对运动，互相摩擦，将型砂的各种成分快速地混合均匀，在砂粒表面包覆黏土膜。转子式混砂机混制的型砂均匀而松散，湿强度高，透气性好。另外，机构重量轻，转速快，混砂周期短，生产率高。

（3）摆轮式混砂机　摆轮式混砂机主要由混砂机主轴驱动的转盘上的两个安装高度不同的水平摆轮及刮板组成。当主轴转动时，转盘带动刮板将型砂从底盘上铲起并抛出，形成一股砂流抛向围圈，与围圈产生摩擦后下落。在摆轮式混砂机中，由于主轴转速、刮板角度与摆轮高度的配合，使型砂受到强烈地混合、摩擦和碾压作用，混砂效率高。但摆轮式混砂机的混砂质量不如碾轮式混砂机。

二、树脂砂、水玻璃砂混砂机

常用于树脂砂、水玻璃砂的混砂机有双螺旋连续式混砂机和球形混砂机两种。

动画：连续式
树脂砂混砂机

（1）双螺旋连续式混砂机　双螺旋连续式混砂机采用较先进的双砂三混工艺，即树脂（或水玻璃）及固化剂先分别与砂子在两个水平螺旋混砂装置中预混，再全部进入垂直的锥形快速混砂装置中高速混合，并直接卸入砂箱或芯盒中造型与造芯。

（2）球形混砂机　原材料从混砂机上部加入后，在叶片高速旋转的离心力作用下，向四周飞散，混合料沿球面螺旋上升，经反射叶片导向抛出，形成空间交叉砂流，使混合料之间产生强烈的碰撞和搓擦，落下后再次抛起。如此反复多次，达到混合均匀和使树脂以薄膜形式包覆在砂粒表面的目的。该机的最大优点是效率高，一般只要 5～10s 即可混好；结构紧凑，球形腔内无物料停留或堆积的"死角"区；与混合料接触的零部件少；而且由于砂流的冲刷能减少黏附（或称自清洗的作用），因此可以减少人工清理混砂机的工作量。

三、黏土砂旧砂处理设备

黏土砂旧砂处理设备常有磁分离设备、破碎设备、筛分设备和冷却设备等。

（1）磁分离设备　磁分离的目的是将混杂在旧砂中的浇冒口、飞翅与铁豆等铁块磁性物质除去。常用的磁分离设备按结构型式可分为磁分离滚筒、磁分离带轮和带式磁分离机三种，按磁力来源不同可分为电磁和永磁两大类。

（2）破碎设备　对于高压造型、干型黏土砂、水玻璃砂和树脂砂的旧砂块，需要进行破碎。常用的旧砂块破碎机的使用范围及特点见表 8-1。

表 8-1　常用的旧砂块破碎机的使用范围及特点

名　称	使 用 范 围	特　点
碾式破碎机	各种干砂破碎	结构庞大，效率不高，使用较少
双轮破碎松砂机	用于黏土湿型砂破碎和松砂	结构简单，使用方便
振动破碎机	用于树脂砂及水玻璃砂的砂块破碎	振动破碎，不易卡死，使用可靠
反击式破碎机	干型、水玻璃砂及树脂砂等的砂块破碎	结构复杂，磨损后维修量大，使用不多

（3）筛分设备　旧砂过筛主要是为了排除其中的杂物和大的砂团，同时通过除尘系统还可排除砂中的部分粉尘。旧砂过筛一般在磁分离和破碎之后进行，可筛分 1～2 次。常用的筛砂机有滚筒筛砂机、滚筒破碎筛砂机和振动筛砂机等。

滚筒筛砂机结构简单，维护方便，但筛孔易堵塞，过筛效率低。滚筒破碎筛砂机与滚筒筛砂机结构相似，它具有筛分和破碎的双重功能，结构紧凑，使用效果好。振动筛砂机结构简单、体积小、生产率高且工作平稳，具有筛分和输送两种功能，适应性强，目前被广泛使用。

（4）冷却设备　铸型浇注后，由于高温金属的烘烤使砂的温度增高。如用温度较高的旧砂混制型砂，因水分不断蒸发，型砂性能不稳定，易造成铸件缺陷。因此，必须对旧砂进行强制冷却。目前普遍采用增湿冷却方法，即用雾化方式将水加入到热砂中，经过冷却装置，使水分与热砂充分接触，吸热汽化，通过抽风将砂中的热量除去。常用的旧砂冷却设备有双盘搅拌冷却设备、振动沸腾冷却设备和冷却提升设备等。

双盘搅拌冷却设备同时起到增湿、冷却、预混三个作用，冷却效果较好，且体积小、重量轻、工作平稳、噪声小，应用日益广泛。振动沸腾冷却设备生产效率高、冷却效果好，但噪声较大，振动参数的设置要求严格。冷却提升设备兼有提升、冷却旧砂的双重作用，占地面积小，布置方便，但冷却效果不太理想。

四、旧砂再生设备

旧砂处理与旧砂再生是两个不同的概念，旧砂处理通常是指将用过的旧砂块经破碎、去磁、筛分、除尘、冷却等处理后重复或循环使用，而旧砂再生是指将用过的旧砂块经破碎并除去废旧砂粒上包裹着的残留黏结剂膜及杂物，恢复接近于新砂的物理和化学性能而代替新砂继续使用。

旧砂再生与旧砂处理的区别在于：旧砂再生除了要进行旧砂处理的各工序外，还要进行再生处理，即去掉旧砂粒表面的残留黏结剂膜。如果将旧砂再生过程分为前处理（旧砂磁分离、破碎）、再生处理（去掉旧砂粒表面的残留黏结剂膜）、后处理（除尘、风选、调整温度）三个工序，则旧砂处理相当于旧砂再生过程中的前处理和后处理，即旧砂再生过程等于旧砂处理加上除去砂粒表面残留黏结剂膜。

另外，旧砂处理后的回用砂和再生砂在使用性能上有较大区别。再生砂的性能接近新砂，可代替新砂作背砂或单一砂使用；而未经再生处理的旧砂砂粒表面的黏结剂含量较多，通常只能作为背砂使用。

对旧砂进行再生处理并回用，不仅可以节约宝贵的新砂资源，减少旧砂废弃引起的环境污染，还可节约成本（新砂的购置费和运输费），具有较大的经济和社会效益。旧砂再生设备已成为现代化铸造车间不可缺少的组成部分。

旧砂再生设备的特点和使用情况见表8-2。

表8-2　旧砂再生设备的特点和使用情况

分　类	形　式	特　点	使　用　情　况
机械式	离心冲击式	在离心力的作用下，砂粒受冲击、碰撞和搓擦	适用于呋喃树脂砂再生
	离心式	对砂粒以搓擦为主，比离心冲击式效果差	适用于呋喃树脂砂再生
气动式	垂直式	利用气流使砂粒冲击和摩擦，结构简单，能耗和噪声大	适用于呋喃树脂砂和黏土砂
湿法	叶轮式	利用机械搅拌擦洗砂粒	适用于黏土砂、水玻璃砂
	旋转式	利用水力旋转擦洗砂粒	适用于黏土砂、水玻璃砂
热法	搅拌式	将砂粒上的树脂膜烧去，但设备结构较复杂	适用于树脂覆膜砂和自硬砂
	沸腾床式	沸腾燃烧较先进，有利于提高燃烧效率，改善再生效果	适用于树脂覆膜砂和自硬砂

旧砂再生的后处理主要是靠除尘器除去砂中的灰尘和微粒；靠砂温调节器来调节再生砂的温度。

第三节　配料、加料及浇注设备

一、配料设备及控制

冲天炉熔化铸铁的炉料主要包括金属料（生铁、回炉料、废钢等）、焦炭和石灰石等。配料过程主要包括称量、装运和给料等工序。不同的炉料应采取不同的配料方法。对于焦炭和石灰石等非金属料，配料较为简单，常采用磅秤式称量装置称量，用振动给料装置给料，采用过渡小车送料，而对金属料一般采用电磁配铁秤配料。

电磁配铁秤的结构原理如图 8-8 所示。它一般装在行车上，是较理想的配料（铁磁材料）设备。它主要由电子秤、电磁吸盘及其控制装置组成。

电磁吸盘的结构是：在铸钢的钟盖内有电磁线圈，下面用高锰钢的非磁性底板盖住。当线圈内通电时，产生电磁力，吸住铁料，铁料在吸附状态下搬运，断电去磁即卸料。电磁盘的吸力与线圈的电流、匝数及被吸材料的性质与块度有关。

电子秤的基本原理是：利用电阻式荷重传感器 3 中的电阻应变片将因载荷作用而产生的应变信号输出，再经电子电位差计放大，检测并显示出载荷量的大小。为了防止因载荷旋转使传感器受扭，引起测量误差，传感器必须装在万向挂钩 5 之间，加之防扭转臂的作用，可使传感器正常和稳定地工作。

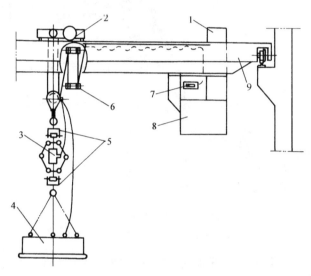

图 8-8　电磁配铁秤的结构原理

1—控制屏　2—小车卷扬机构　3—荷重传感器　4—电磁吸盘
5—万向挂钩　6—滑轮卷电缆装置　7—电子秤　8—驾驶室　9—行车

电磁配铁秤的控制装置目前大都采用计算机控制。称料时一般采取先吸取比预定重量大的铁料，然后缓慢放料直至预定重量为止。采用自动定值控制器可以使配铁秤按预定值吸取铁料。若吸料多于预定值时，它会自动放掉多余的铁料。当控制放料出现误差时，逻辑系统按允许误差值自动鉴别超差等级，并加以记忆，在配下一批料时，按鉴别的超差等级自动给予补偿。

二、加料设备及控制

配料工序完成后，将各种炉料放入料桶内，由专用加料机完成加料工作。加料机又可分为单轨加料机和爬式加料机两类。

1）爬式加料机的常见结构如图 8-9 所示。工作开始，料桶 2 位于倒料口的地坑内。由铁料翻斗或炉料翻斗从地面上将炉料倒入料桶。料桶悬挂在料桶小车支架的前端。料桶小车两侧有行走轮，可以在斜的机架 3 的轨道上行走。加料时，卷扬机 4 以钢丝绳拉动料桶，料桶受炉壁上的支撑圈托住，而小车的两个后轮进入轨道的交叉，被向上拉起。于是小车支架绕前轮轴旋转，支架前端向下运动，将底门打开，把料装入炉内。料桶在卸料位置保持一定时间，保证把料卸完。然后，卷扬机放松钢丝绳，料桶因自重而下降，返回原始位置。

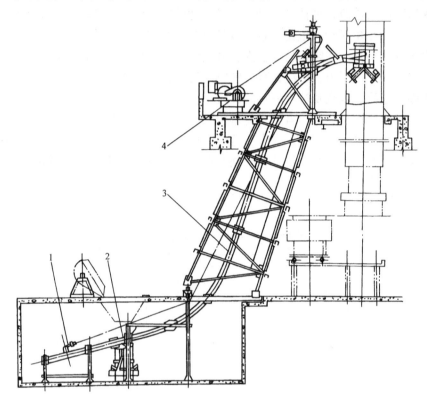

图8-9 固定爬式加料机
1—料桶小车 2—料桶 3—机架 4—卷扬机

爬式加料机动作比较简单，速度较快，操作简便，易于实现自动化，但其设备投资较高，加工制造要求高。另外，使用时应特别注意安全，在机架上部要安装断绳保险装置。

2）单轨加料机的工作原理如图8-10所示。它由活动横梁、料桶及电动葫芦等几部分组成。料桶为双开底式，装料时，桶底关着，由配料工段推到冲天炉旁，然后用加料机上的吊钩钩住，向上提升到冲天炉的装料口。开动电动葫芦，将料桶伸入冲天炉装料口内，吊钩将料桶下放卸料。卸料完毕，料桶上升并关上桶底，上升至一定高度，将料桶从冲天炉装料口退出，返回地面进行下一次装料。

单轨加料机结构简单，投资少，操作方便，但每次加料需要进行多次动作，不易实现自动化，且需要加料平台，一般适用于小型冲天炉。

三、浇注设备

浇注是铸造生产过程中一个十分重要的工序。现代化造型线中，出现了各种自动浇注机。它们的共同特点是较好地解决了浇注过程中的对位与同步、定量控制、浇注速度控制、备浇控制、保温与过热等问题。常见的浇注设备有：倾转式浇注机、气压式浇注机、电磁式浇注机等。

（1）倾转式浇注机 普通浇包倾转式浇注机是靠液压传动使浇包做横向移动并与纵向移动相配合的，是目前使用最为广泛的浇注设备。它的优点是结构比较简单，其缺点是：浇

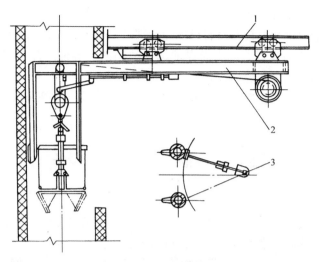

图 8-10 单轨加料机
1—单轨 2—活动横梁 3—立柱

包的包嘴通常与铸型的浇入口距离较大,浇注时不易对准;浇包需要另设挡渣装置;除扇形倾转浇包外,浇注速度不易控制。

(2) 气压式浇注机 气压式浇注机的原理如图 8-11 所示。

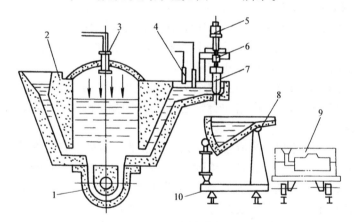

图 8-11 气压式浇注机的原理
1—感应器 2—气压浇包 3—气压调节装置 4—接触电极 5—金属液缓冲气动塞杆控制器
6—电子定位器及指示器 7—塞杆 8—倾转浇包 9—铸型 10—称量装置

浇注时由气压调节装置 3 通入压缩空气,包室内的液态金属因受气压的作用向浇注槽中升起,并经其下面的流出口浇入铸型。浇注槽用于补充金属液。为了克服浇注过程中的不稳定现象(因为充气或撤气时,都需要一定的时间,故停浇时,常常有金属液的断续现象),在浇注槽中装有塞杆,能有效控制浇注的开始和停止,而且在浇注的间隙,包内不必撤气。

气压式浇注机的优点是:通过调节浇注机气压,可较容易地控制浇注速度;具有底注式的优点,可以获得干净的金属液;浇包本身无机械运动部件,使用寿命长。另外,该类浇注机结构简单,控制方便,所以应用较多。

(3) 电磁式浇注机 电磁式浇注机是靠电磁推动力使金属液做定向流动,而达到浇注的目的。电磁式浇注机主要用于铝、镁、铜等非铁合金,其特点是容易调节浇注速度和浇注量,容易实现浇注的自动化;设备没有机械运动部件。此外,电磁力对熔渣不起作用,所以浇注时只有金属液向浇口运动,因而能保证浇入铸型的金属液纯净。缺点是:电功率因数低,而且其结构上用铜较多,成本较高。

我国的电磁式浇注机仍在发展和完善之中,它在铝、镁、铜等非铁合金液的浇注中将有广泛的应用前景。

第四节　落砂、清理及环保设备

一、落砂设备

落砂就是在金属液浇入铸型并冷却到一定温度后,将铸型破碎,使铸件从砂型中分离出来。落砂工序通常由落砂机来完成。常用落砂机的特点及适用范围如下。

(1) 偏心式振动落砂机　偏心式振动落砂机的特点是栅床装在偏心轴上,偏心振动,振幅不变,不受载荷变化的影响。它在单机或流水线上均可使用,多用于中、小铸件的落砂,但轴承容易损坏。

(2) 单轴惯性振动落砂机　单轴惯性振动落砂机是利用单偏重轴旋转惯性力的作用落砂的,它受载荷变化的影响较大。它适用于单件小批或生产线上铸件的落砂,但弹簧损耗较大。

(3) 偏心式振动输送落砂机　偏心式振动输送落砂机的特点是偏心轴通过倾斜连杆激振,栅床安装在倾斜摆杆及弹簧上。它适用于小件生产线上落砂和输送。

(4) 双轴惯性振动输送落砂机　双轴惯性振动输送落砂机的特点是双轴激振器倾斜安装。它适用于自动线上落砂和输送,使用较广。

(5) 惯性撞击振动落砂机　惯性撞击振动落砂机的特点是在砂箱支撑架下放置惯性落砂机,每一振动周期,砂箱受到两次冲击。它适用于重载荷下的冲击落砂。

二、清理设备

清理一般分为湿法清理和干法清理两大类。前者是利用水力的作用对铸件外部和内部进行清理(如水力清砂、水爆清砂、液压清砂等),后者是利用机械打击或摩擦的方法来清理铸件表面。通常,除单件小批生产或特殊铸件采用湿法清理外,大量的铸件都采用干法清理。常见的干法清理有抛丸清理、喷丸清理、滚筒清理等。

动画:机械手式抛丸清理机

(1) 抛丸清理　抛丸清理是利用高速旋转的叶轮将弹丸抛向铸件,靠弹丸的冲击打掉铸件表面的粘砂和氧化层(皮)。这种清理方法效果好,生产率高,劳动强度低,易实现自动化,在生产中应用广泛。抛丸清理的缺点是抛射方向不能任意改变,灵活性差。图8-12所示是单钩吊链式抛丸清理室示意图。单钩吊链抛丸清理室适用于多品种、小批量铸件的清理。

(2) 喷丸清理　喷丸清理是利用压缩空气将弹丸喷射到铸件表面来实现清理的。喷枪的操作灵活,可清理复杂内腔和带深孔的铸件,但动力消耗大,生产率较低,劳动条件较差,不易实现自动化,一般用于清理复杂铸件或作为抛丸清理的补充手段。

(3) 滚筒清理　滚筒清理是利用铸件与星铁之间的摩擦和轻微撞击来实现清理的,其特点是设备结构简单,清理效果好,适用于清理形状简单、不怕碰撞的小型铸件。缺点是生产率低,噪声大,动力消耗大,已经逐渐被抛丸清理所取代。图8-13所示是普通清理滚筒示意图。一次可装料0.08~4t,滚筒直径为$\phi600 \sim \phi1200$mm。

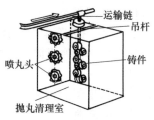

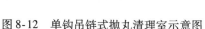

图 8-12　单钩吊链式抛丸清理室示意图　　　　　　图 8-13　普通清理滚筒示意图

三、铸造车间的环保设备

铸造生产工艺过程较复杂，材料和动力消耗较大，设备品种繁多；高温、高尘、高噪声直接影响工人的身体健康；废砂、废水的直接排放严重污染环境。因此，对铸造车间的灰尘、噪声等进行控制，对所产生的废砂、废气、废水进行处理或回用是现代铸造生产的主要任务之一。

1. 除尘设备

铸造车间的除尘设备系统的作用是捕集气流中的尘粒，净化空气，它主要由局部吸风罩、风管、除尘器、风机等组成，其中的除尘器在系统中是主要设备。除尘器的结构型式很多，大致可分为干式和湿式两种。由于湿式除尘器会产生大量的泥浆和污水，需要二次处理。所以，干式除尘器的应用较为广泛。

常见的干式除尘器有旋风除尘器和袋式除尘器两种。

（1）旋风除尘器　旋风除尘器的工作原理如图 8-14 所示。含尘气体沿切线方向进入除尘器中，尘粒受离心惯性力的作用与器壁产生剧烈摩擦而沉降，在重力的作用下沉入底部。

旋风除尘器的主要优点是结构简单，造价低廉和维护方便，故在铸造车间应用广泛。缺点是对 $10\mu m$ 以下的细尘粒除尘效率低。一般用于除去较粗的粉尘，也常作为初级除尘设备使用。

（2）袋式除尘器　图 8-15 所示为脉冲反吹袋式除尘器示意图。它是利用过滤袋把气流

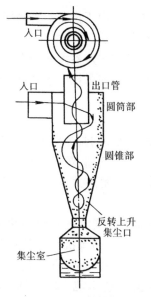

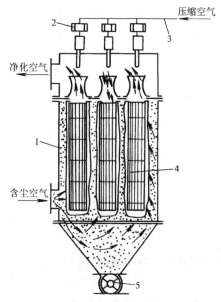

图 8-14　旋风除尘器工作原理示意图　　　　　图 8-15　脉冲反吹袋式除尘器示意图

1—除尘器壳体　2—气阀　3—压缩空气管道　4—过滤袋　5—锁气器

中的尘粒阻留下来,从而使空气净化的。袋式除尘器处理风量的范围很宽,对含尘浓度适应性也很强,特别是对分散度大的细颗粒粉尘,除尘效果显著,一般一级除尘即可满足要求。但是工作时间过长时,过滤袋的孔隙容易被粉尘堵塞,造成除尘效率大幅度降低。所以,过滤袋必须随时清理,通常以压缩空气脉冲反吹的方法进行清理。

袋式除尘器是目前效率较高、使用较广的干式除尘器,其缺点是阻力损失较大,对气流的湿度有一定的要求;另外,气流温度受过滤袋材料耐高温性能的限制。

2. 噪声控制

铸造车间是噪声很高的工作场所,大多数铸造机械在工作时都会产生大小不一的噪声。噪声污染是影响人们工作和身体的一种公害,许多国家规定,工人在8h连续工作的环境下,噪声不得超过80~90dB(A)。对于一些产生噪声较大的设备(如熔化工部的风机、落砂机、射砂机的排气口等),都应采取相应措施以控制其对环境的影响。

噪声的控制方法主要有消声器降噪和隔离降噪两种。

(1) 用消声器降低排气噪声　铸造车间的气缸、射砂机构、鼓风机的排气噪声可以通过在排气管道上安装消声器来降低。消声器是既能允许气流通过又能阻止声音传播的一种消声装置。图8-16所示是一种适应性较广的多孔陶瓷消声器。它通常接在气流排出口,使气流通过陶瓷的小孔排出。它的降噪效果好,陶瓷的小孔不易堵塞,而且体积小,结构简单。

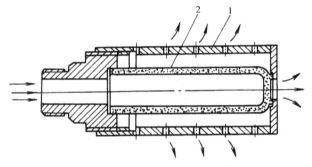

图8-16　多孔陶瓷消声器
1—金属外套　2—陶瓷管

(2) 隔离降噪　声音的传播有两种方式,一是通过空气直接传播,另一种是通过设备振动传播,即由于设备本身的振动及对空气的扰动而传播。为了降低或减缓声音的传播,常采用隔声的方法。

在铸造车间,有一些噪声源混杂着空气声和设备振动声,单靠消声器无能为力,需采用隔声罩、隔声室等方法隔离噪声源,这些方法主要用于对空压机、鼓风机、落砂机等噪声的降噪处理,能取得满意的效果。

3. 废气净化装置

相对于灰尘(或微粒)和噪声对环境的污染而言,铸造车间排放的各类废气对周围环境的污染影响范围更广。随着环境保护的法规日趋完善,工业废气直接排放将被严格禁止,废气排放前都必须经过净化处理。常用的冲天炉喷淋式烟气净化装置如图8-17所示。

冲天炉烟气在喷淋式除尘器2中经喷嘴1喷雾净化后排入大气。污水经净化处理后循环使用。污水首先经木屑斗3滤去粗渣,在初沉淀池4中进行初步沉淀,然后进入投药池7和反应池8。在投药池内放电石渣$Ca(OH)_2$,以中和水中吸收的二氧化硫和氢氟酸。反应物经斜管沉淀池9沉淀下来,呈弱碱性的清水流入清水池12,再由水泵13送到喷嘴。磁化器14使流过的水磁化,以强化对水的净化作用。沉淀下来的泥浆出气压排泥罐5排到废砂堆。

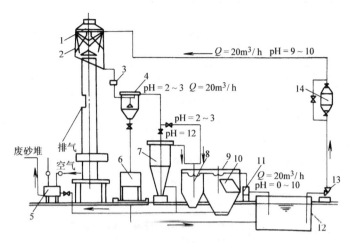

图 8-17　冲天炉喷淋式烟气净化装置

1—喷嘴　2—喷淋式除尘器　3—木屑斗　4—初沉淀池　5—气压排泥罐　6—渣脱水箱　7—投药池
8—反应池　9—斜管沉淀池　10—斜管　11—三角屉　12—清水池　13—水泵　14—磁化器

这种装置的烟气净化部分结构简单，维护方便，动力消耗少。如果喷嘴雾化效果好，除尘效率可达 97%；其缺点是耗水量较大，水的净化处理系统较复杂和庞大。

第五节　铸造车间概述

一、铸造车间的组成、分类、工作制度及工作时间

1. 组成

铸造车间一般由生产工部、辅助工部、办公室、仓库、生活间等组成，各组成部分的作用见表 8-3。

表 8-3　铸造车间的组成

名　称	功能及作用	备　注
生产工部	完成铸件的主要生产过程	包括熔化工部、造型工部、造芯工部、砂处理工部、清理工部
辅助工部	完成生产的准备和辅助工作	包括炉料及造型材料等的准备、设备维护、工装维修、砂型性能试验室、材料分析等
仓库	原材料、铸件等的贮藏	包括炉料库、造型材料库、铸件成品库、模具库、砂箱库等
办公室	管理人员、工程技术人员工作室	包括管理人员办公室、技术人员工作室、技术资料室、会议室等
生活间	工作期间工作人员的生活用具的存放	更衣室、厕所、浴室、休息室等

2. 分类

铸造车间可以按照不同的特征分类，其主要分类方法见表 8-4。

表 8-4　铸造车间的分类

主要分类方法	车间名称	备　注
按生产铸件方法分类	砂型铸造车间	可分为黏土砂车间、水玻璃砂车间、树脂砂车间等
	特种铸造车间	可分为熔模铸造车间、压力铸造车间等
按金属材料种类分类	铸铁铸造车间	可分为灰铸铁车间、球墨铸铁车间、特种铸铁车间等
	铸钢铸造车间	可分为碳素钢铸造车间、合金钢铸造车间
	非铁合金铸造车间	可分为铜合金铸造车间、铝合金铸造车间、镁合金铸造车间等
按铸件重量分类	小型铸造车间	年产量3000t以下
	中型铸造车间	年产量3000～9000t
	大型铸造车间	年产量9000t以上
按机械化与自动化程度分类	手工生产铸造车间	由人工采用简单工具进行生产
	简单机械化铸造车间	造型、砂处理、冲天炉加料、落砂等主要生产工序用机械设备完成，其余生产过程由人工完成
	机械化铸造车间	生产过程和运输工作都用机械设备完成，人工进行控制操纵
	自动化铸造车间	有自动生产线，生产过程由各种设备及控制系统自动完成，人工的作用是监视设备运行、排除故障、维护设备等

3. 工作制度

铸造车间的工作制度分为阶段工作制与平行工作制两种。

阶段工作制是在同一工作地点，不同时间顺序下完成不同的生产工序。这种工作制度适用于手工单件小批量生产，并在地面上进行浇注操作的铸造车间，其缺点是生产周期长，占地面积较大。它根据循环周期的长短可分为每昼夜两次循环、每昼夜一次循环等。

平行工作制的特点是在不同的地点，在同一时间完成不同的工作内容。它主要适用于采用铸型输送器的机械化铸造车间，其优点是生产率高，车间面积利用率高。平行工作制按其在一昼夜中所进行的班次，分为一班、二班、三班平行工作制。

4. 工作时间总数

工作时间总数可分为公称工作时间总数和实际工作时间总数两种。公称工作时间总数等于法定工作日乘以每个工作日的工作时数，它是不计时间损失的工作时间总数。

实际工作时间总数等于公称工作时间总数减去时间损失（即设备维修时停工的时间损失、工人休假的时间损失等）。

我国铸造工厂的公称工作时间总数见表8-5。

表 8-5　铸造车间公称工作时间总数

序号	工作制度	全年工作日	每班工作小时数			年公称小时数		
			第一班	第二班	第三班	一班制	二班制	三班制
1	铸造车间阶段工作制	251	8	8	7	2008	4016	5773
2	铸造车间平行工作制	251	8	8	8	2008	4016	6024
3	铸造车间连续工作制	355	8	8	8	—	—	8520
4	铸造车间全年连续工作制	365	8	8	8	—	—	8760
5	铸造非铁合金车间的熔化工部	251	6	6	6	1506	3012	4518

二、铸造车间的生产纲领

铸造车间的生产纲领包括：产品名称和产量、铸件种类和质量、需要生产的备件数量及外协件数量等。铸造车间的生产纲领见表8-6。车间生产纲领是进行车间设计的基本依据。我国铸造车间设计时主要是依据生产纲领来进行具体设计和计算的，但国外汽车行业大量流水线生产的铸造车间设计，常以造型线为核心来考虑设计及计算。

表8-6　铸造车间生产纲领

序号	产品名称	单位	铸件金属种类					
			灰铸铁	球墨铸铁	可锻铸铁	铸钢	……	合计
1	2	3	4	5	6	7	8	9
1 （1）	主要产品 ×××× ① 铸件种类 ② 铸件件数 ③ 铸件毛重 …… ……	 种 件 kg						
2 （1）	主要产品年生产纲领（包括备件） ×××× ① 铸件件数 ② 铸件毛重 …… ……	 件 t						
3	厂用修配铸件	t						
4	外厂协作件	t						
	总计							

三、铸造车间的主要工部

1. 造型工部

造型工部是铸造车间的核心工部，典型的砂型造型工艺流程如图8-18所示。造型工部的主要生产工序是造型、下芯、合型、浇注、冷却和落砂。在铸造生产过程中，由熔化工部、造芯工部和砂处理工部分别供给造型工部所需的液态金属、砂芯和型砂。造型工部将铸件和旧砂分别运送给清理工部和砂处理工部。造型工部的工艺流程和机械化程度直接影响熔化、砂处理、造芯和清理等工部的工艺流程、工艺设备和机械化运输设备的选择和布置。因此，在进行铸造车间设计和管理时，应以造型工部为基础来协调其他工部。

造型设备是造型工部的主要设备，造型设备的数量取决于铸造车间的生产纲领和造型设备的生产率。根据机械化程度的不同，造型工部可分为手工或简单机械化造型工部、机械化或自动化造型工部两类。在目前工业化铸造生产中，机械化或自动化造型工部使用较多，我国还有一些手工或简单机械化造型工部。

根据所用的铸型输送机类型的不同，造型生产线可分为封闭式和开放式两种。封闭式造型生产线是用连续式或脉动式铸型输送机组成环状流水生产线；开放式造型生产线是用间歇式铸型输送机组成直线布置的流水生产线。

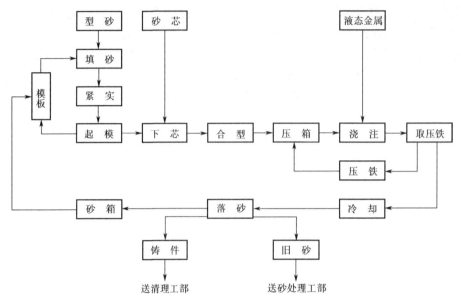

图 8-18 砂型造型工艺流程

2. 造芯工部

造芯工部的任务是生产出合格的型芯。典型的造芯工部的工艺流程如图 8-19 所示。

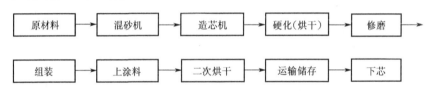

图 8-19 典型的造芯工部工艺流程

由于采用的黏结剂不同,芯砂的性能(流动性、硬化速度、强度、透气性等)不同,型芯的制造方法及其所用的设备也不相同。根据黏结剂的硬化特点,造芯工艺主要有以下几种。

1)用黏土砂、油砂、合脂砂等造芯的工艺是型芯在芯盒中形成后,从芯盒中取出,再放进烘炉内烘干。

2)热芯盒及壳芯造芯的工艺是型芯的成形及加热硬化均在芯盒中完成。

3)水玻璃 CO_2 法及气雾冷芯盒法等造芯的工艺是型芯在芯盒里成形,并通入气体而硬化。

4)自硬冷芯盒法及流态自硬砂法等的造芯工艺是型芯在芯盒中成形,并在常温下自行硬化到型芯形状及达到稳定状态。

在造芯工部,造芯机是核心设备,造芯机的选用及数量应根据生产纲领、生产要求等选用。在现代化的铸造生产中,热芯盒法(或壳芯造芯)及气雾冷芯盒法等造芯工艺被广泛采用。

3. 砂处理工部

砂处理工部的任务是提供造型、造芯工部所需的符合一定技术要求的型砂及芯砂。机械化黏土砂的砂处理工艺过程如图 8-20 所示。在砂处理工部，混砂机是核心设备，不同种类的型（芯）砂（如水玻璃砂、树脂砂等）要采用不同的混砂机，其砂处理工艺过程也不相同。

砂处理工部的特点是原材料种类多，消耗量大，运输量大，管理调度复杂，产生粉尘多，劳动条件差。所以，砂处理工部型（芯）砂的运输一般都采用机械化，运输距离尽量短，并需加强通风除尘等措施。

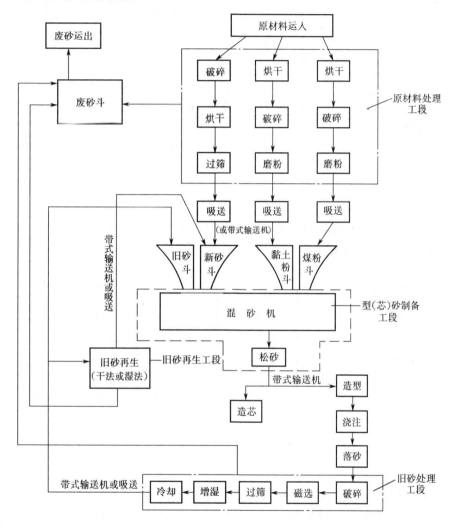

图 8-20　型砂制备工艺流程

4. 熔化工部

熔化工部的任务是提供浇注所需的合格液态金属。

熔化工部根据熔炼合金的种类不同可分为铸钢、铸铁和铸造非铁合金三种。铸铁熔炼以冲天炉为主，铸钢熔炼以工频、中频电炉和电弧炉为主，铸造非铁合金则以电阻炉熔化为主。各种合金熔化工部的工艺过程各具特点，但它们的工部布置等具有许多共同点。以铸铁冲天炉熔化工部为例，其工艺流程如图 8-21 所示。

近年来，由于对铸件材质要求的不断提高和对环境保护的重视，采用电炉熔炼或双联熔炼（冲天炉-电炉双联）铸铁的工艺有了较快的发展。

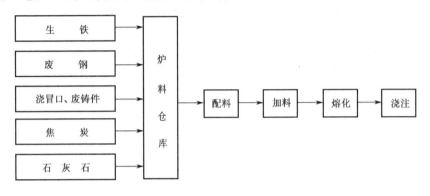

图 8-21 熔化工部工艺流程示意图

5. 清理工部

清理工部的主要任务是去除浇冒口、铸件表面清理、缺陷修补等。清理工部的主要工序如图 8-22 所示。

用于铸件清理的设备，应根据铸件合金种类，铸件的大小、形状、质量和复杂程度等选定。不同类型的铸件应选择不同型号的铸件清理设备。

由于铸件清理工作劳动强度大，噪声和粉尘危害严重，劳动条件差。因此，清理工部应加强隔声、防尘等环境保护措施。

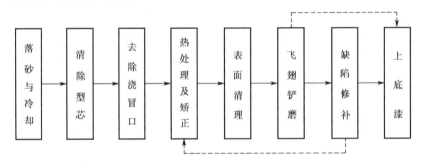

图 8-22 清理工部的主要工序

6. 仓库及辅助部门

（1）仓库 铸造车间使用的原材料种类多（金属炉料、燃料、耐火材料、造型材料、熔剂等）、数量大，需要有原材料仓库；生产出的铸件以及使用的工艺装备和工具等也均应有一定的存放地。铸造车间的仓库包括：炉料库、造型材料库、铸件成品库、工具库及工艺装备库等。各仓库都应靠近使用工部，以方便使用，减少运输距离。

（2）分析试验室 分析试验室的任务是及时对铸造车间所熔化的金属进行炉前分析。对于大批大量生产的车间，除了需要进行化学元素的快速分析外，还需检验铸件金相组织和测定其力学性能。快速分析试验室一般设在熔化炉附近，以便及时报告分析结果。

（3）型砂试验室 型砂试验室的任务是对使用的型砂经常抽测检查，掌握型砂的质量、性能。对于黏土砂，检测的项目主要有湿砂强度、含水量、透气性、含泥量等性能指标。

（4）机修工段 机械化铸造车间设备种类繁多，工艺装备数量多，且各生产工序间联系密切，任何一台设备出现故障都可能影响车间的正常生产。因此，必须加强设备的维修保养及管理工作。机修工段的任务除维修车间的工艺设备、工艺装备外，还需对车间的动力系统和供水排水系统等进行维修和保养。

思 考 题

1. 铸造工艺对铸型有哪些基本要求？
2. 机器造型紧实方法通常有哪几种？
3. 黏土砂混砂机有哪几种形式？其各自的特点是什么？
4. 铸造车间各工部的主要任务是什么？

第九章　特　种　铸　造

砂型铸造虽然具有广泛的适应性和生产准备较为简单等许多优点，但砂型铸造生产的铸件，其尺寸精度和表面质量及内部质量已远不能满足现代工业对机械零件的要求。通过改变铸型材料、造型方法、浇注方法、液态合金充填铸型的形式或铸件凝固条件等因素，又形成了许多不同于砂型铸造的其他铸造方法。凡是有别于砂型铸造工艺的其他铸造方法，统称为特种铸造。常用的特种铸造方法有熔模铸造、压力铸造、金属型铸造、消失模铸造、离心铸造、低压铸造和挤压铸造等。本章介绍几种常用特种铸造方法的工艺过程、特点及应用范围。

第一节　熔　模　铸　造

熔模铸造就是在易熔材料制成的模样（如蜡模）表面涂覆多层耐火涂料，待硬化干燥后，加热将模样熔去，而获得具有与模样形状相应空腔的型壳，再经焙烧之后，进行浇注而获得铸件的一种方法，又称为失蜡铸造。随着生产技术水平的不断提高，新的蜡模工艺不断出现，以及可供制模材料的品种日益增多，现在去模的方法已不再限于熔化，模料也不限于蜡料，还可用塑料模。由于用这种方法获得的铸件具有较高的尺寸精度和较低的表面粗糙度值，故又有熔模精密铸造之称。

熔模铸造的基本特点是制壳时采用可熔化的一次性模，因无须起模，故型壳为整体而无分型面，且型壳是由高温性能优良的耐火材料制成。用熔模铸造可生产形状复杂的铸件，最小壁厚为0.3mm，铸出孔的最小直径为0.5mm。生产中有时可将一些由几个零件组合而成的部件，通过改变结构变成整体，直接用熔模铸造成形。这可以节省加工工时和金属材料消耗，并使零件结构更加合理。

用熔模铸造生产的铸件重量一般由几十克至几千克，甚至几十千克。太重的铸件因受到制模材料性能的限制和制壳时存在一定的困难而不宜采用熔模铸造方法。

用熔模铸造生产的铸件不受合金种类的限制，尤其是对于难以切削加工或锻压加工的合金，更能显示出它的优越性。但是，熔模铸造生产也存在一些缺点，主要是工序繁多，生产周期长，工艺过程复杂，影响铸件质量的因素多，必须严格控制才能稳定生产。

熔模铸造生产工艺流程如图9-1所示。

一、熔模的制造

与其他铸造方法比较，熔模铸造的显著特点是采用熔模来制造型壳。每制造一个型壳就要消耗一个熔模。获得高的尺寸精度和低的表面粗糙度值的优质铸件的必要前提是要有高尺寸精度和低表面粗糙度值的熔模。因此，制模材料（简称模料）的性能、压型（压制熔模用的模样）的质量及制模工艺等将直接影响熔模铸件的质量。

（一）模料的种类、组成

熔模铸造用模料的种类很多，通常主要按组成模料的基体材料和性能不同进行分类，可

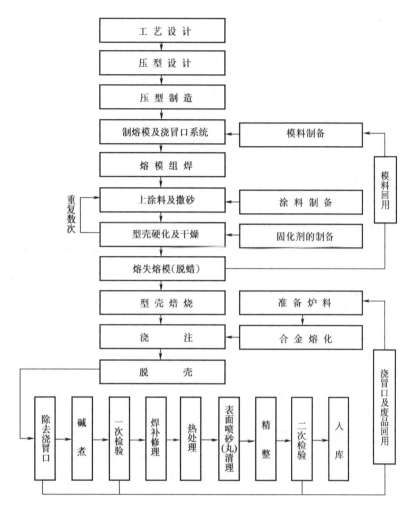

图9-1 熔模铸造生产工艺流程

视频：匠人·
匠心

分为蜡基模料、松香基模料、填料模料及水溶性模料等。

1. 蜡基模料

在蜡基模料中，因石蜡的化学稳定性好、塑性好，且价格相对低廉，故在生产中应用很广，大多数蜡基双组分或多组分模料中均是以石蜡为基的。目前，我国的熔模铸造生产中较普遍采用的是石蜡-硬脂酸模料。由于硬脂酸分子是极性分子，故对涂料的润湿性较好，因而在石蜡中加入硬脂酸能改善模料的涂挂性，并有利于提高模料的热稳定性。常用的配比为白石蜡和一级硬脂酸各50%（质量分数）。液态时的石蜡与硬脂酸互溶性良好，此种模料的熔点较低，制备方便，制模、脱蜡容易，模料回收率高，复用性较好。若改变石蜡与硬脂酸的配比，则对模料的性能会产生影响。当提高石蜡的含量时，可使模料的强度增加，但当石蜡的质量分数超过80%时，模料表面易起泡，熔模的表面质量差，而且模料的涂挂性和流动性下降；当提高硬脂酸的含量时，模料的涂挂性、流动性和热稳定性均有所提高，但当硬脂酸的质量分数超过80%时，模料的强度、韧性降低，故不宜采用。

石蜡-硬脂酸模料的强度和热稳定性不高（软化点约31℃），而且在使用过程中，硬脂酸易与比氢活泼的金属起置换反应，也会与碱或碱性氧化物起中和反应，生成不溶于水的皂化物并残留在型腔表面，也会影响铸件的表面质量。由于皂化反应会消耗模料中的部分硬脂酸，故应在模料回用时补加新的硬脂酸，以稳定模料的性能。

石蜡-硬脂酸模料的性能除与模料的配比有关外，还受石蜡熔点的影响。配制模料时应选用熔点不低于58℃的精白蜡（或白石蜡）与一级硬脂酸配合使用，熔点低于58℃的石蜡不宜采用。如采用熔点为60℃以上石蜡代替常用的熔点为58℃的石蜡，则模料的强度和热稳定性均有明显提高，且收缩率减小，因而使模料的性能得以改善。

2. 松香基模料

松香基模料的基本组成是松香。与蜡基模料相比，松香基模料具有强度和软化点高、收缩率小的优点，多用于生产尺寸精度和表面质量要求高的熔模铸造产品，如涡轮叶片等航空用零件的生产。常用的松香基模料有以下几种。

(1) 松香-石蜡基模料　松香-石蜡基模料的配比实例：质量分数分别为松香40%，石蜡40%，地蜡20%。这种模料的韧性好，强度高，软化点为34℃，涂挂性好，模料回收简便。但松香的熔点较高（90℃左右），故模料熔化及配制模料的温度较高。由于模料的流动性较差，所以注蜡温度要严格控制，并需采用较高的注蜡压力和较长的保压时间。

(2) 松香-地蜡基、松香-川蜡基模料　松香-地蜡基模料和松香-川蜡基模料中最常用并具有代表性的配比（质量分数）有以下几种：

1）松香81%，地蜡14.3%，聚乙烯3.1%，210号树脂1.6%。

2）松香60%，川蜡30%，地蜡5%，聚乙烯5%。

3）松香75%，川蜡15%，地蜡5%，聚乙烯5%。

4）松香30%，川蜡35%，424号树脂27%，地蜡5%，聚乙烯3%（其中210号树脂和424号树脂均为改性和聚合松香）。

这类模料的熔点约在86~95℃之间，其中第一种松香-地蜡基模料的线收缩率较低，仅为0.58%，其热稳定性不高，软化点约为35℃，但因松香含量高，故模料的制备及注蜡温度也较高。

(3) 改性松香基模料　为了进一步提高松香基模料的性能，以适应制备尺寸精度和表面质量要求高的熔模，采用软化点高的改性松香代替松香，以聚醋酸乙烯酯代替聚乙烯、石蜡代替川蜡来配制模料。根据我国的资源状况，用于模料的改性松香主要为聚合松香和424号树脂。

3. 填料模料

填料模料或称为充填模料，在蜡基或松香基模料中加入充填材料就成为填料模料。无论是固体、液体或气体物质，均可能用作充填材料，主要目的是减少收缩，防止熔模表面变形、表面凹陷，并提高熔模表面质量和尺寸精度。

在实际生产中，用得最多的是以固体粉末作填料的固体填料模料。固体粉末状填料主要有聚乙烯、聚苯乙烯、聚乙烯醇、合成树脂、橡胶、尿素粉和炭黑等。

4. 水溶性模料

熔模铸造用的水溶性模料有尿素、硝酸盐或硫酸盐等。在制造内腔形状比较复杂的熔模时，在金属压型中的金属型芯很难起模，此时可采用水溶性模料制成型芯，在压注熔模前，把已预制成的水溶性型芯先定位于压型中，注蜡后将带有水溶性型芯的熔模放入水中，型芯被溶解，从而得到具有复杂内腔的熔模。水溶性模料使用最广的为尿素模料。

尿素是无色针状或白色棱状晶体，易溶于水和酒精，其分子式为 $CO(NH_2)_2$，熔点为 $130 \sim 134℃$，加热时不发生软化变形，$100℃$ 以下具有稳定的物理力学性能；尿素熔融状态时流动性很好，不需加压便可充满型腔，故可采用自由浇注成型；在压型中凝固速度快，强度高，收缩率小；浇注成形的尿素熔模轮廓清晰，不易出现流纹及缩陷，表面光滑，尺寸精确。

尿素模料的缺点是：晶粒粗大，质硬而脆和容易吸潮。通常在尿素中添加质量分数为 3% 的硼酸或 5% 的白糖作为增塑剂，以提高塑性，减少脆性。

5. 系列配合模料

随着工业的迅速发展，熔模铸造的应用范围日益扩大，致使各种熔模铸件的质量及结构复杂程度有较大差别，对质量的要求也各不相同。为了适应各种产品对模料性能及质量的不同要求，国内外发展了系列模料，由专业厂家生产，提供性能稳定的系列配合模料，如美国的 CL-162 系列模料、Master 系列模料，日本的 K 系列模料。我国生产的系列配合模料，如北京的 WM 系列模料、沈阳的 SF 系列模料等，已逐渐为各熔模铸造厂所采用。系列模料中用于浇注系统的模料与用于熔模本体的模料，对它们的性能要求有所不同。浇注系统模料的熔点应略低于本体模料，并具有更好的流动性，以便于在脱蜡时浇道部分的模料先熔化流出，从而减小型壳被胀裂的可能性。用于黏结的模料，要求液态时黏度较大，凝固后应有较高的黏结强度和韧性。

常用模料原材料的表面状态、种类及技术数据见表 9-1。

表 9-1　常用模料原材料的表面状态、种类及技术数据

序号	名　称	产　地	表 面 状 态	熔点/℃	软化点/℃	密度/（g/cm³）	线收缩率（%）
1	石蜡	大连、抚顺	白色或淡黄色晶体	62	<30	0.87 ~ 0.89	0.5 ~ 0.7
2	硬脂酸	大连、上海	白色针状晶体	54	35	0.86 ~ 0.89	0.6 ~ 0.69
3	松香	广州	淡黄色或褐色	89 ~ 93	52 ~ 66	0.9 ~ 1.1	0.07 ~ 0.09
4	川蜡	四川	白色或淡黄色	80 ~ 85	—	0.92 ~ 0.95	0.8 ~ 1.2
5	蜂蜡	云南、北京	黄色或灰黄色固体	63 ~ 67	≈40	0.95 ~ 0.97	0.78 ~ 1.0
6	地蜡	上海	白色晶体	57 ~ 80	≈40	1.0	—
7	聚苯乙烯	兰州	白色粉末	280 ~ 300	≈70	1.05 ~ 1.07	0.4
8	尿素粉	—	白色或淡黄色晶体	130 ~ 134	—		0.1
9	乙基纤维素	—	白色粒状固体	165 ~ 185	115 ~ 130	1.0 ~ 1.2	
10	聚乙烯	—	固体颗粒	115 ~ 130	≈80	0.9 ~ 0.93	1.0 ~ 1.5

（二）模料的配制

配制模料是将组成模料的各种原材料混合均匀，并使模料的状态符合压制熔模的要求。配制时主要用加热的方法使各种原材料熔化混合成一体，而后在冷却条件下将模料剧烈搅拌，使模料成为糊膏状态供压制熔模用。有时将模料熔化成液体直接浇注熔模。

（1）蜡基模料的配制　石蜡-硬脂酸模料的配制工艺是熔化、过滤和搅拌成糊状。

1）称料。按比例称取石蜡和硬脂酸，破碎成小块。

2）熔化。因为蜡基模料原材料的熔点都低于 $100℃$，为防止模料熔化时因温度太高而产生分解炭化现象，大多采用水溶式熔化装置，即先将水加热，以水为媒介，把热量通过蜡桶传给模料，使模料熔化。

模料的熔化保温温度一般控制为 70 ~ 75℃，最高不超过 90℃。否则，石蜡模料颜色逐渐变成黑褐色，使模料塑性降低，发脆，收缩率增大，从而降低模料性能。蜡桶最好用不锈钢板制成，也可用铝合金板制成。

3）过滤。对熔化后的模料要搅拌均匀，用 100# 或 140# 筛过滤除去杂质。

4）搅拌成糊状。模料由熔融状态冷却到糊状时必须搅拌，否则压制出的熔模表面会出现"白点""皱皮"等，凹凸不平。将 1/3 的熔融蜡料和 2/3 的固态小块蜡料放在搅拌机的料桶内，旋转的桨叶将固态蜡块充分粉碎，并与液态模料均匀混合成糊状。搅拌机常用的转速为 750 ~ 3000r/min。搅拌过程中不可避免地有气体混入模料中，少量的混入气体有助于减少熔失熔模时模料的膨胀，但过多的混入气体会导致熔模内产生气泡。所以，搅拌时应尽量保持模料表面平稳，制模时最好少搅拌模料。

（2）松香基模料的配制　松香基模料主要用于制造质量要求高的熔模，所用原材料熔点较高，成分复杂，有的原材料不能互溶，如聚乙烯不溶于松香，但它能和川蜡、地蜡溶在一起，并且它们的溶合物又能溶于松香中。因此，配制松香基模料时必须注意加料顺序。配制工艺如下：

1）按比例称取松香、川蜡、地蜡和聚乙烯等。

2）将川蜡和地蜡各取一半放入不锈钢坩埚内熔化。松香基模料的熔化多采用工频化蜡炉或电阻坩埚炉，前者加热均匀，能准确控制模料温度，后者设备简单，但加热不均匀。

3）将川蜡和地蜡熔化后，升温至 140℃，在搅拌过程中徐徐加入聚乙烯，使聚乙烯全部溶解并混合均匀。再升温至 220℃，加入松香，搅拌至全部熔化，最后加入剩余的川蜡和地蜡，搅拌混合均匀。

4）熔化好的模料在 210℃ 时静置 20 ~ 30min，以排除气体。冷却至 180℃，用 140# 筛过滤除去杂质。

5）最后在降温情况下对模料进行搅拌，混合成糊状（温度为 60 ~ 80℃）。如果模料溶合不好，会使黏度增大，晶粒粗大，模料质量降低。

（三）制造熔模的工艺

（1）压型　压型是制造熔模的模具，是熔模铸造生产中主要的工艺装备。按制造压型的材料和加工方法不同，可分为石膏压型、塑料压型、易熔合金压型、机械加工压型四种。使用较为普遍的是机械加工压型。手工操作压型如图 9-2 所示，主要由成形部分、定位装置和锁紧装置组成。

成形部分包括型体和型芯等部分，直接影响熔模的尺寸精度和表面质量，应具有足够的强度和刚度。型腔尺寸的计算除应考虑

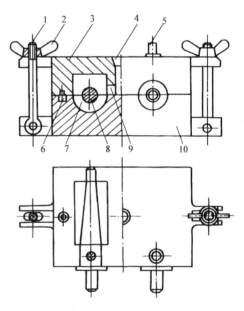

图 9-2　手工操作压型
1—活节螺栓　2—蝶形螺母　3—上半压型
4—注蜡口　5—型芯销　6—定位销　7—型腔
8—型芯　9—内浇道　10—下半压型

合金的线收缩率外，还应考虑制模时模料的线收缩率和焙烧时型壳的线膨胀率。

关于压型的结构设计可参考熔模铸造相关设计手册。

（2）制造熔模 将模料注入压型的方法有自由浇注和压注两种。自由浇注法使用液态模料，用于制作浇冒口系统的熔模和尿素型芯。压注法用于制造铸件熔模，可使用液态、半液态（糊状）、半固态（膏状）及固态模料。

近几年来，国外采用半固态或固态（粉状、粒状或块状）模料，使之在低温塑性状态下经高压挤压（比压 >10MPa）成形，并在高压下保压使其凝固。低温高压挤压成形法具有凝固时间短、生产率高、收缩量小、熔模尺寸精度高等优点，特别适合于生产厚大截面的熔模，但要求有专用液压式挤压机。

在制模时，应在压型型腔表面涂上薄层的分型剂，以防止粘模，便于从压型中取出熔模。压制蜡基模料时，分型剂用变压器油或松节油；压制松香基模料时，用蓖麻油或酒精的混合液和有机硅油混合液（乳化硅油）等。

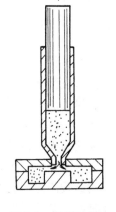

液态或半液态模料可采用较低压力的压注成形法制模。对蜡基模料，压力为 0.1 ~ 0.3MPa；对松香基模料，压力为 0.7 ~ 1.2MPa。这种方法适用于生产形状复杂的薄壁铸件的熔模和带有水溶性型芯的熔模，但熔模凝固时间长，生产率低，收缩量大，易变形。

在国内生产中，大多采用糊状模料压注熔模。压注压力的大小主要取决于模料的性能、熔模的结构特点（复杂程度、壁厚和轮廓尺寸以及是否带有水溶性型芯）、模料的压注温度及压型的工作温度等。

模料压入压型的方法有柱塞加压法、气压法和活塞加压法。图9-3为柱塞加压法压制熔模示意图。将模料装入压蜡桶，对准压型的注蜡口，加力于柱塞上，把模料压入压型内。此法操作简单，用于手工压制熔模，因所加力较小，故只适用于压制蜡基模料，生产率低。

图 9-3 柱塞加压法
压制熔模示意图

熔模从压型中取出后，应放在冷水中冷却 2 ~ 3h，再经过检验和修整，合格的熔模要妥善存放，以防变形。

直浇口棒多采用浸挂法制作。把木棒或铝棒浸入 55 ~ 60℃ 的模料中，形成一层蜡壳后取出，冷凝后再浸挂一层，每层厚约 0.5 ~ 1.0mm，一般挂 3 ~ 4 层，总厚度为2 ~ 3mm。

制模主要工艺参数见表9-2。

表 9-2　制模主要工艺参数

类　　型	制模室温度/℃	压注温度/℃	压型温度/℃	压注压力/MPa	保压时间/s	冷却水温度/℃
蜡基糊状模料	15 ~ 25	40 ~ 50	20 ~ 25	0.1 ~ 1.4	0.3 ~ 3	18 ~ 26
松香基糊状模料	18 ~ 30	70 ~ 85	20 ~ 25	0.3 ~ 1.5	0.5 ~ 3	18 ~ 26
松香基液态模料	18 ~ 30	70 ~ 80	20 ~ 30	0.3 ~ 6.0	1 ~ 3	18 ~ 26
尿素干粉填充模料	18 ~ 30	85 ~ 90	20 ~ 30	0.2 ~ 1.25	≈1	—

（四）模组的组装

组装模组是将挂有模料的直浇口棒放在卡具上，用电热刀把熔模、内浇道和直浇道焊成一体（称为模组）。模组上熔模相互间位置应排列整齐，熔模之间应有一定距离（一般应大于6mm），以便于制壳。模组的焊接部分不得有尖角（一般应呈 R3～R5mm 的圆角）及毛刺，焊接处应平滑且具有足够的强度，避免熔模脱落或造成"冲砂"缺陷。

二、型壳的制备

熔模铸造的铸型目前普遍采用用多层耐火材料制成的型壳。

将模组浸涂耐火涂料后，撒上粒状耐火材料，再经干燥、硬化，如此反复多次，直至耐火材料层达到所需要求的厚度为止。这样便在模组上形成了多层型壳，通常将其停放一段时间，使之充分干燥硬化，然后进行脱蜡，便得到多层型壳。

多层型壳有的需要装箱填砂，有的则不需要，经过焙烧后就可直接进行浇注，将其称为高强度型壳。

型壳的质量直接关系到铸件的质量。根据型壳的工作条件，对型壳性能的要求主要有：

1）具有高的常温强度、适宜的高温强度和较低的残留强度。

2）具有好的透气性（特别是高温透气性）和导热性。

3）线膨胀系数小，热膨胀量低且膨胀均匀。

4）优良的抗急冷急热性和热化学稳定性。

型壳的这些性能都与制壳时所用的材料及制壳工艺等有密切的关系。

型壳材料包括耐火材料、黏结剂、溶剂、硬化剂、表面活性剂等，其中耐火材料和黏结剂直接形成型壳，是主要的制壳材料。

熔模铸造中所用的耐火材料主要为硅砂、刚玉及铝硅酸盐耐火材料（如耐火黏土和铝矾土等）。此外，有时也用锆砂及镁砂等。

粉状耐火材料与黏结剂配制成耐火涂料，粒状耐火材料供制壳时撒在耐火涂料上。

耐火涂料中所用黏结剂主要有硅酸乙酯水解液、水玻璃和硅溶胶。

用硅酸乙酯配制的涂料涂挂性好，型壳强度高，热变形小，获得的铸件尺寸精度高，表面质量好，多用于生产重要的合金钢铸件和其他表面质量要求高的铸件。国内生产的硅酸乙酯中 SiO_2 含量一般为 30%～34%（质量分数），故称为硅酸乙酯 32（32 代表硅酸乙酯中 SiO_2 的平均质量分数）。硅酸乙酯只有在水解后才能起黏结作用。

用水玻璃配制的涂料型壳容易变形、开裂，与硅酸乙酯相比，生产的铸件尺寸精度低、表面粗糙度值高。水玻璃黏结剂适用于生产小型的普通铸钢件及非铁合金铸件。熔模铸造用水玻璃，通常模数为 3.0～3.4，密度在 1.27～1.34g/cm³ 范围内。

硅溶胶黏结剂是一种硅酸水溶液，也称为硅酸溶胶，其价格比硅酸乙酯低 1/3～1/2，用硅溶胶作为黏结剂而生产的铸件质量比用水玻璃黏结剂有很大提高。硅溶胶稳定性好，可长期存放，制壳时不需要专门硬化剂，型壳的高温强度比硅酸乙酯型壳好，但硅溶胶对熔模的润湿性差，硬化时间较长。

制壳的主要工序包括模组的脱脂、上涂料和撒砂、干燥和硬化、脱蜡和焙烧等。

（一）模组的脱脂

由于所用的模料大多以石蜡等含油脂的原材料为主，而且制模时分型剂也可能黏附在熔模表面上，它们都具有憎水性，影响涂料对模组的涂挂性。因此，在采用以水为溶剂的黏结剂时，为了改善涂料对模组的润湿性和涂挂性，通常应将模组用中性肥皂水、表面活性剂或乙醇洗涤，然后用水清洗干净。

（二）上涂料和撒砂

涂料是用粉状耐火材料和黏结剂等配制成的悬浮液。主要组分为黏结剂、耐火粉料、表面活性剂和其他助剂。涂料按型壳层次不同可分为表面层涂料和加固层涂料两种。表面层涂料决定着铸件的表面质量，要求涂料性能好，一般用细粉状耐火涂料，涂料黏度不能太大；加固层涂料对型壳主要起加强作用，涂料黏度较大，可用粗粉状耐火涂料。两种涂料应分别配制。配制比例应根据生产特点，参考生产实践及相关资料确定。表9-3所列为硅酸乙酯黏结剂涂料的配比，可供参考。

表9-3　硅酸乙酯黏结剂涂料的配比

涂料组分		密度/（g/cm³）	用　途
硅酸乙酯/mL	耐火粉料/kg		
1000	硅砂粉 1.7~1.9	1.6~1.68	低合金钢、碳钢、铝合金、铜合金
1000	刚玉粉 2.5~2.8	2.10~2.30	Ni、Cr、Co基合金
1000	铝矾土粉 1.6~1.8	1.70~1.90	型壳加固层
1000	锆砂粉 2.8~3.0	2.30~2.35	Ni、Cr、Co基合金

耐火涂料的配制过程是先把黏结剂按定量加入洁净的搅拌桶内，在不断搅拌的情况下，陆续加入粉状耐火材料，加完后继续搅拌15min以上，直到粉状材料充分润湿和涂料中的气泡逸出，最后测定黏度合适后方可使用。配好的涂料应放在密封容器中并置于阴凉处，一般存放期不超过7天。在使用前还应充分搅拌，以防粉状耐火材料沉淀。

涂挂涂料一般采用浸涂法，为了保证模组各处都能均匀地涂挂上涂料，避免缺涂、局部堆积或积存气泡，应使模组在涂料桶中不断转动或上下移动，必要时可用毛刷局部涂刷。上涂料后，应使多余涂料滴淌完毕，再进行撒砂工序。

撒砂是在涂料层上粘一层粒状耐火材料，目的是使砂粒成为型壳的骨架而使型壳增厚并加固，在干燥、硬化、胶凝发生收缩时，因砂粒的存在而减少应力集中，防止涂料层的微裂纹扩大，并能造成粗糙的表面而使后续的涂料层能很好地黏附。常用的撒砂方法有雨淋式撒砂及流态化（沸腾砂床）撒砂两种。

雨淋式撒砂是粒状耐火材料像雨点一样落在涂有涂料并缓慢旋转着的模组上，使砂粒能均匀地黏附在涂料层上。

沸腾砂床撒砂是将粒状耐火材料放在容器中，向容器下部送入压缩空气，空气经毛毡把上部的砂层均匀吹起，砂层呈轻微沸腾状态，撒砂时只需将涂有涂料的模组与沸腾的砂子接触，耐火材料便能均匀地粘在涂料表面。撒砂用的沸腾砂床如图9-4所示。

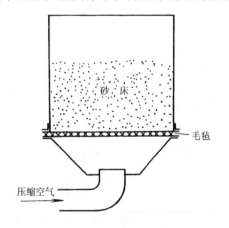

图9-4　撒砂用的沸腾砂床

撒砂时，应按涂料层次选择撒砂的粒度。表面层涂料上应撒较细的砂，以保证表面质量。一般1、2层涂料上撒砂所用的砂粒度为21组（筛号70）、30组（筛号50），而以后几层用60组（筛号30）。小型铸件型壳的涂料层数一般为5~6层，大件型壳的涂料层数为6~9层。

（三）型壳的干燥和硬化

模组每涂挂一层涂料和撒砂后，须经充分干燥、硬化，才可涂挂下一层。

在生产中，涂料通常是由硅酸乙酯水解液、水玻璃和硅溶胶等作为黏结剂而制成的。所以，由上述涂料经撒砂后所制成的型壳分别称为硅酸乙酯水解液型壳、水玻璃型壳和硅溶胶型壳。所用黏结剂不同，其硬化原理和条件也不同，现分别介绍如下。

（1）硅酸乙酯水解液型壳的干燥和硬化 将涂敷好涂料和砂粒的模组放在强制通风柜中，通风干燥（风干），加速溶剂的挥发。一般面层的风干时间为1.5h，加固层为2h。风干后往通风柜中通入氨气（氨干），氨干的作用是加快涂料层的干燥速度和胶凝速度，氨干时间为20~30min。要求干燥环境的温度为20~25℃，相对湿度为50%~80%。

前一层型壳硬化后，需将残留在型壳上的氨气散发干净后，再涂挂下一层涂料，使涂料能与已硬化的型壳层很好地结合。氨干后应有15~30min的吹风散味时间。

为提高型壳强度，可将涂敷好涂料和砂粒的模组在干燥前先浸泡在强化剂中，时间为5min以上，使水解液渗入型壳中，随后取出再风干、氨干。强化剂就是硅酸乙酯水解液，其中SiO_2的质量分数约为20%，HCl的质量分数约为0.6%。强化剂一般用于型壳的第三层以后各层。

（2）水玻璃型壳的干燥和硬化 水玻璃型壳的干燥分为硬化前干燥和硬化后干燥。硬化前的干燥主要是去除模组表面与涂料层之间的水分及提高涂料层中水玻璃的浓度，这样，可以减少型壳裂纹，改善型壳的表面质量。在室温为18~30℃和相对湿度为40%~60%条件下，表面层硬化、干燥时间为30~40min甚至几小时不等，涂料黏度大、室温低和湿度高，通风条件不好及大的熔模，干燥时间应长些。为缩短生产周期，除面层在硬化前需干燥外，其余各层在硬化前一般不需要干燥。而硬化后的干燥，除了使凝胶脱水外，同时还继续完成渗透硬化，使型壳具有足够的强度，能顺利地完成整个制壳过程，这一点对于采用氯化铝或聚氯化铝溶液作硬化剂更为重要。硬化后自然干燥时间以"不湿不白"为宜，"湿"即未干透，"白"即干燥过分。型壳干燥后再涂挂下一层涂料。

干燥并不能使型壳充分硬化，还需要使型壳在硬化剂中进一步硬化。常用硬化剂及硬化工艺有以下几种。

1）NH_4Cl溶液硬化。硬化剂的配制：在60~80℃的热水中加入NH_4Cl（质量分数为33%），全部溶解后调整至质量分数为18%~20%，温度控制在25~30℃。硬化工艺：将涂有涂料并撒砂的模组先在空气中干燥一段时间后，再浸入NH_4Cl溶液中15~30min。由于NH_4Cl与水玻璃中的NaOH反应，破坏了SiO_2与Na_2O的平衡，使SiO_2迅速以胶体析出，从而将粉状及粒状耐火材料黏结成完整坚固的型壳。反应时有氨气（NH_3）逸出并生成钠盐（NaCl）。水玻璃型壳NH_4Cl溶液硬化工艺参数见表9-4。

表9-4 水玻璃型壳NH_4Cl溶液硬化工艺参数

涂料层次	涂料		撒砂粒度（筛号）	硬化剂温度/℃	硬化时间/min	干燥时间/min	
	种类	黏度/s				硬化前	硬化后
1	硅砂粉	25~40	100	28~32	3~5	30~90	20~30
2	硅砂粉	20~35	100	28~32	3~5	5~15	20~30
3	硅砂粉+黏土	23~35	20	30~35	5~10	5~15	20~30
4	硅砂粉+黏土	23~35	20	30~35	5~10	5~15	20~30
5	硅砂粉+黏土	23~35	20	30~35	5~10	5~15	20~30

硬化剂随着使用时间的延长，溶液中 NH_4Cl 量逐渐减少，NH_4OH 和 $NaCl$ 量逐渐增多。硬化剂中由于存在这种碱性物质而失去基本性质，使型壳硬化不良、发软，故生产中应注意检查和调整硬化剂浓度，并且当硬化剂中 NH_4OH 含量超过 0.3%（质量分数）时，应用盐酸加以中和，使硬化剂的 pH 值在 5～6 之间。如果硬化剂的温度在 60～80℃ 时，硬化反应产生的 NH_4OH 会很快分解为 NH_3 和 H_2O，NH_3 不断逸出，就不需要加盐酸来中和 NH_4OH 了。

硬化剂中 $NaCl$ 的质量分数通常不得超过 6%～8%。

当模组浸入 NH_4Cl 溶液后，在涂料层表面很快形成一层坚硬的胶膜，阻止了 NH_4Cl 溶液向内层扩散，所以水玻璃型壳在 NH_4Cl 溶液中的硬化时间较长。为了缩短硬化时间，可采用快速硬化工艺。

生产中已使用的快速硬化工艺有两种。第一种是氯化铵高温度、高浓度硬化。当氯化铵温度和浓度提高后，渗透型壳的能力大幅度提高，从而加速了型壳的硬化，用温度为 30～65℃、质量分数为 25%～30% 的 NH_4Cl 水溶液，每层的硬化时间可缩短至 10～20s。高温度是前提，而浓度只要达到该温度下的饱和浓度即可。第二种是在常温、常规浓度的 NH_4Cl 溶液中加入微量的表面活性剂，可显著降低 NH_4Cl 溶液的表面张力，改善其润湿性，从而提高了硬化剂向涂层深处的渗透及硬化能力，硬化时间可缩短至 2～3min。

2）聚氯化铝硬化。由于 NH_4Cl 溶液在硬化时放出 NH_3，劳动条件较差，近年来国内一些工厂采用聚氯化铝（$AlCl_3$）代替 NH_4Cl 作硬化剂。将聚氯化铝溶解在水中，调整溶液密度为 1.18～1.20g/cm^3，pH 值为 2.5～3 即可使用。每层硬化后需用清水淋浴，以去除型壳中残留的硬化剂。

3）结晶氯化铝硬化。结晶氯化铝的实质是碱化度很低的聚氯化铝，所以它的性质与聚氯化铝相似。用作硬化剂时，在溶液中的质量分数为 30%～40%，密度为 1.17～1.19g/cm^3。结晶氯化铝为白色粉状物质，货源丰富，价格便宜，使用时比聚氯化铝方便，所以逐渐被推广应用。

（四）脱蜡及模料的回收

1. 脱蜡

在模组上涂挂完涂挂层后，需停留一段时间，使涂挂层（型壳）得到充分干燥硬化，之后去除模组而获得型壳。因模组常用蜡基模料制成，故通常称这一工序为脱蜡。理想的脱蜡过程应当是使与型壳内表面接触的模组表面层先熔融并流出，这样可使型壳与模组之间形成空隙，避免因模料受热发生膨胀而导致型壳产生裂纹或破裂。根据加热方式的不同，脱蜡方法有热水、热空气、蒸汽、热溶剂、燃烧及微波加热等。目前，国内普遍采用的是热水脱蜡法和高压蒸汽脱蜡法。

（1）热水脱蜡法 将带有模组的型壳浇口朝上浸入 90～95℃ 的热水槽中，熔失时间一般为 15～30min，使模料熔化并经朝上的浇口溢出。在脱蜡过程中，应避免热水沸腾，以防止热水槽底的杂物翻腾起来而混入型壳的内腔。但温度太低会延长脱蜡时间，容易使型壳软化或被煮烂。热水脱蜡法的优点是型壳不易被模料胀裂，型壳中的盐、碱物质能溶于水，有利于提高表面质量；模料回收率高，可达 80%～95%。缺点是型壳浇口朝上，易落入杂物；模料在热水中易皂化。热水脱蜡法适用于熔点为 80℃ 以下模料的脱蜡。

（2）高压蒸汽脱蜡法 将模组浇口朝下放在高压容器内，向容器内通入 0.2～0.5MPa 的高压过热蒸汽（100～120℃），熔失时间为 20min 左右。熔失时模料自由流出，型壳不易开裂，杂物不易进入型腔，无皂化物产生，但设备较复杂，模料回收率低，常用于蜡基模料、松香基模料的脱蜡。

2. 模料的回收

脱蜡回收的模料必须经过处理后才能使用。因各种模料在制壳和脱蜡过程中所发生的化学反应不同，故模料的回收处理工艺也不相同。

(1) 蜡基模料的回收 蜡基模料中的硬脂酸在使用过程中与一些碱性物质或盐类溶液反应，产生皂化物。皂化物多数不溶于水，却能与模料均匀混合，使模料性能降低。为了恢复模料原有的性能，必须从模料中除去皂化物。常用的处理方法有酸处理法、活性白土处理法和电解法等。

1) 酸处理法。酸处理法是在回收的模料中加入盐酸或硫酸，使硬脂酸盐还原成硬脂酸。具体方法是：将水和旧模料放在不易生锈的处理缸中，加热至沸腾，然后加入占旧模料质量 3%~5% 的纯盐酸或 2%~3% 的浓硫酸，沸腾后保持 30~60min，使酸与模料充分接触起反应，并不断搅拌至白点消失，在 60~70℃ 温度下沉淀 4h 以上，使水与模料分离，然后取出处理好的模料，浇成料锭备用。

2) 活性白土处理法。活性白土是用酸处理过的黏土，具有大量的孔隙，表面积很大，具有较高的吸附能力，能吸附旧模料中的皂盐。用活性白土几乎能除去旧模料中的所有硬脂酸盐。生产中一般把活性白土处理法作为盐酸处理法的补充工序，即每隔一段时间，将用盐酸处理过的旧模料加热到 120℃ 左右，向模料中加入烘干的活性白土，加入量为模料质量的 10%~15%，搅拌约 30min，在 120℃ 下保温静置 4~5h，待活性白土与液态模料充分分离后，即可得到处理好的模料。

(2) 松香基模料的回收 松香基模料的变质主要是由于模料中某些组分在加热过程中的挥发分解和树脂化，并析出碳分；使用过程中混入各种杂质如砂粒、粉尘及水分等。因此，需要进行再处理以满足使用要求。处理过程主要是水分蒸发和离心分离处理，直到检验合格。一般在处理后的旧模料中加入 20%~30% 的新蜡。因松香基模料主要用于制造质量要求高的熔模，所以一般采用新材料配制的模料压制熔模，而回收的模料主要用于制造浇冒口的熔模。

(五) 型壳的焙烧

脱蜡后的型壳在空气中经过一段时间的自然干燥，在浇注液态金属前，需经高温焙烧。焙烧的目的是除去型壳中的水分、残留模料、NH_4Cl 及盐分等，避免浇注时产生气体，使铸件出现气孔、浇不到等铸造缺陷。同时，经高温焙烧，可进一步提高型壳的强度和透气性，并达到应有的温度。

型壳的焙烧方法有两种：一种是高温强度较低（如单一硅砂质水玻璃型壳）的普通型壳，需将脱蜡后的型壳先装在铁箱内，在型壳周围填砂焙烧；另一种是高强度型壳，可直接装入炉内焙烧。硅酸乙酯水解液型壳和硅溶胶型壳在焙烧时需逐渐升温，并在 950℃ 左右的炉中保温 1~2h。水玻璃型壳焙烧时，可随炉升温或炉温为 400~600℃ 时装炉再升温至 800~850℃，保温 1~2h。

型壳经保温后，即可出炉以待浇注。

三、浇注和清理

(1) 熔模铸件的浇注 熔模铸造常用的浇注方法是热型重力浇注法，即型壳从焙烧炉中取出后，在金属液自身的重力作用下对高温型壳进行浇注。由于型壳是在出炉后就进行浇注，型壳的温度较高，有利于金属液充填型腔，能很好地复制型腔的形状，获得轮廓清晰、尺寸精确的铸件。但因铸件是在热型中缓慢冷却，容易使铸件晶粒粗大，在浇注碳钢件时容易产生表面氧化和脱碳，这些都会影响铸件的力学性能和表面质量。

常用铸钢的浇注温度应高于该合金液相线温度 $50 \sim 80℃$。浇注时，型壳的温度应根据铸钢件结构特点确定：壁厚小于 5mm 的小件，型壳温度大于 700℃；壁厚为 $5 \sim 10mm$ 的中等件（ $>0.5kg$ ），型壳温度为 $600 \sim 700℃$；壁厚大于 10mm 的大件（ $>2.5kg$ ），型壳温度小于 500℃。

（2）铸件的清理　铸件的清理包括从铸件上清除型壳、自浇冒口系统上取下铸件、清除铸件上残余耐火材料等。

金属液浇入型壳后，待铸件温度降至 $250 \sim 450℃$ 时即可清除型壳。从铸件上清除型壳时，对于生产批量小的，可用锤子或风锤敲打浇冒口部位，使铸件产生振动，型壳便从铸件上碎落下来。产量较大时，为了提高脱壳效率，可用震击式脱壳机除去型壳。

型壳被清除后，即可从浇冒口系统上取下铸件。对于坚硬合金的铸件，如碳钢、合金钢等，可采用气割、砂轮片将铸件从浇冒口系统上切割下来；对于铜合金、铝合金等硬度较低的铸件，可用手工锯、带锯等将铸件切割下来。

铸件上残余的耐火材料一般用化学法清除。将带有残余耐火材料的铸件放入沸腾的 NaOH 水溶液（质量分数为 $20\% \sim 30\%$ ）或 KOH 水溶液（质量分数为 $40\% \sim 50\%$ ）中进行碱煮，将铸件上的残余耐火材料清理干净。碱煮后的铸件要用热水清洗，以免碱液腐蚀铸件。铝质合金能被碱严重腐蚀，故此法不能用于清理铝合金铸件。

对于形状简单的铸件，表面清理应尽量采用喷砂法或喷丸法。

四、熔模铸造工艺设计特点

熔模铸造工艺设计内容与普通砂型铸造工艺设计一样，工艺设计的原则仍应遵循砂型铸造过程的基本原则，尤其是确定工艺方案及工艺参数时，除了具体数值不同外，设计原则与砂型铸造完全相同。熔模铸造工艺设计的特点如下。

（1）铸件结构工艺性分析　为简化工艺，对铸件结构的要求主要有铸孔、铸槽等方面。

1）铸件上的铸出孔不能太细太长，以便于制壳时涂料和砂粒能顺利地填充到熔模上的孔内，形成相应的型腔，并可简化铸件的脱壳清理。铸出孔的直径应大于 2mm。铸通孔时，孔深 h 与孔径 d 的比值最大为 $h/d = 4 \sim 6$；铸不通孔时，$h/d = 2.5 \sim 3$。如果铸件壁较薄，通孔的直径可小到 0.5mm。

2）铸件上铸槽的宽度应大于 2mm，槽深应小于槽宽的 $2 \sim 6$ 倍。

3）熔模铸造一般不采用冷铁等工艺措施来调节铸件各部分的冷却速度，故要求铸件的壁厚尽可能满足顺序凝固的要求，不要有分散的热节，以便用直浇道进行补缩。

（2）浇冒口系统设计　熔模铸造的浇注系统除应平稳地引导金属液进入型腔外，还应具有良好的补缩作用；在组合模组和制壳时，它起着支承熔模和型壳的作用；在熔失熔模（脱蜡）时，它又是液态模料流出的通道。因此，要求浇注系统的结构能保证充型平稳，有足够的强度，能顺利排出模料，并应尽可能简化压型结构，使制模、组合模具、制壳、切割、清理等工序方便。浇冒口系统按组成情况分为以下几种典型结构。

1）直浇道和内浇道组成的浇冒口系统，如图 9-5 所示。直浇道兼起冒口的作用，它可经内浇道补缩铸件热节，操作方便，但挡渣作用较差，主要用于小于 1.5kg、只有 1 ～ 2 个热节的铸件。从图中可以看出，模组上熔模沿直浇道的轴线有 60° ～ 80° 的倾斜角，目的是熔失熔模时模料便于流出。

2）使用横浇道的浇冒口系统时，横浇道起冒口或补缩通道作用，横浇道端面形状通常为梯形或长方形，多用于顶注式浇注。

3）底注式浇冒口系统，如图 9-6 所示。该系统能使金属液平稳地充满型腔，不产生飞溅，与专用冒口配合使用时，能创造顺序凝固的条件，有利于获得致密铸件。

4）设专用冒口补缩，其特点是单件浇注，主要用于大型或有较大热节的复杂铸件。

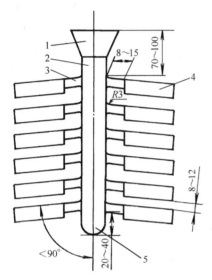

图 9-5　直浇道和内浇道组成的浇冒口系统
1—浇口盆　2—直浇道　3—内浇道　4—铸件　5—缓冲器

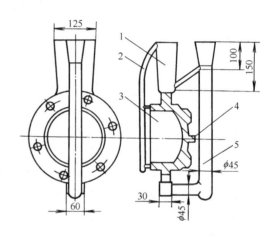

图 9-6　底注式浇冒口系统
1—冒口　2—排气道　3—铸件　4—集渣包　5—直浇道

第二节　压 力 铸 造

压力铸造（简称压铸）的实质是使熔融金属在高压力的作用下，以极高的速度充填压型，并在压力作用下凝固而获得铸件的一种方法。

高压力和高速度是压铸时熔融金属充填压型并成形的两大特点，也是压铸与其他铸造方法最根本的区别。

压铸常用的压射比压范围较大，一般为 5 ～ 30MPa，甚至更高；充填速度为 0.5 ～ 120m/s；充填时间很短，一般为 0.01 ～ 0.2s。此外，压型具有很高的尺寸精度和很低的表面粗糙度值。由于压铸具有这些特点，使得压铸的工艺和生产过程，压铸件的结构、质量和有关性能等都具有其独有的特征。

与其他铸造方法相比较，压力铸造有如下优点。

1）铸件的尺寸精度高且表面粗糙度值很低。一般压铸件可不经机械加工或只需个别部位加工就可使用。

2）铸件的强度和表面硬度较高。由于压型的激冷作用，且在压力下结晶，因此压铸件表面层晶粒较细，组织致密，所以表面层的硬度和强度都比较高。压铸件的抗拉强度一般比砂型铸件高25%～30%，但伸长率较低。表9-5所列为不同方法铸造铝、镁合金的力学性能。

表9-5　不同方法铸造铝、镁合金的力学性能

合金种类	压力铸造			金属型铸造			砂型铸造		
	抗拉强度/MPa	伸长率（%）	硬度HBW	抗拉强度/MPa	伸长率（%）	硬度HBW	抗拉强度/MPa	伸长率（%）	硬度HBW
铝硅合金	2～2.5	1～2	84	1.8～2.2	2～6	65	1.7～1.9	4～7	60
铝硅合金（$w_{Cu}=0.8\%$）	2～2.3	0.5～1.0	85	1.8～2.2	2～3	60～70	1.7～1.9	1～2	65
铝合金	2～2.2	1.5～2.2	86	1.4～1.7	0.5～1.0	65	1.2～1.5	1～2	60
镁合金（$w_{Al}=10\%$）	1.9	1.5	—	—	—	—	1.5～1.7	1～2	—

3）可以压铸形状复杂的薄壁铸件。铸件最小的壁厚，锌合金为0.3mm；铝合金为0.5mm。最小铸孔直径为0.7mm。可铸螺纹最小螺距为0.75mm。

4）生产率极高。在所有铸造方法中，压铸是一种生产率最高的方法，这主要是由压铸过程的特点决定的。随着生产工艺过程机械化、自动化程度进一步提高，压铸生产率还会进一步提高。一般冷压室压铸机平均每班可压铸600～700次，热压室压铸机可压铸3000～7000次。

5）由于压铸件的精度高，尺寸稳定，故互换性好，可简化机器零件装配操作。

6）在压铸时可嵌铸其他金属或非金属材料零件。这样既可获得形状复杂的零件，又可改善其工作性能，有时镶嵌压铸件还可代替某些部件的装配。

压力铸造也存在以下缺点。

1）由于液态金属充型速度极快，型腔中的气体很难完全排除，常以气孔形式留在铸件中。因此，一般压铸件不能进行热处理，也不宜在高温条件下工作。同样，也不希望进行机械加工，以免铸件表面显出气孔。

2）由于钢铁材料熔点高，使压铸型的使用寿命缩短，故目前压铸钢铁材料件在实际生产中应用不多。

3）由于压力铸造所用压铸型的加工周期长、成本高，且压铸机生产率高，故压力铸造只适用于大批量生产。

压力铸造的应用范围很广，在非铁合金中以铝合金压铸件比例最高（30%～50%），锌合金次之。在国外，锌合金铸件绝大部分为压铸件。铜合金（黄铜）比例仅占压铸件总量的1%～2%。镁合金铸件易产生裂纹，且工艺复杂，使用较少。我国镁资源十分丰富，随着汽车等工业的发展，预计镁合金的压铸件将会逐渐增多。

目前用压铸生产的最大铝合金铸件质量达50kg，而最小的只有几克。压铸件最大的直径可达2m。

压力铸造产品应用的工业部门有：汽车、仪表、电工与电子仪器、农业机械、航空、兵器、电子计算机、照相机及医疗器械等。

一、压铸工艺

在压铸生产中，压铸机、压铸合金及压铸型是三大基本要素。压铸工艺则是将这三大要素有机地综合并加以运用的过程，具体体现在压铸工艺参数的选择及工艺措施的实施中。

1. 压铸速度的概念

压铸速度有压射速度和充型速度两个不同的概念。所谓压射速度是指压铸时压射缸内液压推动压射冲头前进的速度；充型速度是指金属液在压力作用下，通过内浇道进入型腔的线速度。

充型速度的选择主要取决于合金的性能及铸件的结构特点。充型速度过高会使铸件轮廓不清晰甚至不能成形。充型速度与压射比压、压射速度及内浇道截面积等因素有关。充型速度与压室内径的平方和压射速度成正比，与内浇道截面积成反比。因此，可通过改变上述三个因素调节充型速度。

2. 压射比压和充型速度的选择

压力和速度是压铸过程中的两个基本工艺参数，生产中常用压射比压和充型速度来表示。正确选择这两个参数，对于保证压铸件的质量有着重要的实际意义，选择时应考虑的因素有：铸件的结构特点（壁厚及复杂程度）、压铸合金的种类及性能（如流动性、密度等），以及浇注系统阻力大小、排气是否通畅、合金的压铸温度和压铸型的工作温度等。

常用压铸合金的压射比压及充型速度分别列于表 9-6 和表 9-7 中，以供参考。

表 9-6　常用压铸合金的压射比压　　　　　　　　　　（单位：MPa）

合金种类	铸件壁厚≤3mm		铸件壁厚>3mm	
	结构简单	结构复杂	结构简单	结构复杂
锌合金	30	40	50	60
铝合金	25	35	45	60
铝镁合金	30	40	50	65
镁合金	30	40	50	80
铜合金	50	70	80	90

表 9-7　常用压铸合金的充型速度　　　　　　　　　　（单位：m/s）

合金种类	简单厚壁铸件	一般铸件	复杂薄壁铸件
锌合金、铜合金	10~15	15	15~20
镁合金	20~25	25~35	35~40
铝合金	10~15	15~20	25~30

3. 压铸的温度规范

在压铸过程中，温度规范对于充型、成形及凝固过程、压铸型寿命和稳定生产等方面都有很大的影响，应给予足够重视，并加以控制。

（1）合金的浇注温度　浇注温度通常用保温坩埚中金属液的温度来表示。如果温度过高，凝固时收缩大，铸件容易产生裂纹、晶粒粗大及粘砂；如果温度太低，则易产生浇不到、冷隔及表面流纹等缺陷。因此，合适的浇注温度应当是在保证充满铸型的前提下，采用较低的温度为宜。在确定浇注温度时，还应结合压射压力、压型的温度及充型速度等因素综合考虑。

实践证明，在压力较高的情况下，可以降低浇注温度甚至是在合金呈黏稠"粥状"时进行压铸。但是，对含硅量高的铝合金则不宜使用"粥状"压铸，因为硅将大量析出，以游离状态存在于铸件中，使加工性能恶化。

此外，浇注温度还与铸件的壁厚及复杂程度有关。各种压铸合金的浇注温度参见表9-8。

表9-8 各种压铸合金的浇注温度 （单位：℃）

合金种类		铸件壁厚≤3mm		铸件壁厚>3mm	
		结构简单	结 构 复 杂	结构简单	结 构 复 杂
锌合金		420~440	430~450	410~430	420~440
铝合金	含硅的	610~650	640~700	590~630	610~650
	含铜的	620~650	640~720	600~640	620~650
	含镁的	640~680	660~700	620~660	640~680
镁合金		640~680	660~700	620~660	640~680
铜合金	普通黄铜	870~920	900~950	850~900	870~920
	硅黄铜	900~940	930~970	880~920	900~940

（2）压铸型的工作温度 在压铸生产过程中，压铸型的工作温度过高或过低对铸件质量的影响与合金的浇注温度有类似之处。压铸型的工作温度能影响压铸型的寿命和生产的正常进行。因此，在生产过程中应控制压铸型的温度，使其维持在一定范围内，这一温度范围就是压铸型的工作温度。通常在连续生产过程中，如果压铸型吸收金属液的热量大于它向周围散失的热量，则压铸型的温度会不断升高，应采用空气或循环冷却液（水或油）进行冷却。

压铸型的工作温度大致可按下式计算确定

$$t_s = \frac{1}{3}t_f \pm \Delta t$$

式中 t_s——压铸型的工作温度（℃）；

t_f——合金的浇注温度（℃）；

Δt——温度的波动范围（℃）。

压铸型在使用前要预热到一定的温度（称为预热温度），其作用是有利于金属液的充型、压铸件成形、保护压型和便于喷涂涂料。压铸型的预热方法有煤气加热、电热器加热等。

表9-9列出了压铸不同合金时压铸型的预热温度和工作温度，可供参考。

表9-9 压铸型的预热及工作温度 （单位：℃）

合金种类		铸件壁厚≤3mm		铸件壁厚>3mm	
		结构简单	结 构 复 杂	结构简单	结 构 复 杂
锌合金	预热温度	130~180	150~200	110~140	120~150
	工作温度	180~200	190~220	140~170	150~200
铝合金	预热温度	150~180	200~230	120~150	150~180
	工作温度	180~240	250~280	150~180	180~200

（续）

合金种类		铸件壁厚≤3mm		铸件壁厚＞3mm	
		结构简单	结构复杂	结构简单	结构复杂
铝镁合金	预热温度	170～190	220～240	150～170	170～190
	工作温度	200～220	260～280	180～200	200～240
镁合金	预热温度	150～180	200～230	120～150	150～180
	工作温度	180～240	250～280	150～200	180～220
铜合金	预热温度	200～230	230～250	170～200	200～230
	工作温度	300～325	325～350	250～300	300～350

4. 充型、保压及铸件在压铸型中停留的时间

（1）充型时间　自金属液开始进入型腔到充满型腔为止所需要的时间，称为充型时间。充型时间与压铸件轮廓尺寸、壁厚和形状复杂程度，金属液和压铸型的温度等因素有关。形状简单的厚壁铸件以及浇注温度与压铸型的温度差较小时，充型时间可以延长；反之，充型时间应缩短。

充型时间主要是通过控制压射比压、压射速度或内浇道截面大小来实现的，一般为0.01～0.2s。

（2）保压时间　从金属液充满型腔建立最终静压力至在这一压力持续作用下铸件凝固完毕，这段时间称为保压时间。保压时间与合金的特性及铸件的壁厚有关。对熔点高、结晶温度范围宽的合金，应有足够的时间，若同时又是厚壁铸件，则保压时间还可再长些。保压时间不够，容易造成缩松。当内浇道处的金属液尚未完全凝固，而压射冲头退回时，未凝固的金属液就会被抽出，常在靠近内浇道处出现孔穴。对结晶温度范围窄的合金，且壁厚小的铸件，保压时间可短些。

（3）铸件在压铸型中的停留时间　从保压终了至开型取出铸件的这段时间称为停留时间。停留时间的长短体现在铸件出型时温度的高低。若停留时间太短，铸件出型时温度较高，强度低，铸件自型内顶出时可能发生变形，铸件中气体膨胀使其表面出现鼓泡。若停留时间过长，铸件出型时温度低，收缩大，抽芯及顶出铸件的阻力增大，热脆性合金铸件还会发生开裂。

（4）压铸用涂料　为了避免高温金属液对压铸型型腔表面冲刷或出现黏附现象（主要是铝合金），以利于保护压铸型，改善铸件表面质量，减小抽芯和顶出铸件时的阻力，并保证在高温时冲头和压室能正常工作，通常在型腔、冲头及压室的工作表面上均匀喷涂一层涂料。

涂料一般由隔绝材料或润滑材料及稀释剂组成。对涂料组成物的要求主要是：

1）高温时具有良好的润滑作用，且不会析出对人体有害的气体。

2）性能稳定，在常温下稀释剂挥发慢，使涂料不易变稠，粉状材料不易沉淀，以便存放。稀释剂一般应在100～150℃时很快挥发。

3）对压铸型及铸件没有腐蚀作用。

在涂料组成物中，蜂蜡、石蜡等受热发气能形成一层气膜；氧化铝粉、氧化锌粉为隔绝材料；石墨粉是一种优良的固体润滑剂。以水为稀释剂的涂料，即水基涂料，因价廉，水分蒸发时可带走压铸型的部分热量，且对人体无害，故应用日益广泛。常用压铸用涂料及其组成见表9-10。

表9-10 常用压铸用涂料及其组成

原材料名称	配比 （质量分数,%）	配 制 方 法	适 用 范 围
胶体石墨 （油剂、水剂）		成品	用于铝合金，防粘型效果好；用于压射冲头、压室及易咬合部位
蜂蜡或石蜡		成品	型腔及浇口部分，适用于各种压铸合金
石墨 粉机油	5~10 95~90	将石墨粉（最好过200号筛）加入机油中搅拌均匀	主要用于压室、冲头及滑动摩擦部分
聚乙烯 煤油	3~5 97~95	将聚乙烯小块加入温度不超过80℃的煤油中，不断搅拌至全部溶解	常用于压铸铝合金、镁合金
氧化铝粉 煤油	5 95	将氧化铝粉加入煤油中搅拌均匀	常用于压铸铝合金
氧化锌粉 水玻璃 水	5 1.2 93.8	先将水与水玻璃搅拌均匀，然后加入氧化锌粉并搅拌均匀	用于压铸大、中型铝合金及锌合金铸件

在喷涂涂料时，应使涂料层均匀并避免过厚。喷涂后，应待稀释剂挥发完毕，再合型浇注，以免型腔或压室中有大量气体存在，影响铸件质量。在生产过程中，应注意对排气槽、转角或凹入部位堆积的涂料及时进行清理。

二、压铸机

压铸机是压铸生产中最基本的设备。随着压铸生产技术的发展，对压铸机的需求量不断增加，压铸生产过程的自动化水平也在不断提高。

目前压铸机的发展趋势是：大型化、系列化、自动化，并且在机器的结构上有很大的改进，尤其是压射机构的改进更为迅速，能更好地满足压铸工艺的要求，提高了压射速度及瞬间增压压力，从而有利于提高铸件外形尺寸的精确度和内部组织的致密度。

压铸机一般分为热室压铸机和冷室压铸机两大类型。

（1）热室压铸机 热室压铸机的压室与坩埚连成一体，因压室浸于金属液中而得名，其压射机构安置在保温坩埚上方。其工作过程如图9-7

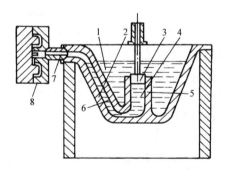

图9-7 热室压铸机工作过程示意图
1—金属液 2—坩埚 3—压射冲头 4—压室
5—进口 6—通道 7—喷嘴 8—压铸型

所示。当压射冲头3上升时，金属液通过进口5进入压室中，随后压射冲头下压，金属液沿通道6经喷嘴7充填压铸型8。冷凝后压射冲头回升，多余金属液回流至压室中，然后打开压铸型取出铸件。这样，就完成一个压铸循环。

热室压铸机的特点是生产工序简单，生产率高，容易实现自动化；金属消耗少，工艺稳定，压入型腔的金属液干净、无氧化夹杂，铸件质量好。但由于压室和冲头长时间浸在金属液中，影响使用寿命，常用于锌合金的压铸。这种压铸机因其生产率很高，近年来在生产中的应用有增长的趋势，还扩大至压铸镁合金及铝合金铸件。

(2) 冷室压铸机　冷室压铸机的压室与保温坩埚炉是分开的。压铸时从保温坩埚中舀取金属液倒入压铸机上的压室内进行压射。冷室压铸机按其压室所处的位置又可分为卧式压铸机和立式压铸机（包括全立式压铸机）两种。

1) 立式压铸机。立式压铸机的压室和压射机构是处于垂直位置的，其压铸过程如图9-8所示。合型后，舀取金属液浇入压室，因喷嘴6被反料冲头8封闭，金属液3停留在压室中（图9-8a）。当压射冲头1下压时，金属液受冲头压力的作用，迫使反料冲头下降，打开喷嘴，金属液被压入型腔中，待冷凝成形后，压射冲头回升，反料冲头因下部液压缸的作用而上升，切断直浇道与余料9的连接处并将余料顶出（图9-8b）。取出余料后，使反料冲头复位，然后开型取出铸件（图9-8c）。

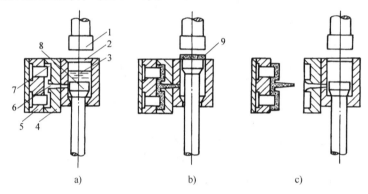

图9-8　立式压铸机压铸过程示意图
a) 合型　b) 压铸　c) 开型
1—压射冲头　2—压室　3—金属液　4—定型　5—动型
6—喷嘴　7—型腔　8—反料冲头　9—余料

2) 卧式压铸机。卧式压铸机的压室和压射机构是处于水平位置的。压铸型与压室的相对位置以及压铸过程如图9-9所示。合型后，舀取金属液3浇入压室2中（图9-9a）。随后压射冲头1向前推进，将金属液经浇道7压入型腔6内（图9-9b）。待铸件冷凝后开型，借助压射冲头向前推移动作，将余料8连同铸件一起推出并随动型移动，再由推杆顶出铸件和余料（图9-9c）。

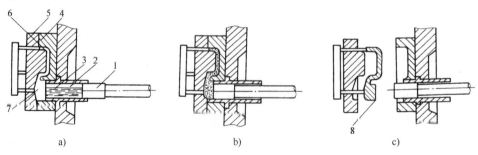

图9-9　卧式压铸机压铸过程示意图
a) 合型　b) 压铸　c) 开型
1—压射冲头　2—压室　3—金属液　4—定型　5—动型　6—型腔　7—浇道　8—余料

综上所述，由两种压铸机相比较可以看出：在结构上，压射结构不同，立式压铸机有切断、顶出余料的下液压缸，增加了维修的困难，而卧式压铸机压室简单，维修方便；在工艺过程方面，立式压铸机压室内的空气不易随金属液进入型腔，便于设置中心浇道，提高了压铸型有效面积的利用率，但金属液压入型腔时经过转折，充填过程的流程较长，能量损失较大，而卧式压铸机充填过程的流程短，金属消耗少，能量损失也少，有利于传递最终压力，且操作程序简单，故卧式压铸机使用较广。

3）全立式压铸机。全立式压铸机是20世纪60年代开始出现的一种新型压铸机，其工作过程如图9-10所示。将金属液2浇入压室中，动型5下行完成合型动作；然后压射冲头1向上压，将金属液压入型腔，冷凝后动型上升，开型取出铸件。这种压铸机占地面积小，操作平稳，压铸型为水平分型，因此，镶嵌件在型中安放方便，但生产率低，通常作为专用压铸机。

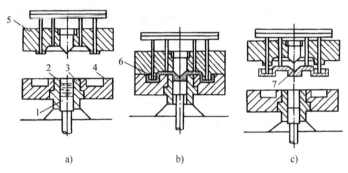

图9-10 全立式压铸机压铸过程示意图

a）浇注 b）合型压铸 c）开型

1—压射冲头 2—金属液 3—压室 4—定型 5—动型 6—型腔 7—余料

第三节 金属型铸造

金属型铸造是指熔融金属在重力作用下，充填用金属材料所制成的铸型——金属型，随后冷却、凝固成形而获得铸件的一种铸造方法。由于金属型是用铸铁、钢或其他合金制成，故习惯上称为硬模铸造。又因金属型可以连续重复浇注，可浇注成千上万次，所以又称为永久型铸造。

金属型铸造是一种古老的铸造方法，早在公元前6世纪，在我国的春秋时期就发明了铸铁生产技术，当时人们已熟练地掌握了用白口铸铁铸型（古代称为铁范）生产农具，如镰、斧、锄、镐及车具等。当时以铁制农具的出现为转机，开始了牛挂犁的牛耕，农业耕作效率显著提高，耕地面积扩大，收获急剧增长。因此，考古学家和历史学家认为，在战国时期的七国中，秦国之所以能统一中国，其主要原因是较早地懂得了铸铁的重要性，并将其用于大量生产农具和工具，从而扩大了农业生产，发展了经济，充实了国力的结果。

欧洲发明铸铁生产技术是在14世纪末，与古代中国利用铸铁从制作农具开始不同，欧洲则是以制造大炮为始端，其铸铁炮弹是用金属型铸造的。

如今金属型铸造已广泛地应用于生产铝合金、镁合金、铜合金、灰铸铁、可锻铸铁和球墨铸铁件，有时也用于生产铸钢件。

与砂型铸造相比较，金属型铸造主要有以下优点：

1）由于工序简化，所需控制的工艺因素少，所以容易实现生产过程机械化、自动化。铸件质量较稳定，废品率可减少约 50%。

2）由于不需要造型，从而节省了型砂的制备和输送以及造型、落砂和砂处理等工序，同样也节省了这些工序所需要的工时及设备。因此，显著地提高了生产率，改善了劳动条件，减轻了对环境的污染，符合"绿色"铸造的理念。

3）由于金属型有高的导热性和蓄热性，金属液在金属型中冷却较快，铸件的组织致密，力学性能较高。如铝合金铸件的抗拉强度可增加 10%~20%，伸长率提高约 1 倍。

4）金属型铸件具有较高的尺寸精度和较低的表面粗糙度值，因而可减少铸件的加工余量。

金属型铸造的主要缺点是：金属型结构复杂且要求高，加工周期长，成本高；金属型的激冷作用大，且无退让性，本身又无透气性，因此铸件容易出现冷隔、浇不到及裂纹等缺陷，对于灰铸铁易出现白口；工艺参数对铸件质量影响较为敏感，应严格控制；不适宜生产形状复杂的薄壁铸件等。

一、金属型结构

金属型的结构型式取决于铸件的形状和尺寸、分型面的位置和数量、铸造合金的种类及生产批量等因素。按分型面位置和数量不同，金属型结构可分为图 9-11 所示的几种形式。

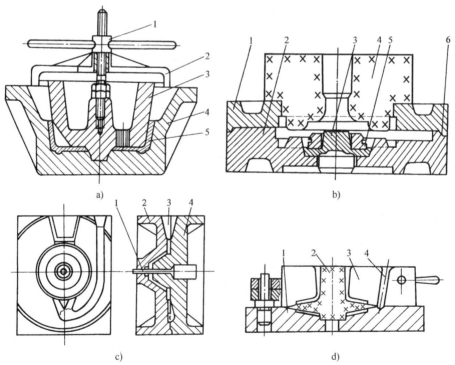

图 9-11　金属型结构型式

a）整体金属型　1—扳手　2—支架　3—型芯　4—金属型　5—铸件

b）水平分型金属型　1—上型　2—下型　3—型块　4—砂芯　5—嵌件　6—止口定位

c）垂直分型金属型　1—金属型芯　2—左半型　3—浇注系统　4—右半型

d）综合分型金属型　1—底板　2—型芯　3—上半型　4—浇注系统

1）整体金属型。铸型是无分型面的整体，没有开型操作，使用方便；金属型的刚性好，不易变形，尺寸稳定，寿命长；形状简单，制造容易。缺点是生产率低，适用于外形简单，有较大斜度的中、小型铸件。

2）水平分型金属型。金属型由上、下两半型扣合而成，浇注时分型面处于水平位置。优点是下芯方便，砂芯可以稳定地坐落在下型的芯座上；浇注时上型和金属液的重力均匀地作用在下型上，铸型不易变形。缺点是只能开设顶注式浇注系统，且浇口只能做成上小下大的倒锥形，如浇注时金属液外溢，就会使铸件出型困难，为此，常采用砂芯来形成浇口部分的型腔；此外，上型排气困难，开型及合型不方便，不易实现机械化操作。此种金属型适用于砂芯较多的中、大型铸件，特别适用于中大型平板件、圆盘形和轮形类铸件。

3）垂直分型金属型。金属型由左、右两半型合成，浇注时分型面处于垂直位置。通常将一半型固定在底板上（称为定型），另一半型可以移动（称为动型）。优点是浇冒口等均开设在分型面上，因而开设方便，形状不受限制；排气容易，开合型方便，容易实现机械化。此种金属型适用于各种沿中心线对称的铸件及中小型铸件。

4）综合分型金属型。这种金属型由两个或两个以上相互垂直的分型面组成。如图9-11d所示的叶轮铸件金属型，下半型固定在底板上，上半型又垂直分为左、右两半型，采用铰链开合。这种金属型兼有水平分型和垂直分型的优点，既能保证铸件质量，又便于操作，在生产中得到了广泛应用。

二、金属型材料

金属型铸造、压力铸造等永久型铸造方法的铸型都是采用金属材料制成的。由于铸型的型腔直接与高温的金属液接触，在交变热应力的作用下，对金属型的寿命有很大影响，特别是在浇注钢铁材料及青铜铸件时尤为严重。铸型材料的选择恰当与否不仅影响铸型寿命，同时也和铸件的质量密切相关。因此，正确选择铸型材料也是铸造工艺设计的一项重要内容。

由于金属铸型在高温下工作，要求其材料具有良好的高温和室温综合性能，主要表现为：

1）具有足够的高温力学性能，特别是疲劳强度，即在高温下不易软化、变形以及在热应力作用下不易开裂。

2）具有足够的热稳定性，包括高温下组织的抗生长性、抗氧化性、耐蚀性以及高温下不与铸造合金熔焊等性能。

3）具有足够的室温力学性能，包括强度、伸长率、硬度和韧性等，能可靠地承受各种机械力的作用和摩擦作用。

4）具有较大的热导率和导温系数，减少型壁内外温差，从而减小型壁内的热应力。

5）具有良好的铸造性能或锻造性能和机械加工性能。

通常金属型所用的材料有铸铁、铸钢、铜合金、铝合金等。其中，铸铁由于其价格低廉，易于制造、加工，从而得到了广泛的应用。

（1）铸铁 目前，制造金属型的型体、底板和大的型芯广泛采用灰铸铁，无论是铸造钢铁材料还是非铁金属都是如此。主要原因是灰铸铁是一种很普通的材料，而且能满足对金属型材料提出的基本要求。但是灰铸铁在高温下（425℃以上，特别是在500～600℃时）反复加热和冷却时，会产生生长现象，使体积变大，与此同时密度减小，强度下降，容易产生裂纹和烧伤。

（2）铸钢或锻钢　铸钢或锻钢的力学性能比铸铁好，抵抗内表面龟裂及外裂的能力强，并可焊补缺陷及损伤。缺点是机械加工费用较高。因此，铸钢主要用于制造形状简单、尺寸较大的铁合金铸件的金属型，锻钢主要用于制造形状复杂的铝、镁合金铸件的金属型。

（3）铜合金　金属型需要局部快冷时，采用激冷块，要求其热导率和蓄热系数比型体本身高，可用纯铜，也可用黄铜，但黄铜的热导率比纯铜的低 70%。

（4）铝合金　由于铝合金具有良好的铸造性能和切削加工性能，制造方便，成本较低，热导率比铸钢和铸铁高 3 ~ 5 倍，因此，在铝质金属型中浇注 ZL101 和 ZL105 合金比在铸铁金属型中浇注的同样合金的铸态抗拉强度提高 25% ~ 50%，伸长率提高 2 ~ 4 倍。

三、金属型铸造工艺规范

金属型铸造工艺规范的主要内容有：金属型的预热、浇注、铸件出型温度，以及涂料等。

1. 金属型的温度

金属型的温度包括喷刷涂料前的预热温度和浇注前的预热温度（即金属型的工作温度）。

（1）喷刷涂料前的预热　金属型在喷刷涂料前，一般要加热到一定温度，称为预热。其作用是使涂料中的水分迅速蒸发，使涂料层厚度均匀，获得致密的涂料层。预热温度太低时，涂料不能很快干燥，会出现淌流现象；预热温度过高时，则喷射到型腔表面上的涂料中的水分剧烈蒸发，涂料将发生鼓泡或成块脱落。预热温度根据浇注的合金种类确定，对于铸铁为 80 ~ 150℃；铸钢为 100 ~ 200℃；铜合金为 90 ~ 110℃；铝、镁合金为 150 ~ 200℃。

（2）金属型的工作温度　浇注前金属型需预热到一定温度，此温度可看作是金属型的工作温度，其作用是：减小金属液与金属型之间的温差，提高充型能力，避免浇注时金属液飞溅；避免金属型激热，可延长金属型的寿命；防止铸铁件表面产生白口。但预热温度过高时，会使铸件组织晶粒粗大，力学性能降低，延长了铸件冷却时间，降低了生产率。由于金属型铸造是连续进行的，浇注铸件时金属型温度会逐渐升高，为了保证金属型在生产过程中保持工作温度的稳定，常对金属型进行吹风、喷水等强化性散热。

表 9-11 列出了浇注各种合金铸件时金属型的工作温度。

表 9-11　金属型工作温度

合金种类	铝 合 金		镁 合 金		铜合金	铅锡青铜	锡青铜	铸　铁	铸　钢
	一般铸件	薄壁复杂铸件、金属型芯	一般铸件	薄壁复杂铸件、金属型芯					
金属型工作温度/℃	200 ~ 350	400 ~ 500	200 ~ 380	350 ~ 450	150 ~ 350	50 ~ 125	150 ~ 350	250 ~ 350	150 ~ 350

2. 合金的浇注温度

金属型铸造因铸型激冷能力强、不透气，显著降低了金属液的充型能力，若浇注温度过低，可能会使铸件产生冷隔、浇不到、气孔等缺陷。金属型铸造浇注温度一般比砂型铸造浇注温度高 20 ~ 35℃，以保证金属液充满型腔。若浇注温度过高，会使铸件冷却缓慢，铸件组织晶粒粗大，降低铸件力学性能，同时降低金属型使用寿命。适宜的浇注温度取决于铸件合金种类、铸件结构、金属型工作温度及浇注速度、涂料等因素，生产中应通过试验确定。金属型铸造时常用合金的浇注温度见表 9-12。

表 9-12 金属型铸造时常用合金的浇注温度

合金种类	铝硅合金	铝铜合金	铝镁合金	镁合金	锡青铜	黄铜	铸铁	铸钢
浇注温度/℃	690～750	700～750	680～730	680～780	1100～1200	950～1100	1300～1400	1500～1560

注：非铁合金的浇注温度是指合金在保温炉中的温度。

3. 铸件的出型时间

从浇注完毕到从金属型中取出铸件（包括从铸件中抽出金属型芯）的间隔时间称为铸件的出型时间。铸件的出型时间取决于铸件的大小和壁厚。

金属型没有退让性，使铸件在其中的收缩受到阻碍。铸件在型中停留时间越长，出型温度越低，其收缩量就越大，型腔凹凸部分对铸件收缩的阻碍以及铸件对金属型芯的抱紧力也就越大，铸件出型和抽芯就越困难。如果缩短铸件在金属型中的停留时间，以减小铸件在型内的收缩，则会使铸件产生的内应力和裂纹的倾向减小，还可以避免铸铁件形成白口层。但若停留时间过短，会使铸件的温度升高，强度降低，容易变形损伤。当铸件在型中冷却到塑性变形温度范围，并已有足够的强度时，从型中取出铸件并从铸件中抽出金属型芯最为合适。

对于铝合金铸件，出型时的平均温度为 450～500℃；镁合金铸件为 350～400℃；一般铸铁件为 850～950℃。铸铁件的出型温度不应高于 950℃，以避免铸件表面过分氧化和因高温强度低而损坏；但也不应低于 780℃，以便利用自身余热进行退火（将铸件埋在干砂中）消除白口。由于实际操作时，采用控制温度的方法不易掌握，故常采用控制开型时间的办法。如小型铸铁件的开型时间约为 10～60s。一般经验是当浇冒口基本凝固完毕，铸件即可出型、抽芯。在实际生产中，对于具体铸件的出型和抽芯时间，应通过试验来确定。

4. 金属型铸造用涂料

金属型铸造时，须在金属型型腔表面喷涂涂料。选择合适的涂料原材料，正确配制和确定喷涂工艺，是获得优质铸件和延长金属型使用寿命的重要环节。

(1) 涂料的作用 金属型型腔表面刷涂料的作用如下。

1) 保护金属型。浇注时金属液不断地对金属型型壁进行冲刷，有冲击破坏作用，型壁内表面急剧受热，温度迅速升高，型壁内外温差很大，产生较大的内应力，这就是高温液态金属对金属型的"热击"作用。试验结果表明，当金属型涂刷厚度为 0.58mm 的硅藻涂料后，浇入金属液后的第一秒内，涂料表面温度约为 980℃，而金属型表面温度只有 494℃，可见涂料层能有效地减轻金属型表面所受的热击作用，并能防止金属液对型壁的直接冲击和局部熔接或粘连；在取出铸件时，可减轻铸件对金属型、芯的磨损，并使铸件容易从型中取出。

2) 调节铸件在金属型中各部位的冷却速度，控制凝固顺序。如冒口中采用绝热性涂料，可以延缓其凝固速度，提高其补缩能力。同时，在铸型涂刷涂料是预防铸铁件表面产生白口的重要措施。

3) 利用涂料层蓄气排气。涂料层与金属型相比，有一定的孔隙度，因而有一定的蓄气和排气能力，能改善型腔排除气体的条件。

(2) 涂料的组成 金属型铸造用涂料一般由粉状耐火材料、黏结剂、载体和其他附加物组成。

1）粉状耐火涂料。一般具有较好的绝热性能。不同合金铸件所用的耐火材料也不同。对于铝镁合金，常用氧化锌、氧化钛、氧化镁等；对于铜合金，可用石墨粉；对于铸铁及铸钢，常用石英粉、黏土及刚玉粉等。

2）黏结剂。通常采用水玻璃。铸钢常用糖浆、纸浆残液等。

3）载体。其作用是使涂料各组成物能均匀地混为一体，并有良好的涂刷性能，一般用水作为载体。铜合金常用矿物油（如机油、润滑油等）作为载体。

4）附加物。附加物是使涂料具有特殊性能的物质，如石棉粉、硅藻土能有效地提高涂料的绝热性，石墨粉、滑石粉可使涂料具有良好的润滑性，硼酸可防止镁合金氧化，硅铁粉可防止铸铁件表面产生白口。

生产铸铁件时，有时采用乙炔或重油烟熏金属型的工作表面。

喷涂涂料时，应事先将型腔工作表面清理干净并预热至预热温度，再用压缩空气喷雾器将混匀的涂料呈雾状喷涂在型腔工作表面上，使之形成致密、均匀的覆盖层。

涂料层的厚度一般小于0.5mm，但在浇冒口部位可超过1mm。

5. 覆砂金属型

在金属型工作表面喷涂涂料虽能降低铸件在金属型中的冷却速度，但由于涂层很薄，用涂料来大幅度地调节铸件的冷却速度相当困难。

覆砂金属型其实质就是加厚衬料层，在金属型型腔表面涂挂一层厚度为4~8mm的覆砂层。一方面可以降低铸件在金属型中的冷却速度，避免铸铁件产生白口，又能适当减小铸件的收缩阻力。另一方面，可使铸件的冷却速度大于砂型铸造铸件的冷却速度，而且较薄的覆砂层对铸型刚性影响不大。用覆砂金属型生产球墨铸铁件，能有效地限制石墨化膨胀，可实现无冒口铸造，消除缩孔和缩松，提高铸件的致密性，铸件的力学性能和尺寸精度比砂型铸造普遍提高，废品率也能降低。

金属型的覆砂层多用树脂砂，一般采用射砂工艺覆砂。覆砂时，要求金属型的温度控制为180~200℃。

覆砂金属型铸造特别适用于生产球墨铸铁件，也可用于大型灰铸铁件及铸钢件的生产。

第四节　消失模铸造

消失模铸造也称实型铸造，是把涂有耐火涂料涂层的泡沫塑料模样放入砂箱，模样四周用干砂充填紧实，浇注时高温金属液使模样热解"消失"，并占据模样所退出的空间而最终获得铸件的铸造工艺（图9-12）。

消失模铸造技术的发明至今已有半个世纪，但是真正在世界范围铸造生产中的应用是从20世纪80年代开始，在我国消失模铸造的产量近年来也有了迅速的增长。消失模铸造工艺以铸件的尺寸精度高、表面光洁、少污染等突出优点，较之传统的砂型铸造工艺具有强大的竞争力，为广大铸造工作者和铸造企业所关注，被誉为"21世纪的铸造技术""绿色铸造技术"。消失模铸造技术将越来越显示出它的强大生命力，应用范围（不同材质、不同类型的铸件）将不断扩大，消失模铸件产量将不断增加。

人们习惯上把消失模铸造工艺的过程分为"白区"和"黑区"两部分。白区指的是白色泡沫塑料模样的制作过程，从预发泡、发泡成型到模样的烘干、粘接（包括模片和浇注

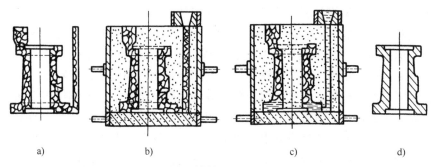

图 9-12　消失模铸造工艺过程示意图
a）泡沫塑料模样　b）造型　c）浇注　d）铸件（无飞边、毛刺）

系统）。而黑区指的是上涂料及再烘干、将模样放入砂箱、填砂、金属熔炼、浇注、旧砂再生处理，直到铸件落砂、清理、退火等工序。

与黏土砂铸造相比较，消失模铸造主要有以下优点：

1）铸件尺寸精度高。消失模铸造是一种近无余量、精确成形的新工艺，该工艺无需取模、无分型面、无砂芯，因而铸件没有飞边、毛刺和起模斜度，并减少了由于型芯组合而造成的尺寸误差。

2）设计灵活。为铸件结构设计提供了充分的自由度。原先分为几个零件装配而成的结构，可以通过由几个泡沫塑料模片黏合后铸造而成。原先需要加工形成的孔、洞可以不用砂芯而直接铸造出来，大大节约了机械加工和制芯成本，同时也不会出现因砂芯尺寸不准确或下芯位置不准确造成铸件壁厚不均。

3）简化了造型工序，缩短了生产周期，提高了劳动生产率。消失模铸造造型时不起模、不修型、不下芯和合箱等，造型效率有很大提高。

4）清洁生产。型砂中无化学黏结剂，低温下泡沫塑料对环境无害，浇注时排放的有机物很少，而且排放时间短，地点集中，便于集中收集处理。由于采用干砂造型，可大大减少铸件落砂、清理的工作量，减少车间的噪声和粉尘，旧砂的回收率达95%以上。加砂时的粉尘可集中收集、除尘，对工人健康危害小。

5）降低生产成本。砂回收系统可以大大简化。由于铸件尺寸精度高，加工余量减小，可以降低成本（如某汽车发动机箱体铸件用湿型砂生产质量为51kg，而用消失模生产只有35kg）。需要的生产工人数量减少，生产模样和铸件都容易实现自动化，降低了工人劳动强度。

消失模铸造工艺的优点是明显的，但与其他铸造工艺一样，也有一定的缺点和局限性，并非所有的铸件都适合采用消失模铸造工艺来生产，要进行具体分析。主要根据以下因素来考虑是否采用这种工艺。

1）铸件的批量。铸件生产批量的实用性是从经济效益这个角度提出的。消失模铸造每浇注一个铸件就要消耗一个泡沫塑料模样。制造泡沫塑料模样的模具成本昂贵，特别是一些复杂铸件，模具的结构很复杂，精度也很高，而且往往一个铸件的模样需要分成好几个模片制作，然后粘接，因此需要好几套模具，模具的制造周期长。所以，铸件的生产批量原则上越多越好，一般每年的产量应不少于几千件，对于单件或小批量铸件，则可采用泡沫塑料板材通过切割、加工、粘接制作模样，这样可以减少模具制作的费用，但铸件的尺寸精度和外观质量则不如用发泡成型模具制作的模样生产的铸件。

2）铸件材质。消失模铸造技术适用于各种合金材质，从铸铁、铸钢、合金钢到各种非铁合金。但从消失模铸造技术实际应用的情况看，其实用性从好到差的顺序大致是：灰铸铁－非铁合金－普通碳素钢－球墨铸铁－低碳钢和合金钢。消失模铸造对各种材质的适应性不同，主要原因是泡沫塑料在浇注过程中燃烧分解物对合金熔液的影响作用不同。例如，由于分解物中固态碳的存在，球墨铸铁内部容易产生黑渣，铸件表面容易产生皱皮缺陷。对于含碳量低的铸钢件，可能使铸件表皮出现增碳。当然，这些问题可以通过泡沫塑料模样材质的选择、涂料的选择及抽真空等许多工艺参数的调整，不同程度地加以解决。在决定生产之前必须慎重考虑到这些因素，并进行必要的试验。

3）铸件大小。对于采用干砂造型的消失模铸造企业，一般铸件的生产批量较大，使用统一尺寸的砂箱来造型和浇注，生产流水线可以是封闭式自动化运转，也可以是半封闭式、开放式、半自动化或机械化的运转模式。所要生产的铸件尺寸大小在开始投产时一旦确定后，砂箱的尺寸也就确定了，以后承接新的铸件任务，就必须根据已有砂箱尺寸来决定所能生产的铸件最大尺寸。国内外大多数干砂消失模铸造的砂箱尺寸大致为 $800mm \times 800mm \times 1000mm$（高），一般高度方向的尺寸大于长度和宽度方向的尺寸。当然也可以为大尺寸的铸件设计专门的砂箱和造型流水线，但必须考虑相应设备的配套，例如振动台和金属的熔化能力。

对于采用树脂砂造型的消失模铸造，一般用于生产中等和大型铸件，铸件质量可以从几十千克到几十吨，模样的制作采用泡沫塑料板材经切割、粘接而成。上海地区的机床行业曾经用消失模铸造方法生产重达 32.5t 的机床床身灰铁铸件。

4）铸件结构。一般来讲，对于结构复杂的铸件，采用消失模铸造工艺比传统的砂型铸造具有明显的优越性，甚至于一些原来采用传统砂型铸造难于生产的结构复杂的铸件，恰恰可以用消失模铸造的方法来生产。对于传统的砂型铸造，铸件的结构越复杂，需要的砂芯越多，而采用消失模铸造最能体现出它的优越性和经济效益。消失模铸造不存在与分型和起模有关的铸造结构工艺性问题。因此，它相对于用木模造型的铸造方法来说，扩大了可铸造的铸件的形状结构范围，减少了在设计铸件时所受到的限制。消失模铸造对铸件结构的适应性非常强，特别是用普通砂型铸造不好分型、不好起模、不好下芯的铸件，例如套筒、缸体、螺旋桨、水泵叶轮、壳体等，以及结构特别复杂、型芯特别多的铸件，采用真空消失模铸造生产最能发挥其技术经济效益。当然，对于一些形状简单的、用砂型铸造方法也可生产出高质量的铸件，在其铸件成本低于消失模铸造方法的情况下，就不一定采用消失模铸造方法。另外，对于一些铸件结构上有狭窄的内腔、通道和夹层等情况时，采用消失模铸造时必须慎重，至少需要预先进行试验，才能投入正式生产。

一、模样

1. 模样的重要性

模样是消失模铸造成败的关键环节，没有高质量的模样，就不可能得到高质量的铸件。对于传统的砂型铸造，模样和芯盒仅仅决定着铸件的形状、尺寸等外部质量，而消失模铸造的模样，不仅决定着铸件的外部质量，而且还直接与金属液接触并参与传热和复杂的化学、物理反应，因而对铸件的内在质量也有着重要影响。

另外，消失模铸造的模样，是生产过程必不可少的消耗材料，每生产一个铸件，就要消耗一个模样，模样的生产率必须与消失模铸造生产线的效率相匹配。因此，从铸件的质量和生产率方面都要求给予模样制造环节以足够的重视。

2. 对模样的要求

与目前广泛用于隔热和包装材料的泡沫塑料不同，铸造用的泡沫塑料模样在浇注过程中要被烧掉并由金属液取代其空间位置而形成铸件，因而对其外部和内在质量提出如下要求：

1）模样表面必须光滑，不得有明显凸起和凹陷，珠粒间熔合良好，其形状和尺寸符合模样图的要求，使浇注的铸件外部质量合格。

2）模样内不允许有夹杂物，其密度不得超过允许的上限（通常的密度范围为16～25kg/m³。对于某个具体的模样，验收时也可以将其重量的上限作为验收标准），以使热解产物（气、液或固相）尽量少，保证金属液顺利充型，并且不产生铸造缺陷。

3）模样在上涂料之前，必须经过干燥处理，以去除水分并使模样尺寸稳定。

4）模样在满足上述要求的同时，还应具有一定的强度和刚度，以保证在取模、熟化、组模、运输和上涂料、填砂、装箱等操作过程中不被损坏和变形。

除此之外，选择模样材料应考虑成本低、制模过程简单、易于实现机械化流水生产，同时符合清洁生产的要求。

模样制造的工艺流程如图9-13所示。

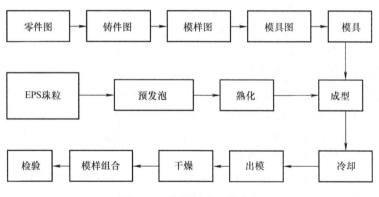

图9-13　模样制造工艺流程

二、涂料

1. 涂料的特点和作用

消失模涂料的使用不同于一般铸造涂料。在普通铸造中，涂料涂敷在铸型型腔表面，但在消失模铸造中，涂料是涂在泡沫塑料模样上的。消失模铸造涂料的主要作用是：

1）提高泡沫塑料模样的强度和刚度，防止模样在运输、填砂振动时破坏或变形。合适的涂料能够提高塑料模样的刚度，减少变形。

2）浇注时，涂料层是液态金属与干砂之间重要的隔离介质，涂层将金属液和铸型分开，防止金属液渗入干砂中，以保证得到表面光洁、无粘砂的铸件。同时，防止干砂流入金属液与泡沫塑料模样的间隙中，造成铸型塌箱。

3）涂料层能让泡沫塑料模样热分解的产物（大量的气体或液体等）顺利地排逸到铸型中去，防止铸件产生气孔、炭黑缺陷等。由于浇注不同合金时浇注温度不同，泡沫塑料模样的分解产物区别很大。浇注钢铁材料时，以气态产物为主，涂层要有较高的透气性；而浇注铝合金时，分解产物则以液态为主，要求液态分解产物能够与涂层润湿，顺利地渗入涂层，排出型腔。

在很多情况下，涂层排出分解产物的能力与涂层的强度性能是一对矛盾。对于消失模涂料而言，既要对泡沫塑料模样的分解产物有好的吸附能力和透气能力，同时要求有高的涂层强度，另外还要有很好的涂挂工艺性能。浇注铝铸件时，由于金属液温度较低，流动性差，为了避免由于铸型过度传热造成铝液温度下降过多，造成浇不到等缺陷，要求用于铝铸件消失模铸造的涂料还应具有良好的绝热性。

2. 消失模涂料的基本组成

消失模涂料一般由耐火材料、黏结剂、载体（溶剂）、表面活性剂、悬浮剂、触变剂及其他附加物组成。各种组分被均匀混合在一起，在涂料的涂挂和金属液浇注过程中综合发挥作用。

（1）耐火材料 耐火材料是涂料中的骨干材料，它决定涂料的耐火度、化学稳定性和绝热性能。常用的耐火材料有刚玉、锆砂、硅砂、铝矾土、高岭土熟料、氧化镁、硅藻土等。用消失模铸造工艺生产不同合金的铸件时，应选用不同的耐火材料制作涂料。这是因为不同合金对涂料耐火度、化学稳定性、绝热性要求不相同。通常生产铝铸件时消失模涂料要用硅藻土、滑石粉等耐火材料；铸铁件常用硅砂、铝矾土、高岭土熟料、棕刚玉等粉状耐火材料；铸钢件常用刚玉、锆砂、氧化镁等粉状耐火材料。

配制消失模涂料除了要正确选择耐火材料种类外，还应正确选择耐火材料的粒度和分布以及颗粒形状。因为粒度粗细和分布及颗粒形状将影响涂料的透气性。颗粒以圆形为好，粒度偏粗而集中有利于提高涂料的透气性。

（2）黏结剂 为保证消失模涂料既有高强度又有高的透气性，要合理选择有机和无机黏结剂。无机黏结剂可以保证涂料层的常温和高温强度，而有机黏结剂在常温状态下可以提高涂层的强度，在浇注状态下被烧失，能够有效提高涂层的透气性。配制消失模涂料需要正确使用多种黏结剂，以确保涂料性能符合要求。

（3）载体 消失模涂料有水基涂料和醇基涂料之分，但生产中使用较多的为水基涂料。消失模商品涂料多是直接配成水基膏状涂料，或是购买时为粉状，使用时加水配制成水基涂料。

（4）悬浮剂 为防止涂料中的固体耐火材料沉淀而加入的物质称为悬浮剂。悬浮剂对调节涂料的流变性和改善涂料的工艺性能方面也有重要作用。悬浮剂主要应根据载体的种类，其次是耐火材料的种类进行选择。

水基涂料的悬浮剂有：膨润土、凹凸棒土、羧甲基纤维素钠、聚丙烯酰胺、海藻酸钠等。有机溶剂涂料常用的悬浮剂有：有机膨润土、锂膨润土、凹凸棒土、聚乙烯醇缩丁醛等。

（5）添加剂 添加剂是为了改善涂料的某些性能而添加的少量附加物。主要有能改善水基消失模涂料涂挂性的润湿剂，能消除涂料中气泡的消泡剂，能防止水基涂料产生发酵、腐败、变质的防腐剂。

三、填砂、造型与浇注

1. 原砂的选择

干砂消失模铸造中原砂是主要的造型材料，它对铸件的质量有重要影响。对原砂的性能要求包括化学成分、粒度、粒形、含泥量、含水量、灼烧减量等。

(1) 原砂的化学成分 一般采用硅砂作为消失模铸造的原砂，SiO_2 的质量分数为 90%~95% 就足够了。对于壁厚为 50mm 以下的铸钢件和合金钢件，铸型的耐火度可以通过采用高耐火度的涂料来保证，使铸件不致产生粘砂缺陷。当铸件壁厚超过 50mm 时，才会考虑用特种砂来代替硅砂。

(2) 原砂的粒度和粒形 在消失模铸造中，浇注过程中泡沫塑料模样分解物的排除主要靠涂料和原砂。高质量的消失模铸件必须在透气性良好的型砂中获得，而透气性是无黏结剂干砂的主要特征。但是砂粒粒度过大容易出现粘砂、铸造表面粗糙等缺陷。

(3) 原砂的含水量 型砂中的水分是产生许多铸造缺陷的根源。对消失模铸造而言，采用没有水分的干砂还意味着可以减少汽化水分所需的大量热量。这对改善泡沫塑料模样的汽化条件和确保铸件质量是有益的。理想的干砂是没有水分的，然而，因大气的湿度和凝结作用，不可避免地会有微量水分。干砂的水分应小于 1%（质量分数）。

(4) 原砂的含泥量 由于高温金属液的热作用，型砂中有些成分汽化产生大量的气体，形成较高的气压，这些气体必须通过型砂逸出铸型。另外，泡沫塑料模样也受热汽化产生大量的气体，也需通过砂层排出型外。干砂中含有大量的粉尘会降低型砂的透气性，浇注时阻碍气体的排出。因此，消失模铸造用型砂应比一般铸造型砂具有高的透气性和低的发气量。原砂含泥量过多会降低紧实后砂型的透气性，原砂的含泥量应小于 1%~3%（质量分数）。一般可用水洗砂。

(5) 原砂的灼烧减量 灼烧减量是干砂性能的一个重要参数，灼烧减量值反映了模样热解残留物沉积在干砂上的有机物的数量。这种碳氢残余物的积累降低了干砂的流动性，同时降低了型砂的透气性，尤其在干砂的灼烧减量超过 0.25%~0.50% 时更为明显。碳氢化合物容易在粒度较小的干砂上积累，因此必须除去型砂中的细小颗粒，以减少有机物在干砂中的积累量。

(6) 砂温 泡沫塑料模样的热稳定性较差，干砂温度过高会使模样软化，模样可能变形。为了防止模样受热变形，就必须严格控制干砂的温度，一般不得超过 60℃。大批量生产的消失模铸造车间的旧砂再生系统必须配备砂冷却器，以控制干砂的温度在造型前降至 50℃ 以下或更低。

2. 填砂与震实

模样簇上完涂料并干燥后，就可以放入砂箱中填砂造型。干砂的充填和紧实过程必须保证干砂能充填到砂箱内部的空腔，并具有足够的紧实密度，在浇注过程中起支撑作用。

在激振力的作用下，振动台产生相应频率和振幅的振动，砂箱内干砂经受惯性力的作用，在砂层内产生挤压力，干砂克服摩擦阻力由挤压力大的区域向着挤压力小、密度小的区域移动，完成充填和紧实任务。如干砂的紧实度不够，铸件的壁厚会发生肿胀现象。振动台的选取可参考有关资料。

3. 砂箱

消失模铸造用砂箱是由箱体、抽气室（管）、起吊或行走运送结构及与振动台定位卡紧结构（也可以不卡紧）等部分组成。根据抽气室的结构特点可分为底抽式砂箱、侧抽式砂箱、双层砂箱三种。

4. 模样埋入与填砂

泡沫塑料模样放入砂箱前，必须在砂箱底部预先放入一些底砂，经过振动、刮平，形成放置泡沫塑料模组的砂床，砂床厚度一般约100mm。按工艺要求，将上好涂料的模样簇（带有浇冒口）放入砂箱，边填砂，边振动。由砂斗向砂箱内填充型砂，应用较多的方法有柔性管加砂法和雨淋式加砂法两种，其中雨淋式加砂法应用更为普遍。

5. 浇注工艺

消失模铸件在浇注时，铸型内的泡沫塑料模样将发生体积收缩、熔融、汽化和燃烧等一系列物理化学变化。由于浇注过程中金属液、泡沫塑料模样、铸型三者的相互作用，使得浇注工艺比普通砂型铸造复杂得多。

(1) 浇注速度　浇注速度对铸件质量的影响很大。在整个浇注过程中应始终保持浇注系统被金属液充满，给予金属液以较大的静压力，有利于浇注速度的提高。快的浇注速度可瞬时提供较多的热量，弥补由于泡沫塑料模样汽化而造成的金属液的热损失，使金属液始终保持足够的流速。如果浇注速度太慢，会增加金属液的热损失和降低它的温度，易产生冷隔、浇不到或铸件皱皮等缺陷。但是，浇注速度也不能任意加快。因为太快的浇注速度易使铸型受冲刷及金属液在型内产生紊流，导致金属液包覆未汽化的聚苯乙烯残留物和气体不易排出型外，造成铸件气孔和夹渣等缺陷，因此，适宜的浇注速度应能使金属液在铸型内的上升速度等于或接近泡沫塑料模样的汽化速度。

影响浇注速度的因素很多，除了浇注系统形式、浇注方法和温度，砂型的透气性，合金种类外，还与铸件的形状和泡沫塑料模样的密度等因素有关。研究表明，适宜的最低浇注速度是消失模铸造获得合格铸件的基础。在各种影响因素中主要是浇注温度、合金种类、模样密度和铸件形状。对于同一合金，低的浇注温度需要高的浇注速度，模样密度较大的以及表面积与体积之比较大的也应快浇。

(2) 浇注温度　浇注温度是影响消失模铸件质量的主要因素。浇注温度低，金属液流动性差，易使铸件产生冷隔和浇不到等缺陷。但是过高的浇注温度会增大金属液的收缩和含气量，并使金属液对铸型的热作用增强，容易使铸件产生缩孔、缩松、气孔和粘砂等缺陷。对于消失模铸造来说，控制或提高浇注温度还有另一个意义。因为浇注过程中泡沫塑料模样汽化所需的热量只能从注入的金属液中获得，这样势必会降低金属液的温度和充型速度。所以消失模铸造不能按普通铸造方法的合金浇注温度来进行浇注，否则就会引起铸件浇不到、浮渣、夹渣状皱皮、冷隔等缺陷。

根据实验研究，推荐铸铁件的浇注温度比普通铸造法提高20~80℃，铸钢件提高10~40℃。当然，在生产中，浇注温度还需根据铸件的壁厚、形状和模样材料的密度等因素来选择。

(3) 浇注方法　在浇注消失模铸件（特别是铸铁件）时，应遵守的浇注原则是：首先要一慢二快三稳。在浇注初期，特别在金属液刚接触泡沫塑料模样的瞬间，当直浇口没充满或刚开始浇注时金属液的静压头小于聚苯乙烯分解产物的气休压力时，由于模样材料汽化所产生的大量气体，过快的浇注易产生反喷（或呛火）现象，使金属液飞溅。为了避免这种现象，在浇注开始阶段可采取先细流慢浇的方法，待浇注系统被金属液充满后再加大浇注速度，越快越好，但以浇口杯为金属液充满而不外溢为原则。在浇注后期，当金属液到达模样的顶部或冒口根部时，就应略需收包，应保持金属液平稳地上升和不致使金属液冲出冒口。

其次，浇注过程不可中断。必须保持连续地注入金属液，直至铸型全部充满。否则，就容易在浇注中断处造成铸件整个平面的冷隔缺陷，对铸铁件影响尤为明显。

（4）浇注过程中的反喷现象 消失模铸造过程中，由于泡沫塑料模样产生的气体不能及时排除，经常发生金属液的反喷现象，造成铸件的粘砂、塌陷、砂眼等缺陷，同时还给浇注时操作人员的人身安全造成危害，应采取措施加以解决。模样密度应控制为 $0.016 \sim 0.022\mathrm{g/cm^3}$，模样要干燥，上涂料后要烘干，减少含气量（水分）与发气量；增加涂料透气性，调整好涂料层厚度（$0.5 \sim 1.0\mathrm{mm}$ 为宜），以便热解后气体及时逸出；控制干砂粒度以 20/40 筛号为宜，避免粒度过于分散而降低砂型的透气性，震实台紧实用的专用砂箱，有单侧抽气、双侧抽气、三侧抽气、四侧抽气、底面抽气及四面和底面一起抽气的各种形式，有人认为以五面抽气为佳。同时还应合理控制真空度（真空泵吸气），由于负压，真空缺氧条件下，浇注时模样将主要发生汽化，而很少燃烧，使发气量降低。据测试，104g泡沫塑料（EPS）在空气中1000℃燃烧时生成1000L气体，在缺氧条件下只产生100L气体。同时，该气体及时通过干砂砂型被真空泵抽去，金属液和模样之间的间隙压力降低，避免了反喷现象的产生；设计合理的浇冒口系统，应保证金属液充型时流动平稳、平衡、迅速地充满铸型模样，以保证模样热解气体逸出型腔之外。不论采用顶注、底注、侧注或阶梯浇注，都要注意模样热解后气体、焦状体、残余物移至死角处或顶端的可能性，所以应设置出气冒口、焦渣冒口或集渣包；如有可能，直浇口可以做成空心，以减少模样的发气量。

四、铸造工艺设计

铸造工艺设计就是根据铸造零件的结构特点、技术要求、生产批量和生产条件等，确定铸造方案和工艺参数，绘制铸造工艺图，编制工艺卡等技术文件的过程。铸造工艺的制订首先要保证铸件质量，达到要求的形状、尺寸、表面粗糙度、内部质量等。其次要考虑经济性，通过提高工艺出品率等措施提高生产率。同时，铸造工艺还要考虑操作的方便，降低劳动强度和注重环保。科学优化的铸造工艺设计对提高铸件品质、生产率和降低成本都起着重要作用。

1. 消失模铸造工艺设计特点

与普通铸造不同，消失模铸造在浇注时型腔不是空腔，高温金属与泡沫塑料模样发生复杂的物理化学反应，泡沫塑料模样高温分解产物的存在及反应吸热对液态金属的流动、铸件的夹渣缺陷、化学成分变化等都产生影响。因此，在进行消失模铸造工艺设计时，除了一般铸造过程应遵循的原则外，尤其要注意泡沫塑料模样的受热、分解对金属液充型及凝固的影响，注意减少或消除由此造成的消失模铸件内部或表面缺陷。

消失模铸造工艺设计的主要内容包括：

1）泡沫塑料模样设计。根据产品零件图样、铸造材料特点和零件的结构工艺性确定零件机械加工余量、不铸出孔（槽）、合金收缩和泡沫塑料模样收缩值、模样在发泡成型时的起模斜度等，即确定泡沫塑料模样的尺寸、形状。

2）铸造工艺方案设计。主要包括模样在砂箱中的位置、确定浇注金属引入的方式、一箱浇注铸件的数量及布置。

3）浇冒口系统设计。设计其结构、单元尺寸，确定浇注工艺规范，包括浇注温度、浇注时的真空度大小和保持时间。

2. 浇注系统设计

消失模铸造浇注系统的总体设计原则上可以参考砂型铸造的规律，但要注意消失模铸造本身的特点，特别应注意以下一些基本原则。

1）保证浇注时金属液能充满型腔。消失模铸造液态金属充型过程中，由于金属液前沿的热作用，泡沫塑料模样将逐渐消失而后退。后退让出的空间被金属液所占据，二者之间存在一定的间隙，间隙内的液态或气态产物形成内压支撑涂料层，并与干砂对涂料层的压力构成力的平衡。如果金属液充型速度慢，造成间隙过大，会造成局部铸型崩塌的危险。

2）浇注系统的安排要考虑模样簇在砂箱中的位置，便于填砂紧实。由于消失模铸造造型时，浇注系统连同泡沫塑料模样一起组成模样簇，放置在砂箱中的底砂上，然后填砂震实，因此在设计浇注系统时，要考虑模样簇摆放方便。同时还要考虑干砂充填到模样的全部内腔，避免模样的平面处于水平位置，以及不通孔处于水平或向下的位置。

3）浇注系统的设置要保证模样簇的整体强度。浇注系统与泡沫塑料模样一起形成模样簇，在进行后续工艺操作时，尤其是涂挂涂料以后要保证内浇道等连接处能够承受搬运、振动造型等操作。

4）内浇道的个数、位置对金属液充型方向的影响。消失模铸造时金属液的充型与传统的空腔铸造不同，内浇道的开设位置相对灵活。由于泡沫塑料模样对金属液流动的阻碍作用，金属液流在内浇道处呈扇形扩展推进。在金属液的前沿处，分解产物容易聚积，当流经距离增加时，金属液温度下降，由于泡沫塑料分解不完全而造成的缺陷增加。当采用多个内浇道时，金属液流汇聚的地方出现缺陷的可能性增大，铸件的重要部位要避开这些位置，或增加集渣、出气冒口。

5）浇注系统多采用简单形式。消失模铸造的浇注系统形式与传统砂型铸造工艺不同，不必考虑采用复杂的结构形式，如离心式、阻流式、牛角式等，尽量简化浇注系统的组成可以没有横浇道，只有直浇道和内浇道，以缩短金属液流经的距离。直浇道与铸件模样之间的距离不可过小，以保证液态金属充型过程中不因砂型温度升高而使模样变形。

6）金属液压头应超过金属液前沿的界面气体压力，以防呛火（反喷）。金属液压头指的是直浇道顶面至型腔内金属液前沿水平高度之间的高度差。在消失模铸造中采用中空直浇道和采用底注有利于避免呛火现象的出现。高的直浇道（静压高）一般容易保证良好的铸件质量和浇注时的安全。

7）浇注系统类型的选择。浇注系统可以采用封闭式或开放式。封闭式浇注系统在浇注过程中能保持充满状态，浇道中金属液的静压力大，有利于挡渣和薄壁件的成形。采用封闭式浇注系统时，泡沫塑料模样迅速汽化，短时间内浇注系统建立起一定的静压力，与气体产物反压力平衡时，金属液基本上呈层状流动，对减少或消除气孔缺陷有利。在实际浇注中，并非只有封闭式浇注系统才能保证金属液充满浇注系统的各个组元，考虑液态金属的黏度，尤其是消失模铸造中泡沫塑料模样的分解产物对金属液流动产生阻力作用，即便在直浇道截面积小于内浇道总截面积时，仍有可能被金属液充满，形成有利于消失模铸件成形的充型过程。因此，需要结合具体铸件来考虑，并通过试验加以验证，最后确定浇注系统各组元之间的比例关系。

3. 冒口设计

冒口设计的基本原则与传统砂型铸造相同，需要指出的是，消失模铸造中的冒口除补缩和调整温度场外，还需要更多地承担集渣、排气作用。在浇注过程中，远离浇道的位置和死角、顶端部位，容易出现夹渣、冷隔等缺陷，可以在这些部位设置集渣或收集过冷金属液的冒口。

4. 其他工艺参数

(1) 最小壁厚和最小铸出孔　从造型上考虑，由于消失模采用复印性好的涂料作为铸型的成形面，背衬采用易于流动的干砂，在振动造型条件下，提高了铸造薄壁和细孔、凸台、凹坑等细小部位的能力。但铸件的最小壁厚还受制于泡沫塑料模样的制造，生产中模样要求保证断面上至少要容纳下三颗珠粒，因此要保证一定的壁厚。同时要考虑合金充型能力等因素。

(2) 铸造收缩率　铸造收缩率是进行消失模铸造模具设计时需要考虑的重要工艺参数，包括合金收缩率和模样材料收缩率。合金收缩率可参考砂型铸造工艺的参数。模样材料的收缩率因材料不同而异。EPS 的收缩率大些，约为 0.5% ~ 0.7%，采用 EPMMA 则为 0.2% ~ 0.4%。

(3) 机械加工余量　消失模铸造的铸件尺寸精度高，尺寸重复性好，因此机械加工余量小于砂型铸造，略高于熔模精密铸造。

五、消失模铸造缺陷及其防止

消失模铸造的铸件质量比传统砂型铸件的表面光洁，尺寸精度和内部质量好，没有一般砂型铸造中经常出现的夹砂、胀箱、错箱及偏芯等缺陷。但消失模铸造工艺方法本身也会使铸件出现一些铸造缺陷，如粘砂、皱皮、炭黑、塌箱、气孔、夹渣、节瘤、铸钢件表面渗碳等。产生这些铸造缺陷的原因是多方面的，必须对其产生的机理或规律进行深入了解，才能从中找出解决缺陷问题的途径。下面介绍消失模铸造过程中常见的缺陷及其防止措施。

1. 铸钢件增碳及防止措施

消失模铸造工艺最本质的特征是在金属浇注成形过程中，留在铸型内的模样汽化分解，并与金属液发生置换。浇注过程中，泡沫塑料模样的热分解特性及其热分解产物和铸件的增碳直接相关，就其产生原因和过程来看，有多种形式。

(1) 铸件的表面增碳　充型过程中，在钢液前沿与固态模样之间的间隙内，有大量的氢气和固相碳产生，气体产物可在真空作用下透过涂料层而排出铸型，剩下的固相碳吸附于涂层壁，这是造成铸件表面增碳的主要原因之一。其次，蒸气相（苯乙烯、苯等）在真空作用下的排出过程中冷凝于涂层及周围型砂中，吸附于涂层界面的液态产物，在钢液凝固、冷却过程中继续受热分解，这是造成铸件表面增碳的另一个原因，并且该过程可能不亚于充型过程中的铸件表面增碳。

(2) 铸件的体积增碳　浇注过程中，钢液前沿和模样之间的动态间隙内存在很大的温度梯度（从室温到 1550℃），间隙内热量从金属液前沿转移到模样分解主要靠热辐射完成。靠近钢液前沿处温度最高，接近钢液温度，该处碳的生成量大，所以，充型过程该处钢液液面增碳所需动力学、热力学条件都很充分，此时容易形成铸钢件体积增碳。在实际铸件生产中，体积增碳与表面增碳相比是次要的。生产和大量的实验测试表明，铸钢件表面增碳具有严重的不均匀性，即同一铸件的不同部位的增碳量大小和增碳层深度不同。由内浇道处沿充填流线增碳呈递增分布趋势；充填末端及钢液汇流处，增碳明显高于其他部位；铸件不同壁厚处增碳量不同，厚壁处增碳大于薄壁处。

（3）铸件的局部增碳 当钢液引入铸型的方法不当时，在浇注过程中，泡沫塑料模样的液态产物被卷入金属液内部，而后又进一步分解为固相碳和气体。气体若未能逸出金属液而留在金属内部即导致气孔产生。而固相碳则直接为钢液所吸收，从而造成了铸件局部含碳量增加，形成铸件局部增碳缺陷。

（4）防止铸钢件增碳的措施 选用合适的模样材料，尽量采用 EPMMA 或 STMMA 共聚物模样材料，对解决铸钢件增碳缺陷具有积极意义；提高涂料的透气性，在保证不粘砂等缺陷条件下，应尽可能提高涂料的透气性，常采用减少涂层厚度、增大耐火材料的粒度等，可有效减少增碳缺陷；选用低密度的材料和空心的模样结构，其实质是减少铸型中模样材料的用量；提高浇注时的真空度，涂料的透气性与浇注时真空度密切相关，在保证不出现粘砂等缺陷的情况下，应尽可能提高浇注时的砂型真空度；选择合理的工艺参数，提高型砂的透气性，加强铸型的排气能力，选择适宜的浇注系统和最佳的浇注速度，以控制间隙和加速泡沫塑料的汽化，使其尽量少分解成液相或固相产物，同时又可缩短高温分解产物与铸件在凝固过程中的接触和反应时间，由此可有效地减少铸钢件的渗碳。除以上措施外，有人还采用自熄式（含有阻燃剂的）模样材料及采用暗冒口工艺，向模样材料内加入防渗碳的添加剂和在模样表面涂覆防渗碳的涂料等方法来减少增碳缺陷。

2. **铸铁件表面皱皮及防止措施**

皱皮是消失模铸铁件易有的表面缺陷。在消失模铸造生产中，它是影响铸件质量的主要因素之一。在真空生产工艺条件下，铸铁件皱皮缺陷较树脂自硬砂消失模铸造工艺条件下大为减少。但是，如果工艺条件控制不当，它仍是影响铸铁件表面质量的主要因素。

（1）皱皮缺陷及其产生机理 消失模铸件皱皮缺陷常出现在金属液最后流到或液流的"冷端"部位。在一般情况下，缺陷多位于铸件的上部（上平面或上侧面）或铸件的死角部位以及壁厚小于 15mm 薄壁铸件的垂直面处。真空消失模铸造时，在不利的工艺条件下，泡沫塑料分解汽化产物来不及完全逸出铸型，使原来泡沫塑料很薄的蜂窝状组织的隔膜增厚几百倍或上千倍，破坏了泡沫状组织，形成很厚的硬膜。这种液态或硬膜状的聚苯乙烯残渣漂浮在金属液面上或黏附在铸型的型壁上，比原来蜂窝状组织的泡沫隔膜更难以完全汽化。在金属液冷凝过程中，因液态聚苯乙烯残留物的表面张力与金属液不同，引起收缩，在金属液冷却凝固后使它形成不连续的波纹状皱皮缺陷。冷隔状和滴瘤状皱皮缺陷主要是因为在两股或多股过冷金属液（或液流前沿）的汇合处或液面上部存有未及汽化的液态或固态聚苯乙烯残留物，由于它们之间的相互作用而形成的。

（2）影响皱皮缺陷的因素 流动的金属液在加热模样时，泡沫塑料的汽化和分解是不完全的，总有一部分材料处于液态。即使在足够高的温度条件下，模样材料完全汽化的时间也总是超过金属液的充型时间，这些残存的液态模样材料可能积聚于金属液面上或紧贴于型壁上，在不利的工艺条件下，容易形成不同的铸件缺陷。由此可见，模样材料是产生或影响铸铁件皱皮缺陷的主要因素。泡沫塑料的液态或固态高温分解产物越少，产生缺陷的可能性就越小。另外，合金中含碳量越高，皱皮缺陷越趋严重，生产中发现铸钢件、铸铜件无皱皮缺陷，可锻铸铁较灰铸铁皱皮缺陷少，高牌号铸铁较低牌号铸铁皱皮缺陷有所减轻。

（3）防止铸铁件皱皮缺陷的措施 在整个浇注过程中，力求避免泡沫塑料的熔融与燃烧，以防止泡沫塑料高温分解产物的形成，希望它从接触高温金属液发生体积收缩开始，直接转变为气体而逸出铸型外，这是消除铸铁件皱皮缺陷的有效途径。

消除皱皮缺陷的主要措施有：选用低密度的铸造专用泡沫塑料模样材料，例如 STMMA 共聚材料，以保证泡沫塑料的残渣少、烟雾少、汽化速度快，尽量减少泡沫塑料与金属液接触时残渣和固相分解产物的生成，从而改善铸件质量；提高浇注温度和浇注速度，将铸铁的浇注温度提高 20~80℃，并加快浇注速度（以保证金属液流动平稳为原则），可弥补泡沫塑料燃烧、汽化、在铸型内流动过程中的热损失，并具有足够的热量以保证泡沫塑料的汽化，同时提高抽气量和真空度，有利于排烟排气，从而改善泡沫塑料的汽化条件和有利于金属液迅速地充满铸型，促使残留物和气体逸出；选择适宜的浇注系统，消失模铸造的浇注方式可选用底注、阶梯浇注、顶注和雨淋式，但必须注意，应确保金属液流平稳、迅速地充满铸型；对于大面积或高大的铸件，应尽量采用分散多内浇道或分层阶梯浇注，避免浇道过于集中，这样有利于金属液平稳、迅速充满铸型。

综上所述，影响消失模铸铁件皱皮缺陷的因素是多方面的，应着重解决加速泡沫塑料模样的汽化问题，全面考虑上述各方面的影响因素，制订出最佳的工艺方案，从而保证获得优质铸件。

3. 铸铁件炭黑及防止措施

铸铁件的炭黑缺陷是消失模铸造中常见的一种铸造缺陷，特别是在球墨铸铁件中容易发生，解决起来也比较困难。

(1) 炭黑形成机理　研究认为，铸铁成分中碳含量高是炭黑产生的直接原因。含碳量较高的铸铁件，其炭黑产生的可能性大。炭黑一般呈团簇状分布在铸件表面上，且分布不均匀。分析认为，液态聚苯乙烯对涂料层的润湿性是炭黑形成的主要原因。液态产物首先对涂层进行润湿，铺展在涂层表面上，然后对涂层的毛细孔隙产生渗透，在真空及金属液静压力作用下，渗透作用加强。由于金属液充型速度很快，液态热解产物来不及充分裂解汽化，在高温作用下生成固态炭黑。所以，建立液态产物在不同润湿情况下逸出涂层的方式是非常重要的。当液态产物对涂层的润湿性好时，液态产物较容易铺展在涂层内表面上，有利于进一步渗透逸出涂层，在渗透过程中，可润湿耐火填料颗粒表面、提高液态产物的扩散速度。当液态产物对涂层的润湿性较差时，液态产物不能均匀地铺展在涂层的表面上，而是呈团簇状分布，如同露珠分布在树叶上的形态，液态产物对涂层渗透作用较差，此时液态产物在真空的作用下，只能从耐火填料颗粒的孔隙间析出。来不及逸出的液态产物在缺氧状态下因高温金属液的热作用，生成固态炭黑。

(2) 影响炭黑形成的主要因素及防止措施　不同种类的耐火填料导致液态聚苯乙烯对涂层润湿性有所不同。试验表明，液态聚苯乙烯对铝矾土涂料的润湿性要好于石英粉涂料、滑石粉涂料的润湿性。分析认为，这主要是由耐火填料的结构特性和表面物理特性决定的。一方面，各种耐火填料的表面自由能有较大差别，液态产物对其润湿性则不同。另一方面，耐火填料的颗粒形状、大小及分布决定了涂层颗粒间的孔隙结构，从而影响了液态聚苯乙烯对涂层的润湿性及渗透作用。铝矾土颗粒较圆整，堆积孔隙较大，且有多孔性的结构特点，外露的微孔可实现对液体的毛细虹吸作用，增强了液体对它的润湿性，铸件表面产生炭黑则少，而石英粉颗粒多为多角形，颗粒堆积相互穿插，使其孔隙变小，从而对液态产物的毛细虹吸作用降低，铸件表面产生炭黑则多。

涂层中有机黏结剂在高温金属液的热作用下，几乎同时与聚苯乙烯泡沫塑料一起熔化。

若有机黏结剂与液态聚苯乙烯有亲和作用，则有利于液态聚苯乙烯对涂层的润湿性与渗透性。同时，有机黏结剂在高温金属液的作用下汽化，使耐火填料间的孔隙增大，提高了液态产物的渗透能力，可使液态聚苯乙烯快速逸出涂层，铸件表面产生炭黑则少。

涂层的高温透气性对炭黑的形成有重要影响。涂层的透气性高，则颗粒间的孔隙大，有利于聚苯乙烯及其热解产物快速逸出涂层，则铸件表面产生炭黑少；反之，铸件表面产生的炭黑较多。

不同的模样材料，产生的热解产物也不同。目前，真空消失模铸造常用的模样材料主要有EPMMA和EPS，从模样材料的组成来看，EPMMA分子中碳氢原子数之比为5:8，质量比为60:8，而EPS分子中碳氢原子数之比为8:8，质量比为96:8。因而EPMMA含碳量少，裂解得到的碳质残留物仅为EPS的5/8。因此，使用EPMMA材料产生的炭黑较少，可减少铸铁件炭黑的形成。

总之，真空消失模铸铁件炭黑形成的原因，主要是液态聚苯乙烯裂解产物对涂层的润湿性差造成的。耐火材料及有机黏结剂，影响液态产物对涂层的润湿性。模样材料不同，裂解后得到碳质残留物多者容易产生炭黑。在浇注和造型条件相同的情况下，应采用润湿性和透气性良好的涂料，浇注时加大抽气量和使用EPMMA材料，严格控制模样黏结剂的用量，可有效地防止炭黑的形成。

4. 粘砂及防止措施

消失模铸件的粘砂缺陷一般是机械粘砂，造成铸件表面型砂不易清理，严重时会造成铸件报废，它是消失模铸造常见的表面缺陷之一。

(1) 产生粘砂的原因和机理 机械粘砂是由金属渗透引起的铸造缺陷。它是铸型与金属界面动压力、静压力、摩擦力及毛细作用力平衡被破坏的结果。对于消失模铸造而言，由于真空吸力的作用，加上高温浇注，金属液穿透力比在砂型铸造中要强得多，容易透过涂料层渗入铸型。真空消失模铸造涂层与普通砂型铸造涂层相比有两点差异：一是真空消失模铸造涂层与型砂之间是点接触，而砂型铸造涂料向砂型内渗透一定的深度，干燥后的涂层钉扎在砂型中，与型砂颗粒紧密接触；二是涂层的外部是无黏结剂的干砂。由于这两点差异，消失模的涂料层更容易被液态金属的压力所挤压而破裂，一旦破裂，液态金属比普通砂型更容易渗入型砂中，因此更容易形成铸件粘砂。

(2) 影响粘砂的主要因素 一是涂层开裂，如在烘干过程中，由于悬浮剂加入量过多或涂层太厚，造成激热裂纹；在造型过程中，型砂冲刷而破坏涂层；在充型过程中金属液的冲刷而破坏涂层，或在金属液的激热作用下由于涂料组分的热物性参数不同而造成涂层开裂；由于金属液静压力、真空吸力而破坏涂层。二是型砂紧实程度的影响，当震实不足时，涂层与干砂之间会出现较大间隙，这种间隙的存在使得浇注金属液时涂层所受的应力增大，可能会因涂层的强度小于涂层所能承受的应力而使涂层开裂。三是涂层厚度的影响，涂层厚度与金属液渗透有着非常密切的关系，厚的涂层（相当于砂粒粒径几倍）会阻止金属液渗入砂型。

(3) 防止粘砂的工艺措施 合理调整涂料组分，特别是其中的黏结剂和悬浮剂组分，提高涂料抗激热开裂的性能，同时提高涂料的强度，增加涂层厚度，必要时（如浇注铸钢件、大型铸铁件、铸件的内孔处）可涂挂两层涂料，提高涂层的耐火度；合理控制真空度和浇注温度，在保证浇注顺利进行的情况下，尽可能降低真空度和浇注温度，以抑制高温金属液的穿透力；内孔或其他清理困难的地方，采用耐火度稍高的硅砂或用非石英系原砂（例如镁砂、橄榄石砂、铬铁矿砂等）代替硅砂造型。

5. 塌箱及防止措施

塌箱是指浇注过程中铸型塌陷，金属液不能再从直浇道进入型腔，造成浇注失败。浇注大件特别是大平面铸件、内腔封闭或半封闭的铸件时，容易出现塌箱现象。

(1) 产生塌箱的原因　当铸型的抗剪强度小于型砂自重产生的剪切应力时，浇注时就会发生塌箱。引起塌箱的工艺因素主要有：浇注时金属液喷溅厉害，致使箱口密封塑料薄膜烧失严重，真空度急剧下降；浇注速度太慢，特别是在断流浇注的情况下金属液不能将直浇道密封住，大量气体从直浇道吸入，使砂箱内的真空度急剧下降；砂箱内的原始真空度定得太低，特别是深腔内由于模样壁的阻碍作用，其真空度更低；浇注方案不合理，大件采用顶注时，容易造成瞬时汽化气体不能排除到砂箱外的情况，使砂箱内真空度下降。

(2) 防止塌箱的工艺措施　浇注时尽量避免金属液喷溅，为防止密封塑料薄膜被喷溅金属液烧失，可在上面覆盖一层干砂；合理掌握浇注速度，保证浇口杯内始终被金属液充满，浇注过程中不要断流；提高砂箱内的初始真空度，在个别地方可预埋抽气管；浇注大件时，应采用底注式浇注系统，抑制泡沫塑料薄膜汽化的发气量，同时使汽化逐层进行，从一开始就在气隙内建立起一定的压力；选用抽气量大的真空泵，采用两面以上抽气的砂箱结构，提高真空系统的抽气率；平面铸件应垂直或倾斜浇注，以减小气隙，抑制汽化气体量；在必要的情况下，将附加的抽气管支撑在砂箱体上，可提高抗剪强度。

6. 节瘤缺陷及防止措施

节瘤是在铸件表面上出现个别形状不规则的凸出部分，形似瘤子状的一种铸造缺陷，因型砂（特别是铁丸）与铸件熔焊为一体，清理不掉，常造成铸件报废。

(1) 产生节瘤的原因　其一是造型时，型砂没有紧实致密地包覆在泡沫塑料模样的四周，浇注时金属液冲破涂料壳层进入型腔，形成节瘤。其二是抽真空使砂紧实后，在个别地方（特别是死角处）容易形成空腔或紧实度太低，铸型在金属液压力作用下再次紧实，涂料壳层破裂后，金属液穿透进去，与型砂熔焊在一起，也会形成节瘤缺陷。

(2) 防止节瘤的工艺措施　修改铸件结构，消除填砂不到的死角，个别情况下，可对不易填砂的死角处进行预埋；提高铸型的紧实度及均匀性，使型砂紧密地包覆在模样四周；振动紧实时选用合理的振幅，埋模操作要细心，避免涂料壳层破裂和脱落。

7. 夹杂状冷隔缺陷及防止措施

铸件最后被填充的地方，外表面常常出现呈豆腐渣状的缺陷，被称为夹杂状冷隔缺陷。

(1) 产生夹杂状冷隔的原因　聚苯乙烯泡沫塑料分解汽化要吸热，会降低金属液的温度，随着浇注过程的进行，最初进入铸型的金属液的温度越来越低，除金属液本身的黏度增大外，泡沫塑料的汽化也不完全，于是，汽化气体、残渣和金属液裹在一起，在铸件最后填充处形成夹杂状冷隔缺陷。

(2) 防止夹杂状冷隔缺陷的工艺措施　改进浇注系统，如采用阶梯浇口可以提高金属液在高度方向的充型温度，增加内浇口的数量可以提高金属液在横截面上的充型温度；在铸件最后被填充的地方设置集渣冒口，使最先进入铸型的金属液排入冒口，既可排渣，又能提高该处金属液的充型温度。

8. 气孔和夹渣缺陷及防止措施

气孔和夹渣存在于铸件上部或死角处的表皮下，这种缺陷只有经机械切削加工后才能看到。气孔和夹渣有时分别单独存在，多数情况是两者同时共生。气孔和夹渣是消失模真空铸造中，特别是浇注铝合金铸件时较常见的一种铸造缺陷，该缺陷出现在非重要加工面时，可进行焊补，若出现在重要加工面上，则造成铸件报废。

(1) 产生气孔和夹渣的原因　泡沫塑料模样汽化后要生成大量的气体和一定量的残渣，这是产生气孔和夹渣缺陷的主要来源。其次，浇注系统结构不合理，容易使气体和残渣裹挟在金属液中；浇注温度太低，不能使气体和残渣充分排除、上浮到铸件顶部；在铸件的死角处，当涂料透气性很低时，由于气体的反压力作用，容易使气体包裹在表皮下，形成“包气”。

(2) 防止气孔和夹渣缺陷的工艺措施　合理填砂造型，控制模样浇注时的发气量，提高涂料层的透气性，提高真空系统的抽气能力，使汽化气体及时抽离砂箱；采用底注浇注系统，使金属液的充型方向与汽化气体和残渣的上升方向一致，减少金属液裹挟气体和残渣的机会；提高浇注温度，浇注即将结束时适当放慢浇注速度，使模样汽化气体和残渣有充分时间排除到砂箱外和上升到铸件的顶部。

9. 铸件变形及防止措施

铸件变形是在上涂料、填砂造型操作时由于模样变形所致。薄壁的大平面铸件、门字或厂字形铸件、框架结构铸件及其他结构不紧凑的铸件，采用真空消失模铸造时容易产生变形，后果是铸件的形状尺寸超差，造成铸件报废。

(1) 产生变形的原因　产生变形的原因主要是泡沫塑料模样的强度低，在铸件结构不紧凑、刚性差时，变形的可能性大；其次是挂涂料和填砂造型时操作方法不正确，使模样变形。

(2) 防止变形的工艺措施　消失模铸造适宜浇注一些结构紧凑、刚性较好的铸件；对于结构不紧凑、刚性差的铸件，制作模样时可附加工艺支撑、工艺拉肋等，以提高模样的刚性；挂涂料和填砂造型时要注意操作方法；合理选择模样（或模样簇）在砂箱中的造型位置，比如使模样的大平面处于垂直或倾斜浇注位置，控制铸件不变形或少变形；采用新工艺，如新的填砂法（即悬浮沸腾式填砂法），新的挂涂料法（即喷涂法），避免挂涂料和造型时模样产生变形；对泡沫塑料珠粒进行改性，提高模样强度。

10. 铸件表面的泡沫塑料珠粒网纹及防止措施

铸件表面的泡沫塑料珠粒网纹是泡沫塑料模样外表珠粒连接处的凹沟缝隙或细小珠粒脱落等复印在铸件上的表面缺陷，用肉眼就可以看到。

(1) 产生珠粒网纹的原因　用泡沫塑料板材机械加工成形的消失模模样，在铸件上最容易出现这种缺陷。如果把一个挂好耐火涂料层的汽化模加热，汽化掉泡沫塑料，会发现涂料壳层的内表面是不平滑的，而是有很多晶粒网纹。所以，泡沫塑料板材的质量太差、泡沫珠粒黏结不良是产生珠粒网纹缺陷的主要原因，模样表面加工质量也有影响。

(2) 防止珠粒网纹的措施　改进泡沫塑料的发泡工艺，提高泡沫塑料模样的质量。有人采用在泡沫塑料模样外面黏附一层薄膜塑料，或浸挂一层薄薄的石蜡，或涂上一层硝酸纤维素涂料等方法来改善汽化模的质量，浇注的铸件没有晶粒网纹。但是，效果不理想，也增加了工艺过程的复杂性。

第五节　离心铸造、低压铸造和挤压铸造的特点及其应用

一、离心铸造

离心铸造是将金属液浇入旋转的铸型中，使之在离心力的作用下，完成充填和凝固成形

的一种铸造方法。

（1）离心铸造机 为了实现离心铸造工艺过程，必须采用专门的设备——离心铸造机（简称离心机）。根据铸型旋转轴在空间位置的不同，离心机可分为立式离心铸造机和卧式离心铸造机两种。

1）立式离心铸造机的铸型是绕垂直轴旋转的，如图9-14所示。在立式离心铸造机上的铸造过程称为立式离心铸造。它主要用于生产高度小于直径的圆环类铸件。

由于在立式离心铸造机上安装及稳固铸型比较方便，因此，不仅可采用金属型，也可采用砂型、熔模型壳等非金属型。

2）卧式离心铸造机的铸型是绕水平轴旋转的，如图9-15所示。在卧式离心铸造机上的铸造过程称为卧式离心铸造。它主要用来生产长度大于直径的套筒类或管类铸件。

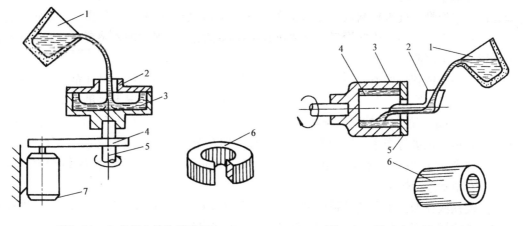

图9-14 立式离心铸造示意图
1—浇包 2—铸型 3—金属液 4—带轮和传动带
5—旋转轴 6—铸件 7—电动机

图9-15 卧式离心铸造示意图
1—浇包 2—浇注槽 3—铸型
4—金属液 5—端盖 6—铸件

离心铸造采用的铸型有金属型、砂型、石膏型、石墨型、陶瓷型及熔模型壳等。

（2）离心铸造的特点 由于金属液是在旋转状态离心力的作用下完成充填、凝固成形过程的，所以离心铸造具有以下特点。

1）铸型中的金属液能形成中空圆柱形自由表面，不用型芯就可形成中空的套筒和管类铸件，因此，可简化这类铸件的生产工艺过程。

2）显著提高金属液的充填能力，改善充型条件，可用于浇注流动性较差的合金和铸件壁较薄的铸件。

3）有利于铸件内金属液中的气体和夹杂物的排除，并能改善铸件凝固的补缩条件。因此，铸件的缩松及夹杂等缺陷较少，铸件的组织致密、力学性能良好。

4）可以减少甚至不用冒口补缩，降低了金属消耗。

5）可生产双金属圆柱形铸件，如轴承套、铸管等。

6）对于某些合金（如铅青铜等）容易产生比重偏析。此外，在浇注中空铸件时，其内表面较粗糙，尺寸难以准确控制。这是离心铸造的缺点。

目前，离心铸造已是一种应用广泛的铸造方法，常用于生产铸管、铜套、缸套、双金属钢背铜套等。对于双金属轧辊、加热炉滚道、造纸机干燥滚筒及异形铸件（如叶轮等），采用离心铸造也比较合适。目前,已有高度机械化、自动化的离心铸造机,有年产量达数十万吨的机械化离心铸管厂。

在离心铸造中,铸造合金的种类几乎不受限制。对于中空铸件,其内径最小为8mm,最大为3000mm;铸件长度最长为8000mm。铸件质量最小为几克,最大可达十几吨。

(3) 几种离心铸造铸件的铸造工艺 为了扩大离心铸造方面的知识,下面介绍几种较典型的离心铸造工艺。

1) 铁管的水冷金属型离心铸造。在城市和其他工程建设中,需要大量的输送水、气和泥浆等的铸铁管道。作为输送水和煤气的管道,需经受一定的水压试验,并具有较好的耐蚀性,使之长期埋在地下不损坏。铁管的形状如图9-16所示,其内径为 $\phi50 \sim \phi2600mm$。

水冷金属型离心球墨铸铁管的离心铸造过程是:金属型浸在一个封闭水套内,用循环水冷却并调节金属型温度来控制铁液冷却速度。浇注前需向管型内表面均匀喷入一定量的管型粉,并安装好承口砂芯,刷好涂料。浇注过程中在铁液流槽中连续加入孕育剂,铁液在离心力的作用下成形凝固。

每制造一个铸管需要消耗一个承口砂芯,承口砂芯要求表面光洁,尺寸精确,大多使用热芯盒呋喃Ⅰ型树脂砂造芯,还要求承口砂芯在保证强度性能的情况下尽量减小发气量。

2) 大型气缸套的离心铸造。柴油机发动机上的大型气缸套,其内径一般大于 $\phi200mm$,用卧式离心铸造机进行浇注。铸型为黏土硅砂型,即在金属型内安放用芯砂(可以是油砂、黏土砂或树脂砂)做成的砂套。砂套厚度为 $10 \sim 40mm$,内表面涂刷石墨粉涂料,并经 $250 \sim 300℃$ 温度进行烘干。

为了使铁液在型内轴向流动距离缩短和温度分布均匀,用长度与铸件相近的U形断面浇注槽。浇注槽的底部每隔一定距离开浇注孔,如图9-17所示。

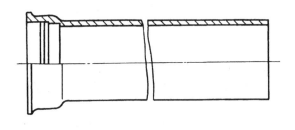 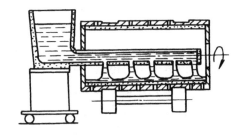

图9-16 铁管的示意图   图9-17 大型气缸套离心铸造

二、低压铸造

低压铸造是金属液在压力的作用下,完成充型及凝固过程而获得铸件的一种铸造方法。由于低压铸造压力较低(一般为 $20 \sim 60kPa$),故称之为低压铸造。

(1) 低压铸造工艺过程 低压铸造工艺原理如图9-18所示。铸型由件5、6、7、8组成,并安放在密封的保温坩埚炉的上方,当干燥的压缩空气或惰性气体通入坩埚时,合金液3在气体压力的作用下,沿升液管1自下而上上升,经铸型下方的浇道4缓慢而平稳地充填型腔,随后在压力作用下凝固。待型腔中的合金液凝固成形后,即可解除坩埚内合金液表面上的气体压力,使升液管和浇道中尚未凝固的合金液靠自重流回坩埚内,打开铸型即可取出铸件。低压铸造所用的铸型可以是金属型、干砂型、湿砂型、石膏型、石墨型、熔模型壳和陶瓷型等。

（2）浇注温度、铸型温度及涂料　低压铸造时，因金属液的充填条件得到改善，且金属液直接自密封保温坩埚进入铸型，故浇注温度一般比重力铸造浇注温度低10～20℃。

当采用非金属铸型时，若无特殊要求，铸型的工作温度一般为室温。采用金属型铸造铝合金铸件时，铸型的工作温度为200～250℃；铸造复杂的薄壁铸件时，铸型的工作温度可提高到300～350℃。

关于涂料的使用，不论是金属型还是砂型，均与重力铸造法涂料的使用相同。此外，保温坩埚也应喷涂涂料。因升液管长期浸在金属液中，增加了铝合金液中的含铁量，降低了铸件的力学性能，所以，应先将升液管的内、外表面预热至200℃左右，再涂刷一层较厚的涂料（一般为1～3mm）。

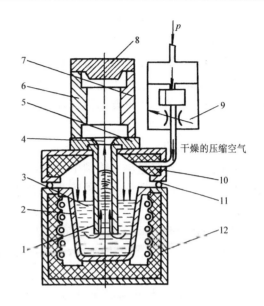

图9-18　低压铸造工艺原理图
1—升液管　2—坩埚　3—合金液　4—浇道　5—底型
6、7—左右两半型　8—上半型　9—气压控制装置
10—炉盖　11—密封圈　12—保温炉体

（3）低压铸造的特点　因为液态金属是在压力推动下进入型腔，并在压力作用下结晶凝固和进行补缩，其充型过程既与重力铸造法不同，也与高压高速充型的压力铸造不同。低压铸造形成了某些独特的优点，主要表现在以下几个方面。

1）液态金属充型比较平稳。这是由于低压铸造采用底注式充型，且充型速度容易控制，相对减少了液态金属浇注时的飞溅、对型壁和型芯的冲刷及氧化夹杂等铸造缺陷。同时，型腔内液流与气流方向一致，减小了产生气孔缺陷的可能性。

2）铸件成形性好。低压铸造时液态金属是在外界压力作用下强迫流动的，提高了液态金属的充填性，有利于形成轮廓清晰、表面光洁的铸件，这对于薄壁叶片和大型复杂薄壁铸件的成形更为有利。

3）铸件组织致密、力学性能好。因为铸件在压力作用下结晶凝固，大幅度提高了补缩效果，从而提高了铸件的力学性能。如铸件的抗拉强度和硬度比重力铸造时提高约10%左右。由于铸件组织致密，铸件的气密性、耐压性都得到提高，这对于要求耐压和防渗漏的铸件具有明显效果。

4）提高了液态金属的工艺出品率。由于低压铸造利用压力充型和补缩，简化了浇冒口系统的结构，使工艺出品率可提高到90%左右。

低压铸造的主要缺点是坩埚和升液管长时间被液态金属侵蚀，使用寿命较短；铝合金液容易增铁。

（4）低压铸造的应用范围及新发展　低压铸造已成为大量生产高质量铝合金铸件的重要方法之一。目前不少厂家用此法生产气缸盖、气缸体、活塞和车轮轮毂等铸件，取代了重力铸造。生产的铝、镁合金铸件最大直径为φ1200mm，高度为10～1200mm，壁厚为0.7～150mm，铸件质量小于200kg。除此之外，用低压铸造还能生产出大型电动机转子、重达22t的铜合金船用螺旋桨、长度达3000mm的内燃机车用的大型球墨铸铁曲轴等。一些非铁合金的大型压铸件也有改用低压铸造生产的趋势，其质量不亚于压铸铸件，而生产费用却低于压铸铸件的费用。

近年来开发的差压法低压铸造新工艺，其实质是金属液在低压下充型和在高压下结晶凝固两种工艺相结合，这种工艺能铸造组织致密的铸件，使铸件的力学性能进一步提高。国内外已成功地生产了不少重要的铝合金、锌合金铸件，铸铁和铸钢件，其中以生产铝合金铸件居多。

三、挤压铸造

挤压铸造是对定量浇入铸型中的液态金属施加较大的机械压力，使其成形、结晶凝固而获得铸件的一种铸造方法。这种铸造方法也称为"液态金属模锻""液态金属冲压""液态金属锻造"等。

（1）挤压铸造的工艺过程 挤压铸造的工艺过程如图9-19所示。首先是准备好铸型，将下型安装在压力机的砧座上，上型固定在压力机的冲头上；向型内浇入定量的液态金属；压力机冲头（上型）向下移动，将下型中的液态金属挤满型腔，在压力作用下结晶凝固，然后卸压开型，顶出铸件。

（2）挤压铸造的分类及适用范围 挤压铸造的工艺形式有多种，按成形时液态金属充填的特性和受力情况，可分为柱塞挤压、直接冲头挤压、间接冲头挤压和型板挤压四种形式。

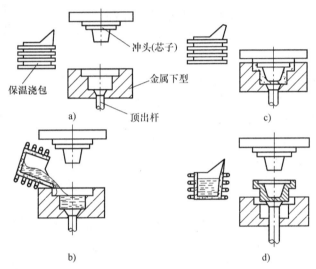

图9-19 挤压铸造工艺过程示意图
a) 铸型准备 b) 浇注 c) 合型加压 d) 开型、顶出铸件

1）柱塞挤压铸造（图9-20a）是用柱塞作为加压冲头，施压于凹型里的液态金属，保压至铸件完全凝固。加压时，液态金属基本上没有充型运动。这种工艺方法主要适用于形状简单的厚壁铸件、铸锭。

2）直接冲头挤压铸造（图9-20b）是利用成形压头，在合型时将其插入液态金属中，使部分金属液向上流动充填全部型腔，继续升压和保压至铸件全部凝固。加压时，液态金属进行充型运动。这种工艺方法没有浇注系统，浇入的液态金属全部成为铸件，铸件的高度取决于液态金属的浇入量。这种工艺方法适用于壁较薄、形状较复杂的铸件。

3）间接冲头挤压铸造（图9-20c）是采用成形的冲头，将浇入凹型底槽中的部分液态金属挤入型腔中，同时通过由冲头和凹型组成的内浇道，将压力传到铸件上。由于铸件是在已合型闭锁的型腔中成形，它不受浇注金属量的影响，因而铸件尺寸精度高。但冲头不是直接而是部分加压于铸件上，因此，加压效果较差，而且铸件上留有料饼及内浇道，金属利用率较低。这种工艺方法适用于产量较大，形状较复杂的中、小型铸件。

4）型板挤压铸造是一种特殊的挤压铸造形式，其工艺过程是：向半开的楔形型腔中浇注液态金属，开动动型向静型合拢，液态金属被挤压上升并充填型腔，多余的液态金属外

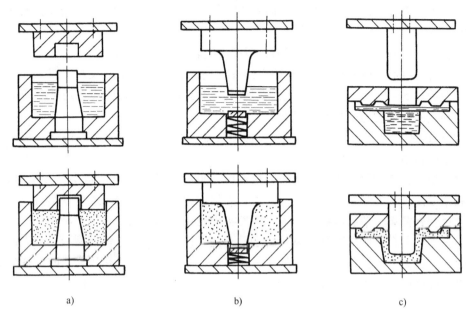

图 9-20 挤压铸造的几种挤压方法示意图
a) 柱塞挤压铸造 b) 直接冲头挤压铸造 c) 间接冲头挤压铸造

溢, 在压力的作用下结晶凝固。这种工艺的特点是: 合型时, 上升的液态金属与型壁接触后结晶成一层很薄的硬壳, 随着液态金属的上升, 结晶层沿型壁不断生长, 最后, 结晶硬壳中间多余的液态金属被挤出型外, 两硬壳层被挤压成为整体的铸件。这种工艺方法适用于大型整体薄壁铸件。

(3) 挤压铸造的特点 挤压铸造是介于铸造与锻造之间的一种工艺方法, 兼有二者的一些优点。

1) 与压力铸造相比, 其特点是:

① 压力铸造时, 金属液在高压作用下以极快的速度充填铸型, 易卷入气体, 型腔里的空气也难以全部排出, 铸件中气体的含量较多, 不能热处理; 而挤压铸造时金属液直接浇入型腔中, 不经过浇注系统, 吸气少, 铸件可进行热处理。

② 压力铸造时, 金属液的流程长, 冷却凝固快, 而且浇道中的金属液比铸件先凝固, 压力不可能维持到铸件结晶凝固终了, 铸件得不到补缩, 因此, 铸件厚壁处组织不够致密。挤压铸造时没有浇注系统, 金属液在压力作用下充型、结晶凝固, 补缩效果好, 晶粒较细, 组织致密、均匀。

③ 压力铸造的模具结构复杂, 加工工时和加工费用高, 金属的利用率低。挤压铸造的模具结构较简单, 加工费用较低, 寿命较长, 金属的利用率较高。

2) 与锻造相比, 挤压铸造有如下特点:

① 锻件的力学性能一般比挤压铸件高, 但通常存在各向异性, 尤其是塑性指标在纵向与横向之间的差别很大, 使锻件的应用受到一定限制。挤压铸件的力学性能虽稍低于锻件, 但只要工艺正确, 其力学性能可接近或达到锻件的水平, 且各方向的性能一致。

② 挤压铸造是靠压力作用在封闭型腔里的液态金属上, 使其在压力作用下凝固成形。

而锻造是压力作用在固态金属上成形。前者所需的压力比后者小得多，所需设备的功率比锻造小 65%~75%。

③ 挤压铸件为一次成形，生产率高，劳动强度较低，能源消耗低。

④ 挤压铸件的尺寸精度比锻件和熔模铸件的高，表面粗糙度值较低，加工余量小，加工余量一般为 0.5~2mm，因此，所用的金属料少，成本较低。锻件要达到挤压铸造铸件的尺寸精度和表面粗糙度值是相当困难的。

⑤ 挤压铸造适用于多种合金材料，包括铝合金、锌合金、铜合金、铸铁、铸钢等，而适用于锻造的材质却很有限。

总之，挤压铸件的尺寸精度高，表面粗糙度值低，铸件的加工余量小，无须设置冒口，金属的利用率高；铸件组织致密，晶粒细化，力学性能较高；可用于各种铸造合金，适应性广；工艺过程较简单，节省能源及劳力，容易实现机械化和自动化，生产率高。

挤压铸造工艺存在的主要缺点是：由于没有浇冒口系统，浇入铸型型腔的金属液中的氧化夹杂物无法排除，因此，对金属液的质量要求比普通铸造严格。挤压铸造时，在大多数情况下，定量浇注的精确性决定了铸件高度方向的尺寸精度，因此，要求定量浇注装置必须准确。

第六节　其他液态成形方法简介

除了本章前面介绍的几种特种铸造方法外，还有一些液态成形的方法，如负压造型和连续铸造等，简单介绍如下。

一、负压造型

负压造型法又称为真空密封造型法，简称 V 法。这是一种较新的物理成形法。它是利用铸型内部和外部压力差将干散的砂粒紧固在一起，得到具有一定形状和一定强度的铸型。

(1) V 法造型的基本过程　V 法造型的基本过程如图 9-21 所示。将模样放在一块中空的托板上，模样上开有大量的通气孔（图 9-21a）；用加热器软化薄膜（图 9-21b）；把软化的薄膜盖在模样上，通过通气孔抽真空产生负压，吸薄膜使其紧贴于模样上（图 9-21c）；把特制的砂箱放在盖有薄膜的模样上（图 9-21d）；用干砂充满砂箱并轻微振动，使砂粒间紧实（图 9-21e）；开好浇口杯，刮平铸型上表面，将塑料薄膜放在直浇口上，并在砂箱顶面放上薄膜以封闭砂箱（图 9-21f）；将砂箱抽真空，用大气压力紧实砂子，得到高硬度的砂型（图9-21g）；合型（图 9-21h）及浇注，砂型的薄膜逐渐消失，但铸型并不溃散，仍能保持原来的形状，直到浇注完毕；铸件凝固后，砂箱通大气，砂型溃散，自由流动的砂粒流出，可获得无机械粘砂的铸件（图 9-21i）。

V 法造型可以省去混砂、舂砂等工序，减轻了落砂清理工作量和劳动强度，改善了劳动条件，降低了铸件成本。

(2) 负压造型的工艺特点　负压造型的工艺特点主要有以下几个方面。

1）砂箱。负压造型所用的砂箱结构比较特殊且复杂，它要用真空设备从铸型中抽出空气，使铸型"硬化"，并使模样从砂型上脱出。

砂箱结构根据抽气方法不同可分为侧吸式（从砂箱四周壁抽气）、背吸式（从砂箱背面抽气）及管吸式（在砂箱中焊上蛇皮管抽气）。背吸式砂箱为双层结构，上部有四根

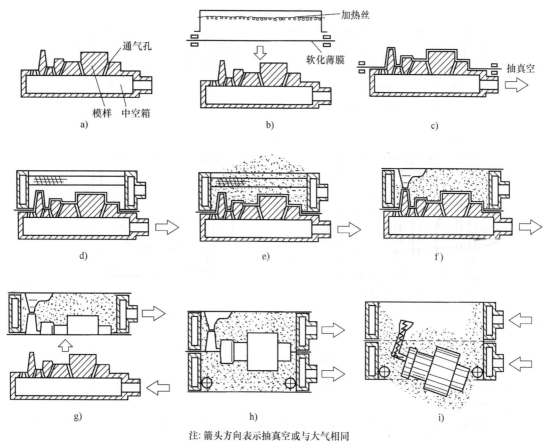

注: 箭头方向表示抽真空或与大气相同

图 9-21　V 法造型的基本过程示意图

ϕ25mm 的吸气管，管上钻有 ϕ5mm 的小孔，孔距 25mm，为防止砂粒被吸走，外加两层筛网。管吸式砂箱结构与普通砂箱相似，在内侧焊上 ϕ16mm ×700mm 的蛇皮管，使用很方便。V 法造型用砂箱结构如图 9-22 所示。

2）模样。为使薄膜能密封地附在模样上，需将模样做成中空，并在模样表面上开抽气孔，便于抽真空。V 法造型起模方便，模样无须起模斜度。

3）密封薄膜。对薄膜的要求只需容易成形，燃烧时发气量小且对人体无害。通常采用 EVA 薄膜（乙烯-醋酸乙烯共聚物）。这种薄膜在伸长时方向性小，成形性好。薄膜厚度为 0.02～0.1mm，以 0.05～0.075mm 为宜。对于上、下砂箱平面密封用薄膜的要求较低，只要能起到密封作用即可。

4）型砂。为了获得表面光洁的铸件，砂粒粒度以细为宜，可选用 10 组砂（筛号 140）作面砂，15 组砂（筛号 100）作背砂。造型时，砂的温度应≤40℃。

5）浇注系统。一般采用开放式浇口，以底注为稳妥，使金属液平稳快速充满铸型，防止冲刷型壁，且要保证在整个浇注过程中，未充满的型腔始终连通大气。因此，应在浇注位置最高点的型腔部位开设通气冒口。

6）真空度。宜选用抽气量比较大的真空泵。真空度一般达到 0.67 ×10⁵Pa 即可。

近年来，采用负压造型法已生产了各种合金铸件，以铸造合金钢居多。浴盆、各种阀

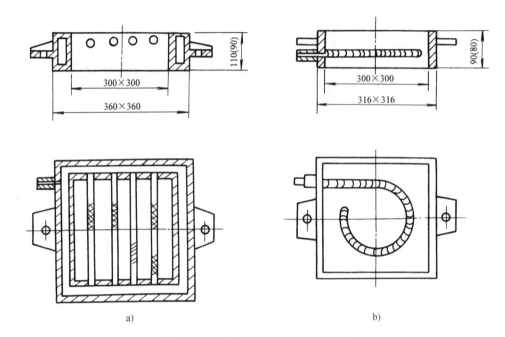

图 9-22 V法造型用砂箱结构示意图

a) 背吸式砂箱　b) 管吸式砂箱

体、铜合金水龙头、钢琴弦架、叉车配重块、石油钻机抱钳等都可用负压造型生产。

二、连续铸造

(1) 连续铸造的工艺原理　连续铸造是一种较先进的铸造技术，其工艺原理如图 9-23 所示。它是将金属液连续地浇入称为结晶器的用水强制冷却的金属型中，凝固（结壳达到一定厚度）的铸件不断地自结晶器的另一端拉出。当铸件达到所需的任意长度时，在不中断浇注和凝固过程的情况下，即可将铸件切断或中断浇注以获得一定长度的铸件。

连续铸造所生产的铸件，其特点是断面形状不变，铸件长度较大。基本上可分为铸管和型材两大类。其中铸管端部的形状可与主体不同。

连续铸造适用于铸造各种合金铸件，如铸钢、灰铸铁、球墨铸铁和铸造非铁合金等。

(2) 连续铸造的特点　连续铸造与普通铸造相比较，有以下特点。

1) 金属液冷却速度快，铸件组织致密，晶粒细小，故其力学性能较高，特别是疲劳强度比砂型铸造提高 50%~75%。

2) 铸件尺寸精度和表面质量好，无浇冒口系统，工艺出品率可达96%~98%，而且节省了铸件的清理工作量。

3) 生产工序简单，占地面积小，易实现机械化、自动化，生产中可实现长时间连续铸造，产品质量稳定，生产率高。

4) 生产铸锭时还可实现连铸连轧，既不需要准备和消耗大量的铸锭模，又可省去轧制前坯锭的加热工序及减少金属材料的氧化损耗和能耗，可大幅度降低生产成本。

因连续铸造所用结晶器的技术要求很高，制造费用大，且只能生产断面形状不变的长形铸件，使应用受到一定限制。

(3) 连续铸造的应用范围　连续铸造技术已被国内外广泛采用，已成为铸管、铸锭和

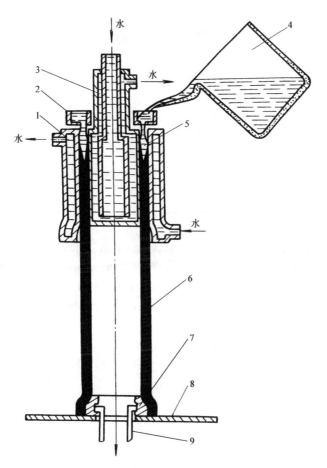

图 9-23　连续铸铁管工艺原理示意图
1—外结晶器　2—转动浇杯　3—内结晶器　4—浇包　5—液穴
6—铸铁管　7—可折式承口铁芯　8—承口底盘　9—拉杆

铸板的重要生产方法之一。目前，一些铸管厂采用连续铸造法生产的铸管直径为 $\phi30 \sim$ $\phi1300mm$，壁厚为 $3.5 \sim 25mm$，长度为 $5000 \sim 10000mm$，单件质量达 5t。冶金厂用连续铸造法可生产直径为 $\phi20 \sim \phi500mm$ 的型材和最大截面为 $300mm \times 2320mm$ 铸钢板坯。比较先进的连续铸造机每年可生产数百万吨的钢锭。

思 考 题

1. 试述熔模铸造的特点及应用范围。

2. 试述压力铸造的优缺点。

3. 与砂型铸造相比，金属型铸造有哪些优点？

4. 试述消失模铸造的工艺特点及应用范围。

参 考 文 献

[1] 中国机械工程学会铸造分会. 铸造手册: 第5卷 铸造工艺[M]. 2版. 北京: 机械工业出版社, 2011.

[2] 魏华胜. 铸造工程基础[M]. 北京: 机械工业出版社, 2002.

[3] 王文清, 李魁盛. 铸造工艺学[M]. 北京: 机械工业出版社, 2005.

[4] 崔令江, 郝滨海. 材料成形技术基础[M]. 北京: 机械工业出版社, 2003.

[5] 机械工业技师考评培训教材编审委员会. 铸造工技师培训教材[M]. 北京: 机械工业出版社, 2001.

[6] 凌爱林. 金属工艺学[M]. 北京: 机械工业出版社, 2001.

[7] 王欣. 热加工实训[M]. 北京: 机械工业出版社, 2002.

[8] 王晓江. 铸造合金及其熔炼[M]. 北京: 机械工业出版社, 1999.

[9] 缪良. 我国铸造工业之现状与展望[J]. 现代铸铁, 2001(01): 1-7.

[10] 刘喜俊. 铸造工艺学[M]. 北京: 机械工业出版社, 1999.

[11] 黄天佑. 消失模铸造技术[M]. 北京: 机械工业出版社, 2004.

[12] 中国铸造协会硅砂考察组. 我国铸造用天然硅砂产业考察报告[J]. 铸造纵横, 2013 (02): 16-19.

[13] 姜敏凤, 宋佳娜. 机械工程材料及成形工艺[M]. 4版. 北京: 高等教育出版社, 2019.

[14] 徐晓峰. 工程材料与成形工艺基础[M]. 2版. 北京: 机械工业出版社, 2018.